4판

최신 환경공학

이광래 · 송근호

도서출판 동화기술

머리말

오늘날 지구촌의 환경문제는 개별 국가만의 문제가 아니라 범세계적인 문제로 확대되어 가고 있어서 국가 간의 협력의 필요성이 날로 증대되고 있다. 지구환경 문제가 국제사회의 최대 현안 중의 하나로 대두되고 있으며, 기후변화, 생물종의 감소, 이산화탄소 배출제한 등에 대한 국가 간 협력이 국제사회의 쟁점으로 부각되고 있다.

현재의 세대가 지구의 생존에 지대한 관심을 가진 첫 세대일 것이다. 환경오염에 의하여 지구상의 생명체의 미묘한 균형이 깨어짐으로서 우리도 모르는 사이에 우리 자신의 고향인 지구가 서서히 파괴되고 있다는 것을 깨닫고 있기 때문이다.

우주선에서 찍은 지구의 사진은 아름답기 그지없다. 우리는 이 푸르고 아름다운 지구가 우주공간의 암흑 속에서 홀로 떠 있는 고독한 지구의 모습이 되지 않도록 할 의무가 있다. 지구와 자연이 우리를 위하여 존재하고, 우리가 자연의 일부분으로서 자연을 즐기기 위해서 우리는 환경 피폐에 대한 진실한 관심과 무의식적인 환경파괴에 대비한 풍부한 지식을 가져야 한다. 특히, 환경공학자는 단순히 "내 뒤뜰에는 안 됨(not in my back yard; NIMBY)"이라는 무의식적인 반응과 이와 유사한 지역적 이기주의인 "please in my front yard (PIMFY)", 그리고 "진실한 환경오염 방지를 위한 대책"간의 예리한 구분을 할 수 있어야 한다.

본 서적이 대학을 포함한 기술자나 일반인들에게 환경오염 방지기술에 대한 기본원리와 이해의 폭을 넓히는 데 도움이 될 수 있기를 바라며, 오늘날의 지구촌의 환경오염을 방지하고 해결하는데 일조를 할 수 있게 되었으면 하는 마음 간절하다.

끝으로 바쁜 가운데에서도 출판을 위하여 도와주신 도서출판 동화기술 회장님, 그리고 직원들의 노고에 심심한 사의를 표하는 바이다.

Contents

차례

PART 1 환경오염

PART 2 수질오염

PART 3 대기오염

CHAPTER 10 대기오염과 기상학 …… 244

CHAPTER 11 대기오염 방지기술 …… 270

Contents

PART 4 폐기물 처리

Part 5 소음 및 진동공해

CHAPTER 15 소음 측정 및 평가 …… 416

CHAPTER 16 소음의 영향 및 방지대책 …… 444

CHAPTER 17 진동공해 …… 451

Contents

PART 6 토양오염

Environmental Engineering

환경오염

Part 1

CHAPTER 1

환경오염

1.1 환경오염(environmental pollution)

1.2 LULU와 NIMBY

1.3 노출과 잠복(exposure and latency)

1.4 복용량–반응 평가(dose-response evaluation)

1.5 유해물질의 독성(toxicity)

1.6 주민 반응(population response)

1.1 환경오염(environmental pollution)

유인 우주선으로부터 찍은 지구의 사진을 보면 지구는 한정된 크기인 고독하고 조그마한 구형임을 알 수 있다. 우주공간의 암흑 속에 홀로 떠 있는 고독한 지구의 모습으로부터 지구와 지구에 함유된 천연자원이 우리가 소유하고 있는 전부이며 지구의 장래에 대한 근심을 하기 시작하지 않으면 안 된다는 사실을 깨달을 수 있다.

현재의 세대가 지구의 생존 자체를 관심사의 목록에 포함시킨 첫 세대이다. 지구의 생존 자체는 얼마 전까지만 해도 무의미한 문제라고 여겨져 왔기 때문이다. 코페르니쿠스 이전에는 지구는 평평할 뿐 아니라 전우주의 중심으로 여겨졌으며, 지난 몇 세기동안 지구와 지구상의 어떠한 것도 변화시키기에는 무력하다고 생각되어 왔던 인구문제가 문자 그대로 지구를 폭발하게 할 수도 있다는 급변하는 세대를 목격해 왔다.

"폭발"은 여러 가지 형태를 취할 수 있다. 핵무기에 의한 대파괴에서, 덜 극적이기는 하지만 온실효과에 의한 주변온도의 증가에 의하여 생명의 미묘한 균형을 파괴함으로써 대파괴와 동일한 영향을 초래하는 것들이 있다. 간단히 표현하면 지구를 오염시켜 생명을 유지해주는 지구의 능력을 없앰으로써 우리도 모르는 사이에 우리 자신의 고향을 서서히 파괴하는 과정이 환경오염(environmental pollution)이다.

(1) 환경오염에 대한 관심의 근원

환경오염에 관심을 가지게 되는 2가지의 기본적인 이유가 있다. 첫째로, 인간건강과 복지, 둘째로는 계승된 자연에 대한 보호이다. 후자에 대한 관심은 자연으로부터 우리가 얻을 수 있는 이익을 위해서 뿐만 아니라 자연도 존재할 권리를 가졌기 때문이다. 인간건강과 복지는 환경오염에 의하여 분명히 다른 두 가지 방법으로 영향을 받을 수 있다. (1) 오염된 물, 공기, 음식에 기인하여 건강에 나쁜 영향을 미치는 개인적인 차원 (2) 서서히 진행되는 주거환경의 악화에 의하여 궁극적으로 인류의 멸망과 모든 생물의 파괴를 초래하는 전 세계적인 차원이다. 그러한 걱정은 꼭 개인적인 것만은 아니다. 왜냐하면 우리의 생존기간 동안에 그러한 일이 발생할 수 있는 가능성은 하늘이 무너지는 것만큼이나 가능성이 없기 때문이다(아직도 지구의 종말이 오는 날짜를 맞추기 위해 분주히 뛰어다니는 "Chicken Littles"가 있다).

환경오염에 대한 개인적인 근심은 건강문제로 귀속되며 중금속, 석면, 염화살충제로부터 오염된 실내공기에 이르기까지 걱정꺼리가 많다. 환경오염이 악화되어 가고 있다는 생각이 새롭게 대두된 것은 아니다. 대부분의 고대 문명인들도 다양한 오염형태에 대한 엄격한 규제를 했지만, 19세기 중반까지는 우리의 환경을 보살펴야 한다는 생각이 사람들의 관심사가 되지는 않았다. 오염된 물과 공기가 질병과 관련이 있다는 것을 깨닫고는 도시를 정화하기 위하여 많은 노력이 기울어졌다. 예를 들어, 1869년 "매사추세스 건강위원회"가 선언한 결의에 의하면,

> "모든 시민들이 순수하고 오염이 안 된 공기, 물 및 토양을 사용할 고유의 권리를 가지고 있다. 즉, 이러한 권리는 전체 공동체의 소유로 간주되며 개인의 부주의나 탐욕, 심지어 무지에 의하여 이러한 권리가 침해되어질 수 없다."

이것은 값어치 있는 결의였으며, 오늘날 시민들을 위한 행동규약으로서도 잘 만족시킨다. 환경오염이 사람들을 병들게 하고, 심지어 환경적으로 악화된 여러 가지의 질병들에 의해 사람들이 조기에 죽는다는 사실이 환경오염을 제어하는 주요 추진력이 되고 있다.

다른 차원에서 보면, 우리의 신성한 장소를 파괴하는 것은 우리의 정신건강에 악영향을 미치기 때문에 자연이 파괴되는 것을 개탄한다. 많은 사람들은 야외활동을 즐기며, 야생적이고 홀로일수록 더 좋아한다. 만약에 자연이 우리를 위하여 존재하고, 우리가 자연의 일부분이며 자연을 즐길 수 있도록 존재하지 않는다면, 우리는 매우 빈곤한 자일 것이다. 그러나 이러한 자연보호는 인간중심적(anthropocentric)인 것이다. 즉, 인간의 행복을 위한 것이지 자연을 위한 것은 아니다. 이것은 그러한 욕망이 부적절하거나, 이기적이거나 잘못된 것이라는 것은 아니다. 전염병으로부터의 자유가 인간의 욕망인 것만큼이나 꼭 마찬가지로 정당한 욕망이기 때문이다. 그러나, 그것이 인간에 대한 혜택을 위한 것이라는 것도 깨달아야 한다.

(2) 위험도 분석(risk analysis)

인생에 있어서 우리가 행하는 모든 문제는 위험을 내포하고 있다(심지어 잠자리인 침대에 머물러 있다 할지라도 벼락에 맞을 수도 있고, 건물이 전소할 수도 있기 때문이다). 우리는 가능한 한 위험도를 줄이고자 한다.

환경에 해로운 영향을 미치거나 인간건강에 직접 또는 간접적으로 해로움을 끼치는 것이 감지되어지는 물질을 오염물이라고 간주한다. 그러나 어떤 영향이 있는지, 그러한 영향이 유독하거나 유해한 것인지를 판정하는 것이 때로는 어렵다.

예를 들면 우리들은 현재 담배연기가 건강에 나쁘다는 것을 매우 확신한다. 흡입된 담배연기는 폐암, 만성적인 폐색성의 폐질환, 심장병을 유발하는 것으로 명확하게 알려져 있다.

그러면 흡연이 어떤 특정한 질병의 원인이라고 밝혀지지 않았음에도 불구하고 어떻게 담배연기가 기여인자로서 간주되어져 왔는가? 담배연기가 다른 오염 물질이 규제받는 식으로 규제받지는 않지만 건강에 미치는 오염물질의 영향이 어떻게 결정되는가 하는 좋은 예이다. 1960년대 초에는 일생동안 흡연한 사람들이 종종폐암으로 사망하는 것이 관찰되었다. 그러면 사인(死因)이 무엇인지 그 죽음이 담배를 많이 피우는 것과 같은 습성에 어떠한 관련이 있는가를 어떻게 판단할 것인가?

역학(疫學)적인 정보원인 사망진단서에는 흡연이 죽음의 원인이라고 명기하지는 않는다. 폐암에 의한 사망을 흡연과 관련지우기 위해서는 폐암에 의한 사망이 비흡연자에게서 발생하는 것보다 흡연자에게 훨씬 많이 발생한다는 것을 보여주지 않으면 안 된다. 그러한 것을 표준치사율(standard mortality ratio, SMR)이라고 하며 다음과 같이 정의한다.

$$\text{표준치사율(SMR)} = \frac{\text{관측된 사망수(observed death)}}{\text{예상 사망수(expected death)}} \tag{1-1}$$

상기 식에서의 예상사망수(expected death)는 분명한 원인 없이 발생하는 특정질병(이 경우에는 폐암)으로부터의 사망자수이다. 흡연자와 비흡연자 중에서 폐암에 의한 사망자가 있으며, 비흡연자 중에서도 적은 수이기는 하지만 폐암에 의한 사망자가 있다. 이런 경우, 표준치사율(SMR)은 다음과 같이 정의된다.

$$SMR = \frac{D_{\rm s}}{D_{\rm ns}} \tag{1-2}$$

여기서, $D_{\rm s}$: 흡연자 중에서의 폐암 사망자수

$D_{\rm ns}$: 동일한 크기의 비흡연 모집단 중에서의 폐암 사망자수

이때 $SMR = 11/1$이라고 하자. SMR이 1.0보다 훨씬 크기 때문에 흡연이 폐암 발생에 큰 영향을 미친다고 말할 수 있거나 또는 흡연이 폐암에 의한 사망위험을 크게 증가시킨다고 말할 수 있다. 간단히 말해서, 폐암에 의한 사망위험은 비흡연자보다는 흡연자에게 11배 높다. SMR에 의한 판정은 흡연의 병인학(病因學 ; etiology)에 대한 것보다는 흡연의 역학(疫學 ; epidemiology)에 대한 것을 말해준다. 이러한 예에서 중요한 역학(疫學 ; epidemiology)적인 이유의 3가지 특성이 있다.

- 흡연자 모두가 폐암으로 죽는 것은 아니다.
- 비흡연자 중에서 일부는 폐암으로 죽는다.
- 그러므로 폐암에 의한 개개인의 사망이 명백하게 흡연에 의한 것으로 관련시킬 수는 없다.

위험도분석에서 통상 이용하는 통계는 "100,000명 모집단" 중의 "특정의 사망원인에 대한 사망자수"이다. 예를 들면, 미국 내에서 흡연에 의한 폐암과 심장병으로 사망하는 수가 매년 360,000명이며 미국인구가 3억(300×10^6)명일 경우, 흡연에 관련된 사망위험도는 모집단 100,000명당의 사망자수로 나타낼 수 있다. 즉,

$$\frac{360,000}{300 \times 10^6} = \frac{120}{100,000}$$

다른 말로 표현하면, 미국 내에서 흡연자가 폐암이나 심장병으로 매년 사망할 확률(위험도)은 100,000명당 120명이다.

위험도 통계를 나타내는 또 다른 방법은 "모든 원인에 의한 사망자"당 "어떤 특정원인에 의한 사망자수"이다. 요약하면, 어떤 환경적인 원인에 의한 사망위험도는 다음 세 가지 방법으로 표현할 수 있다.

1. 특정한 환경오염물에 노출된 집단에서의 사망위험도(SMR)

$$= \frac{\text{특정한 환경오염물에 노출된 집단에서의 사망기대치}}{\text{특정한 환경오염물에 노출되지 않은 집단에서의 사망기대치}}$$

2. 특정한 환경오염물에 노출된 집단에서의 특정한 원인에 의한 사망위험도(SMR)

$$= \frac{\begin{array}{c}\text{특정한 환경오염물에 노출된 집단에서의} \\ \text{특정한 원인에 의한 사망위험도 기대치}\end{array}}{\begin{array}{c}\text{특정한 환경오염물에 노출되지 않은 집단에서의} \\ \text{특정한 원인에 의한 사망위험도 기대치}\end{array}}$$

3. 특정한 환경오염물에 노출된 집단에서의 사망자중의 특정한 원인에 의한 사망위험도(SMR)

$$= \frac{\begin{array}{c}\text{특정한 환경오염물에 노출된 집단에서의} \\ \text{사망자 중의 특정한 원인에 의한 사망위험도 기대치}\end{array}}{\begin{array}{c}\text{특정한 환경오염물에 노출되지 않은 집단에서의} \\ \text{사망자 중의 특정한 원인에 의한 사망위험도 기대치}\end{array}}$$

Example 1-1

부타디엔 플라스틱 제조공장이 Feaverville에 위치하고 있으며, 발암물질이라고 생각되는 부타디엔에 의하여 대기가 심각하게 오염되어 있다. 8,000명으로 구성된 이 지역사회에서의 암에 의한 사망자수는 매년 36명이며 전체 사망자수는 매년 106명이다. Feaverville은 살기 좋은 곳이라고 말할 수 있는가?
단, 미국인구는 3억(300×10^6) 명이고, 매년 270만(2.7×10^6) 명이 사망한다. 암에 의한 사망자수는 10만명당 193명이다.

풀이

매년 미국 전체에서의 암에 의한 사망률은 사망자 193명/10^5명이며 정상적인 사망자수는 인구 300×10^6명 중에서 매년 2.7×10^6명이다. 따라서 8,000명의 구성원을 가진 이 지역에서의 모든 원인에 의한 기대 사망자수는 매년 72 (= $8,000\times2.7\times10^6/300\times10^6$)명이다. 세 가지 방법으로 계산한 위험도는 다음과 같다.

① $\text{사망위험도(SMR)} = \dfrac{\text{Beaverville에서의 사망기대치}}{\text{미국전역에서의 사망기대치}} = \dfrac{106\text{명}}{72\text{명}} = 1.47$

② $\text{Feaverville에서의 암에 의한 사망자위험도 기대치} = \dfrac{36\text{명}}{8,000\text{명}} = \dfrac{450\text{ 명}}{100,000\text{ 명}}$

$$\text{그러므로, 사망위험도(SMR)} = \dfrac{\text{Beaverville에서의 암에 의한 사망자위험도 기대치}}{\text{미국전역에서의 암에 의한 사망자위험도 기대치}} = \dfrac{450\text{ 명}}{193\text{ 명}} = 2.33$$

③ 미국전역에서의 사망자 중의 암에 의한 사망위험도 기대치

$$= \dfrac{(193\text{명}/100,000\text{ 명})(300\times10^6)\text{명}}{2.7\times10^6} = 0.21$$

$$\text{Feaverville에서의 사망자 중의 암에 의한 사망위험도 기대치} = \dfrac{36\text{ 명}}{106\text{ 명}} = 0.34$$

그러므로, 사망위험도(SMR)

$$= \dfrac{\text{Beaverville에서의 사망자 중의 암에 의한 사망위험도 기대치}}{\text{미국전역에서의 사망자 중의 암에 의한 사망자 수}} = \dfrac{0.34}{0.21} = 1.62$$

요약하면,

① Feaverville에서의 암에 의한 사망위험도가 미국 내의 타지역에서의 평균보다 큰 1.47이다.

② 사망의 특정 원인인 암에 의한 사망위험도가 미국전역에서 보다 Feaverville에서 450/193 = 2.33배 더 크다.

③ 사망원인이 되고 있는 암의 위험도가 미국 내의 타지역의 평균보다 Feaverville에서 0.34/0.21 = 1.62배 더 크다.

위의 예에서 Feaverville이 미국 내의 타지역보다 사망위험도가 높게 나타났지만, 부타디엔에 의한 것으로 단정 지을 수는 없다. 즉, 부타디엔으로 오염된 대기가 건강에 좋지 못한 환경의 원인으로 분명하게 나타났다고는 말할 수 없음을 명심해야 한다. 다시 말하면, 다이어트를 위해 피자로만 식사를 한다거나, 맥주, 또는 담배연기 자욱한 볼링장에 오랜 시간을 보내는 버릇 등의 원인들이 있을 수 있기 때문이다. 단지 Feaverville에서 사는 사람이 암으로 사망할 수가 더 많기 때문에 Feaverville에 사는 것이 건강에 좋지 못하다는 것만은 분명하게 결론지을 수 있다. 되풀이 하면, 위험도를 계산하는 것이 원인을 판별하는 것은 아니다. 또한, 모집단의 수가 클 때만이 위험도 분석이 의미를 가질 수 있다.

미국의 환경보호청(Environmental Protection Agency ; EPA)은 잠재적인 위험을 논의하는데 있어서 **단위위험도**(unit risk)라는 개념을 도입하였다. 단위위험도란 대기오염물농도 $1\mu g/m^3$ (즉, 10^{-9} g/L), 또는 수질오염물농도 10^{-9} g/L에 노출된 각 개인에 대한 위험도이다. 즉, 다른 원인들에 의한 모든 사망 가능성에 비해 특정한 오염물에 관련된 원인에 의해 사망할 가능성이 얼마인지 하는 것이다. **단위수명위험도**(unit lifetime risk)는 70년 동안 상기 오염농도에 노출된 각 개인에 대한 위험도이며, **단위직업위험도**(unit occupational risk)는 작업 수명인 50년 동안 일주일에 40시간 동안 노출된 것을 의미한다.

Example 1-2

음료수에 함유된 에틸렌디브로마이드(ethylenedibromide ; EDB)에 대한 단위수명위험도(unit lifetime risk)는 0.85×10^{-5}이다. EDB 평균농도 5×10^{-12}g/L를 함유한 물을 5년 동안 마신 개인에 대한 수명위험도(lifetime risk)는 얼마인가? (단, 수질오염물질의 각 개인에 대한 위험도의 기준농도는 10^{-9} g/L이다.)

풀이

5년 수명위험도

$$= \left(\frac{\text{수질오염물농도}}{\text{기준농도}}\right)(\text{오염물질의 단위수명위험도})\left(\frac{\text{노출시간}}{70\text{년}}\right)$$

$$= \left(\frac{5\times10^{-12}\text{g/L}}{1\times10^{-9}\text{g/L}}\right)(0.85\times10^{-5})(5\text{년}/70\text{년})$$

$$= 3.0\times10^{-9}$$

즉, 이러한 위험도에 노출된 인구 10억명(1 billion) 중 약 3명의 사망자가 발생할 수 있다.

오염물의 농도가 영(zero)이거나 노출된 시간이 영(zero)일 경우, 위험도도 영(zero)이다. 그러나, 단위위험도가 영(zero) 이상이기만 하면 어느 일정수준 이상의 오염물과 노출시간도 위험으로 이어질 수가 있다.

위험을 자발적인 것과 비자발적인 것으로 분류하는 경향도 있다. 예를 들면, 흡연자는 자발적으로 위험에 자신을 맡기지만, 자기 지역사회의 고형폐기물 소각로 설치에 대해서는 그 위험도가 하찮은 것임에도 불구하고 비자발적인 것이기 때문에 완강히 반대한다. 연구보고에 의하면 사람들이 비자발적인 위험도를 수용하는 것은 일반적으로 자발적인 것보다 적어도 1,000배나 덜 수용하고자 한다. 예를 들면, 미국 내에서 매년 55,000명의 교통 사망자가 발생한다. 두 번째의 위험도 정의에 의하면 미국 인구가 3억(300×10^6)명일 경우, 한 해 동안 고속도로 상에서 사망하는 확률은 1/5,454 (= $55,000/300 \times 10^6$, 즉 $55,000/300 \times 10^6 = 183 \times 10^{-6}$)이다. 차를 타는 사람들은 남녀를 불문하고 이러한 위험을 자발적으로 수용하고 있다. 그러나 화학 공장 건설은 사고에 의해 발생한 누출로 인한 비자발적인 사망위험도가 통상 일백만 분의 일(1/1million)보다 작을 경우에 일반 대중에게 받아들여진다. 이는 고속도로 상에서 발생하는 교통사고보다 적어도 1,000배나 작은 것이다.

선진국에서는 사망위험도(risk of death, mortality risk)를 측정하는 것이 발병위험도(risk of illness, morbidity) 측정보다 더 용이하다. 왜냐하면 모든 사망과 사망원인이 보고되기 때문이다. 그럼에도 불구하고 사망진단서 자료가 판단을 그르치게 할 수가 있다. 즉, 고혈압을 앓아온 사람이 교통사고로 사망했을 경우 심장병질환으로 통계에 잡히는 것이 아니라 교통사고 통계로 잡히기 때문이다. 매우 최근까지 미국 내에서는 직업적인 노출에 원인이 된 사망에 대한 통계는 남성에 대해서만 한정되었다. 왜냐하면 대다수의 여성은 성인이 된 후 가정에서 대부분 생활하기 때문이다. 특정한 원인으로부터 위험도를 평가하는데 있어서 이러한 원인의 영향을 분리해냄으로써 특정의 불명확성을 극복할 수 있다. 이렇게 하기 위해서는 두 개의 모집단을 연구할 필요가 있다. 하나의 모집단은 연구하고자 하는 위험도가 존재하고, 다른 모집단에는 존재하지 않는 것을 제외하고는 사실상 동일한 환경을 갖는 두 모집단에 관한 연구가 필요하다. 이러한 연구를 동세대 연구(cohort study)라고 부르며 사망위험도 뿐만 아니라 발병위험도를 판정하는데 이용될 수 있다. 예를 들면, 한 동세대연구(cohort study)에서 대기 중에 비소가 없는 유사한 산업지역 주민들에 비하여, 대기 중의 비소(As)에 노출된 동제련지역 주민이 어떤 특정한 폐암의 빈도가 훨씬 높다는 것을 보여주었다. 그러나, 습관 또는 다른 오염물에 대한 노출 등에 대한 자료의 불확실성 때문에 이러한 동세대 연구(cohort study)를 행하는 것이 불가능하다. 동세대연구(cohorts) 는 모집단의 크기, 연령분포, 생활양식, 환경에 대한 노출 등에 있어서 대등해야 하며, 다른 이유에 의해 발생한 사망이나 질병을 구별해 내기 위해서 모집단이 충분히 커야 한다. 그리고, 동세대 연구(cohort study)조차도 어떤 원인과 결과에 대해서 아무것도 증명(prove)할 수는 없다.

1.2 LULU와 NIMBY

1976년 "자원보존 및 회수조약(Resource Conservation and Recovery Act)"의 통과와 1979년 Three Mile Island의 원자력 발전소의 사고가 발생한 이래로, 환경에 대한 유독성 물질이나 오염물질에 의한 인간 건강에 제기될 위험에 대한 일반적인 자각이 현저하게 증가했다. 일반 대중의 일부는 인접한 환경에의 비자발적인 어떠한 위험도 수용하지 않으려는 면이 나타났다. 어떠한 유독성 또는 유해한 배출물을 생성한다고 의심되는 시설들의 설치장소를 구하기가 점차적으로 어렵게 되었다. 즉, 도시 폐기물 매립지, 유해 또는 방사성 폐기물 처리장, 하수 처리장, 소각로, 심지어 환경적인 측면이라기보다는 사회적으로 탐탁하지 못하다는 것 때문에 교도소, 정신병원, 또는 군사시설을 위한 장소 마련도 어렵게 되고 있다.

달갑지 않은 토지이용(local undesirable land uses ; LULU), 즉 Frank Popper가 만든 어휘인 LULU가 환경에 대한 관심의 주된 초점이 되어왔다. LULU에 의한 지역적인 반대는 "내 뒷뜰에는 안 됨(not in my back yard ; NIMBY)"이라는 말로 집약할 수 있다(LULU에 대한 지역의 반대자는 이 구절의 약성어(略成語)인 NIMBY로 불림). 이와 유사한 지역적 이기주의에 해당되는 또 다른 표현으로 PIMFY (please in my front yard)가 있다.

환경공학자는 환경 피폐에 대한 진실한 관심과 "내 뒷뜰에는 안 됨(not in my back yard ; NIMBY)"이라는 거의 무의식적인 반응간의 예리한 구분을 해야 한다. 실제로 모든 인간활동이 자발적이든지 비자발적이던지 간에 위험을 내포하고 있다는 것을 깨달아야 하며(많은 사람들이 그렇지 못하지만), 위험이 전혀 없는 환경을 이룩하는 것은 불가능하다는 것을 깨달아야 한다. 위험이 덜한 것으로 보이던 환경이 단순히 어떤 한 위험에서 다른 위험으로 맞바꿔온 적도 종종 있다. 피해를 최소로 할 수 있는 환경 대신에 지역적인 반대가 덜한 곳에 탐탁스럽게 받아들여지지 않는 시설을 설치하는 것이 과연 윤리적인 것인가? 미국 내에서의 오염제어 규제 때문에, 유해하거나 독성물질을 배출하는 미국 소유의 공장을 오염제어 규제가 덜하거나 없는 국가(예를 들면 베네수엘라에 원유 탈황, 필리핀에 구리제련)에 설치해 왔다. 소위 오염수출(pollution export)이라고 일컬어지는 이러한 현상에 대한 윤리적인 면이 좀 더 면밀히 검토되어야 한다.

1.3 노출과 잠복(exposure and latency)

많은 암은 매우 서서히 성장하므로 발암성 물질에 노출된 후 수년 후에 발견(발현)된다. 오염물에의 노출과 오염물에 의한 악영향이 나타나는 것 사이의 기간을 잠복기(latency period)라고 부른다. 성인에서 발생한 악성종양과 백혈병은 잠복기간이 약 10~40년이다. 암 발생을 어떤 특정한 오염물에 대한 노출에 관련시킨다는 것은 본래적으로 부정확성을 내포하고 있다. 개인 생활의 30~40년을 점검하는데 있어서 단 하나의 발암성 물질의 영향을 구분해 낸다는 것은 극히 어려운 일이다.

어떤 특정한 종양은 특정의 화학물질에 대한 노출에 의해서만 발생하는 몇몇 예가 있으나(예를 들면, 어떤 hemangioma는 염화비닐 단량체에 대한 노출에 의해서만 발생함), 대부분의 경우 노출과 그 영향이 명확하지 않다. 발암물질 중의 많은 것들이 동물실험을 통하여 규명되었으나 동물실험결과를 인간에 대한 결과로 항상 추정할 수 있는 것은 아니다. 마지막으로 전체조사량이 동일할 때, 오랜 시간동안 적은 양에 노출될 경우와 심각하게 많은 양에 노출될 경우에 대한 영향이 서로 다를 수가 있다(다르지 않을 수도 있지만). 오염물질의 역학(疫學)에 관련한 누적된 불확실성 때문에 규제와 제어에 대하여 보다 신중한 자세를 취하게 된다. 즉, 어떤 물질에 대한 노출이 건강에 유해하다는 증거가 있을 경우, 그 증거가 결정적이 아닐지라도 그 물질의 환경으로의 배출을 규제하고 통제하게 된다.

1.4 복용량-반응 평가(dose-response evaluation)

오염물의 영향, 즉 오염물에 대한 생물체의 반응은 어떤 면에서 생물체에 대한 오염물의 양이나 복용량에 의존한다. 복용량의 크기는 생물체에로의 대사경로에 달려있다. 오염물질은 흡입되거나 섭취되거나 피부로 흡수되거나 외부적으로 노출되거나에 따라 다른 영향을 나타낸다. 일반적으로, 인체는 흡입된 오염물보다는 섭취된 오염물을 보다 효과적으로 해독시킨다.

오염물의 복용량과 생물체의 반응간의 관계를 <그림 1-1>에서 나타낸 복용량-반응 곡선으로 나타낼 수 있다. 복용량-반응간의 관계에 대한 몇 가지 특성은 다음과 같다.

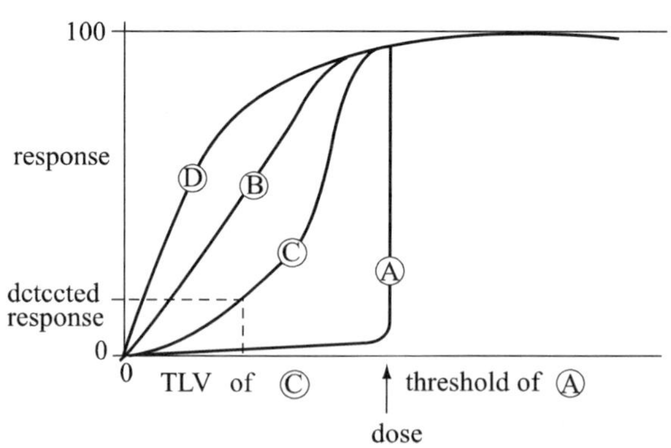

그림 1-1 Dose-response curve.

(1) 한계치(threshold)

오염물질의 건강에 미치는 영향에 있어서 한계치(threshold)의 존재 여부가 논란이 되어 왔다. 특정 오염물질의 복용량(예를 들면, 일산화탄소)과 반응(예를 들면, 혈액의 산소운반능력의 감소)에 대한 4가지의 기본적인 복용량-반응곡선이 있다.

곡선 A는 이러한 복용량-반응 관계가 유효할 경우, 위험농도에 도달하기까지는 인체의 대사작용에 아무런 영향을 미치지 못함을 보여준다. <그림 1-1>에서 나타나듯이 이 농도를 한계치(threshold)라고 한다.

곡선 B는 오염물질의 어떠한 농도에 대해서도 감지할 만한 반응을 나타내며 이 곡선을 한계치(threshold)가 없는 복용량-반응 선형곡선이라 부른다.

곡선 C는 S자형의 복용량-반응곡선이며 많은 오염물들이 이러한 특성을 나타낸다. 곡선 C가 한계치(threshold)를 정확하게 나타내고 있지는 못하지만, 그림에서 보여 주듯이 반응을 감지할 수 있는 점을 한계제한치(threshold limit value ; TLV)라고 한다. 직업상의 노출 지침을 한계제한치(TLV)로 정하는 경우가 많다. 곡선 C를 때로는 선형하부 복용량-반응관계곡선(sublinear dose-response relationship)이라고 부르기도 한다.

곡선 D는 선형상부(superlinear) 관계를 나타내며 소량에도 비선형적으로 큰 반응을 유발하는 것으로 나타난다.

(2) 총 신체부담량(total body burden)

오염물의 복용량 모두가 대기에서 오는 것은 아니다. 예를 들면, 50μg/day의 납을 호흡하며 음료수와 음식을 통하여 300μg/day 납을 섭취한다. 그러므로 음료수와 음식으로부터 대부분의 납을 흡입한다는 것을 깨닫고, 납에 대한 표준공기질을 정하여야 한다. 생물체의 모든 대사과정을 통하여 들어오는 것을 합한 것을 총 신체부담량(total body burden)이라고 하며, 이전의 노출에 의해 체내에 남아있는 오염물의 농도를 포괄한다. 체내로부터의 오염물 제거율은 생리학적 반감기(physiological halftime)로 측정한다.

(3) 시간 대 복용량(time versus dosage)

대부분의 오염물은 반응할 시간이 필요하므로 접촉시간이 오염물 농도만큼이나 중요하다. 시간-반응 문제로 인하여, 주위의 공기질에 대한 기준치는 주어진 시간동안 최대허용농도(maximum allowable concentration)로 고정되어 있다.

(4) 상승작용(synergism)

상승작용이란 개별적인 영향의 합보다도 더 큰 효과를 나타내는 서로 결합된 영향을 의미한다. 예를 들면, 석탄광부의 흑폐증은 광부가 흡연자일 경우에만 나타난다. 채탄이나 흡연에 의해서만은 흑폐증의 원인이 되지 못하지만, 두 가지의 상승작용에 의하여 흡연을 하는 석탄 광부는 매우 위험도가 크다. 상승작용(synergism)의 반대개념이 antagonism으로서 두 가지의 오염물이 서로의 영향을 상쇄하는 현상이다.

(5) 생물학적 축적과 농도(bioaccumulation and bioconcentration)

생물학적 축적(bioaccumulation)은 어떤 물질이 기관이나 세포에 축적될 때 사용되는 어휘이다. 예를 들면, 요오드는 갑상선에 축적된다. 따라서 기관(器官)에 대한dose(복용량)은 신체부담복용량(총 신체복용량)보다 훨씬 클 수 있다.

생물학적 농도(bioconcentration)는 먹이사슬의 변화와 함께 발생한다. 미시간 호수의 생태계에 대한 연구에 의하면 다음과 같은 DDT의 생물학적 축적농도를 알 수 있다.

- 바닥의 침전물에는 0.014 ppm (습무게 : wet weight)
- 바닥에서 먹고 사는 갑각류에는 0.41 ppm
- 물고기에는 3～6 ppm
- 물고기를 먹이로 하는 새는 2,400 ppm

하나의 중요한 생물학적 축적경로는 인간이 오염된 물고기를 먹는 것과 관계가 있다. 물속에 존재하는 오염물질의 농도를 구하는 것은 비교적 쉬운 편이고, 개인이 소비하는 물고기의 소비량을 구하는 것도 역시 무리가 없다(예를 들면, 표준 섭취량). 어려운 것은 주어진 수중의 화학물질의 농도를 가지고 고기 속의 오염물질의 농도를 구하는 것이다. 생물농축계수(bioconcentration factor ; BCF)가 가장 중요한 열쇠고리이다. 이 계수는 오염물질이 물고기의 체내에 축적되는 경향의 측정단위이다. 물고기속의 화학물질의 평형농도는 수중에서의 그 물질농도를 생체 농축계수와 곱해서 추정할 수 있다.

$$\text{물고기 속의 농도} = \text{물속의 농도} \times \text{생물농축계수(BCF)} \quad (1\text{-}3)$$

BCF의 단위는 물속에 존재하는 물질의 농도를 mg/L로 하고 물고기속의 농도를 mg/kg으로 하여 L/kg으로 정한다. BCF의 값의 예는 <표 1-1>에 나와 있다. DDT, Chlordane, Heptachlor 같은 염소계의 살충제와 특히 PCB와 같은 물질의 생물농축계수가 높은데 주목하라. 이렇게 높은 생물농축계수 때문에 미국에서는 위의 물질에 대한 사용을 제한하거나 아예 금지하기도 한다.

표 1-1 화학물질에 대한 생물학적 축적 요소

화학물질	생물 농축계수(L/kg)
Aldrin	28
Arsenic and compounds	44
Benzene	5.2
Cadmium and compounds	81
Carbon tetrachloride	19
Chlordane	14,000
Chloroform	3.75
Chromium Ⅲ, Ⅵ and compounds	16
Copper	200
DDE	51,000
DDT	54,000
1,1-Dichloroethylene	5.6
Dieldrin	4,760
Formaldehyde	0
Heptachlor	15,700
Hexachloroethane	87
Nickel and compounds	47
Polychlorinated biphenyls (PCBs)	100,000
2,3,7,8-TCDD(dioxin)	5,000
Tetrachloroethylene	31
1,1,1-Trichloroethane	5.6
Trichloroethylene(TCE)	10.6
Vinyl chloride	1.17

Example 1-3

TCE의 생체 농축

몸무게가 70 kg인 사람이 TCE의 농도가 100 ppb (0.1 mg/L)인 호수에서 잡은 물고기를 매일 평균 6.5 g을 소비하고 있다. 이런 노출에 대한 평생 발암 위해도를 계산하라.

풀이

TCE(표 1-2)의 내복투여에 의한 발암 잠재인자는 1.1×10^{-2} (mg/kg/일)$^{-1}$이고, <표 1-1>에서 TCE에 대한 생물학적 농축계수가 10.6 L/kg이다. 따라서 물고기 속의 TCE의 농도는 아래와 같이 구해진다.

$$\text{물고기 속의 TCE 농도} = 0.1\ \text{mg/L} \times 10.6\ \text{L/kg} = 1.06\ \text{mg TCE / kg 물고기}$$

만약 몸무게가 70 kg인 사람이 이 물고기를 하루에 6.5 g씩 (0.0065 kg 물고기/일) 소비한다면, 일일 만성 섭취량(CDI)은 아래와 같다.

$$\begin{aligned} \text{CDI} &= 0.0065\ \text{kg 물고기/일} \times 1.06\ \text{mg TCE / kg 물고기} \times \left(\frac{1}{70\ \text{kg}}\right) \\ &= 9.8 \times 10^{-5}\text{mg/kg/일} \end{aligned}$$

발암의 평생 위험도(위해도)는 아래와 같다(1.6절 참조)

$$\begin{aligned} \text{위해도} &= \text{CDI} \times \text{잠재 인자} \\ &= 9.8 \times 10^{-5}(\text{mg/kg/day}) \times 1.1 \times 10^{-2}(\text{mg/kg/day}) \\ &= 1.08 \times 10^{-6} \end{aligned}$$

즉, 약 백만분의 1이다.

1.5 유해물질의 독성(toxicity)

사람에 대한 복용량-반응 관계는 일반적으로 건강자료나 역학(疫學)연구로부터 얻어진다. 주요한 건강문제를 유발시키거나 야기하는 오염물을 사람에게 복용하도록 할 수는 없기 때문에, 사람이 아닌 생물체 내에 죽을 때까지 오염물의 복용량을 증가시켜 독성을 판정한다.

(1) 만성독성평가

유해성분이 인간이나 환경에 미치는 악영향을 여러 농도에서 장기간에 걸쳐 수행하기가 매우 곤란하므로 유해성분에 의한 만성독성의 유해성 여부를 평가하기가 매우 어렵다. 그러므로 동물실험을 통하여 비교적 짧은 시간동안 물질을 투여한 결과로부터 낮은 농도, 장기간의 영향을 추정(extrapolate)한다. 주로, 최대오염농도 수준치(maximum contamination level goal, MCLG ; 인간에게 악영향을 미치지 않는 정도)를 먼저 설정한 후 현실적인 여건을 고려하여 최대오염수준(maximum contaminant level, MCL)을 정하고 이를 허용기준으로 삼는다. 최대오염수준(MCL)을 설정하는데 고려하는 현실적인 여건들로서는 오염물질 처리기술, 처리비용, 관련위해도(reference risk ; 위해가 발생할 확률적 가능성 ; 보통 $10^{-4} \sim 10^{-6}$임) 등이 있으며 최대오염수준(MCL) 외에도 RSD (risk specific dose ; 평생동안 폭로되었을 경우에 발암확률이 $10^{-4} \sim 10^{-6}$인 매일 복용량), RfD (reference dose ; 평생폭로시 발암 이외의 위해성을 나타내는 매일 복용량) 등이 이용된다. MCL, RSD, RfD값이 결정되면 이 값을 초과하는 물질을 유해물질로 분류한다.

(2) 급성독성평가

급성독성을 측정하는 일반적인 기준은 TLm (median tolerance limit)이다. TLm은 일정시간(24시간, 48시간, 96시간) 동안 노출시켰을 때 50%가 생존할 수 있는 독성물질의 농도로 정의된다. 독성시험 기간 동안 용존산소농도를 적절하게 유지하여야 한다. 이는 용존산소 부족으로 죽은 시험생물과 독성으로 인하여 죽은 시험생물이 구별되어야 하기 때문이다. 또한, 시험생물종의 선택도 독성시험 결과에 미치는 중요한 인자 중의 하나이다. 급성독성(acute toxicity)은 48시간 또는 96시간 내에 독성이 관찰되는 반응이 빠른 독성을 말한다. 급성이란 "독성에 대한 반응시간"에 대한 개념일 뿐이며 사망을 의미하는 것은 아니다.

LD_{50} (half lethal dose) 또는 ED_{50} (effective dose)은 실험에 사용된 동물의 50%를 치사시키는 양을 의미한다. LD_{50}은 살충제나 농약 등에 대한 독성을 비교하는데 주로 이용된다.

LC_{50} (half lethal concentration 또는 EC_{50})은 독성시험 생물의 50%를 치사시키는 유해물질의 농도를 의미하며, NOAEL (no observed acute effect level)은 시험생물의 10% 정도를 치사시키는 농도를 의미한다. 만성독성(chronic toxicity)은 장기간(수명의 1/10 이상) 독성의 영향이 나타나는 것을 말하며, 사망률의 증가, 성장률 및 번식력을 감소시킨다. NOEC (no observed effect concentration)은 만성 독성시험에서 유해한 영향을 미치지 않는 최고농도이며, LOEC (lowest observed effect concentration)은 유해한 영향을 미치는 최저농도이다.

Example 1-4

독성시험의 분석 ; 다음 자료를 이용하여 48시간과 96시간 LC_{50}을 %부피단위로 구하여라.

폐수농도(% 부피)	실험동물의 수	후에 죽은 실험동물의 수[a]	
		48시간	96시간
40	20	17(85)	20(100)
20	20	12(60)	20(100)
10	20	6(30)	14(70)
5	20	0(0)	7(35)
3	20	0(0)	4(20)

a. 괄호 안에서 %값

풀이

1) %부피인 폐수의 농도(로그눈금)를 실험동물 %사망률에 대해서 다음과 같이 그린다.

2) 각 직선을 대상으로 치사율이 50% 곳에서 %부피로 표시한 폐수의 농도를 찾는다. 추정된 LC_{50}값은 48시간에 대해서는 16.5%, 96시간에 대해서는 6.5%이다.

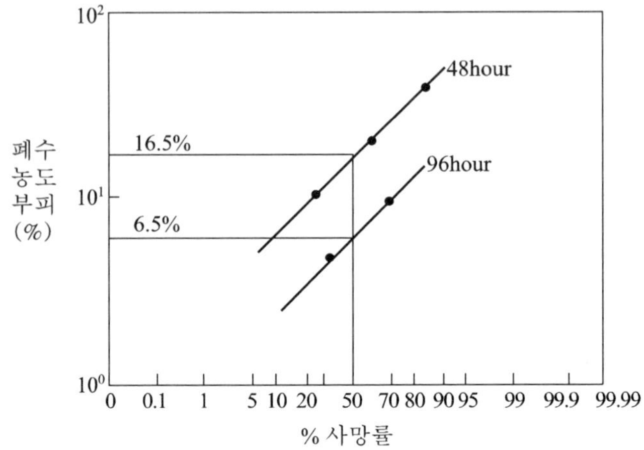

1.6 주민 반응(population response)

오염물에 대한 각 개인의 반응은 동일하지 않다. 복용량－반응곡선은 사람마다 다르다. 특히 한계치(threshold)는 서로 다르다.

개인의 반응과 한계치는 나이, 성별, 건강 상태 등에 따라 다르다. 건강하고 젊은 성인은 노인, 만성질환자 급성환자, 어린이들보다 오염물에 덜 민감하다. 오염물의 배출 허용한도는 이론적으로 오염물에 가장 민감한 사람을 포함해서 전 주민의 건강을 보호할 수 있는 양으로 규제한다.

실제로 이러한 배출수준은 기술적, 경제적인 통제에 대한 타당성을 고려하여 선택하며, 통상 전 주민의 95% 이상에 대한 한계치(threshold) 이하로 정한다. 그러나 한계치가 없는 오염물에 대해서는 모든 주민을 확실히 보호할 수 있는 배출기준이 없으므로 비교위험도분석(comparative risk analysis)이 필요하다. 발암물질을 포함한 많은 오염물질들은 한계치(threshold)를 측정할 수 없는 것으로 간주된다. 그러한 오염물을 가장 잘 통제하기 위해서는 잔류위험도(residual risk)를 이용할 수 있다. 우리의 산업사회에서는 정확한 정량적인 위험도평가가 요구되고 있다. 우리는 발암물질인지 돌연변이 유발요인인지 명료하게 구분하지 못할 뿐만 아니라 그들이 작용하는 메커니즘도 알지 못하고 있음을 깨닫지 않으면 안 된다. 우리는 대부분의 오염물과 건강에 미치는 영향 간에 명확하게 관련되어 있는 것만을 규명할 수 있다.

거의 대부분의 경우, 일반대중에 대한 복용량이 너무 적어서, 초과치사율(mortality)과 질환율(morbidity)을 구별할 수 없다. 환경오염에 의한 오염도는 우리 생활의 도처에 산재하고 있으며 피할 수 없는 생활일부이다. 환경오염을 통제함으로써 이러한 위험도를 상당히 감소시킬 수 있다.

(1) 발암물질의 복용량－반응

발암물질에 대한 복용량－반응 곡선의 가장 논쟁의 여지가 있는 부분은 실험동물에게 실제로 많은 양을 복용시켜 얻은 결과를 인간에게 노출되는 미량의 물질에 대해 적용할 수 있느냐 하는 점이다. 그래서 인간에 위해한 물질을 훨씬 낮은 농도에서 평가하려고 하나 이러한 낮은 농도 영역에서의 동물에 대한 실험 자료는 어느 곳에도 없을 것이다.

발암물질에 대한 복용량－반응식은 아래와 같다.

$$\text{평생위해도} = \text{일일평균복용량(mg/kg/day)} \times \text{잠재 인자(mg/kg/day)}^{-1} \qquad (1\text{-}4)$$

위해도는 암에 의해 사망할 확률이 아닌 암에 걸릴 확률을 나타내며, 복용량은 평균 수명을 70년으로 했을 때의 평균을 말한다. 복용량을 평생평균 일일복용량(LADD) 또는 만성일일섭취량(chronic daily intake ; CDI)이라고 한다.

독성물질에 노출되는 경로는 호흡 또는 구강에 의한 것이다. 평생 발암물질이 든 물을 마셨을 때 인간의 위험을 추정하는 예를 생각해 보자. 만성 일일 섭취량을 정하기 위해서는 먼저 매일 마시는 물의 양과 물속에 포함된 발암물질의 농도를 알아야 하고 복용량을 개인의 몸무게에 맞추어 적당한 단위로 표시해야 한다. 비슷한 방법으로 오염된 공기를 호흡함으로써 발생되는 복용량을 계산하기 위해서 우리가 호흡하는 공기량과 오염물질의 농도 그리고 개인의 몸무게를 알아야 한다. 위해도 평가를 좀 더 많은 사람들에게 적용하기 위해서는 평균몸무게와 일일 물섭취량 그리고 호흡량에 대한 가정을 세우는 것이 편리하다.

표 1-2 잠재적 발암물질에 대한 독성 데이터

화학물질	범주	섭취시 위해노출상수 $(mg/kg/day)^{-1}$	호흡시 위해노출상수 $(mg/kg/day)^{-1}$
Arsenic	A	1.75	50
Benzene	A	2.9×10^{-2}	29×10^{-2}
Benzo(a)pyrene	B2	11.5	6.11
Cadmium	B1	–	6.1
Carbon tetrachloride	B2	0.13	–
Chloroform	B2	6.1×10^{-3}	8.1×10^{-2}
Chromium Ⅵ	A	–	41
DDT	B2	0.34	–
1,1-Dichloroethylene	C	0.58	1.16
Dieldrin	B2	30	–
Heptachlor	B2	3.4	–
Hexachloroethane	C	1.4×10^{-2}	–
Methylene chloride	B2	7.5×10^{-3}	1.4×10^{-2}
Nickel and compounds	A	–	1.19
Polychlorinated biphenyls(PCBs)	B2	7.7	–
2,3,7,8-TCDD(Dioxin)	B2	1.56×10^{5}	–
Tetrachloroethylene	B2	5.1×10^{-2}	$1.0\sim3.3\times10^{-3}$
1,1,1-Trichloroethane(1,1,1-TCA)	D	–	–
Trichloroethylene(TCE)	B2	1.1×10^{-2}	1.3×10^{-2}
Vinyl chloride	A	2.3	0.295

Example 1-5

음용수 중의 클로로포름에 대한 위해도 평가

음용수가 염소 소독이 될 때 일상적으로 그리고 부주의에 의해 클로로포름이 약 30～70 μg/L의 농도로 생긴다. 음용수의 평균 클로로포름의 농도가 70μg/L라고 가정하자.

① 음용수의 클로로포름으로 인하여 하루에 2 L의 물을 마시는 성인(70 kg)들의 평생 동안의 암에 대한 최대 위해도를 추정하라.

② 만약 그 도시의 500,000명이 이 물을 공급받고 있다면, 일 년에 몇 명이 이로 인해 암에 걸릴 것으로 예상되는가?

③ 음용수에 포함된 클로로포름에 의한 일 년의 추가 암 발생과 모든 다른 이유에 의한 예상 사망자를 비교하라(미국에서 암에 의한 사망률을 매년 100,000명당 193명이다).

풀이

① 성인의 표준 몸무게는 70 kg이고 하루에 2 L의 물을 마시므로 만성일일 섭취량은 아래와 같다.

$$\text{CDI(만성일일 섭취량)} = \frac{70 \times 10^{-6}\text{g/L} \times 10^{3}\text{mg/g} \times 2\text{L/day}}{70\text{kg}} = 0.002\text{mg/kg/day}$$

<표 1-2>에서 복용에 의한 발암잠재 인자가 6.1×10^{-3} $(\text{mg/kg/day})^{-1}$이므로 평생발암 위험도는 아래와 같다.

$$\begin{aligned}\text{위해도} &= \text{CDI} \times \text{Potency factor (잠재 인자)} \\ &= 0.002\text{mg/kg/day} \times \frac{6.1 \times 10^{-3}}{\text{mg/kg/day}} = 12.2 \times 10^{-6}\end{aligned}$$

즉, 70년의 기간 동안 개인이 암에 걸릴 확률이 백만분의 12.2이다(잠재인자는 추정상 95%의 신뢰도를 가진 확률을 나타내므로 백만분의 12.2라는 숫자는 실제의 암에 걸릴 확률을 과대평가한 것이라 할 수 있다).

② 70년의 기간 동안 백만 명 중에서 12.2명이 암에 걸린다면, 어떤 특정년도에 오십만 명 중에서 클로로포름에 의해 암에 걸릴 사람은 다음과 같다.

$$\begin{aligned}\text{암환자/년} &= 500{,}000\text{명} \times \frac{12.2}{10^{6}\text{ 명}} \times \frac{1}{70\text{년}} \\ &= 0.09 \approx 0.1 \text{ 암발생/년}\end{aligned}$$

③ 500,000명의 도시 인구 중에서 매년 암에 의한 총사망자는 사망률이 매년 100,000명 중에서 193명이므로 아래와 같다.

$$\begin{aligned}\text{암에 의한 총사망자/년} &= \frac{193\text{사망자/년}}{100{,}000\text{명}} \times 500{,}000\text{명} \\ &= 965\text{사망자/년}\end{aligned}$$

이것은 총 인구 중에서 매년 965명이 암으로 사망하며, 매년 0.1명의 새로운 암 발생자가 생긴다고 볼 수 있다.

참고

<예제 1-5>에서 보여준 것과 같은 위해도 평가의 계산에 사용된 방법은 상당히 많은 불확실성이 포함되어 있다는 사실을 강조할 필요가 있다. 위의 예제에서 사용된 투여율은 예상되는 70년 수명 동안의 노출과 섭취율을 기준했으며 유독물질은 100% 다 흡수된다고 가정했다. 보다 일반적인 형식으로 일일만성 섭취량은 아래와 같이 구할 수 있다.

$$\text{CDI(mg/kg/일)} = \frac{\text{총 복용량(mg)}}{\text{몸무게(kg)} \times \text{수명(일)}}$$

여기서, (총복용량)=(오염물농도)×(섭취율)×(노출시간)×(흡수율)

Example 1-6

직업적 노출

몸무게 60 kg의 노동자가 아래와 같은 조건에서 특정 발암물질에 노출되었을 때의 암 발생률을 추정하라. 노출 시간은 20년 동안 일 년에 50주, 1주에 5일이다. 노동자는 노동시간에 2시간은 1.5 m^3/hr로 심하게 호흡하고 그 외 6시간은 정상적으로 1 m^3/hr로 호흡한다. 발암물질의 잠재인자는 0.02 $(mg/kg/day)^{-1}$이고 흡수율은 80%로 추정되며 발암물질의 공기 중 평균 농도는 0.05 mg/m^3이다.

풀이

노동시간 동안의 총 호흡량을 계산하면

$$\text{일일섭취율} = 1.5\text{m}^3/\text{hr} \times 2\text{hr} + 1\text{m}^3/\text{hr} \times 6\text{hr} = 9\text{m}^3/\text{day}$$

총 복용량은

$$\begin{aligned}\text{총 복용량} &= 9\text{m}^3/\text{day} \times 5\text{day/wk} \times 50\text{wk/yr} \times 20\text{yr} \times 0.05\text{mg/m}^3 \times 0.8 \\ &= 1{,}800\text{mg}\end{aligned}$$

70년을 수명으로 사용하면 CDI는 아래와 같다.

$$\text{CDI} = \frac{1{,}800\text{mg}}{60\text{kg} \times 70\text{yr} \times 365\text{day/yr}} = 0.00117\text{mg/kg/day}$$

그러므로 암 발생률은 아래와 같다.

$$\begin{aligned}\text{발생률} &= 0.00117\text{mg/kg/일} \times 0.02(\text{mg/kg/일})^{-1} \\ &= 2.3 \times 10^{-5}\end{aligned}$$

즉, 백만명 중에 23명이 발암 가능성이 있다.

(2) 발암물질이 아닌 경우의 복용량 – 반응

발암물질이 아닌 경우의 가장 중심이 되는 가정은 한계 노출점이 있다는 것이다. 즉, 한계 노출점 이하의 어떤 노출도 자연적인 배경률 이상의 악영향을 보여 주리라 기대되지 않는다는 뜻이다. 그러므로 유독물질 시험의 중요한 목표중의 하나가 이 한계점을 정의하고 정량화하는데 있다. 불행하게도 보통의 경우, 어느 정도의 신뢰도를 가지고 한계점을 찾기 위해 사용되는 자료가 부적절하므로 여러 개의 특별한 가정과 정의를 삽입하는 것이 필요하다.

특별한 동물 종에 대한 특정 유독물질의 정확한 한계점이 존재한다고 가정하자. 실험적으로 그 한계점을 결정하기 위해서 동물이 어느 범위의 복용량에 노출되었을 때의 실험을 상상해 보자. 한계점 이하의 복용량은 어떤 반응도 유도해 내지 못할 것이며, 한계점 이상의 복용량은 반응을 일으킬 것이다. 반응을 일으키는 최저의 복용량에 대해서는 "최저 영향 감지 수준"(lowest observed effect level ; LOEL)이라고 하며, 반대로 반응을 일으키지 않는 최대의 복용량은 "영향 무감지 수준"(no observed effect level ; NOEL)이라 불려진다. NOEL과 LOEL은 그 영향이 건강상의 악영향인 것과 그렇지 않은 것으로 더욱 세밀히 구별되며, 급성영향무감지 수준(NOAELs)과 최저급성영향감지수준(lowest observed acute effect level ; LOAELs)이 그것이다.

RfD(reference dose)는 일일허용섭취량(acceptable daily intake ; ADI)이라 불리며 위해도가 감지되지 않는 인간의 노출 수준을 나타낸다. RfD의 단위는 mg/kg/일로서 수명에 대해 평균한 것이다.

표 1-3 화학물질의 만성 비발암성 효과에 대한 RfD

화학물질	RfD (mg/kg · day)
Acetone	0.1
Cadmium	5×10^{-4}
Chloroform	0.01
1,1-Dichloroethylene	0.009
cis-1,2-Dichloroethylene	0.01
Methylene chloride	0.06
Phenol	0.04
PCB	0.0001
Tetrachloroethylene	0.01
Toluene	0.3
1,1,1-Trichloroethane	0.09
1,1,2-Trichloro-1,2,2-trifluoroethane(CFC-113)	30
Xylene	2.0

표준복용량은 발암물질의 위해도 평가와 비슷한 과정에 의해 정해지는 정량적인 위해도 평가에 사용될 수 있다. 가장 중요한 차이점은 다음의 식에서 제시하는 것같이, 복용량은 CDI (만성일일섭취량)에서 RfD (일일허용섭취량)를 빼준 것을 사용한다.

$$\text{위해도} = (\text{CDI} - \text{RfD}) \times \text{잠재인자} \quad (1\text{-}5)$$

이런 종류의 위해도 계산방법은 자주 사용되지는 않지만, 만성일일복용량(CDI)이 RfD보다 낮은 수준이면 노출된 모든 사람들에 대해서 위해도를 무시할 수 있다고 가정한다. 만약 CDI가 RfD를 초과하면 안전과 불안전 사이의 명확한 경계가 없더라도 위해도가 있을 수 있다.

| 연 | 습 | 문 | 제 |

01. 독성물질의 ADI (인체허용 1일 섭취량)에 대하여 설명하시오.

02. TLm Value (median tolerance ; 반치사 농도)에 대하여 설명하시오.

03. 처리수의 생물정량 시험결과가 표와 같다.

① 급성(acute) 안전농도를 부피 %단위로 구하시오.

② 만성(chronic) 안전농도를 부피 %단위로 구하시오.

처리수 농도(부피 %)	시험 동물의 수	시험 동물의 생존수 (96h 뒤)
12	20	0
10	20	0
8	20	0
6	20	0
4	20	5
2	20	14

04. 폴리염화클로라이드 플라스틱 성형품을 생산하는 화학공장의 노동자가 간암의 일종으로서 치명적인 hemangioma를 앓고 있다. 20년 동안의 공장조업 동안의 공장 전체 종업원 350명 중에서 20명의 종업원이 hemangioma에 걸렸다. 이 공장에서 노동을 하면 초과 암 위험도(excess cancer risk)가 나타나는가? 이유는 무엇인가? 어떠한 가정(assumption)이 필요한가? 단, 미국인구는 3억(300×10^6)명이고, 매년 270만(2.7×10^6)명이 사망한다. 암에 의한 사망자수는 10만명당 193명이다.

05. 일반주민들의 hemangioma에 대하여 예전에는 이용할 수 없었던 다음과 같은 추가 자료가 발견되었다. 플라스틱이나 화학산업에 종사한 적이 없는 사람들 중에서 hemangioma에 의해 매년 10^5명당 10명이 사망했다. 이 경우 위의 문제에 대한 답이 변하는가?

06. 대기 중의 비소(As)로부터의 단위 수명위험도는 9.2×10^{-3}이다. EPA는 단일 원천으로부터 허용되는 1년간의 위험도는 10^{-7}으로 간주한다. 동제련소가 대기 중으로 비소를 배출하고 있으며, 동제련소의 반경 2마일 내에서의 공기 중의 평균농도는 $5.5\mu g/m^3$이다. 동제련소의 비소 배출로부터의 위험도는 EPA에게 용인될 수 있는가?

07. 관절염 환자들의 관절염 고통을 덜어주는 새로운 약인 노페인(nopain)의 효능을 측정해 줄 것을 요청받았다. 그들은 고통의 정도에 따라 0에서 5까지 등급을 매기고자 하며, 등급 5는 전혀 고통을 덜어주지 못하고 등급 0은 아픔을 완전히 제거해 주는 것을 의미한다. 노페인의 복용량에 따른 평균등급을 다음 표에 주어져 있다.
용량－반응 곡선을 그리고, 한계치를 표시하시오.

등급	노페인 복용량 (mg)
5.0	30
5.0	100
4.8	150
3.0	200
1.2	250
0.7	300
0.5	350
0.5	400

08. 플루토늄의 생리학상 반감기는 1년이다. 어떤 지원자가 플루토늄 5.0 mg을 먹었다면 3년 후에 체내에는 얼마가 남아 있겠는가?

09. 어떤 요인에 의하여 새가 먹은 물고기로부터 DDT가 새에 생물학적으로 농축되는가? 바닥 침전물로부터 DDT가 새에 생물학적으로 농축되는 것은 어떤 요인에 의한 것인가?

10. 미생물을 이용한 독성시험 결과가 아래 표와 같다. 60시간과 96시간 LC_{50}값을 구하여라.

폐수농도 (%부피)	시험동물의 수	시험동물의 생존수		
		24h 후	60h 후	96h 후
12	20	8	2	0
10	20	10	5	0
8	20	13	8	0
6	20	16	11	0
4	20	20	16	5
2	20	20	20	14

수질오염

Part 2

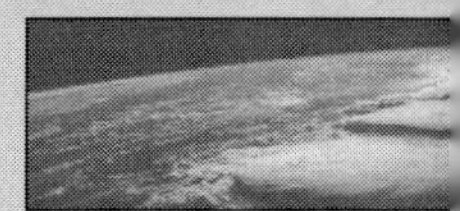

CHAPTER 2

수 질

물은 인간 생활에 필수적이며 자연에 존재하는 가장 풍부한 물질 중의 하나로서 지표면의 3/4을 차지하고 있다. 이러한 많은 양에도 불구하고 인간이 사용할 수 있는 물의 양은 제한되어 있다. 전체의 97% 이상이 바닷물과 염분이 있는 물로서 대부분의 경우 거의 이용할 수 없다. 나머지 3% 중 2% 약간 넘는 양이 얼음과 빙하, 대기 및 토양 수분이어서 이용하기가 어렵다. 인간이 일상생활과 공업 및 농업 등의 활동에 이용할 수 있는 물은 담수호, 하천과 지하수 등으로 약 0.62%에 지나지 않으나(표 2-1), 폭발적인 인구 증가와 급속도의 산업발전이 있기 전에는 자연의 자정작용(self purification)에 의하여 충분히 깨끗한 물을 이용할 수 있었기 때문에 물의 중요성을 양적인 관점에서만 판단하였다. 그러나 최근에는 수질에 대한 중요성이 서서히 인식되어 왔으며 양과 질에 있어서 원활한 물의 공급은 인간생존에 필수적이다.

표 2-1 세계의 물의 분포

위치	부피(10^{12} m^3)	비율(%)
육지		
담수호	125	0.009
염수호와 내해	104	0.008
하천(평균 순간 부피)	1.25	0.0001
토양 수분	67	0.005
지하수(깊이 4,000 m 상부)	8,350	0.61
만년설과 빙하	29,200	2.14
육지 전체(약)	37,200	2.8
대기(수증기)	13	0.001
바다	1,320,000	97.2
전체 합계	1,360,000	100

2.1 물리적 특성(physical characteristics)

물의 물리적 특성은 시각, 후각 또는 미각 등의 감각에 관계되는 것을 표현하는 것으로서 총 고형물, 현탁고형물, 탁도, 색도, 맛과 냄새, 온도 등이 이 범주에 속한다.

(1) 총 고형물(total solids ; TS)

총 고형물은 부상성물질, 침전물질, 콜로이드물질, 용해물질(matter in solution) 등으로 이루어진다. 물속에 함유되어 있는 총 고형물은 시료를 104℃(±1℃)에서 증발시켰을 때 찌꺼기(잔류물)로 남는 모든 물질을 말한다(그림 2-1). 이 온도에서 증기압이 커서 증발되는 물질은 고형물(solid)로 정의하지 않는다. 총 고형물은 용존고형물(dissolved solids ; DS)과 현탁고형물(suspended solids ; SS)로 크게 나누어진다.

총 고형물 또는 증발잔류물은 액체를 여과기에 통과시킴으로써 비여과부분과 여과부분으로 구분할 수 있다.

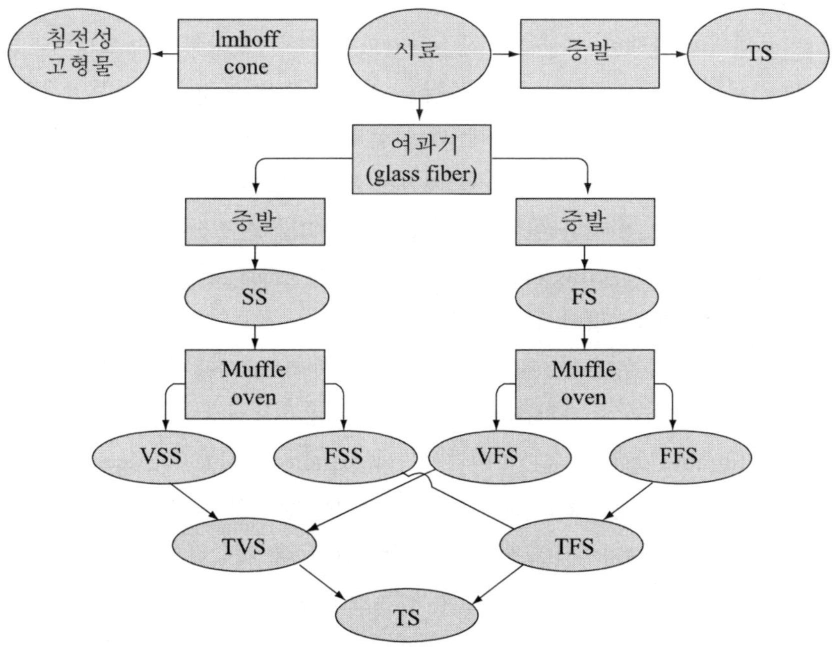

TS=total solids(총 고형물)
SS=suspended solids(현탁고형물)
VSS=volatile suspended solids(휘발성 현탁고형물)
FSS=fixed suspended solids(강열잔류 현탁고형물)
TVS=total volatile solids(총 휘발성 고형물)
FS=filtrable solids(여과성 고형물)
VFS=volatile filtrable solids(휘발성 여과고형물)
FFS=fixed filtrable solids(강열잔류 고형물)
TFS=total fixed filtrable solids(총 강열잔류 고형물)

그림 2-1 물에 들어있는 고형물질들의 상호관계

(2) 현탁고형물(suspended solids ; SS)

물 속에서 고형물은 현탁 또는 용존상태로 분산되어 있으며, 현탁고형물은 물에 용해되지 않는 무기 또는 유기물로 구성되어 있다. 현탁상태의 물질인 부유(현탁)물질은 직경이 0.1μm 이상의 입자로서 침전 가능한 물질과 침전 불가능한 물질로 구분되며, 탁도(turbidity)를 유발시킨다. 직경이 0.001～0.1μm인 물질을 콜로이드물질이라고 하며, 그 이하의 크기를 가진 물질을 용존물질(dissolved solids)이라 한다. 침전성 고형물(settleable solids)은 60분 동안에 원추형 용기(imhoff cone) 밑바닥에 가라앉은 고형물이다.

침전가능물질은 침전지에서 쉽게 제거되며, 침전불가능한 물질 즉, 분산상태의 부유물질은 화학적 처리 또는 생물학적 처리에 의하여 침전 가능해진다. 유기성 현탁물질은 생물학적으로 분해되어 유해한 부산물을 생성하기도 하며, 생물학적으로 활성이 있는 현탁물질은 질병을 유발시키는 균이나 독성 물질을 생성하는 조류(algae) 등을 보유하고 있을 수도 있다. 대부분의 현탁물질은 여과에 의해 물로부터 분리할 수 있으며, 물을 여과한 후 잔류물을 104℃(±1℃)에서 항량이 될 때까지 건조하고 여과지에 남아 있는 잔류물의 무게를 측정하여 구한다. 이러한 현탁고형물은 단위부피당 건조질량(mg/L)으로 나타낸다. 여과지를 투과한 용존고형물(dissolved solid ; DS)량도 mg/L로 표시하며 총고형물(total solids ; TS)량과 현탁고형물량과의 차이이다.

실제로 여과에 의하여 현탁물질과 용존물질을 명쾌하게 분리할 수는 없다. 여과지에 용존물질이 흡착되기도 하고, 여과지를 빠져나감으로써 용존물질로 측정되기도 하기 때문에 여과성 잔류물(filtrable residues)과 비여과성 잔류물(non-filtrable residues)이라는 용어를 사용하기도 한다. 여과성 잔류물은 물과 함께 여과지를 통과하기 때문에 용존물질에 보다 가깝고, 비여과성 잔류물은 여과지에 남아 현탁물질에 더 가깝다.

현탁고형물 중의 유기물질은 건조시킨 후 남은 잔류물을 550±50℃에서 1시간 동안 가열시켜 측정한다. 잔류물 중의 유기물은 이산화탄소, 수증기 및 다른 가스로 변화되어 휘발한다. 재가 되어 남은 물질을 무기물 또는 강열잔류 현탁고형물(fixed suspended solids)이라고 한다. 따라서, 휘발성 현탁고형물(volatile suspended solids ; VSS)과 강열잔류 현탁고형물(fixed suspended solids ; FSS)은 현탁고형물(suspended solid ; SS) 중에 각각 유기물질과 무기물질(광물질)에 해당하는 부분이다. 현탁고형물은 유입수의 수질을 측정하고 처리과정을 관리하며 유출수의 수질을 측정하는데 이용되는 변수이다.

TS ⟶ VS + FS
↑
TSS ⟶ VSS + FSS
\+ + +
TDS ⟶ VDS + FDS

여기서, TS : total solids(총 고형물, 증발잔류물)
VS : volatile solids(휘발성 고형물)
FS : fixed solids(강열잔류 고형물)
TSS : total suspended solids(총 현탁고형물)
TDS : total dissolved solids(총 용존고형물)
VSS : volatile suspended solids(휘발성 현탁고형물)
FSS : fixed suspended solids(강열잔류 현탁고형물)
VDS : volatile dissolved solids(휘발성 용존고형물)
FDS : fixed dissolved solids(강열잔류 용존고형물)

그림 2-2 고형물질들의 상호관계

Example 2-1

고형물 자료의 분석

다음 실험 결과는 폐수 처리장에서 시료를 채취해 얻은 것이다. 모든 실험에서 시료 채취량은 50mL이었다. 총 고형물, 총 휘발성고형물, 현탁고형물, 휘발성 현탁고형물의 농도를 결정하라.

증발접시의 무게 = 53.5433g
104℃ 증발후 잔여무게 + 증발접시의 무게 = 53.5793g
600℃ 소각후 잔여무게 + 증발접시의 무게 = 53.5772g
Whatman GF/C 여과지 무게 = 1.5433g
104℃ 건조후 Whatman GF/C 여과지의 잔여무게 = 1.5553g
600℃ 소각후 Whatman GF/C 여과지의 잔여무게 = 1.5531g

풀이

① 총 고형물 결정

$$TS = \frac{(\text{증발접시}g + \text{잔여무게}g - \text{증발접시의 무게}g) \times 1000mg/g}{\text{시료량}, L}$$

$$TS = \frac{(53.5793 - 53.5433)g \times 1000mg/g}{0.050, L} = 720mg/L$$

② 휘발성 고형물 결정

$$VS = \frac{(53.5793 - 53.5772)g \times 1000mg/g}{0.050, L} = 42mg/L$$

③ 부유고형물 결정

$$SS = \frac{(1.5553 - 1.5433)g \times 1000mg/g}{0.050, L} = 240mg/L$$

④ 휘발성 부유고형물 결정

$$VSS = \frac{(1.5553 - 1.5531)g \times 1000mg/g}{0.050, L} = 44mg/L$$

(3) 탁도(turbidity)

현탁물질의 직접적인 측정은 보통 자연수나 음료수에는 적용시키지 않는다. 탁도는 수중의 현탁물질들에 의해서 빛이 흡수되거나 산란되는 정도를 측정하는 것이다. 흡수와 산란은 현탁물질의 크기와 표면 특성에 의해 영향을 받기 때문에 탁도는 현탁물질의 직접적인 정량방법은 아니다. 탁도와 관계되는 콜로이드 물질은 화학물질을 흡착하여 해롭고 좋지 못한 맛과 냄새를 내며 생물에 해를 미칠 수 있다. 혼탁한 물을 소독하기는 어려운데, 이는 콜로이드의 흡착 특성과 고형물들이 균을 싸서 살균제로부터 보호하기 때문이다. 탁도는 빛의 흡수나 산란의 강도에 따른 광학적인방법으로 측정된다. 탁도 측정은 보통 폐수가 아닌 깨끗한 물에 이용된다.

(4) 색도(color)

순수한 물은 색갈이 없으나 자연수는 이 물질들에 의해 가끔 색을 띠게 된다. 물이 부분적으로 현탁 물질에 의해 색을 나타낼 때 이를 겉보기 색(apparent color)이라 하며 현탁물질을 제거한 후에 용존물질에 의한 색을 진색(true color)이라고 한다. 진색을 띠게 하는 유기물은 염소요구량을 가지게 되어 염소의 살균 효과를 크게 감소시킬 수 있다. 더 중요한 것은 이러한 색을 띠게 하는 유기물들과 염소가 서로 반응하여 생성하는 물질들이다. 페놀 화합물은 식물의 부패 시 생성하는 성분으로 염소와 반응하여 맛과 냄새가 지독한 화합물을 생성하게 된다. 더구나 자연적으로 생기는 유기산과 염소와의 화합물은 암을 유발시키는 물질로 알려져 있다.

색도의 측정에는 여러 가지 방법이 있으나, 수질시료를 여과하여 겉보기 색도를 제거한 후 표준물질을 차례로 넣은 색도 비교관을 이용하여 직접 비교함으로써 측정한다. 시료는 보관하는 동안 생물학적이나 물리적인 변화가 일어날 수 있기 때문에 시료 채취 후 72시간 내에 측정하여야 한다. 색도는 보통 폐수의 분석 항목에서 제외된다. 음료수의 분석에서는 일반적으로 물속에서 부패하여 생기는 유기산에 의한 진색만을 측정한다. 결과치는 수중의 부식성 물질의 간접적인 측정치로 간주한다.

(5) 맛과 냄새(taste and odor)

무기 물질은 거의 대부분 맛을 내게 하지만 냄새를 동반하지는 않는다. 알칼리물질은 물에 쓴맛을 내게 하는 반면 금속염은 짠맛이나 쓴맛을 내게 한다. 한편 유기물질은 거의 맛과 냄새를 동시에 내게 한다. 두 개 이상의 물질이 각각의 경우에는 맛과 냄새를 내지 않다가 결합하게 되면 맛과 냄새의 문제를 생성시킬 때도 있다. 이러한 상승효과는 유기물과 염소의 경우에 많다.

냄새의 특성을 규명하려면 강도(intensity), 특질(character), 쾌락성(hedonics), 검출성(detectability) 등과 같은 4가지 요소를 고려하여야 한다<표 2-2 참조>. 지금까지는 검출성만이 악취를 법적으로 규제하는데 사용한 유일한 요소이었다.

표 2-2 냄새의 규명을 위한 4가지 요소

인자	설명
특질	냄새의 감지에 따르는 정신적 관련성을 뜻한다. 이 특질의 결정은 상당히 주관적일 수 있다.
검출성	냄새를 최소 검출 한계농도(MDTOC)까지 낮추는데 필요한 회석배수
쾌락성	냄새를 감지할 때의 상대적 쾌락 및 불쾌정도
강도	냄새의 세기 감지는 일반적으로 butanol 후각 측정기 또는 D/T (dilutions to threshold)의 계산으로 추정된다.

냄새는 감각적 방법으로 측정할 수 있으며, 기구 분석법으로도 측정할 수 있다. 감각적 방법에서는 신선한 공기로 회석한 공기를 몇 사람에게 맡아보게 하고, 최소검출한계 농도(minimum detectable threshold odor concentration ; MDTOC)까지의 회석 배수를 기록한다. 검출 가능한 냄새농도는 일반적으로 D/T (dilution to threshold)라고 불리는 MDTOC까지 감소시키는데 소요된 회석배수로 추정할 수 있다. 즉, 시료공기 1부피에 회석공기 4부피가 필요하였다면, 이 냄새의 농도는 "MDTOC까지 4배 회석(4 dilution to MDTOC)"이라고 한다. 냄새 강도 측정에 ED_{50}을 사용하기도 한다. 참여 인원 중에서 약 50% 정도가 회석 시료에서 거의 냄새를 감지할 수 없을 때의 회석배수를 나타낸다. 그러나, 이러한 최소 한계농도의 감각적 측정에는 적응 및 교차적응(adaption and cross-adaption), 상승작용(synergism), 주관성(subjectivity), 시료의 변질(sample modification) 등의 오차가 개입될 수 있다.

맛과 냄새에 대한 사람의 감각을 이용하여 측정하는 정량시험법인 냄새한계값(threshold odor numbers ; TON)을 들 수 있다. 냄새나는 물의 양을 변화시키면서 용기에 넣고 냄새가 나지 않는 증류수로 희석하여 전체를 200 mL 혼합물로 만든다. 10사람 중 5사람이 감지하였다면 이는 냄새감각으로 겨우 감지할 수 있는 혼합물의 냄새로서 정의된다. 그 시료의 TON은 다음 식으로 계산한다.

$$TON = \frac{A + B}{A}$$

여기서 A는 냄새나는 물의 부피(mL)이고, B는 200 mL 혼합물을 만들기 위해 필요한 냄새 없는 물의 부피이다. 여러 가지 부피의 시료에 대한 냄새한계값을 <표 2-3>에 나타내었다. 맛과 냄새의 매개변수는 음료수에만 적용된다.

(6) 온도(temperature)

지표수의 온도는 생물개체의 생존과 활동도에 상당한 영향을 미치며, 자연수계에서 일어나는 대부분의 화학반응에 영향을 미친다. 또한 온도는 물에 대한 기체의 용해도에 큰 영향을 미치고 있다. 낮은 온도에서는 생물의 활동속도, 즉 먹이의 이용, 성장, 번식 등이 느려진다. 온도가 증가하게 되면 생물활동도 증가된다. 10℃가 증가하면, 생물활동도가 약 2배로 증가된다.

표 2-3 시료를 희석하여 200mL로 만든 경우의 냄새 한계값

시료 부피(A) mL	TON
200	1.0
175	1.1
150	1.3
125	1.5
100	2.0
75	2.7
67	3.0
50	4.0
40	5.0
25	8.0
10	20.0
2	100
1	200

물고기는 온도의 함수인 용존산소에 크게 영향을 받으며 온도 변화는 반응속도와 화학물질의 용해도 등에 영향을 미친다. 고체의 용해를 수반하는 대부분의 화학반응은 온도증가로 가속화되는 반면, 기체의 용해도는 온도가 증가함에 따라 감소한다. 하천과 저수지에서의 유기물의 생물학적 산화는 적절한 용존산소의 공급에 의존하기 때문에 산소 용해도의 감소는 좋지 않다.

2.2 화학적 특성(chemical characteristics)

물의 화학적 특성에 미치는 인자로서 총 용존물질, 경도, 플루오르, 금속, 유기물, 영양염류 등이 있다.

(1) 총 용존 고형물(total dissolved solid ; TDS)

용존물질은 고체, 액체 및 기체에 대한 물의 용매작용으로 말미암아 생기게 된다. 많은 용존 물질들은 좋지 않은 영향을 준다. 용존된 광물질, 기체 및 유기물들은 심미적으로 좋지 못한 색깔과 맛과 냄새를 생성시키기도 한다. 어떤 화학 물질은 독성이 있고, 용존 유기물질 중에는 발암성인 것들도 있다. 두 개 이상의 용존 물질들이, 특히 유기성 물질과 할로겐족 물질들이 결합하여 화합물을 만들게 되면, 그 특성이 원래상태의 경우보다 더 악화되기도 한다. 총 용존고형물(TDS)은 현탁고형물을 제거하고 여과한 물 시료를 증발 건조시켜 남아있는 잔류량의 무게를 재어 총 용존고형물(TDS)로 나타낸다. TDS는 건량기준(dry basis)으로 mg/L로 표시한다. 유기물과 무기물의 분율은 550±50℃에서 연소시켜 측정할 수 있다.

총 용존고형물(TDS)은 용존물질의 총량만을 측정한 것이다. 그러나, 음료수, 농업용수 및 공업용수의 경우에는 물속의 고형물질의 성분을 더 자세히 알아야 할 때도 있다. 이러한 경우 TDS의 여러 가지 이온성분에 대한 시험분석이 있어야 한다.

이온 수지(ion balance) 자연수 중에는 TDS의 대부분을 이루는 이온들이 들어 있는데 물의 용존 고형물 특성을 파악하는 데는 몇 개의 주요 성분이라면 대체로 충분하다. 이러한 것들을 공통이온이라 부르며, 이들을 당량기준으로 합하여 TDS를 근사적으로 나타내기도 한다. 음이온의 합이 양이온의 합과 같아야 하는데 이는 전기적인 중성이 이루어져야 하기 때문이다. 차이가 큰 경우에는 다른 성분이 더 있거나, 하나 또는 몇 개의 이온분석이 잘못되었기 때문일 것이다.

Example 2-2

이온수지에 대한 시험

수질시료에 대한 공통이온의 시험을 한 결과는 아래와 같다. 수지(balance)에 10% 오차가 허용된다. 이 분석이 완전하다고 할 수 있는가?

$Ca^{2+}=55mg/L$　　$HCO_3^-=250mg/L$

$Mg^{2+}=18mg/L$　　$SO_4^{2-}=60mg/L$

$Na^+=98mg/L$　　$Cl^-=89mg/L$

풀이

① 양이온과 음이온의 농도를 mg/L에서 miliequiv./L로 환산하고 그것을 합한다.

이온	양이온			이온	음이온		
	농도 (mg/L)	당량 (mg/mequiv)	당량농도 (meq/L)		농도 (mg/L)	당량 (mg/mequiv)	당량농도 (meq/L)
Ca^{2+}	55	40/2	2.75	HCO^{3-}	250	61/1	4.10
Mg^{2+}	18	24.3/2	1.48	SO_4^{2-}	60	96/2	1.25
Na^+	98	23/1	4.26	Cl^-	89	35.5/1	2.51
전체이온			8.49				7.86

② 오차를 계산한다.

$$\frac{8.49-7.86}{7.86}\times 100=8\%$$

$\therefore 8\%<10\%$ 이므로, 분석은 합당하다.

(2) 알칼리도(alkalinity)

알칼리도는 수소이온을 중화하기 위해 반응할 수 있는 물속의 이온과 양으로 정의된다. 따라서 알칼리도는 산을 중화할 수 있는 물의 능력의 척도이다. 자연수계의 알칼리도의 구성성분은 (CO_3^{2-}, HCO_3^-, OH^-, $H_2BO_3^-$, HPO_4^{2-}, $H_2PO_4^-$, HS^-와 NH_3^0) 등이다. 이러한 화합물들은 토양 및 대기 중의 물질들이 용해되어 생긴다. 인산염은 배출된 폐수 중의 세제와 농경지의 비료나 살충제로부터 기인하기도 하며, 황화수소와 암모니아는 유기물의 미생물 분해에 의해서 생겨나기도 한다. 알칼리도의 가장 보편적인 구성 성분으로서는 탄산수소이온(HCO_3^-), 탄산이온(CO_3^{2-})과 수산화물(OH^-)을 들 수 있다. 이러한 물질들은 대기성분인 이산화탄소로부터 생길 수도 있고 유기물의 미생물 분해에 의해 생성될 수도 있다.

$$CO_2 + H_2O \leftrightarrows H_2CO_3^*\text{(용존 }CO_2\text{와 탄산)} \quad (2\text{-}1)$$

$$H_2CO_3^* \leftrightarrows H^+ + HCO_3^-\text{(탄산수소염)} \quad (2\text{-}2)$$

$$HCO_3^- \leftrightarrows H^+ + CO_3^{2-}\text{(탄산염)} \quad (2\text{-}3)$$

$$CO_3^{2-} + H_2O \leftrightarrows HCO_3^- + OH^-\text{(수산화물)} \quad (2\text{-}4)$$

식 (2-4)에 나타난 반응은 화학적으로 약한 반응이다. 그러나 조류가 탄소원으로 탄산수소이온을 이용함으로써 반응이 오른쪽으로 진행되어 상당량의 OH^-가 축적될 수 있다. 조류의 성장이 많은 물은 pH가 9 내지 10으로 높게 나타날 때가 있다. 알칼리도의 주요 문제점은 수중에서 알칼리도가 다른 양이온들과 반응할 수 있다는 것이다. 그 결과 침전물이 생겨 파이프와 다른 물 계통의 부속시설을 망칠 수가 있다.

알칼리도의 측정은 물을 산으로 적정하여 수소당량을 결정하는 방법이다. 알칼리도는 $CaCO_3$mg/L로 나타낸다. 적정에 0.02 N H_2SO_4가 사용된다면, 산 1 mL는 $CaCO_3$ (M.W = 40 + 12 + 16 × 3 = 100)로서의 알칼리도 1 mg을 중화하게 될 것이다. 산에 의한 수소이온은 다음 식에 따라 알칼리도와 반응하게 된다.

$$OH^- + H^+ \leftrightarrows H_2O \quad (2\text{-}5)$$

$$CO_3^{2-} + H^+ \leftrightarrows HCO_3^- \quad (2\text{-}6)$$

$$HCO_3^- + H^+ \leftrightarrows H_2CO_3 \quad (2\text{-}7)$$

탄산염이 탄산수소염으로 변화되는 것[식 (2-6)]은 pH 8.3에서 완료된다. 그러나 탄산수소염도 알칼리도 성분이기 때문에 중화를 완료하기 위해서는 이에 상당하는 산을 가하여야 한다. 그러므로 탄산염의 중화는 pH 8.3에서는 2분의 1만이 완료되는 셈이다. 즉, 물에 대한 수산화물의 전환은 pH 8.3에서 사실상 완료되기 때문에(그림 2-3) 수산화물 전부와 탄산염의 1/2이 pH 8.3에서 완료된다. pH 4.5에서 모든 탄산수소염이 탄산으로 전환되어지므로 pH 4.5까지 시료를 적정하는데 필요한 산의 양은 물의 전 알칼리도에 해당한다. 다시 말하면, pH가 약 11～13인 물에 산을 가하면 pH가 점점 감소하게 된다. 페놀프탈레인(phenolphthalein) 지시약이 핑크색으로부터 무색으로 되며, 이때의 pH가 약 8.3이다. 여기서 메틸오렌지(methyl orange) 지시약을 넣고 산을 계속 주입하면 주황색이 pH 4.5 부근에서 분홍색으로 변한다. 최초의 pH에서 pH 8.3까지 가해진 산의 양을 $CaCO_3$로 환산한 값을 페놀프탈레인 알칼리도(phenolphthalein alkalinity)라고 하며, 최초의 pH에서 pH 4.5까지 소요된 산의 양을 $CaCO_3$로 환산한 것을 총알칼리도(total alkalinity) 또는 메틸오렌지 알칼리도(methyl orange alkalinity)라고 한다.

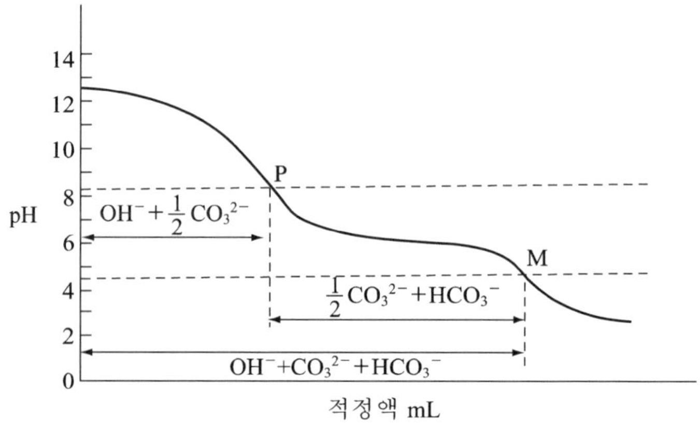

그림 2-3 알칼리도 적정곡선

Example 2-3

알칼리도의 결정

수질 시료 200 mL의 초기 pH는 10이다. 시료를 pH 4.5까지 결정하는데 필요한 0.02N H_2SO_4는 30 mL이다. 물의 전 알칼리도는 $CaCO_3$로서 몇 mg/L인가?

풀이

0.02 N H_2SO_4 1 mL는 알칼리도 1 mg을 중화하기 때문에 200 mL 시료 속에는 알칼리도가 30 mg이 있다. 그러므로 알칼리도 농도를 mg/L로 표시하면,

$$\frac{30\ \text{mg}}{200\ \text{mL}} \times \frac{1{,}000\ \text{mL}}{\text{L}} = 150\ \text{mg/L}$$

종말점인 8.3에 도달하기 위해 필요한 산의 부피를 안다면, 물의 알칼리도가 결정될 수 있다. 수산화물 전부와 탄산염의 반이 pH 8.3에서 중화되기 때문에, pH 8.3에서 4.5로 내리기 위해 필요한 산은 나머지 반의 탄산염을 측정하여 원래의 모든 탄산수소염과 합하여야 한다. 만일 P가 pH 8.3에 도달하는데 필요한 산의 양이고, M이 4.5에 도달하는데 필요한 산의 전량이라면, 다음과 같이 알칼리도에 관하여 일반화 할 수 있다.

① 수산기(OH^-)만 있는 경우 : pH가 매우 높으며, 산을 주입시키면 페놀프탈레인종말점만 찾을 수 있다. 즉, (OH^-)알칼리도는 페놀프탈레인 알칼리도와 같다.

② CO_3^{2-}만 있는 경우 : pH가 약 9.5 이상이며, 페놀프탈레인 종말점은 총알칼리도의 절반이 된다. CO_3^{2-} 알칼리도는 총알칼리도와 같다.

③ OH^-와 CO_3^{2-}가 있는 경우 : pH가 보통 10 이상이고 메틸오렌지 종말점에서 메틸오렌지 종말점 사이의 알칼리도의 2배가 CO_3^{2-} 알칼리도이다. 그러므로 OH^-알칼리도는 총알칼리도에서 CO_3^{2-} 알칼리도를 뺀 값과 같다.

④ CO_3^{2-}와 HCO_3^-가 있는 경우 : pH가 8.3 이상이며 11보다는 낮다. 페놀프탈레인 알칼리도의 2배가 CO_3^{2-}에 의한 알칼리도이며 나머지가 HCO_3^-에 의한 알칼리도이다.

⑤ HCO_3^-만 있는 경우 : pH가 8.3이거나 그 이하이며, 총알칼리도는 HCO_3^-에 의한 알칼리도와 같다.

Chapter 2
Chapter 3
Chapter 4
Chapter 5
Chapter 6
Chapter 7

표 2-4 알칼리도의 계산

산주입 결과	OH^-	CO_3^{2-}	HCO_3^-
$P=0$	0	0	M
$P<\frac{1}{2}M$	0	2P	M−2P
$P=\frac{1}{2}M$	0	2P	0
$P>\frac{1}{2}M$	2P−M	2(M−P)	0
$P=M$	M	0	0

주) P : 페놀프탈레인 알칼리도
M : 총알칼리도

산도(acidity)는 알칼리도를 중화시킬 수 있는 능력을 말하며 pH 8.5 이하에서는 산도가 존재한다. CO_2에 의해서는 pH가 4.5 이하로 내려갈 수 없으므로 pH 4.5 미만은 mineral acids (광물산)에 의한 산도이다.

Example 2-4

알칼리도 계산

pH 10.0인 시료의 물이 32.0 mg/L의 CO_3^{2-}와 56.0 mg/L의 HCO_3^-를 가졌다. 탄산칼슘으로써 알칼리도를 구하라.

풀이

탄산염의 분자량은 12 + 3 × 16 = 60이고 n = 2이므로 당량은 60/2 = 30 mg/meq이다. 주어진 농도를 탄산칼슘으로써 mg/L로 변환하면 다음과 같다.

$$CO_3^{2-} = 32.0\text{mg/L} \times \frac{1}{30\text{mg/meq}} \times 50\text{mg CaCO}_3\text{/meq} = 53.3\text{mg CaCO}_3\text{/L}$$

중탄산염은 61의 분자량과 n = 1이므로 그 당량가는 61 mg/meq이다.

$$HCO_3^- = 56.0\text{mg/L} \times \frac{1}{61\text{mg/meq}} \times 50\text{mg CaCO}_3\text{/meq} = 45.9\text{mg CaCO}_3\text{/L}$$

pH = 10이므로 $[H^+] = 10^{-10}$ mol/L, 그리고 당량은 1 mg/meq 이므로 탄산칼슘으로 표현하면 다음과 같다.

$$H^+ = 10^{-10}\text{mol/L} \times 1\text{g/mol} \times \frac{10^3\text{mg/g}}{1\text{mg/meq}} \times 50\text{mg CaCO}_3\text{/meq} = 5.0\text{mg} \times 10^{-6}\text{CaCO}_3\text{/L}$$

$[H^+][OH^-] = 10^{-14}$이고 $[OH^-] = 10^{-4}$ mol/L이므로 그것의 당량은 17 mg/meq이다.

$$OH^- = 10^{-4}\text{mol/L} \times 17\text{g/mol} \times \frac{10^3\text{mg/g}}{17\text{mg/meq}} \times 50\text{mg CaCO}_3\text{/meq}$$
$$= 5.0\text{mg CaCO}_3\text{/L}$$

총 알칼리도는 $(CO_3^{2-}) + (HCO_3^-) + (OH^-) - (H^+)$이며

$$\text{알칼리도} = 53.3 + 45.9 + 5.0 - 5.0 \times 10^{-6} = 104.2\text{mg CaCO}_3\text{/L}$$

[참고] 거의 자연수에 가까운 물(pH 6～8)에 대해 H^+와 OH^-의 농도는 아주 적은 값이고 알칼리도는 완전히 탄산염에 의해 결정된다.

$$\text{알칼리도(meq/L)} = (HCO_3^-) + (CO_3^{2-})$$

Example 2-5

알칼리도를 나타내는 각 물질의 결정

예제 2.3에서 8.3 당량점이 11 mL의 산으로 도달될 수 있을 때, 알칼리도의 각 물질과 그 양을 결정하라.

풀이

① 초기 pH가 10이므로 물의 초기 pOH는 4이다. OH^-이온의 결정은 다음과 같다.

$$1\text{mol CaCO}_3 = 100\text{g}$$
$$= 100{,}000\text{mg}$$

$$1\text{equi } CaCO_3 = \frac{100,000}{2}\text{mg}$$
$$= 50,000\text{mg}$$
$$[OH^-] = \frac{10^{-4}\text{mol } OH^-}{L} \times \frac{1\text{equi}}{\text{mol } OH^-} \times \frac{50,000\text{mg } CaCO_3}{1\text{equi}}$$
$$= 5\text{mg/L} (CaCO_3 \text{ 환산})$$

② 시료 1 L 속의 OH^-를 측정하기 위해 필요한 산의 양은 5 mL이다. 그러나 시료는 단지 200 mL이므로 필요한 산의 부피는

$$\frac{5 \times 200}{1,000} = 1.0\text{mL}$$

③ 산 1 mL로 OH^-를 측정한다면, 산 10 mL는 탄산염의 1/2을 측정하며, 남아있는 1/2의 CO_3^{2-}를 측정하기 위해 10이 더 필요하게 되고, 나머지 9 mL (즉, 30 mL − 10 mL − 1 mL − 10 mL = 9 mL)는 HCO_3^-를 측정하게 된다<그림 2-3 참조>. 따라서, 각 물질의 양은 다음과 같다.

OH^-(pH로부터 계산) = 5 mg/L

$$HCO_3^- = \frac{9\text{mg}}{200\text{mL}} \times \frac{1,000\text{mL}}{L} = 45\text{mg/L}$$
$$CO_3^{2-} = \frac{20\text{mg}}{200\text{mL}} \times \frac{1,000\text{mL}}{L} = 100\text{mg/L}$$

그러므로, 총 알칼리도=150 mg/L

(3) 경도(hardness)

경도는 용액 중의 다가 금속 양이온의 농도로 정의된다. 과포화 상태에서 경도의 양이온은 물속의 음이온과 반응하여 고체 침전물을 만든다. 경도는 탄산경도와 비탄산경도로 구분된다. 알칼리도에 상당하는 경도로서 탄산염에 관계있는 것이 탄산경도이고, 나머지 경도가 비탄산경도로 불리어진다. 즉, Ca^{2+}와 Mg^{2+}가 알칼리도와 결합되어 있으면 탄산경도(carbonate hardness) 또는 일시경도(temporary hardness)라고 하며, 알칼리도를 형성시키는 이온들과 결합되어 있지 않으면 비탄산경도 또는 영구경도라고 한다. 이것은 끓여도 제거되지 않는 경도이기 때문이다.

탄산경도는 열에 민감하여 높은 온도에서는 쉽게 침전된다.

$$Ca(HCO_3)_2 \xrightarrow{\triangle} CaCO_3 \downarrow + CO_2 + H_2O \quad (2\text{-}8)$$

$$Mg(HCO_3)_2 \xrightarrow{\Delta} Mg(OH)_2 \downarrow + 2CO_2 \tag{2-9}$$

보일러 스케일은 탄산경도가 침전하여 생긴 것으로, 온수기와 온수 파이프의 막힘 등으로 인해 상당한 경제적인 손실을 초래한다. 물 분배 계통에서의 pH의 변화는 침전물의 퇴적을 유발시키기도 한다. 탄산수소염은 pH가 9.0 이상일 때에는 용해성이 적은 탄산염으로 변화하기 시작한다.

연수	< 50	mg/L $CaCO_3$ 환산
약한 경수	50 ~ 150	mg/L $CaCO_3$ 환산
경수	150~300	mg/L $CaCO_3$ 환산
강한 경수	> 300	mg/L $CaCO_3$ 환산

Example 2-6

수질시료의 화학적 분석

pH 7.5인 물 시료의 분석으로 다음의 농도(mg/L)를 알아냈다.

양 이 온		음 이 온	
Ca^{2+}	80	Cl^-	100
Mg^{2+}	30	SO_4^{2-}	201
Na^+	72	HCO_3^-	165
K^+	6		

총경도, 탄산경도, 비탄산경도와 알칼리도를 탄산칼슘으로 표현하라. mg/L 단위로 총 용존고형물(TDS)을 구하라.

풀이

각 농도가 탄산칼슘으로 나타내는 표를 작성하는 것이 편리하다.

예로서 Ca^{2+}(MW = 40)에 대해

$$\begin{aligned} Ca^{2+} &= 80\ mg/L \times \frac{1}{20.05\ mg/meq} \times 50\ mgCaCO_3/meq \\ &= 199.5 mg\,CaCO_3/L \end{aligned}$$

화학적 분석에 대한 최초 점검으로 탄산칼슘으로나 meq/L로 양이온의 농도합과 음이온의 농도합이 서로 거의 같은 값을 가지는지 비교해 볼 수 있다.

$\sum$ 양이온 = 199.5 + 123.5 + 156.5+7.7 = 487.2 mg $CaCO_3$/L

$\sum$ 음이온 = 140.8 + 209.2 + 135.2 = 485.2 mg $CaCO_3$/L

두 값은 거의 일치한다. 차이는 측정 오차뿐 아니라 다른 적은 농도의 이온과 관련이 있을 것이다.

이온	mg/L	MW	n	mg/meq	meq/L	mg $CaCO_3$/L
Ca^{2+}	80	40.1	2	20.05	3.99	199.5
Mg^{2+}	30	24.3	2	12.15	2.47	123.5
Na +	72	23.0	1	23.0	3.13	156.5
K +	6	39.1	1	39.1	0.15	7.7
Cl^-	100	35.5	1	35.5	2.82	140.8
SO_4^{2-}	201	96.1	2	48.05	4.18	209.2
HCO_3^-	165	61.0	1	61.0	2.70	135.2

① 총 경도(total hardness, TH)는 다가 양이온인 Ca^{2+}와 Mg^{2+}의 합이다.

TH = 199.5 + 123.5 = 323.0 mg $CaCO_3$/L

② 탄산경도(carbonaceous hardness, CH)는 총경도 중탄산염과 관계있는 부분이며 여기서는 단지 중탄산염 HCO_3^-뿐이다.

CH = 135.2 mg $CaCO_3$/L

③ 비탄산경도(non-carbonaceous hardness, NCH)는 총경도와 탄산경도의 차이다.

NCH = TH − CH = 323.0 − 135.2 = 187.8 mg $CaCO_3$/L

④ pH가 거의 중성이므로 H^+와 OH^-의 농도는 무시할 수 있으므로 알칼리도는 단순히 중탄산염으로 주어진다.

알칼리도 = (HCO_3^-) = 135.2 mg $CaCO_3$/L

⑤ 총용존물은 mg/L로 표현해서 양이온과 음이온 농도의 단순한 합이다.

TDS = 80 + 30 + 72 + 6 + 100 + 201 + 165 = 654 mg/L

<그림 2-4>에 나타낸 것과 같은 막대그래프를 사용해서 물의 이온 성분을 나타내는 것이 때로는 도움이 된다.

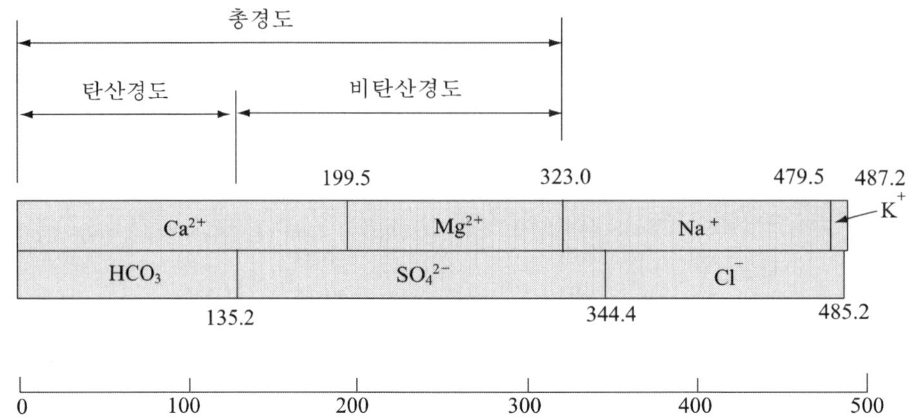

그림 2-4 예제 2-6의 이온성분의 막대그래프

(4) 플루오르(fluoride)

다량의 플루오르는 인간과 다른 동물들에 해를 주지만, 적은 농도에서는 유익하기도 하다. 음료수에 있어 1.0 mg/L 정도의 농도는 어린이들의 충치 현상을 방지하기도 한다. 영구치가 생기는 동안 플루오르는 이의 에나멜과 화학적으로 결합하여 더 단단하고 강한 이가 되어 쉽게 파손되지 않는다. 플루오르의 과잉섭취는 이의 색깔을 퇴색시키기도 하며, 심한 퇴색을 반점화(mottling)라고 한다.

(5) 금 속(metal)

모든 금속은 어느 정도 물에 용해된다. 상대적으로 적은 양으로도 해를 미치는 금속들을 독성물질이라 한다. 수중에 있는 금속의 측정은 보통 원자흡광 광도법에 의하여 측정한다.

1) 비독성 금속(non-toxic metal)

경도이온인 칼슘과 마그네슘 이외에, 다른 비독성 금속물질로서 나트륨, 철, 망간, 알루미늄, 구리 및 아연 등이 수중에서 자주 검출된다. 나트륨은 자연수에서 발견된 비독성 물질 중에서 가장 흔한 비독성 금속으로서 나트륨 염은 물속에 잘 용해된다. 철과 망간은 거의 함께 나타나는데, 자연수중의 보통 농도에서는 건강에 해를 미치지는 않는다. 구리와 아연은 동시 발생적이며 함께 존재하게 되면 적은 양이라도 많은 생물 종에 독성을 미치기도 한다.

2) 독성 금속(toxic metal)

독성 금속물질은 적은 양으로도 사람과 다른 생물체에 해를 미친다. 물에 용해되는 독성 금속물질로는 비소, 바륨, 카드뮴, 크롬, 납, 수은 등을 들 수 있다. 비소, 카드뮴, 납과 수은은 축적성 독성물질로서 아주 유해하다. 이러한 금속들은 먹이연쇄에 의해 농축되며, 연쇄의 정점근처에 있는 생물체에 가장 큰 위험을 주게 된다.

(6) 유기물(organic materials)

많은 유기물질들은 물에 용해된다. 대부분의 자연의 유기물은 유기체의 부패 생성물로 구성되어 있는 반면, 합성된 유기물은 보통 폐수배출이나 농업활동에 의해서 생기게 된다. 물에 용해된 유기물은 보통 생분해성 및 비생분해성(내성물질)의 두 가지로 크게 구분한다.

1) 생분해성 유기물(biodegradable organics)

생분해성 물질은 자연적으로 발생하는 미생물에 의해 어느 정도의 시간내에 먹이로서 사용될 수 있는 유기물들이다. 용존형태로서 이러한 물질들은 보통 전분, 지방, 단백질, 알코올, 산, 알데하이드 및 에스테르 등으로 구성된다.

미생물에 의한 용존 유기물의 이용은 산화 또는 환원 반응이 동반된다. 두 과정이 동시에 일어나기도 하지만, 산소가 상당히 있을 때에는 산화과정이 훨씬 효율적이고 지배적이다. 호기성(산소 존재) 환경에서는 유기물의 미생물 분해의 최종산물은 안정한 화합물이다. 혐기성(산소 없음) 분해는 불안정하고 좋지 못한 최종산물을 생성하게 한다. 산소 소비속도가 대기로부터 전달되어 보충되는 산소보다 더 빠르게 되면, 혐기성 상태가 되어 계의 생태에 심각한 영향을 주게 된다.

2) 비생분해성 유기물(nonbiodegradable organics)

어떤 유기물질들은 생물학적분해가 잘 일어나지 않는다. 탄닌과 리그닌산, 셀룰로오스 등의 식물성분들은 천천히 생분해되기 때문에 보통 내성물질로 간주된다. 의외로 강한 분자결합(다당류)이나 고리형태의 구조(벤젠) 등은 보통 비생분해성이다. 예를 들면, 벤젠 고리를 가진 계면활성제인 알킬벤젠설폰산염(alkylbenzene sulfonate ; ABS)은 생분해되지 않는다. 계면활성제인 ABS는 폐수처리장에서 거품을 일으키며 콜로이드성 현탁물을 안정화시켜 탁도를 증가시킨다. 이러한 문제는 생분해성인 선형알킬설폰산염(linear alkylbenzene sulfonate ; LAS)으로 대체함으로써 크게 감소시킬 수 있다. 어떤 유기물은 균에 대해 독성을 나타내기 때문에 비생분해성인 경우도 있으며, 유기 살충제, 공업용 화학약품 및 염소와 결합하는 탄화수소 화합물 등이다. 많은 농약들은 축적성 독성물질이며 먹이 연쇄상의 상부 끝으로 갈수록 심각한 문제를 발생시킨다. 비생분해성 유기물의 측정은 화학적 산소요구량(chemical oxygen demand ; COD)을 구하거나, 총 유기탄소(total organic carbon ; TOC) 분석으로부터 추정할 수도 있다.

(7) 영양염류(nutrients)

영양염류는 식물과 동물의 성장 및 번식을 위해 필수적인 원소들이며 수중 생물들은 이러한 영양염류에 좌우된다. 광범위한 광물질 및 미량원소가 영양염류에 포함될 수 있으나, 수중생물들에 많이 필요로 하는 것들로서는 탄소, 질소 및 인을 들 수 있다. 탄소는 대기 중으로부터 탄산가스, 알칼리도, 유기물의 부패산물 등으로부터 수중에 공급된다. 대부분의 경우 질소와 인은 수중식물 성장의 제한 인자가 된다.

1) 질소(N_2)

질소는 단백질, 클로로필 및 많은 생물학적 화합물의 구성 성분이다. 식물과 동물이 죽게 되면, 박테리아의 분해로 복잡한 유기물은 간단한 물질로 바뀐다. 예를 들면 단백질은 아미노산으로 변하고 이는 다시 암모니아(NH_3)로 변화하게 된다. 만일 산소가 존재하게 되면, 암모니아는 산화되어 아질산염(NO_2^-)이 되고 이는 다시 질산염(NO_3^-)으로 된다. 수중 질소 형태의 측정은 보통 암모니아(암모니아와 암모늄 포함), 질산염 및 유기질소이다. 분석결과는 보통 특정물질에 대한 질소로서의 mg/L로 표시된다.

2) 인(Phosphorous ; P)

인은 수중에서는 인산염(PO_4^{3-}) 형태로만 나타난다. 인산염에는 몇 가지 형태가 있는데 올도 인산염, 축합 인산염(파라, 메타 및 폴리산염)과 유기적으로 결합된 인산염 등이다. 인산염은 독성이 없고 사람이나 다른 생물에 직접적인 건강 피해는 주지 않으나, 가끔 지표수에 있어 제한영양물이 된다. 공급량이 증가하게 되면 수중식물이 급격히 성장하게 되어 심각한 결과를 초래한다. 또한, 폐수처리 공정을 방해하기도 한다. 0.2 mg/L 정도의 낮은 농도에서도 탁도의 화학응집을 방해하기 때문이다.

2.3 생물학적 특성(biological characteristics)

하천이나 호소(lake or pond)의 정성적인 매개변수로서 종-다양성 지수(종의 수와 그 생물의 상대적 존재량과 관련)를 사용하고 있다. 많은 생물 종들이 서로 균형을 잘 이루고 있을 때 이를 건전한 시스템이라고 한다.

(1) 병원균 지표(pathogen indicator)

알려진 모든 병원균에 대한 분석을 한다는 것은 매우 많은 시간을 소모할 뿐만 아니라 비경제적이다. 특정한 병원균에 대한 시험을 할 때는 보통 그러한 균이 존재하는가를 알아야 할 이유가 있을 때 뿐이다. 그 외에는 지표균을 이용하여 물의 오염도를 시험한다. 지표균이란 그것이 존재함으로써 오염정도를 예상할 수 있고 오염물질의 성질과 정도를 알 수 있는 균이다. 이상적인 병원균지표는

① 모든 물의 형태에 적용할 수 있을 것
② 병원균이 있을 때는 항상 존재할 것
③ 병원균이 없을 때는 항상 없을 것
④ 이질적인 균에 의해서 방해를 받든가 혼란이 일어나지 않고 계속 정량 시험을 할 수 있을 것
⑤ 실험자의 안전을 위해 병원균 자체는 아니어야 한다.

(2) 대장균군

대부분의 수인성 병원균은 배설물에 의한 물의 오염에 기인한다. 따라서 사람의 내장에서 나온 균으로 위의 조건을 만족시키는 균이 좋은 지표균이 될 것이다. 이러한 요구조건을 거의 만족시키는 균들은 대장균군에 속한다. 일련의 박테리아로 구성된 이러한 균들은 주로 *Escherichia coli*로서 따뜻한 피를 가진 동물의 내장 안에 있어 대다수가 배설물과 함께 배출된다. 부패 대장균은 비병원성이며, 대부분의 병원균보다는 동물의 체외에서 오랫동안 생존해 있는 것으로 알려져 있다. 부패 대장균의 사멸속도는 지수적이기 때문에 살아있는 균수는 오염된 후의 경과시간을 나타내기도 한다. 대장균군이 병원균 지표로 널리 이용되고 있는 이유는 다음과 같다.

① 인체의 배설물 중에 항상 존재한다.
② 소화기 계통의 전염병균은 언제나 대장균과 함께 존재한다.

③ 대장균이 검출되지 않으면 병원균은 사멸된 것으로 간주할 수 있다(즉, 소화기 계통의 병원균 보다는 저항력이 강하고, 일반 세균보다는 약하며, 병원균보다 수중에서 약간 오래 생존한다).
④ 병원균보다 검출이 용이하다.
⑤ 시험이 정밀하여 적은 양도 신속하게 검출된다.

대장균의 최확수(most probable number of coliforn organisms ; M.P.N.) : 시료에 포함된 대장균수를 확률론적으로 추정하는 방법으로서 시료 10 mL, 1 mL, 0.1 mL, 0.01 mL 등의 1/10 연속수로 각기 5개씩 시험한 결과에 대하여 양성과 음성으로 판정된 시료수에 따라 계산하며 100 cc 중에 포함된 대장균수를 나타낸다.

MPN치는 표로 작성되어 있지만 Thomas식으로 구할 수 있다.

$$MPN = \frac{\text{양성시료수} \times 100}{\sqrt{(\text{음성시료 총량, mL})(\text{총 시료량, mL})}} \tag{2-10}$$

이 근사식은 연속수 중 큰 순서에 따라 5개 시료 전부가 양성인 것을 제외하면 정확한 결과를 얻을 수 있다. 즉, 10 mL $\frac{5}{5}$, 1 mL $\frac{3}{5}$, 0.1 mL $\frac{1}{5}$, 0.01 mL $\frac{0}{5}$이 양성일 때 10 mL $\frac{5}{5}$를 제외하고 계산한다. 양성시료의 수 = 4, 음성시료 총량 = 2.45(= 1×2 + 0.1×4 + 0.01×5), 총 시료량 = 5.55(= 1×5 + 0.1×5 + 0.01×5)이므로

$$MPN = \frac{100 \times 4}{\sqrt{2.45 \times 5.55}} = \frac{400}{3,687} = 108/100\text{mL}$$

즉, 100 mL 중 108개 대장균이 있다고 판정된다.

Example 2-7

어떤 하천물에 대한 대장균군시험에서 5개의 10 mL 시료, 5개의 1 mL 시료, 5개의 0.1 mL 시료에 대하여 실시하였다. 그 결과 10 mL 중 3개, 1 mL 중 2개, 0.1 mL 중 1개가 양성반응을 나타냈다. 이 물의 대장균군에 대한 MPN을 구하라.

풀이

양성관수 = 3 + 2 + 1 = 6

음성관의 mL수 = 2×10 + 3×1 + 4×0.1 = 23.4 mL

전체관의 mL수 = 5×10 + 5×145×0.1 = 55.5 mL

$$\therefore \ MPN/100\text{mL} = \frac{100 \times 6}{(23.4 \times 55.5)^{1/2}} = 17/100\ \text{mL}$$

| 연 | 습 | 문 | 제 |

01. 어느 용액에 다음과 같은 이온 용액이 용해되어 있다. Mg^{2+}의 농도를 mg/L로 나타내시오(단, 분자량은 Ca = 40, Mg = 24, Na = 23, Cl = 35.5, H = 1, C = 12, O = 16, S = 32이다).

양이온	농도(mg/L)	음이온	농도(mg/L)
Ca^{2+}	120	Cl^-	142
Mg^{2+}	?	HCO_3^-	366
Na^+	92	SO_4^{2-}	192

02. 하천수의 수질 분석 결과는 다음과 같다.

Ca^{2+} = 60 mg/L　　HCO_3^- = 115 mg/L
Cl^- = 11 mg/L　　Mg^{2+} = 10 mg/L
Na^+ = 7 mg/L　　NO_3^- = 10 mg/L
SO_4^{2-} = 96 mg/L　　K^+ = 20 mg/L

10% 오차가 허용된다면 분석은 완전하다고 생각하는가?

03. 초기 pH가 10.6인 물 시료 200 mL를 0.02N H_2SO_4로 적정한다. 산을 8.8 mL 가한 결과 시료의 pH는 8.3이 되었고, pH 4.5가 되기 위해서는 5.5 mL가 더 필요하다. 수중의 알칼리도 성분을 규명하고 각각의 농도(mg/L)를 구하라.

04. $CO_2 + H_2O \leftrightarrows HCO_3^- + H^+$에서 $K = 4.5 \times 10^{-7}$mol/L이다. pH 7이고 알칼리도 300 mg/L as $CaCO_3$일 때 CO_2의 농도(mg/L)를 구하시오.

05. 고형물질 측정 결과 TS = 325 mg/L, SS = 100 mg/L, FS = 200 mg/L, VSS = 55 mg/L이었다. DS, VS, FSS, VDS, FDS를 구하여라.

06. 어느 폐수 중에 특정 유해물질이 50 ng/mL 함유되어 있을 경우 몇 ppm인가?

CHAPTER 3

수질오염 지표분석

고에너지 화합물인 유기물질이 수로에 유입됨으로써 수질오염 문제가 야기된다. 여러 가지 형태의 중금속이나 인공유기물(man-made organic matter)과 같은 독성물질의 오염에 의한 직접적인 영향도 있지만, 수질오염의 심각한 영향은 여러 가지 형태의 유기화합물에 의해 수중의 용존산소량이 감소된다는 것이다. 일반적으로, 모든 자연하천과 호수는 호기성 상태를 유지하고 있다. 만약 물의 상태가 혐기성으로 변하면, 그 물은 이미 생물학적으로 호기성 생물이 생존할 수 없는 환경으로 변한다.

물에 함유된 유기물질을 측정하기 위하여 (1) 생화학적 산소요구량(biochemical oxygen demand ; BOD), (2) 화학적 산소요구량(chemical oxygen demand ; COD), (3) 총 유기탄소량(total organic carbon ; TOC) 등이 사용된다. 이러한 실험방법의 보조수단으로 이론적 산소요구량(theoretical oxygen demand ; ThOD)이 있으며, 이는 유기물의 화학식으로부터 계산할 수 있다.

3.1 하천의 자정작용(self-purification)

(1) 자정작용(self-purification)

오염된 하천이 여러 가지 자연현상(물리, 화학, 생물학적 작용)에 의하여 오염물질의 농도가 저하되어 깨끗한 물이 유지되는 현상을 자정작용(self-purification)이라 한다. 그러나 하천이 가지고 있는 고유의 자정능력 이상으로 오염물질이 유입되는 경우 이를 소화시키지 못하므로 오염현상이 나타나게 된다.

하천의 자정작용의 중요한 인자는 희석·확산작용과 미생물에 의한 분해작용 등이며, 이러한 자정능력의 크기를 환경용량(environmental capacity)이라 한다. 하천의 환경용량에 미치는 환경인자로는 수온, 용존산소량, 태양방사선량, pH 등이다.

수온이 높으면 용존산소량이 감소하며, 미생물이 유기물을 활발히 분해하므로 용존산소 소모율이 크게 되어 여름철에는 용존산소 부족과 관련된 수질오염현상이 발생하기 쉽다. 물속의 용존산소량이 클수록 자정효과가 크다. 하천의 구배가 크면 하천의 난류가 발생하므로 표면에서의 산소 전달률이 커지므로 자정능력이 커진다고 볼 수 있다.

(2) 용존산소(dissolved oxygen ; DO)

수질측정에서 가장 중요한 요소 중의 하나는 용존산소이다. 산소는 물에 조금밖에 용해되지 않지만 수생생물에게는 가장 기본이 되는 것이다. 물속에 유리용존산소가 없게 되면 대부분의 수생 생물이 살지 못한다. 온도가 상승함에 따라 산소포화 값(oxygen saturation value)은 급속히 감소한다<표 3-1>.

표 3-1 용존산소의 포화농도

수온(℃)	산소의 포화농도(mg/L)
0	14.6
2	13.8
4	13.1
6	12.5
8	11.9
10	11.3
12	10.8
14	10.4
16	10.0
18	9.5
20	9.2
22	8.8
24	8.5
26	8.2
28	8.0
30	7.6

물이 하천에 유입 되었을 때, 유입 지점에서부터 상당한 변화가 일어난다. 미생물에 의해 수중의 유기물이 분해됨에 따라 오염이 발생하기 전보나 훨씬 더 많은 산소가 소모된다. 다시 말하면, 용존 산소의 양이 감소한다. 이때 재포기 또는 공기로부터 산소의 용해도가 증가하게 되지만, 하천에서의 총산소 소모량을 따르지는 못한다. 하천의 이러한 상황을 혐기성상태라고 한다. 용존산소 부족량을 나타낸 것이 용존산소 부족곡선(oxygen sag curve)이라 한다. 산소 소모율은 다음과 같은 관계식으로 표현된다.

$$\text{산소 소모율} = k_1(L_0 - y) = k_1 L_1 \qquad (3\text{-}1)$$

여기서, L_o : 유기물질을 분해하는데 필요한 총 산소량(mg/L) : (최종 BOD라고 함)

L_1 : t일 지난 후의 BOD (mg/L)

y : t일 동안에 소모된 산소량

k_1 : 탈산소 계수(day^{-1})

Chapter 2
Chapter 3
Chapter 4
Chapter 5
Chapter 6
Chapter 7

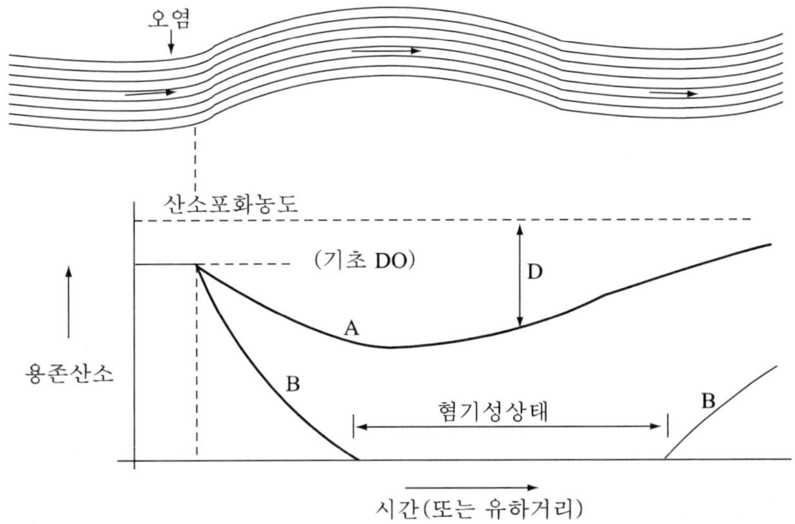

그림 3-1 오염물질 유입지점으로부터 하류의 용존산소 변화

물속에 분해되어야 할 유기물이 과량으로 존재하면(L_o이 커짐), 산소 소모율은 증가하고, 한정된 시간동안에는 아주 적은 산소가 소모된다(y가 작음). 유기물이 미생물에 의해 분해됨에 따라 $(L_o - y)$는 점점 작아지고, 산소 소모율은 감소하게 된다.

산소 공급률은 다음과 같은 식으로 표현된다.

$$\text{산소 공급률(rate of } O_2 \text{ supply)} = k_2 D \qquad (3\text{-}2)$$

여기서, D : 시간 t에서의 용존산소 부족량($DO_S - DO$)
[용존산소 포화농도와 실제용존산소 농도와의 차이(mg/L)]

DO_S: 포화용존산소량

DO : 하천의 주어진 위치에서의 용존산소

k_2 : 재포기 계수[하천의 크기에는 무관하고, 하천의 유속, 깊이 등에 따라 다르다(day^{-1})]

하천으로 방류되는 하수나 하천수는 산소가 결핍되어 있다. 만약 둘이 완전히 혼합된다면, 초기 용존산소의 농도를 기초로 초기 산소결핍량을 계산할 수 있다.

$$D_o = DO_s - \frac{Q_w DO_w + Q_r DO_r}{Q_w + Q_r} \tag{3-3}$$

여기서 D_o : 혼합된 강과 하수의 초기 산소결핍량
DO_s : 어떤 온도에서의 포화 용존산소량
DO_w : 하수의 DO
DO_r : 하수 배출 지점 상류에서의 하천의 DO

Example 3-1

초기 산소결핍량

20만 명의 인구를 가진 도시의 하수처리장에서 1.10 m^3/s의 처리된 물은 최종 BOD 50.0 mg/L의 하수를 방류한다. 하천의 유량은 8.7 m^3/s, DO는 8.3 mg/L, BOD는 6.0 mg/L이다. 하수의 용존산소농도와 유량은 각각 2.0 mg/L, 1.1 m^3/s이다. 수온은 20℃이다 만약 하수가 하천에 완전히 순간적으로 섞인다면 초기 산소결핍량을 구하여라(단, 20℃에서의 포화용존산소는 9.2 mg/L이다).

풀이

초기 용존산소(DO)는

$$DO = \frac{1.1\ \mathrm{m^3/s} \times 2.0\ \mathrm{mg/L} + 8.7\ \mathrm{m^3/s} \times 8.3\ \mathrm{mg/L}}{(1.1 + 8.7)\ \mathrm{m^3/sec}} = 7.6\ \mathrm{mg/L}$$

20℃에서 포화용존산소는 <표 3-1>로부터 9.2 mg/L이다. 따라서 초기 산소결핍량은

$$D_o = 9.2\ \mathrm{mg/L} - 7.6\ \mathrm{mg/L} = 1.6\ \mathrm{mg/L}$$

물속의 용존산소 부족량이 증가함에 따라 산소용해의 구동력(driving force)이 증가하므로, 산소 공급률이 증가하게 된다. 용존산소량(DO)이 낮을수록, 즉 산소부족량이 크면 클수록 산소 재공급률은 증가하게 된다.

오염된 하천에서 산소 소모율이 크게 되면, 공급률이 그것을 따르지 못하게 되므로 용존산소량은 감소하게 된다. 용존산소 부족곡선은 산소 소모식과 산소 공급식을 더하여 적분하면 아래 식으로부터 용존산소부족량 D를 얻을 수 있다.

$$D = \frac{k_1 L_o}{k_2 - k_1}(e^{-k_1 t} - e^{-k_2 t}) + D_o e^{-k_2 t} \tag{3-4}$$

여기서, D_o는 초기의 산소결핍량이다.

Example 3-2

어떤 하천의 재포기상수 k_2가 0.4/day이고, 유속이 8 km/hr, 오염물 유입지점의 하천에는 10 mg/L의 산소로 포화되어 있다. 물과 폐수와의 혼합물의 산소요구량은 20 mg/L이고, 탈산소계수(k_1)는 0.2/day였다. 오염물 유입지점으로부터 48 km 떨어진 하류의 용존산소 농도는 얼마이겠는가?

풀이

유속 = 8 km/hr 그러므로 48/8이면 6시간. 6시간 = 6/24 = 1/4 day, 오염지점에서의 하천은 포화되어 있기 때문에 $D_o = 0$이다. 따라서, 용존산소부족량(D)는,

$$D = \frac{(0.2)(20)}{0.4-0.2}(e^{-0.2(0.25)} - e^{-0.4(0.25)}) = 20\,(e^{-0.05} - e^{-0.1}) = 1\text{ mg/L}$$

DO는 산소포화농도에서 산소부족량을 뺀 값이므로,

실제 $DO = 10 - 1.0 = 9.0\text{ mg/L}$

산소 소모율이 산소 공급률을 초과하였을 때 하천은 혐기성화 되어 NH_3와 H_2S 등 여러 가지 가스가 생성된다. 이러한 기체 중 어떤 것은 물에 쉽게 녹으나 어떤 기체는 거품으로서 하상침적물(benthic deposite)로 알려진 고형물덩어리에 부착하여, 이 물질들을 표면으로 뜨게 한다. 그러므로 부상한 슬러지고형물과 표면에 거품을 내는 기체의 형성을 보고 혐기성 하천임을 쉽게 알 수 있다. 혐기성 조건하에 있는 물은 통상 검은 색을 띠며, 바위에 붙어 있는 끈끈한 섬유상의 진균류(long-filamentous fungi)의 유무로 판별할 수 있다. 또한, 물속에 사는 생물의 변화를 보고 혐기성 상태를 판별할 수 있다. 종(species)의 형태와 수는 오염물 유입지점으로부터 급격히 변하며, 심한 탁도, 침전된 고형물, 낮은 용존산소 농도 등으로 인하여 물고기가 감소하게 된다.

3.2 생화학적 산소요구량(biochemical oxygen demand ; BOD)

용존산소보다 더 중요한 수질분석 요소는 미생물에 의한 산소의 소모율을 측정하는 것이다. 소모율(rate of use)이 적다는 것은 물이 오염되지 않아서 미생물이 번식하지 않고 있다는 증거이다. 또 이런 상황에서는 미생물이 사멸하였거나 사멸하고 있다고 볼 수도 있다.

(1) BOD의 정의

물에 함유된 유기오염물의 지표로서 가장 광범위하게 이용되는 것이 생화학적 산소요구량(BOD)이다. 미생물의 유기물 소비에 따른 산소소모량을 생화학적 산소요구량(BOD)이라 한다. 이는 미생물이 유기물을 생물학적으로 산화할 때 소비하는 용존산소의 소모량을 말한다. BOD는 300 mL의 BOD병을 사용하여 시료를 20℃에서 5일 동안 배양하도록 되어 있다. 햇빛은 차단하여야 하며, 이는 조류성장으로 인해 병 안에 산소가 발생되는 것을 방지하기 위해서이다. BOD실험이 5일 동안 행하여지므로 5일 BOD (BOD_5)라고 한다. BOD실험은 2일, 10일 그 이상으로도 할 수 있으며, 20일 동안 배양한 BOD을 최종 BOD_u (ultimate BOD)라고 한다.

BOD측정을 위해서는 희석수로 시료를 적절하게 희석하여 배양기간 동안 영양염류와 산소가 알맞게 유지되도록 하여야 한다. 희석률을 여러 가지로 하여 예상 BOD가 이 범위내에 있도록 한다.

대부분의 자연수와 도시폐수에는 유기물을 소비하는 많은 미생물이 포함되어 있으나, 균이 없는 물에는 미생물을 넣어주어(seeding, 식종) 균을 함유한 물질의 BOD를 측정하여 미생물을 넣어주기 전의 BOD에서 빼주어야 한다. 물에 독성물질이 존재하면 BOD결과는 별 가치가 없게 된다. 시험기간 중 온도는 일정하게 유지하여야 하며, 배양 전후에 시료의 용존산소를 측정하고, 식 (3-5) 또는 식 (3-7)로 BOD를 계산한다.

1) 희석수에 식종(seeding)을 안한 경우

$$\text{BOD} = \frac{DO_i - DO_f}{P} \tag{3-5}$$

여기서 DO_i와 DO_f는 초기 및 최종의 용존산소농도(mg/L)이고, P는 300 mL 병에 있는 시료의 10분율이다.

$$P = \text{희석배율} = \frac{\text{폐수의 부피}}{\text{폐수의 부피} + \text{희석수의 부피}} \tag{3-6}$$

전형적인 BOD병의 부피는 300 mL이므로, P는 시료의 부피를 300으로 나눈 것과 같다. 희석률은 $(DO_i - DO_f)$가 3～6 ppm이 되도록 하는 것이 좋다.

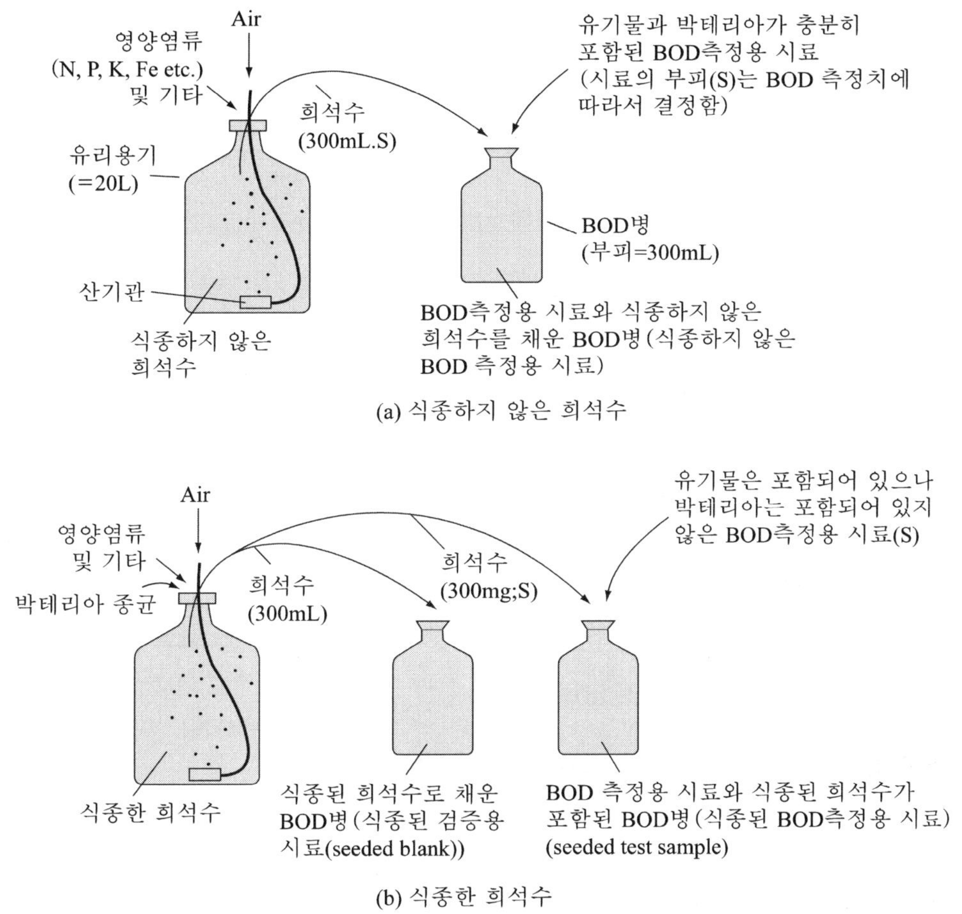

그림 3-2 BOD실험절차

Example 3-3

식종이 없는 경우의 BOD_5실험

10 mL의 시료를 300 mL의 BOD병에 넣은 후 희석수를 채웠다. 초기 *DO*는 9.0 mg/L였다. 실험을 정확하게 하기 위해 5일 동안 *DO*가 2 mg/L 정도로 떨어지는 것이 바람직하며, 최종의 *DO*가 2.0 mg/L 이상 존재해야 한다. 이 희석률은 어느 정도의 BOD_5 값에서 올바른 값을 보일까?

풀이

희석률(*P*)은 10/300이다. 적어도 2.0 mg/L 이상 *DO*가 떨어지기 위해서 식 (3-5)를 이용하면 다음과 같다.

$$BOD_5 \geq \frac{DO_i - DO_f}{P} = \frac{2.0\ mg/L}{10/300} = 60\ mg/L$$

5일후 DO가 적어도 2.0 mg/L는 되어야 하므로

$$BOD_5 \leq \frac{(9.0 - 2.0)mg/L}{10/300} = 210\ mg/L \text{이다.}$$

따라서 이 회석은 60～210 mg/L 사이의 BOD_5 값을 측정할 수 있다.

2) 희석수에 식종(seeding)을 한 경우

일반적으로 BOD분석에 있어서 생분해를 할 수 있는 충분한 양의 미생물이 있어야 하므로 희석수에 미생물을 식종할 필요가 있다. 이러한 경우 희석수에 의한 BOD는 제외시켜 주어야 한다. 이를 위해 두 개의 BOD병이 필요하다. 하나는 희석수를 위한 것이고, 다른 하나는 희석된 시료를 위한 것이다. 이 두 병의 BOD를 측정한 후 폐수만의 산소요구량(BOD)은 다음과 같이 결정된다.

$$BOD_m V_m = BOD \cdot V + BOD_d V_d$$

여기서, BOD_m : 폐수와 식종희석수 혼합물의 BOD

BOD : 폐수만의 BOD

BOD_d : 식종 희석수의 BOD

V : 폐수만의 부피

V_d : 희석수의 부피

V_m : 희석된 시료의 부피 = $V_d + V$

P는 희석률(= V/V_m)이므로 $(1-P)$는 식종 희석수의 비율(V_d/V_m)이 된다. 따라서

$$BOD = BOD_m \frac{V_m}{V} - BOD_d \frac{V_d}{V}$$

$$BOD = \frac{BOD_m}{V/V_m} - BOD_d \frac{V_d/V_m}{V/V_m}$$

P와 $(1-P)$를 도입하면

$$BOD = \frac{BOD_m - BOD_d(1-P)}{P}$$

따라서, $\mathrm{BOD}_m = DO_i - DO_f$이고 $\mathrm{BOD}_d = B_i - B_f$이다.

여기서, B_i : 식종 희석수의 초기 DO
B_f : 식종 희석수의 마지막 DO

다시 정리하면,

$$\mathrm{BOD}=\frac{(DO_i - DO_f)-(B_i - B_f)(1-P)}{P} \tag{3-7}$$

Example 3-4

식종이 있는 BOD실험

식종 희석수는 5일후 DO가 1.0 mg/L 떨어졌다. 300 mL의 BOD병에 15 mL의 폐수를 넣은 후 나머지는 식종된 희석수로 채웠다(희석비 1 : 20). 이 희석된 시료는 5일 동안 DO가 7.2 mg/L 떨어졌다. 폐수의 BOD_5는 얼마인가?

풀이

희석률 $P=\frac{15}{300}=0.05$

식 (3-7)을 이용하여 폐수의 BOD_5를 구하면

$$\mathrm{BOD}_5=\frac{7.2-1.0(1.0-0.05)}{0.05}=125\mathrm{mg/L}$$

Example 3-5

다음 주어진 자료를 보고 BOD_5를 계산하여라.
시료온도＝20℃, 최초의 DO는 포화되어 있으며, 희석비율 1 : 30, 식종 희석한 희석수의 최종 DO＝8 mg/L, 시료와 희석한 물의 최종 DO＝2 mg/L, BOD병 용량은 300 mL이다.

풀이

<표 3-1>에서 보면 20℃에서 산화포화농도는 9.2 mg/L이므로 이것은 최초의 DO이다. BOD병은 300 mL를 포함하기 때문에, 1 : 30의 용액은 시료 10 mL, 식종 희석수 290 mL이다.

$$\mathrm{BOD}_5=\frac{(9.2-2)-(9.2-8)290/300}{0.033}=181\ \mathrm{mg/L}$$

Example 3-6

BOD의 결정

폐수의 BOD는 50에서 200 mg/L 정도의 범위에 있다. 이 범위에 맞게 3종류의 희석을 하였다. 먼저 시료를 표준 BOD 병에 넣은 뒤, 유기물이 없고 산소로 포화된 증류수로 희석하여 300 mL로 만들었다. 초기 용존산소(DO_i)를 측정한 후, 병마개를 단단히 하여 20℃ 배양기에서 5일간 배양시켰다. 그 후 다시 용존산소를 측정하였다.

폐수 (mL)	DO_i (mg/L)	DO_5 (mg/L)	소비된 O_2 (mg/L)	P	BOD_5 (mg/L)
5	9.2	6.9	2.3	0.0167(5/300)	138
10	9.1	4.4	4.7	0.033(10/300)	142
20	8.9	1.5	7.4	0.067(20/300)	110

만일 3번째 값을 무시하면(최종 DO가 2.0 mg/L 이하이므로), 폐수의 평균 BOD는 140 mg/L이다.

유기물 소비속도는 실질적으로 1차 반응이다 즉, 유기물이 소비되는 속도는 그 양에 비례하며, 다음과 같이 표현할 수 있다.

$$\frac{dL_t}{dt} = -kL_t \tag{3-8}$$

여기서 L_t는 t 일에서의 유기물의 산소당량(즉, t 일에서 시료에 남아있는 BOD의 양)이며, k는 반응상수이다 L_t의 단위는 mg/L이고 k의 단위는 day^{-1}이다. 식 (3-8)을 정리하여 적분하면 다음과 같다.

$$\frac{dL_t}{L_t} = -kdt$$

$$\int_{L_0}^{L_t} \frac{dL_t}{L_t} = -k\int_{o}^{t} dt$$

$$\ln\frac{L_t}{L_0} = -kt$$

그러므로, 임의의 t 일에 남아 있는 BOD의 양 L_t는,

$$L_t = L_0\, e^{-kt} \tag{3-9}$$

이 식에서 L_0항은 $t=0$일에서 유기물의 총 산소당량(즉, 실험을 시작할 때 BOD병에 있었던 초기 BOD)을 나타내며, L_t는 t일에 남아있는 BOD의 양을 나타낸다. 이는 <그림 3-3>에 나타난 것처럼 시간에 따라 지수적으로 분해된다.

유기물 소비에 사용된 산소량(BOD_t)은 L_t값으로부터 구할 수 있다. L_0가 총 유기물 질량의 산소당량이므로, L_0와 L_t의 차이 (y_t)가 소모된 산소당량 또는 소비된 BOD가 된다. 그러므로, 임의의 t일까지 제거된 BOD의 양 y_t는

$$\begin{aligned} y_t &= L_o - L_t \\ &= L_o - L_0\, e^{-kt} \\ &= L_o(1-e^{kt}) \\ &= BOD_t \end{aligned} \tag{3-10}$$

그러므로, $BOD_t = BOD_u(1-e^{-kt})$

여기서, y_t(t일 동안 제거된 BOD의 양)값이 L_0에 점근적으로 접근하게 되며, 이는 총 BOD 또는 최종 BOD_u가 물의 초기 산소당량 L_0와 같다는 것을 나타낸다. 식 (3-10)은 유기화합물의 탄소성분에 의해 소모된 BOD값을 나타낸다. 질소나 황과 같은 다른 유기물 성분도 미생물에 의해 산화되는 산소요구량을 필요로 한다(NBOD참조).

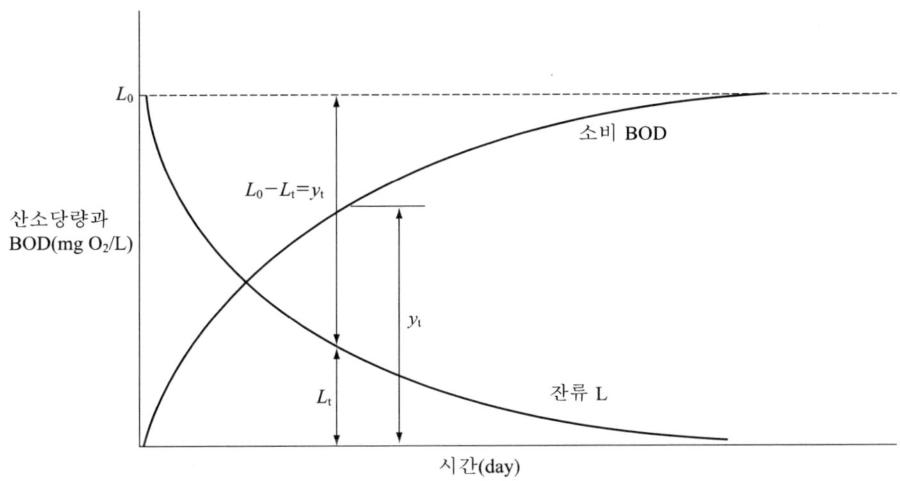

그림 3-3 BOD와 산소 당량 관계

강의 임의의 지점에서의 산소소모율은 이 지점에서의 BOD에 비례하므로, 임의의 t 일에 남아있는 BOD를 나타내는 식 (3-9)를 식 (3-1)에 대입하면

$$\text{산소소모율} = k_1 L_0 e^{-kt} \tag{3-11}$$

여기서, L_0는 방류지점에서의 하천수와 폐수 혼합물의 BOD이다.

Example 3-7

하천의 BOD

20만 명의 인구를 가진 도시의 하수처리장에서 1.1 m^3/s의 처리된 물은 최종 BOD 50.0 mg/L의 하수를 방류한다 하천의 유량은 8.7 m^3/s이고 BOD는 6.0 mg/L이다. 탈산소계수(k_1)는 0.2/day이다.

① 완전하고 순간적인 혼합을 가정할 때 방류직후의 강의 최종 BOD를 구하여라.

② 만약 하천이 균일한 횡단면을 가지고 있어 균일한 유속 0.3 m/s이면. 하류로 30 km를 흐른 후의 하천의 BOD는 얼마인가?

풀이

① $L_0 = \dfrac{1.1\ \text{m}^3/\text{s} \times 50.0\ \text{mg/L} + 8.7\ \text{m}^3/\text{s} \times 6.0\ \text{mg/L}}{(1.1+8.7)\ \text{m}^3/\text{s}} = 10.9\ \text{mg/L}$

② 유속이 0.3 m/s이므로 30 km를 경과하기 위한 시간은

$$t = \frac{30{,}000\text{m}}{0.3\text{m/s}} \times \frac{\text{hr}}{3{,}600\text{s}} \times \frac{\text{day}}{24\text{hr}} = 1.16\ \text{days}$$

따라서 이 지점에서 남아있는 BOD는

$$L_t = L_0 e^{-k_1 t} = 10.9\, e^{-(0.2/d \times 1.16d)} = 8.7\ \text{mg/L}$$

Example 3-8

BOD_5로부터 L_0의 예측

식종이 없는 희석 시료의 초기 용존산소는 9.0 mg/L였으며, 5일 경과 후 3.0 mg/L였다. 희석률(P)은 0.03이며 반응상수(k)는 0.22/day였다.

① 이 시료의 BOD_5는 얼마인가?

② 탄소에 의한 최종 산소요구량은 얼마인가?

③ 5일 후 남아있는 BOD는 얼마인가?

풀이

① 식 (3-5)로부터 5일 BOD는

$$BOD_5 = \frac{DO_i - DO_f}{P} = \frac{9.0-3.0}{0.03} = 200\ \text{mg/L}$$

② 식 (3-10)을 다시 써서 최종 BOD를 구하면

$$L_0 = \frac{BOD_5}{1-e^{-kt}} = \frac{200}{1-e^{-0.22\times 5}} = 300\ \text{mg/L}$$

③ 5일 후 전체 300 mg/L의 산소요구량 중 200 mg/L는 이미 소모되었고, 남아있는 산소요구량은 100 mg/L이다.

k값은 최종 BOD값에는 영향을 미치지 않으면서 BOD 반응속도를 결정짓는다. k값의 범위는 0.1에서 0.5 day^{-1}로 유기물의 성질에 따라 좌우된다. 설탕이나 전분과 같은 간단한 화합물은 미생물에 의해 쉽게 분해되므로 높은 k값을 가지고 있다. 반면 페놀과 같은 복잡한 분자들은 분해되기 어려우므로 낮은 k값을 나타낸다. 주어진 유기화합물에 대한 k값은 온도에 따라 변화한다. 미생물은 온도가 높을수록 더 활동적이기 때문에, k값은 온도가 증가할수록 증가한다. k값은 van't Hoff-Arrhenius 모델에 의해 근사적으로 구할 수 있다.

$$k_T = k_{20}\,\theta^{T-20} \tag{3-12}$$

θ값은 온도에 따라 약간 변화하지만 1.047의 값이 자주 사용된다.

Example 3-9

BOD의 계산

폐수의 BOD_5는 20℃에서 150 mg/L이고, k값은 0.23 day^{-1}이다. 시험이 15℃에서 이루어진다면 BOD_8는 얼마인가?

풀이

① 최종 BOD를 구한다.

$$BOD_u = \frac{BOD_5}{1-e^{-kt}} = \frac{150}{1-e^{-0.23\times 5}} = 220\ \text{mg/L}$$

② k값을 15℃에 대해 보정한다.

$$k_r = K_{20}\,\theta^{\mathrm{T}-20}$$

$$k_{15} = 0.23(1.047^{-5}) = 0.18$$

③ BOD_8를 계산한다.

$$\mathrm{BOD_t} = y_u(1-e^{-kt})$$

$$\mathrm{BOD_8} = 220(1-e^{-0.18\times 8}) = 168\ \mathrm{mg/L}$$

(2) BOD 시험의 한계

BOD 시험에는 다음과 같은 한계가 있다. 즉, (1) 활성이 있고 순화된 종균의 박테리아가 다량 필요하며 (2) 독성 폐수일 때는 전처리가 필요하고 (3) 질화 박테리아의 영향을 배제하여야 하며 (4) 생분해성 유기물만이 측정되며 (5) 시료 중의 용해성 유기물의 양과 BOD실험의 결과 산정한 산소 소비량은 정확히 일치하지 않을 수 있으며 (6) 결과를 얻기까지 장시간이 필요하다는 점 등이다. 특히, 용해성 유기물의 소비에 5일이라는 기간이 과연 적절한가 하는 점이다.

(3) 질소성 생화학적 산소요구량(nitrogenous biochemical oxygen demand ; NBOD)

BOD실험을 하는데 있어서 5일 이상 계속하면 <그림 3-4>와 같은 곡선을 얻을 수도 있다. 5일 후에 곡선이 갑자기 올라가는 이유는 질소성 유기물(nitrogenous organics)를 분해하고, 이 물질을 안정된 질산염(nitrate, NO_3^-)으로 전환시키는 미생물의 산소소비 때문에 발생한다.

암모니아와 같은 비탄소성 물질은 주로 단백질의 가수분해에 의하여 생성된다. 2종류의 질산화 박테리아는 암모니아를 nitrite (NO_2^-)로 변환시킨 후, 다시 이 nitrite (NO_2^-)를 nitrate (NO_3^-)로 변환시킨다.

$$\text{(a)}\quad NH_3 + \frac{3}{2}O_2 \xrightarrow{\text{nitrite 형성 박테리아}} HNO_2 + H_2O \tag{3-13}$$

$$\text{(b)}\quad HNO_2 + \frac{1}{2}O_2 \xrightarrow{\text{nitrate 형성 박테리아}} HNO_3 \tag{3-14}$$

$$NH_3 + 2O_2 \longrightarrow HNO_3 + H_2O \tag{3-15}$$

일반적으로 어떤 수중의 질산염의 존재는 탄소화합물의 산화가 완료되었다는 지표가 된

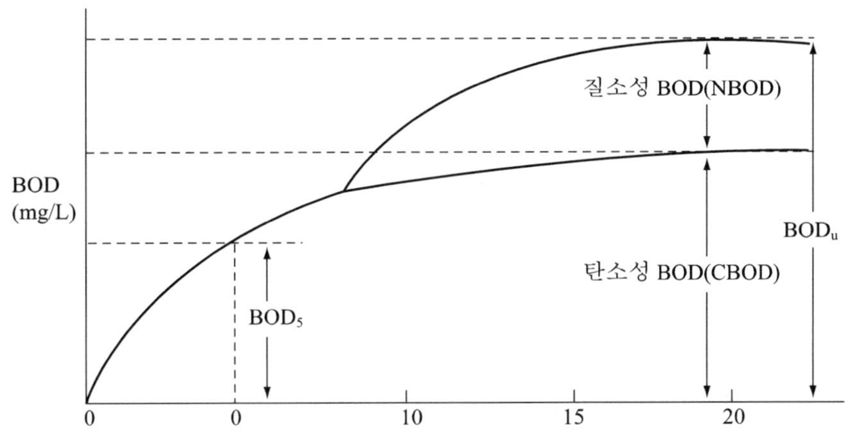

그림 3-4 BOD곡선

Chapter 2
Chapter 3
Chapter 4
Chapter 5
Chapter 6
Chapter 7

다. 즉, 하수처리장의 처리수에 질산염이 검출되면, 탄소계 유기물의 산화가 이미 완료되었다는 것을 나타낸다. 만일 수중의 용존산소가 부족하게 되면 수중의 질산염은 다시 환원된다.

$$NO_3^- \rightarrow NO_2^- \rightarrow N_2\,(\text{또는 } NH_3) \tag{3-16}$$

이러한 질산염의 환원에 의하여 다음과 같은 문제가 발생한다.

① BOD 측정 때 시료 중에 질산염이 존재하면 탄소계 유기물의 산화를 위하여 질산염으로부터 약간의 산소가 공급되는 수가 있다(그러므로 그 때의 BOD치는 낮아지게 된다). 암모니아가 nitrate로 산화될 경우의 산소요구량을 질소성 생화학적 산소요구량 한다.

② 하천수 중의 질산염은 일종의 안전장치 역할을 한다. 즉, 유기물의 분해에 의하여 용존산소가 고갈되면 질산염이 산소를 공급하여 계속적으로 유기물을 분해한다. 황산염이 존재할 경우, 질산염이 완전히 환원된 다음에 황산염도 환원되어 황화물 또는 H_2S로 변화한다.

질산화가 BOD시험 중에서 일어날 때, 시험 분석 자료의 잘못된 해석이 가능하다. 예를 들어 처리된 방류수의 BOD를 측정한 결과로 질산화반응을 억제시킨 상태에서 측정한 BOD는 20 mg/L이었고, 질산화반응이 발생하도록 방치한 상태에서 측정한 BOD는 40 mg/L이었다. 만일 유입하수의 BOD가 200 mg/L이었다면 BOD제거율은 각각 90%와 80%로 추정할 수 있다. 질산화반응이 실제로 발생하였지만 이를 의심하지 않았다면 처리

효율을 80%로 산정하는 실수를 범할 수 있다.

Example 3-10

질소에 대한 산소요구량(Nitrogenous Oxygen Demand)

유기질소나 암모니아의 형태로 30 mg/L의 질소를 가진 폐수가 있다. 만약 폐수의 질산화 과정 중에서 매우 무시할 정도의 박테리아가 생성된다고 가정할 때(즉, 산소요구량은 위에서의 질산화 반응을 이용하여 양론적으로 구할 수 있다), 다음을 구하여라.

① 최종 질소에 의한 산소요구량(NBOD)

② 폐수에서의 최종 NBOD와 질소 농도의 비

풀이

① 질화 반응식 (3-15)에 의하면,

$$NH_3 + 2O_2 \rightarrow NO_3^- + H^+ + H_2O$$

NH_3와 O_2의 분자량은 각각 17과 32이다. 1 gmole NH_3 (17g)에 대해 2 gmole O_2 (2×32g = 64g)가 필요하다. 17g NH_3에는 14g의 N이 있고 N의 농도는 30 mg/L이다.

$$\text{최종 NBOD} = (30\text{mg N/L}) \times \left(\frac{17\text{gNH}_3}{14\text{gN}}\right) \times \left(\frac{64\text{gO}_2}{17\text{gNH}_3}\right) = 137\text{mgO}_2/\text{L}$$

② 질화를 위해 필요한 산소의 양을 질소의 농도로 나누면

$$\frac{137\text{mg O}_2/\text{L}}{30\text{mg N/L}} = 4.57\text{mg O}_2/\text{mg N}$$

참고

유기질소와 암모니아의 총농도를 TKN (Total Kjeldahl Nitrogen)이라 한다. 위에서 보인 것처럼 NBOD는 TKN에 4.57을 곱해서 얻을 수 있다. 즉,

$$\text{최종 NBOD} \approx 4.6 \times \text{TKN}$$

처리되지 않은 폐수는 15～50 mg/L의 TKN을 가지고 있으므로 NBOD는 대략 70～230 mg/L 정도가 된다. 전형적인 오수는 대개 CBOD값이 250～350 mg/L 정도이다.

(4) 탄소성 생화학적 산소요구량(carbonaceous biochemical oxygen demand ; CBOD)

질산화박테리아의 영향을 배제하려면 시료를 전처리하거나 질산화반응 억제제(inhibitory agent)를 사용할 수 있다. 전처리 방법으로서는 저열살균, 염소 소독, 산처리가 있다.

억제제로서는 methylene blue, thiourea와 allylthiourea, 2-chloro-6 (trichloroethyl) pyridine 등이 있다. BOD시험에서 질산화반응을 억제시켜 얻은 결과가 바로 CBOD이다. 방류수 수질기준으로서 BOD를 측정할 경우, 질산화반응 억제제를 사용하여 측정한 CBOD를 BOD 대신 사용하고 있다.

3.3 화학적 산소요구량(chemical oxygen demand ; COD)

COD시험은 미생물의 성장에 유해한 독성물질이 포함되어 있는 산업폐수 또는 도시하수 중의 유기물을 간접적으로 측정하는 방법이다. 이 방법에서는 강한 산화제를 이용하여 시료 내에 산화가 가능한 유기물을 화학적으로 산화시킨 후 이때 소모된 산소 요구량을 구하는 방법이다.

COD 시험에 사용되는 산화제는 중크롬산칼륨($K_2Cr_2O_7$)과 과망간산칼륨($KMnO_4$)이다. COD는 처음에 가한 중크롬산의 농도에서 잔유농도를 뺀 산소소모량이다. COD_{Mn}은 COD_{Cr}보다 낮다. 산화제로서 중크롬산을 사용하였을 때의 주반응은 일반적으로 다음과 같이 나타낸다.

$$\text{유기물}(C_aH_bO_c) + Cr_2O_7^{2-} + H^+ \xrightarrow[\text{가열}]{\text{촉매}} Cr^{3+} + CO_2 + H_2O \qquad (3\text{-}17)$$

생물학적으로 산화되는 것보다 화학적으로 산화되는 유기물이 많기 때문에 폐수의 COD는 일반적으로 BOD보다 크다. COD와 BOD가 같은 경우 그 유기물은 미생물에 의하여 완전히 분해가능한 경우이며, COD가 BOD보다 큰 경우에는 그 유기물이 생물학적으로 분해 불가능한 물질을 함유하고 있음을 의미한다. 만일 폐수의 BOD가 COD보다 매우 적을 경우에는 그 폐수가 생물학적으로 분해 불가능한 유기물로 구성되어 있거나 미생물에 독성을 끼치는 물질을 함유하고 있다고 할 수 있다. BOD가 COD보다 큰 경우에는 BOD시험 중에 질산화가 발생하였거나, 방향족(aromatic)화합물 또는 피리딘(pyridine)과 같은 COD 시험에 방해되는 물질이 포함되어 있음을 의미한다.

1) 총 유기탄소(total organic carbon, TOC)

TOC는 시료내의 유기물 중에 포함되어 있는 탄소의 총량이다. 유기탄소(organic carbon)의 최종산물은 CO_2이기 때문에 시료를 연소관(combustion tube)에 넣고, 시료 중의 유기물을 촉매 하에서 이산화탄소로 산화시켜서 방출되는 CO_2의 양을 측정한다. 그러나, 유기물 중에 산화되지 않는 것이 있으면 TOC값이 시료 중의 실제 양보다 다소 작게 나타날 수 있다.

2) 총 산소요구량(total oxygen demand, TOD)

일반적으로 BOD나 COD는 유기물이 완전히 산화되는데 필요한 이론적인 산소요구량(ThOD)의 약 50% 정도의 값밖에 나타내지 않으나, TOD는 유기물을 백금촉매 중에서 900℃로 연소시켜 완전 산화한 경우의 산소소비량을 구하므로 각 물질의 이론적인 산소요구량의 90～100%를 나타낸다.

3) 휘발성 유기화합물(volatile organic compounds, VOC)

휘발성 유기화합물(VOC)은 비등점이 100℃ 이하이고, 25℃에서의 증기압이 1 mmHg 이상인 유기화합물을 말하며 다음과 같은 특성을 가진 오염물이다.

① 액체상태에서 대기 중으로 방출되기 쉽다.

② 대기 중으로 방출된 유기화합물은 공중보건에 유해하다.

③ 대기 중에 반응성 탄화수소를 증가시켜 광화학 산화물의 생성을 초래한다.

4) 이론적 산소요구량(theoretical oxygen demand, ThOD)

폐수 중에 있는 유기물은 일반적으로 탄소, 수소, 산소 및 질소로 되어 있다. 폐수 중에는 이들 원소가 탄수화물, 단백질, 지방 및 이들의 분해 생성물의 형태로 들어 있으며, 유기물질의 화학식이 파악되면 ThOD를 계산할 수 있다.

5) 침전산소요구량(sediment oxygen demand, SOD)

SOD는 침전물의 산화와 침전물 내에 서식하는 생물의 호흡에 의해 수중 용존산소를 소비하는 양을 말한다. 단위는 주어진 시간에 단위면적당 요구되는 산소요구량을 말하므로 산소무게/면적·시간, 즉 mg O_2/m^2/day로 표현된다.

6) 순간용존산소요구량(immediate dissolved oxygen demand, IDOD)

시료 중에 황화물, 아황산염, 제1철염, 알데하이드 등의 환원성 물질이 함유되어 있으면 수중의 DO를 15분 내에 소비하므로, 이들에 의한 DO소모량을 말한다.

Example 3-11

ThOD 계산

다음 가정 하에서 글리신[glycine, $CH_2(NH_2)COOH$]의 ThOD를 계산하여라.

① 1단계에서 유기탄소는 CO_2로, 유기질소는 암모니아로 전환한다.

② 2단계와 3단계에서, 암모니아는 산화되어 아질산염 및 질산염이 된다.

③ ThOD는 이상의 3단계에서 필요한 산소의 총량이다.

풀이

① 탄소성 산소요구량에 대한 반응식을 세운다.

$$CH_2(NH_2)COOH + \frac{3}{2}O_2 \rightarrow NH_3 + 2CO_2 + H_2O$$

② 질소성 산소요구량에 대한 반응식을 세운다.

$$\text{(a)}\ NH_3 + \frac{3}{2}O_2 \rightarrow HNO_2 + H_2O$$

$$\text{(b)}\ HNO_2 + \frac{1}{2}O_2 \rightarrow HNO_3$$

$$NH_3 + 2O_2 \rightarrow HNO_3 + H_2O$$

③ ThOD를 계산한다.

$$\begin{aligned} ThOD &= \left(\frac{3}{2} + \frac{4}{2}\right)\text{mol } O_2/\text{mol glycine} \\ &= 3.5\text{mol } O_2/\text{mol glycine} \times 32\text{g/mol } O_2 \\ &= 112\text{g } O_2/\text{mol glycine} \end{aligned}$$

| 연 | 습 | 문 | 제 |

01. 20℃에서 탈산소계수 k가 0.16 day^{-1}이면 10℃에서 BOD_5/BOD_u는 얼마인가? (단, 온도보정계수는 1.047이다.)

02. 탈산소계수(k)가 0.1/day인 어느 폐수의 5일간의 BOD가 200 mg/L였다.

(1) 2일 후에 남아 있는 (미처리된) BOD는 얼마인가?

(2) 2일 BOD는 얼마인가?

(3) BOD_u의 80%가 되는 데는 약 며칠이 소요되겠는가?

03. 물의 자정작용을 간단히 설명하고 자정작용 인자를 다섯 개 이상 적으시오.

04. BOD측정에서의 희석수의 역할을 쓰시오(4가지).

05. 폐수의 시험 결과, BOD가 COD보다 높게 나타났으면 그것이 가능한 이유를 세 가지만 기술하시오.

06. 호수에서 떠온 물이 든 2개의 병중 하나는 햇빛이 들지 않는 곳에 보관하고, 다른 하나는 햇빛이 드는 곳에 보관하였다. 며칠 후에는 어느 병의 DO가 더 높겠는가? 그 이유는 무엇인가?

07. BOD_5이 400 mg/L이고 BOD병(300 mL)에서 총 산소소모량이 2 mg/L이었다면 mL로 표시된 시료의 양은 얼마인가?

08. 어떤 물의 BOD_5가 10 mg/L이다. 초기 DO가 8 mg/L이고 희석비는 1/10이다. 그러면 최종 DO는 얼마인가?

CHAPTER 4

용수 및 폐수처리 공정

용수 및 폐수처리에 이용되고 있는 공정을 공학적인 개념으로 분류하면 물리적 공정, 화학적 공정, 생물학적 공정으로 구분할 수 있으며, 단위조작 및 단위공정의 조합으로 이루어져 있는 용수 및 폐수처리 계통(water and wastewater treatment system)은 1차 처리, 2차 처리, 3차 처리로 구분된다.

4.1 처리공정 분류

(1) 물리적 처리공정

물리적 공정으로는 침전, 여과 및 기체전달 등을 들 수 있다. 이들은 원수 및 폐수 중에 함유된 물질을 제거하는데 이용되기도 하고, 화학 및 생물학적 공정의 생성물을 제거하는데 이용되기도 한다. 폐수처리장에서 첫 번째 단계는 스크린 과정이다. 스크린 과정의 목적은 처리장치와 처리과정을 방해하는 부유물질(floating material)의 제거이다.

두 번째 단계는 스크린(screen)을 통과한 고형물을 0.3 cm 정도로 처리하는 분쇄과정이다.

세 번째 과정은 침사지(grit chamber)로서 사석과 모래(sand) 제거과정이다. 침사지의 설치목적은 유기물을 제외하고 모래나 사석을 제거하는 것이며, 모래나 사석이 펌프나 유량계와 같은 장치를 손상 마모시키는 것을 방지하기 위함이다.

네 번째 과정은 가능한 한 많은 고형물을 침전시키기 위한 침전과정이다. 침전(sedimentation)은 용수 및 폐수 중의 입자 및 콜로이드를 제거하는데 이용되며, 입자들이 너무 작아서 상당한 시간이 지나도 가라앉지 않을 때에는 화학약품을 투입하여 응집시켜 입자를 크게 해서 빨리 가라앉도록 한다. 따라서 체류시간(retention time)이 길어야 하며 난류(turbulence)는 최소로 억제되어야 한다. 고형물이 침전되고 남은 깨끗한 물은 침전지 주위로 균등하게 유출될 수 있도록 V형 웨어(weir)를 설치하여 다른 장치로 보낸다. "settling tank"와 "sedimentation tank"는 같은 의미로 사용되며, 때때로 청정지(clarifier)라고도 한다. 거르기(screening)나 모래제거와 같은 예비처리(preliminary treatment) 공정 뒤에 오는 침전지를 1차 침전지라고 한다. 1차 침전지 바닥에 침전된 고형물을 생슬러지(raw sludge)라고 하며, 생슬러지는 일반적으로 냄새가 고약하고 함수율이 높다. 이와 같은 두 가지 특성 때문에 처리가 어려워질 때도 있다. 이것을 쉽게 처리하려면 분해(decomposition), 탈수(dehydration) 과정을 거쳐 안정화(stabilization)시켜야 하며, 1차 침전지에서 나온 고형물 이외의 다른 처리과정에서 나온 고형물도 역시 똑같은 방식으로 처리하여야 한다.

여과(filtration)도 물속의 고형물을 제거하는데 이용되고 있으며, 폐수보다는 용수처리에서 흔히 볼 수 있다. 최적의 여과속도와 입자의 제거를 위해서 여재에 끼어 있는 불순물들을 정기적으로 제거하기 위한 장치가 필요하다. 요즈음에는 고형물을 제거하는 침강조작 다음의 세정단계로서 여과가 이용되기도 한다.

기체전달(gas transfer) 조작은 용수와 폐수에 다같이 적용된다. 처리목적에 따라 기체가 액체로부터 나오기도 하고 들어가기도 한다. 물과 공기의 접촉을 최대로 하여 효율을 높일 수 있으며, 이 조작은 수중의 좋지 못한 가스를 제거하여 음료수로 이용할 수 있도록 하는데 이용되기도 한다. 대기의 주요 구성성분인 산소도 같은 원리로 폐수 속에 주입된다. 탄산가스 및 염소기체의 주입은 재탄산화 및 살균 등에 이용되고 있다.

(2) 화학적 처리공정

많은 용수 및 폐수처리 공정에서는 화학약품이 이용된다. 예를 들면, 석회의 주입은 음료수 처리시 경도를 제거시키며, 폐수처리시 인산염을 침전시키게 된다. 침전이 잘 이루어지게 하기 위해서는 화학약품으로 pH를 조절할 필요가 있는 경우도 있다.

환원된 화합물을 제거하기 위해서는 산화제를 사용하기도 한다. 예를 들면, 과망간산칼륨을 투입하면 용해되어 있는 철과 망간이 산화되어 침전 형태로 변화된다. 염소는 용수 및 폐수처리에 있어서 살균제는 물론 산화제로도 가끔 사용되고 있다. 화학 응집은 침강 또는 여과의 보조수단으로 이용되기도 하는데, 작은 입자와 콜로이드의 조건을 변화시켜 크고 잘 가라앉을 수 있는 플럭을 형성시킨다.

(3) 생물학적 처리공정

생물학적 공정들은 음료수의 처리에는 사용되고 있지 않다. 이것은 원수에 함유되어 있는 생분해성 유기물이 낮은 수준이기 때문이다. 그러나 폐수처리에 있어서는 생물학적 공정들이 널리 사용되고 있으며, 생분해성 유기물과 기타 영양물들을 좀더 다루기 쉬운 형태로 변화시킨다. 용해성 또는 콜로이드성 유기물을 생물체로 변화시키고 이 생물체를 다시 액체로부터 분리시키는 2차 처리의 기본을 이루고 있는 것이 생물학적 공정이다. 2차 처리 시스템은 미생물과 유기물이 가장 좋은 환경조건에서 잘 접촉하도록 설계하여야 한다. 일단 분리된 생물체는 농축된 폐기물로서 적절하게 다루어져야 한다.

4.2 처리의 계통 분류

(1) 1차 처리(primary treatment)

1차 처리(primary treatment)의 목적은 도입 폐수로부터 고형 물질을 제거하는 것이다. 큰 이물질은 스크린으로 제거할 수 있으며, 분쇄기기를 사용하여 크기를 줄일 수 있다. 무기고형물은 침사 유로(grit channel)에서 제거하며, 유기현탁고형물(organic suspended solid)은 침강 분리하여 제거한다. 전형적 1차 처리 계통에서는, 도입폐수 중의 현탁고형물의 약 반이 제거된다. 이 고형물에 동반되는 BOD는 도입수 BOD의 약 30% 정도이다.

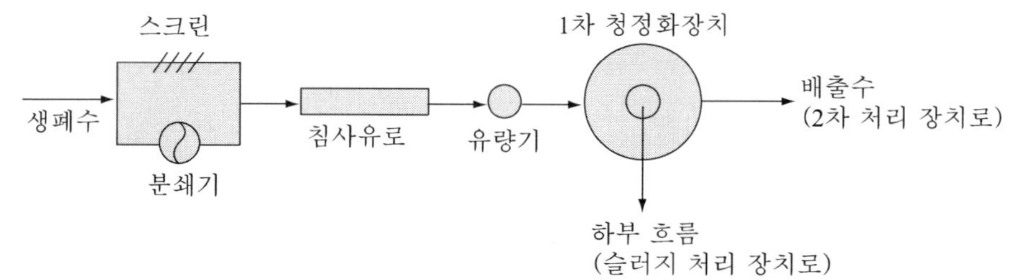

그림 4-1 전형적 1차 처리 계통

(2) 2차 처리(secondary treatment)

2차 처리(생물학적 처리)는 유기물(BOD)을 제거하는 것이 주목적이다. 1차 처리 배출수는 많은 유기성고형물이 제거되었지만, 아직 40～50%의 초기 현탁고형물과 초기 용존유기물 및 무기물의 거의 전부가 남아 있다. 이 용존유기물의 제거를 2차 처리라고 하며, 화학적, 물리적 또는 생물학적 공정으로 이루어진다. 다시 말하면 미생물의 활동에 의해 분해되어질 수 있는 고에너지의 유기물분자(high-energy molecules)가 함유되어 있다. 미생물들이 유기물 분해 활동을 하는데 요구하는 산소를 생화학적 산소요구량(biochemical oxygen demand, BOD)이라고 하며, 처리수가 허용기준을 초과하지 않도록 산소요구량을 감소시켜야 한다. 1차 처리의 목적이 고형물의 제거인 반면에 2차 처리의 목적은 BOD를 제거하는 것이다. 2차 처리를 하는 도시폐수 처리장에서는 주로 미생물을 이용하여 폐수 내의 BOD를 감소시키기 때문에 2차 처리를 생물학적 처리(biological treatment)라고도 한다. 보통 살수여상(trickling filter)과 활성슬러지법(activated sludge process)으로 구성되어 있다.

2차 처리(secondary treatment)에서는 용존 및 콜로이드성 유기물을 바이오매스(biomass)인 미생물세포로 전환시키는데, 이 바이오매스는 뒤에 침강 분리하여 제거한다. 미생물과 유기물의 접촉을 최적화하기 위하여, 폐수 중에 바이오매스를 현탁시키거나 고체 표면에 부착된 바이오매스 막에 폐수를 통과시킨다. 가장 많이 쓰이는 현탁 바이오매스 시스템은 활성슬러지법이다.

바이오매스의 일부를 순환시키면 폐수와 접촉하는 미생물의 수를 증가시킬 수 있기 때문에 전환 과정(conversion process)을 촉진할 수 있다. 재래적인 부착 바이오매스 시스템은 살수여상(trickling filter)인데 돌이나 기타 고체 매체를 사용하여 생물막(biofilm)의 증식 표면적을 증가시킨다. 노화된 생물막은 이 표면에서 벗겨지고 씻겨 나가서 처리수와 함께 침전조로 간다. 더욱 처리하거나 최적 유량을 유지하기 위하여 처리수의 일부를 이 시스템으로 다시 순환시키기도 한다.

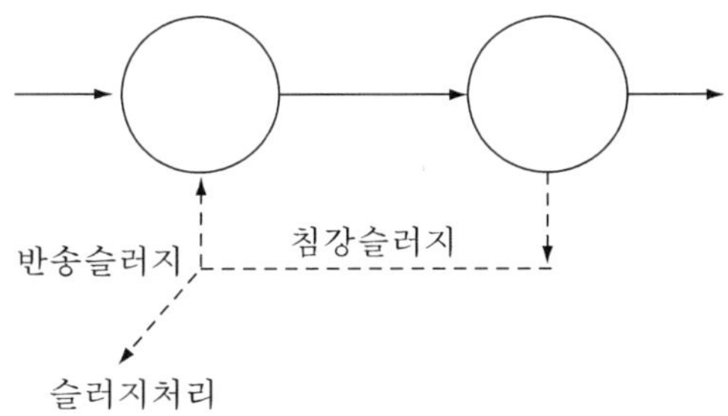

(a) 활성 슬러지 계통

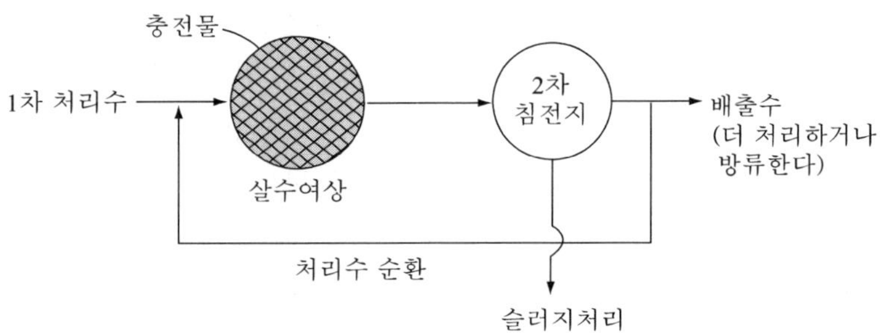

(b) 살수 여상 계통

그림 4-2 2차 처리 계통

2차 슬러지는 대개 1차 슬러지와 조합하여 혐기성공정 <그림 4-3>에서 더욱 처리한다. 이때 주로 메탄(CH_4)과 이산화탄소(CO_2)인 가스상 최종 생성물, 액체, 불활성 고형물이 생긴다. 메탄은 상당한 발열량을 가지고 있어서 처리장 동력 소요량의 일부로 사용할 수 있다. 액체에는 고농도의 유기 화합물이 들어 있어서 처리장으로 순환시킨다. 고형 찌꺼기는 광물질 함유량이 높아서 농지의 토질 개량제와 비료로 사용할 수 있다.

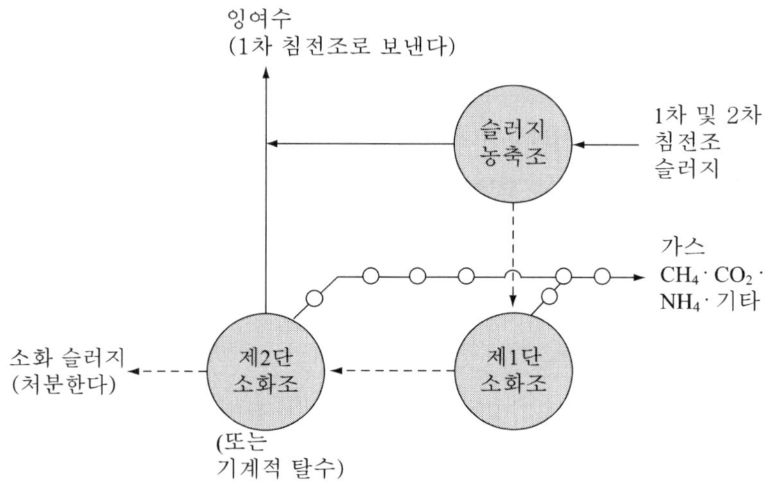

그림 4-3 슬러지 처리 계통

활성슬러지법(activated sludge)에서 가장 중요한 사실은 미생물의 재사용(reuse)이라 할 수 있겠다. 이 방법은 주로 폐수가 차있는 탱크(1차 침전지에서 나온)와 다량의 미생물로 구성되어 있다. 호기성 미생물(aerobic microorganisms)의 성장에 필요한 산소를 공급해 주기 위해 공기가 탱크 내에 포기된다. 그러면 미생물은 용존된 유기물(dissolved organics)과 접촉하게 되고, 미생물 표면에 용존된 유기물이 흡수된다. 미생물은 이러한 유기물을 CO_2나 H_2O와 같이 훨씬 안정된 화합물로 분해시키며, 이러한 과정에서 더욱더 많은 미생물이 번식·성장하게 된다. 일단 먹이(유기물)가 없어지면 미생물은 최종침전지(secondary settling tank)에서 물과 분리된다. 물과 미생물의 분리는 이 방법에서 매우 중요한 부분이다. 최종침전지에서 미생물은 먹이 없이 존재하기 때문에 매우 굶주리게 된다. 그러므로 이 미생물들은 다시 활성화된다. 이것을 활성슬러지(activated sludge)라고 부른다. 반송활성슬러지(returned activated sludge)로 알려진 침전된 미생물은 포기조 상부로 펌프되어 거기서 다시 많은 먹이를 찾게 된다. 이 과정에서 많은 미생물의 생성되므로 미생물의 일부를 제거하는 것이 필요하며 또한 잉여슬러지는 처분되어야 한다. 폐슬러지의 처분은 폐수처리과정에서 가장 힘든 일 중의 하나이다.

미생물이 처음 먹이와 접촉했을 때 상당한 양의 산소를 요구한다. 따라서 포기조 내의 용존산소 수준은 폐수가 주입되는 즉시 떨어진다. 용존산소(DO)가 낮게 되면 미생물의 증식에 극히 해로운 요소가 된다. 따라서 활성슬러지법의 변형된 형태인 단계식포기법(step aeration process), 점감식포기법(tapered aeration process), 접촉안정법(contract stabilization) 또는 생흡착(biosorption) 등이 있다. 최종 침전지에서 물과 미생물의 분리는 매우 중요하다. 침전율이 떨어지면 효율은 매우 낮아진다. 활성슬러지의 침전능력은 그것이 1 L의 실린더에 1 g의 슬러지가 30분 동안 침전된 후에 차지한 부피에 의해 측정된다. 그것을 슬러지 용적지수(sludge volume index ; SVI)라고 한다.

$$\text{SVI (mL/g)} = \frac{\text{30분후의 슬러지부피 (mL)} \times 1{,}000\,(\text{mg/g})}{\text{혼합액부유물(MLSS)의 농도}\,(\text{mg/L}) \cdot (1\text{L})} \tag{4-1}$$

Example 4-1

혼합액부유물의 농도가 4,000 mg/L이고, 1 L의 실린더에 30분간 침전시킨 후 그것의 부피는 400 mL였다. SVI를 계산하여라.

풀이

$$\text{SVI (mL/g)} = \frac{400 \times 1{,}000}{4{,}000} = 100\ \text{mL/g}$$

100 이하의 SVI값은 보통 허용할 수 있으나, SVI의 값이 200보다 클 경우에는 팽화슬러지(bulking sludge)가 생성되어 침전성이 불량하고 농축이 잘 되지 않는다. 침전이 되지 않는 이유는(SVI가 높을 때) 잘 알려져 있지 않으나, 주입폐수 내에서의 F/M비, 온도차, 고농도의 중금속, 영양소의 결핍 등이 bulking sludge의 원인이 될 수 있다. 이에 대한 대비책으로는 사상균체(filamentous microorganism)를 제거할 수 있는 염소소독(chlorination), 공기주입의 변화(changes in air supply), H_2O_2의 주입 등이 있다. 슬러지가 침전하지 않을 때에는 반송활성슬러지의 양이 낮아지므로 포기조 내의 미생물 농도가 낮아진다. 따라서, F/M비가 증가하고 BOD제거효율은 떨어지게 된다.

(3) 3차 처리(tertiary treatment, 고도처리)

3차 처리(고도처리)는 2차 처리 후 남아 있는 부유물질과 용존물질 제거에 필요한 추가처리로 정의되며, 방류수의 수질기준이 엄격한 곳, 또는 하수의 재이용을 목적으로 할 때 필요하다. 처리대상은 부유물, 용해성 유기물, 무기염류, 중금속, 영양염류(질소, 인) 등의 제거에 목적이 있다. 부유물의 제거는 약품응집, 침전, 급속모래여과 또는 여과 등이 있다. 용해성 유기물의 제거에 대해서는 활성탄 흡착(adsorption by activated carbon) 및 오존처리(ozonation)가 유효하다.

무기염류의 제거에는 이온교환, 전기투석, 역삼투, 증발 등의 방법이 있는데 수처리로는 비교적 값이 비싸며 폐수처리로는 아직 널리 사용되고 있지는 않다. 영양염류인 질소, 인의 제거에 대해서는 적조의 발생 방지와 부영양화 방지를 위해 근래에 주목을 받고 있다.

1, 2차 처리는 영양소나 독성물질을 제거하는 데에는 그리 효과적인 방법이 되지 못하므로, 3차 처리를 통하여 이러한 물질들을 제거할 필요가 있다. 따라서, 3차 처리를 고도처리(advanced treatment)라고도 한다. 고도처리는 주로 BOD, 고형물, 무기물, 독성물질, 영양소 등을 제거하는데 목적이 있다.

활성탄을 이용한 흡착(adsorption)은 3차 처리에 있어서 BOD제거의 한 방법이며, 이 과정에 의하여 유기물뿐만 아니라 무기물도 제거된다. 흡착의 메커니즘은 물리화학적으로 설명할 수 있으며, 활성탄의 표면에는 콜로이드와 같은 작은 입자를 끌어당길 수 있는 공극(pore)이 많이 존재한다. 활성탄의 재생은 산소가 부족한 조건에서 열을 가한다. 약간의 효율상의 손실이 있게 되므로 적절한 흡착효율을 유지하기 위해서는 소량의 새로운 활성탄을 보충해야 한다.

인(P)이나 질소(N)와 같은 용존물질은 2차 처리에서 거의 처리되지 않으므로 1970년대 초반 이래, 고도처리 시설의 수가 괄목하게 증가되고 있다. 배출되는 폐수 내의 질소와 인이 호수의 부영양화(eutrophication)를 가속화시키고, 수생식물의 성장을 촉진시키는 영향 때문이다. 또한, 배출되는 폐수의 질산화는 암모니아에 의한 독성을 감소시키고, 용존산소의 고갈을 저감시키기 위하여 필요하다.

1) 질소제거방법

질소제거는 두 가지 방법에 의하여 할 수 있다.

첫번째 방법은 OH^- 농도를 증가시키면 다량의 용존암모니아 가스는 물로부터 대기로 방출될 수 있다.

$$NH_4^+ + OH^- \rightarrow NH_3 \uparrow + H_2O \qquad (4\text{-}2)$$

두번째 방법은 아질산 이온(NO_2^-)을 만들어 처리하는 것이다. 호기성 미생물 처리에 의하여 유기물을 질산(NO_3^-)까지 산화시킨다. 질산화 후 혐기성 상태에서 질산환원균에 의하여 질산을 질소가스까지 환원하는 이들의 화학반응은 다음과 같다.

$$NH_4^+ + 2O_2 \xrightarrow{\text{질산균}} NO_3^- + 2H^+ + H_2O \qquad (4\text{-}3)$$

$$6NO_3^- + \underset{(\text{유기물})}{5CH_3OH} \xrightarrow{\text{탈질화균}} 3N_2 + 5CO_2 + 7H_2O + 6OH^- \qquad (4\text{-}4)$$

다시 말하면 *nitrobactor*나 *nitrosomonas*와 같은 미생물이 질산화과정(nitrification process)을 통하여 암모니아성 질소를 NO_3^-로 변형시킨다. 만약 이 슬러지가 혐기성 상태하에 있으면 탈질산화(denitrification)가 일어나며, 그 동안에 NO_3^-가 질소가스로 환원된다. 이때 질소가스는 대기 중으로 방출된다.

질산의 환원에는 유기물이 필요한데, 하수중의 유기물이 이용되지만 부족한 경우에는 탈질소 단계에서의 적절한 탄소/질소비를 제공하기 위하여 메탄올 또는 메틸알코올 등이 첨가된다. 따라서 질소의 제거에는 질산화 및 탈질화 공정이 필요하다.

2) 인의 제거방법

인(P)은 거의 화학적으로 제거된다. 인(P)의 제거에 가장 많이 사용되는 화학물질은 수산화칼슘 $Ca(OH)_2$과 알루미늄염[Alum, $Al_2(SO_4)_3$]이다. pH가 높을 경우에 칼슘이온은 인(P)과 결합하여 침전·제거될 수 있는 calcium hydroxyapatite, 즉 하얀 불용성 침전물을 형성하게 된다.

$$5Ca(OH)_2 + 3HPO_4^{2-} \rightarrow Ca_5OH(PO_4)_3 \downarrow + 3H_2O + 6OH^- \qquad (4\text{-}5)$$

알루미늄염에서 나온 알루미늄 이온은 용해될 수 있는 인산알루미늄으로 침전된다.

$$Al^{3+} + PO_4^{3-} \rightarrow AlPO_4 \downarrow \qquad (4\text{-}6)$$

또한, 수산화알루미늄을 형성한다.

$$Al^{3+} + 3OH^- \rightarrow Al(OH)_3 \downarrow \qquad (4\text{-}7)$$

그것은 끈적끈적한 응결물(flocs)이므로 인을 침전시킬 수 있다. 보통 알루미늄염은 2차 침전지에서 주입된다.

4.3 고형물 처리와 처분(solid treatment and disposal)

슬러지처리에 가장 널리 사용되는 슬러지 처리방법은 혐기성 소화(anaerobic digestions)이다.

$$\text{유기물(sludge)} \xrightarrow[\text{1단계}]{\text{산 형성 미생물}} \text{유기산} \xrightarrow[\text{2단계}]{CH_4\ \text{형성 미생물}} CH_4,\ CO_2,\ \text{그 외의 최종산물}$$

메탄형성 미생물은 산소(O_2)가 존재하는 곳에서는 작용할 수 없는 혐기성 미생물(anaerobes)이며, 그것은 온도, pH, 독성물질에 매우 민감하다. 만약 산화조의 pH가 급격히 떨어지면, 메탄형성은 중단되나 산의 형성은 계속되어 훨씬 많은 유기산을 만든다. 이것은 pH를 낮추는 결과를 초래하며 메탄형성 조건을 더욱더 악화시키게 된다. 대부분의 처리장에서는 1차 소화조(primary digester)와 2차 소화조(secondary digester)같은 두 종류의 소화조를 가지고 있다. 1차 소화조는 뚜껑을 덮고, 가열하면 반응속도가 증가한다. 이때 슬러지의 온도는 약 35℃가 된다. 2차 소화조(secondary digesters)는 혼합이나 가열시키지 않고, 침전에 의한 슬러지 농축에 주로 사용된다. 여기서 표면에 뜨는 물은 다시 주처리장(main plant)으로 재처리하기 위해 보내진다.

2차 소화조의 가스는 연료로서 사용하기에 충분하므로 1차 소화조를 가열하는데 사용된다. 소화가 잘 된 흙색을 띠는 슬러지는 악취를 풍기지 않으므로 슬러지를 소화조 밖으로 펌프시켜 가까운 농장에 처분한다. 소화된 슬러지가 비료(fertilizer)만큼 영양소를 갖는다 해도 농민들이 슬러지를 처분하기 쉽게 수분을 없애 부피를 줄여 준다. 슬러지 탈수에 널리 쓰이는 방법은 모래 건조상(sand drying bed), 진공여과기(vacuum filters)와 원심분리기(centrifuges) 등이 있다.

부록표 <4-H> 폐수처리방법

고액분리

- 침강분리
  - 연속청징 (하수)
    - 수평식
    - 수직류식
      - 슬러리 순환형
      - Sludge blanket형
      - 복합형
  - 연속농축 (슬러지)
    - 중심축 구동식
    - 중앙 구동식
    - 주변 구동식
- 부상분리
  - 자연부상식
  - 강제부상식
    - 가압식
    - 진공식
    - 기계교반식
    - 산기식
- 여과분리
  - 청징여과 (하수)
    - 완속여과
    - 급속여과
      - 중력식
      - 압력식
        - 상향류식
        - 하향류식
        - 상하류식
  - 탈수여과 (슬러지)
    - 압력여과
      - 연속식
      - 회분식
        - 압여과
        - 가압엽상여과
        - 가압수평 plate여과
        - 가압원통여과
    - 진공식
      - 회분식 — 진공엽상여과
      - 연속식
        - 회전원통
        - 수직원통
        - 수평회전원판
        - 수평벨트
    - 중력여과 — 회전체
    - 가압여과 — 롤러가압, 벨트가압
- 원심분리
  - 원심침강 (하수)
    - 분리판형
    - 원통형
    - decanter형
  - 원심탈수 (슬러지)
    - 회분식
    - 연속식

물리적·화학적 처리

- 중화, pH조정
- 산화·환원
  - 약품에 의한 산화환원
  - 전기분해
  - 산소, 오존, 적외선
- 추출 흡착
  - 활성탄 외
- 산화·환원
  - 고정식
  - 연속시
    - 단층식
    - 복층식
    - 혼층식
    - 유동층식
- 막분리법
  - 튜브형(tubular type)
  - 스파이럴형(spiral type)
  - 중공사형(hollow-fiber type)
- 전기투석

생물학적 처리

- 활성슬러지법 (호기성처리)
  - 표준활성슬러지법
  - 계단식포기
  - 접촉안정법(biosorption)법
  - 장기포기법
  - 수정포기법
  - 고속포기침전지법
  - 산화구법
- 생물막법 (호기성처리) (하수)
  - 살수여상법
    - 표준살수여상법
    - 고속살수여상법
  - 회전판접촉법
  - 접촉포기법
- 호기성소화 (슬러지)
- 혐기성소화 (슬러지)
  - 비가온식
  - 가온식
    - 중온소화
    - 고온소화
- 산화지
  - 호기성지
  - 통성혐기성지
  - 고율산화지

열처리

- 증발(하수)
  - 단일 증발관법(single evaporator)
  - 다중효용 증발관법(multiple effect evaporator)
  - 다단 플래시 증류법
- 건조(슬러지)
  - 천일건조
  - 가열건조
- 동결가열
  - 직접냉동법
    - 진공냉동법
      - 흡수법
      - 압축법
    - 냉매직접접촉법
  - 간접냉동법
- 소각
  - 탈수, 건조소각법
    - 로타리킬른식
    - 세로형다단로방식
    - 유동층방식
    - 기류건조방식
  - 직접소각법
    - 분무연소방식
    - 분무유동화 방식
    - 습식산화방식

| 연 | 습 | 문 | 제 |

01. 폐수의 1차, 2차, 3차 처리의 일반적인 개념을 간략하게 기술하시오.

02. 다음 자료는 폐수처리장의 운영일지에 나타난 것이다.

	유입수(mg/L)	유출수(mg/L)
BOD_5	200	20
SS	220	15
P	10	1.5

BOD_5, SS, P는 각각 몇 % 제거되었는가?

03. 유기인(P) 화합물의 고도처리 방법을 기술하시오.

04. 고도처리는 주로 생물학적 처리로 제거되지 않은 오염물질의 제거를 목적으로 한다. 이 처리방법을 5가지 이상 열거하시오.

05. 무기영양염류 중 질소화합물의 고도처리방법을 기술하시오.

06. 슬러지가 유용하게 사용될 수 있는 방법 3가지를 쓰시오.

07. 스크린 설치부에 유속한계를 약 0.6 m/sec 정도를 유지하는 이유는?
(해설) 모래의 퇴적현상 및 부유물이 찢겨 나가는 것을 방지하기 위함.

08. 1차 침전지의 처리효율을 증대시키는 방법이 아닌 것은? ③
① 응집 ② 경사판 설치 ③ 예비포기 ④ 감속기 설치

09. 1 L의 눈금실린더에 활성슬러지를 채우고, 30분 후에 침전된 양이 195 mL이었으며 MLSS농도는 2,300 mg/L이었다. SVI는 얼마인가?

CHAPTER 5

물리적 처리

폐수에는 형태, 크기, 밀도가 다른 여러 가지 고형물이 들어 있다. 이러한 고형물을 효과적으로 제거하려면 스크린 분리, 분쇄, 침강 등의 단위 조작을 조합하여 사용할 필요가 있다. 큰 물체와 그릿의 제거 및 유량측정 조작을 예비처리(preliminary treatment)라고도 하는데, 이는 1차 처리(primary treatment)에 포함된다.

5.1 예비처리(preliminary treatment)

(1) 스크린 분리(체 분리)

스크린 분리기구(screen device)나 바－랙(bar rack) 등은 폐수로부터 큰 고형물 제거에 쓰인다. 스크린의 기본 목적은 펌프와 기타 기계장치를 보호하고, 펌프나 밸브, 기타 폐수 처리장의 부속 설비가 막히지 않게 하는 것이다. 스크린으로 분리한 고형물은 여러 가지 바람직하지 못한 성질을 가진 유기물로 피복되어 있으므로, 위생매립처분, 분쇄, 소각 등의 방법으로 처분하여야 한다.

(2) 침사지(grit chamber)

사석제거는 사석으로 인해 펌프가 마모되는 것을 방지하고, 포기조, 침전조, 소화조에 축적되는 것을 방지하며, 슬러지 관이 막히는 것을 방지하기 위해서이다. 침사지에서는 사석만이 침전되고 유기 고형물은 침전이 되지 않도록 하기 위하여 수평 유속을 충분히 유지해야 한다. 사석은 위생매립으로 처리한다. 포기식 침사지(aerated grit removal tanks)는 사석을 침전시키고 유기고형물은 부유상태로 유지시킨다. 포기식 침사지에서는 폐수의 회전 속도가 너무 크면 무거운 사석이 유출수와 함께 유출되며 또 속도가 너무 느리면 가벼운 유기 고형물이 사석과 함께 침전된다.

(3) 유량 균등조(flow equalization tank)

유량균등조는 차후 처리조작과 공정에 일정한 유량을 공급하여 처리효율을 증대시킨다. 균등조는 일간 유량변화를 줄일 뿐만 아니라 BOD, SS 등의 농도도 균등하게 유지한다. 균등조는 처리효율증진에 상당히 중요하다.

(4) 수질 균등조(quality equalization tank)

수질 균등조는 도시폐수 처리장 또는 산업폐수 처리장 앞에 설치하여 하루 전체를 통해 BOD_5, SS 농도의 변화를 일정하게 유지시켜 준다. 수질균등조를 이용함으로써 폐수 처리장의 효율을 증가시킬 수 있다. 수질 균등조도 역시 SS를 부유상태로 유지하고 조를 호기성 상태로 유지시키기 위하여 포기를 해주어야 한다.

5.2 혼합(mixing)

혼합은 하수처리 공정 중 여러 곳에서 사용되는 중요한 단위조작이다. 이것이 쓰이는 곳은 1) 한 물질을 다른 물질과 완전하게 혼합 시킬 때 2) 액체 부유물을 혼합할 때 3) 혼화성 액체를 섞을 때 4) 응집 5) 열전달 시 등이다.

5.3 침전(sedimentation)

침전이란 물보다 무거운 부유입자를 중력에 의해 물로부터 분리하는 것이다. Sedimentation과 settling은 서로 같은 의미로 사용되고 있다. 침전은 최초침전지에서의 입자성 물질제거, 활성슬러지 침전지에서 미생물 플럭의 제거, 그리고 화학적 응집 공정에서는 화학적 플럭 제거 등의 목적으로 사용된다. 또한 침전은 깨끗한 상층액을 분리해 내는 것이지만, 운반 및 처리에 손쉬운 농도의 슬러지를 만들기 위한 목적도 있다. 입자의 농도와 입자간의 작용력에 의하여 침전은 단독침전, 응집성침전, 간섭침(계면침전), 압밀침전 등의 4가지 형태의 침전으로 구분할 수 있다. 하나의 침전공정 중에도 한 가지 이상의 형태의 침전이 일어나는 것이 보통이며, 동시에 4개의 형태의 침전이 일어날 수도 있다.

(1) 제1형 침전(type I settling : 독립입자의 침강)

부유물의 농도가 낮은 상태에서 응집성이 없는 단독입자가 침전하는 현상을 제1형 침전이라고 하며 입자간의 응결이나 상호작용이 전혀 없다. Newton과 Stokes가 제안한 침강이론에 의해 설명된다. Newton의 법칙에 의하면 최종 입자속도는 입자의 중력에 의한 힘과 마찰저항력인 항력을 같다고 놓고 구할 수 있다. 중력에 의한 힘은 다음 식으로 주어진다.

$$중력에\ 의한\ 힘 = (\rho_p - \rho) g V \tag{5-1}$$

여기서, ρ_p : 입자의 밀도
ρ : 액체의 밀도
g : 중력 가속도
V : 입자의 부피

마찰저항력은 입자의 속도, 유체의 밀도, 유체의 속도, 입자의 직경과 항력(drag force)계수 C_D (무차원)의 함수이다.

$$마찰저항력 = \frac{C_D A_\rho v^2}{2} \tag{5-2}$$

여기서, C_D : 항력계수
A : 속도 v에 직각인 입자의 단면적 또는 투영면적
v : 입자의 속도

구형입자에 대하여 중력에 의한 힘[식 (5-1)]과 마찰저항력[식 (5-2)]이 같게 되면 침전속도는 일정하게 된다(Newton 법칙).

$$v_o = \left[\frac{4}{3} \frac{g(\rho_p - \rho) d_p}{C_D \rho} \right]^{\frac{1}{2}} \tag{5-3}$$

여기서, v_o : 입자의 최종 평형속도(종말속도)
d_p : 입자의 직경

항력계수의 값은 입자 주위의 유체의 흐름영역이 층류냐 난류냐에 따라 달라진다. 항력계수와 Reynolds수의 관계는 <그림 5-1>에 보인 바와 같다. 입자의 형태에 따라서도 항력계수의 값이 달라진다. 구형입자에 대한 <그림 5-1>의 곡선의 식은 다음과 같이 나타낼 수 있다(Reynolds number $N_R = 10^4$까지 적용).

$$C_D = \frac{24}{N_R} + \frac{3}{\sqrt{N_R}} + 0.34 \tag{5-4}$$

표 5-1 하수처리에 관련된 침전현상의 종류

침전현상의 종류	설명	적용처/발생처
독립입자침전 (제1형 침전)	고형물의 농도가 낮은 부유액 중에서의 입자의 침전을 말한다. 입자들은 다른 입자들의 영향을 받지 않고 독립적으로 침전하며 주위 입자들과의 작용은 없다.	하수로부터 그릿과 모래 입자의 제거
응집침전 (제2형 침전)	침전 중에 입자들끼리 결합하고 응집하는 비교적 농도가 작은 부유액에서의 침전을 말한다. 입자들끼리의 결합에 의하여 입자들의 질량이 커지고 따라서 더 빨리 침전하게 된다.	일차침전시설에서 미처리 하수도의 부유고형물의 일부를 제거하거나 2차 침전시설의 상부 부분의 고형물 제거. 침전조 내에서 화학플록 제거
간섭 또는 계면침전 (제3형 침전)	입자간의 작용하는 힘에 의해 주변 입자들의 침전을 방해하는 중간정도 농도의 부유액에서의 침전을 말한다. 입자 등은 서로간의 상대적 위치를 변경시키려 하지 않고 전체 입자들은 한 개의 단위로 침전한다. 함께 침전하는 입자들의 상부에 고액 경계면이 형성된다.	생물학적 처리시설과 함께 사용되는 2차 침전시설 내에서 발생
압밀 (제4형 침전)	입자들의 농도가 너무 커서 입자들끼리 구조물을 형성하여 더 이상의 침전은 압밀에 의해서만 생기는 고농도의 부유액에서 일어나는 침전을 말한다. 압밀은 위의 액체로부터의 침전에 의하여 구조물에 연속적으로 가해지는 입자들의 무게 때문에 일어나게 된다.	깊은 2차 침전시설과 슬러지농축시설의 바닥에서와 같이 깊은 슬러지층의 하부에서 보통 일어난다.

Reynolds수가 0.3 이하일 때는 식 (5-4) 중의 첫 번째 항이 가장 크므로 이 값을 식 (5-3)에 대입하면 농도가 낮은 부유물질의 침전을 나타내는 Stokes 법칙이 된다.

$$v_o = \frac{g(\rho_p - \rho)d_P^{\,2}}{18\mu} \tag{5-5}$$

층류의 조건 하에서, Stokes는 항력을 다음 식으로 나타냈다.

$$F_d = 3\pi\mu v d_p \tag{5-6}$$

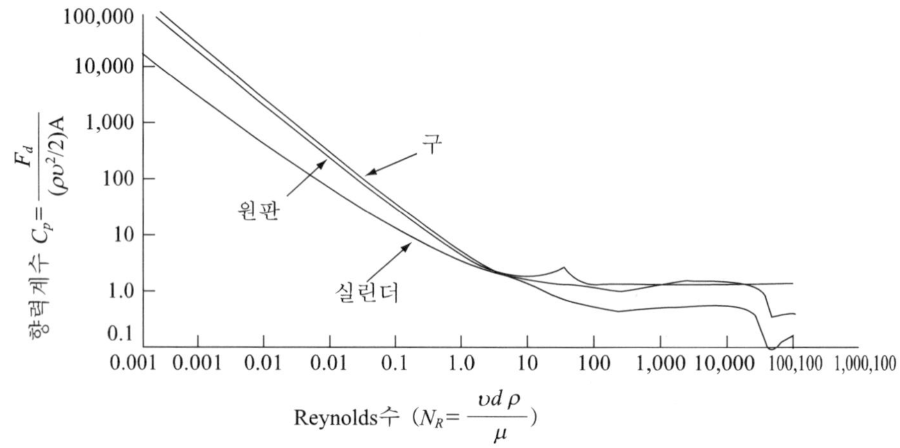

그림 5-1 구, 원판, 실린더의 항력계수

이 힘을 입자의 유효중량[$=$입자무게$-$부력 $= \frac{\pi d_p{}^3}{6}\rho_p - \frac{\pi d_p{}^3}{6}\rho = \frac{\pi}{6}d_P{}^3(\rho_p - \rho)$]과 같다고 놓으면 마찬가지로 식 (5-5)가 얻어진다.

침전지의 설계 시, 어떤 최종속도(종말속도) v_o로 침강하는 입자의 크기를 선택하여 그와 같거나 빨리 침강하는 모든 입자들이 제거되도록 설계하는 것이 보통이다. 이상적인 직사각형(길이 L, 폭 W, 깊이 H) 침전조에서 가장 크기가 작은 입자가 100% 제거될 때의 속도를 v_o라 하면,

$$\text{체류시간 } t = \frac{\text{깊이}}{\text{침전속도}} = \frac{H}{v_o} \tag{5-7}$$

$$= \frac{\text{길이}}{\text{수평속도}} = \frac{L}{v} \tag{5-8}$$

$$\text{수평속도 } v = \frac{\text{유량}}{\text{단면적}} = \frac{Q}{HW} \tag{5-9}$$

식 (5-8)과 (5-9)로부터 v를 소거하면

$$t = \frac{LWH}{Q} \tag{5-10}$$

LWH는 침전조의 부피이므로, 체류시간 t는 침전조의 부피를 유량 Q로 나눈 길과 같다. 식 (5-7)과 (5-10)으로부터

$$\frac{H}{v_o} = \frac{LWH}{Q} \tag{5-11}$$

그러므로, $$v_o = \frac{Q}{LW} \tag{5-12}$$

이때 침강분리된 깨끗한 물이 생성되는 속도는 다음과 같다.

$$Q = Av_o \tag{5-13}$$

여기서 A는 침전지의 표면적(LW)이다. 식 (5-13)을 다시 쓰면,

$$v_o = \frac{Q}{A} = \text{월류속도}\,(\mathrm{m^3/m^2 \cdot day}) \tag{5-14}$$

즉, 설계 시 흔히 사용되는 기준인 월류율(월류속도) 또는 표면적부하는 100% 제거되는 최소입자의 침전속도와 같다는 것을 알 수 있다. 식 (5-13)에서 볼 수 있듯이 제1형의 침전에서는 허용처리유량은 탱크의 깊이와는 무관하다.

실제 설계 시에는, 유입부와 유출부의 유체의 흔들림, 단회로(short circuiting), 슬러지의 축적, 슬러지 제거장치의 운전에 따른 속도경사 등을 고려하여 조정하여야 한다.

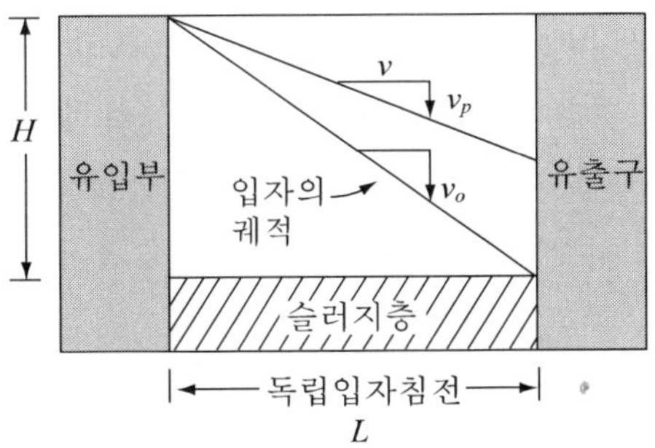

그림 5-2 이상적인 침전조 내에서의 제1형 침전

이상적인 침전지에서 일어나는 제1형 침전은 <그림 5-3>과 같이 v_o보다 빠른 침전속도 v_1을 갖는 모든 입자는 100% 제거되며, 그 궤도는 슬러지층에서 교차한다. v_o보다 느린 침전속도 v_2를 갖는 입자의 제거분율 x_2는 다음 식으로 표현된다.

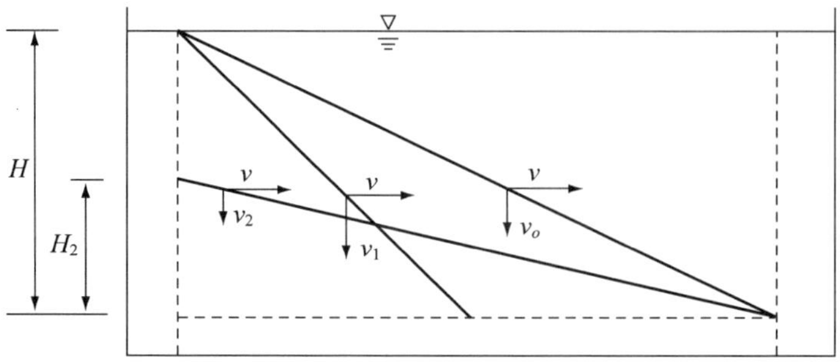

그림 5-3 이상적인 직사각형 침전조

$$x_2 = \frac{H_2}{H} = \frac{v_2}{v_0} \tag{5-15}$$

부유상태에 있는 입자들의 크기는 매우 다양하여 침전속도가 각각 다르므로 설계 침전속도(또는 월류율)에 대한 총제거율을 결정하기 위해서는 전체 침전속도 범위를 계산해야 한다.

입자형 물질로 이루어진 일반적인 부유액 안에는 입자들의 크기가 매우 다양하게 분포하고 있다. 어떤 주어진 시간 동안의 제거효율을 결정하기 위해서는 그 안에 존재하는 입자의 침전속도의 전체 범위를 생각해야 하며, 이에는 (1) 체(sieve) 분석이나 hydrometer 실험결과와 식 (5-5)를 사용하는 방법, (2) 침전 컬럼의 이용 등의 방법이 있다. 어떤 방법으로든 실험결과로부터 <그림 5-4>와 같은 침전분석곡선을 그릴 수 있다.

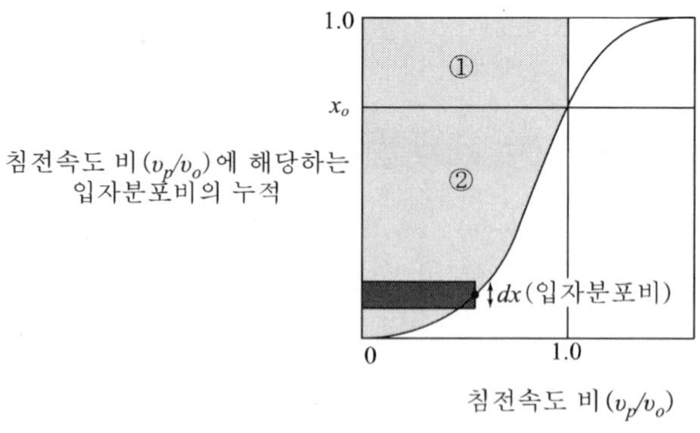

그림 5-4 독립입자 침전의 분석을 위한 개념도

다양한 입자크기(침전속도)를 가진 입자의 침전효율은 다음과 같이 가정한다.

① 설계속도(v_o) 보다 빠른 침전속도(v_p)를 가지는 입자는 모두 제거된다.

② 설계속도(v_o)보다 느린 침전속도(v_p)를 가진 입자들의 제거율(x_r)은 설계속도와의 비에 따른다.

즉, x_r은 침전속도(v_p)인 입자가 설계속도(v_o)인 침전지에서 제거되는 비율로서 다음과 같다.

$$x_r = \frac{v_p}{v_o}$$

주어진 처리유량 Q는 식 (5-16)과 같으며 설계속도(v_o)보다 빨리 침강하는 입자들은 완전히 제거된다.

$$Q = v_o A \tag{5-16}$$

남아있는 입자들은 $x_r = v_p / v_o$ 의 비율로 제거될 것이다. 따라서 전체 제거된 입자의 비율은 식 (5-17)과 같다.

$$\text{제거된 비율} = (1 - x_o) + \int_0^{x_r} \frac{v_p}{v_o} dx \tag{5-17}$$

여기서, $1 - x_o$: 설계속도(v_o)보다 빠른 침전속도(v_p)를 가진 입자들의 비율
(이러한 입자들의 제거비율은 100%임. 이들 입자들이 전체제거율에서 차지하는 부분은 그림 5-4의 ①의 면적에 해당함.)

$\int_0^{x_r} \frac{v_p}{v_o} dx$: 설계속도(v_o)보다 느린 침전속도(v_p)를 가진 입자들의 제거분율
(이들 입자들의 침전제거율은 침전속도(v_p)/설계속도(v_o)이며, 전체제거율에서 차지하는 부분은 그림 5-4의 ②의 면적에 해당함.)

Example 5-1

단독입자의 제거(제1형 침전)

설계속도(v_o)가 0.1 m/min이고, 침전속도(v_p) 범위별 입자분포가 아래 표와 같다.

① 고형물의 전체제거율은 얼마인가(%)?

② 전체적인 고형물 제거율에서 설계속도(v_o)보다 빠른 침전속도를 가진 입자의 비율 $(1-x_o)$는 얼마인가?

③ 전체적인 고형물 제거율에서 설계속도(v_o)보다 느린 침전속도를 가진 입자의 비율 $(\int_0^{x_r}\frac{v_p}{v_o}dx)$은 얼마인가?

침전속도 범위(m/min)	평균 속도(m/min)	입자분포 비율(0.1=10%)
0.5~1	0.75	0.1
0.1~0.5	0.25	0.1
0.05~0.1	0.075	0.26
0.01~0.05	0.025	0.30
0~0.01	0.005	0.24
계		1.0

풀이

(1) 고형물의 전체제거율 : 48.2%

침전속도 범위 (m/min)	평균 속도 (m/min)	입자분포 비율 (0.1=10%)	침전속도에 따른 입자별 제거율 (v_p/v_o)	입자 비율을 고려한 제거율
0.5~1	0.75	0.1	1	0.1×1=0.1
0.1~0.5	0.25	0.1	1	0.1×1=0.1
0.05~0.1	0.075	0.26	0.075/0.1=0.75	0.26×0.75=0.195
0.01~0.05	0.025	0.30	0.025/0.1=0.25	0.3×0.25=0.075
0~0.01	0.005	0.24	0.005/0.1=0.05	0.24×0.05=0.012
계		1.0		0.482

(2) 설계속도(v_o)보다 빠른 침전속도를 가진 입자의 비율$(1-x_o)$: 0.2 (20%).

(3) 설계속도(v_o)보다 느린 침전속도를 가진 입자의 비율 $\int_0^{x_r}\frac{v_p}{v_o}dx$: 0.282 (28.2%)

(2) 제2형 침전(type II settling : 응집성 침전)

제2형 침전은 농도가 낮은 현탁물에서의 응집입자들의 침전이다. 비교적 농도가 묽은 용액에서의 응집입자들은 독립입자들처럼 거동하지 않으며 침전하면서 서로 뭉치기도 한다. 뭉치거나 응집이 생기면 입자들의 무게가 늘어나서 침전속도가 더 빨라지게 된다. 따라서, 응집되는 현탁액은 독립입자의 현탁액과 같은 방법으로 취급될 수는 없다. 응집입자는 그 크기와 형태가 계속해서 변하고, 입자들이 크게 뭉치게 되면 입자 사이의 공간에 물이 따라 들어가서 비중도 달라지므로, Stokes 법칙을 사용할 수 없기 때문이다.

응집과정에 영향을 주는 인자는 많기 때문에, 침강속도를 결정하는 일반적인 식을 전개하는 것은 거의 불가능하며, 이들 인자의 영향은 침전실험에 의해서만 알아낼 수 있다. 제2형 침전의 예는 폐수의 1차 침전과 화학적으로 응집된 용수 또는 폐수의 침전이다. 침전지 설계를 위한 침강시험은 다음과 같이 행한다.

① 시료 채취구를 통해 일정한 시간 간격으로 시료를 채취하여 부유물의 농도를 측정한다.
② 시료의 처음 부유물의 농도와 시료의 농도를 이용하여 제거율을 계산한다.
③ 시간과 시료채취 깊이에 따라 그래프상에 제거율을 수치로 기입하고 기입된 점들 간에 보간법으로 동일 제거율 R_A, R_B, R_C … 등의 곡선을 <그림 5-5>와 같이 그린다.

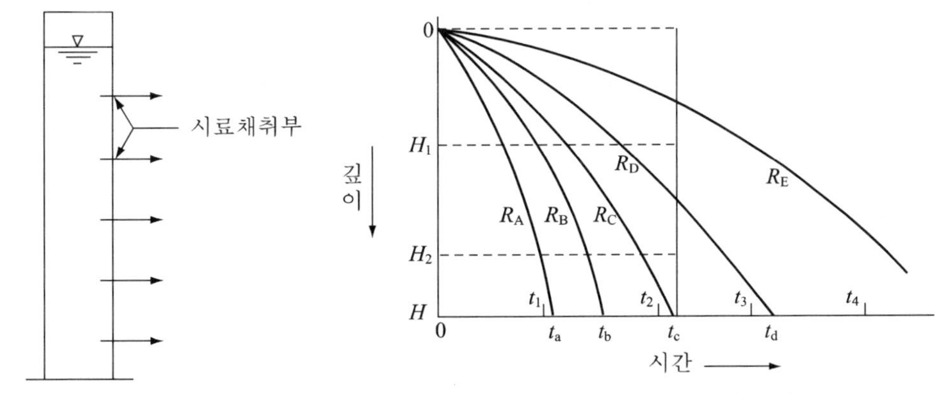

(a) 칼럼 입면도 (b) II 형 침전의 등효율곡선

그림 5-5 II형 침전 칼럼 및 등효율곡선

월류율 v_o는 곡선 R이 x축과 만나는 침전시간의 변화 t_a, t_b … 로부터 구할 수 있다. 곡선 R_C인 경우의 월류율 v_o는 다음과 같다.

$$v_o = \frac{H}{t_c} \times \text{환산계수} \tag{5-18}$$

여기서, H : 컬럼의 높이
t_c : 곡선 R_C와 x축과의 교점

여기서 시간 t_a, t_b 등에서 제거된 고형물 분율 R_T를 구할 수 있다. 즉, 시간 t_c에 대한 제거분율 R_T는 다음과 같다.

$$R_T = R_C + \frac{H_2}{H}(R_D - R_C) + \frac{H_1}{H}(R_E - R_D) \tag{5-19}$$

여기서, H_2 : 크기 $(R_D - R_C)$의 입자가 t_c 동안 침전되는 높이

이것은 침전조의 슬러지부에서 제거된다. 시간변화 t_a, t_b 등과 월류율 v_0의 변화, 제거율 R_T의 변화를 이용하여 제거된 분율에 대한 월류율 그래프를 그릴 수 있으며 체류시간에 대한 제거분율 그래프도 그릴 수 있다.

Example 5-2

응집성 현탁 고형물의 제거(제2형 침강)

그림에 보인 침강시험 결과를 이용하여, 체류 시간이 t_2이고, 깊이 h_5일 때의 총괄제거율을 구하여라(단, $\Delta h_1 = 0.60\text{m}$, $\Delta h_2 = 0.33\text{m}$, $\Delta h_3 = 0.45\text{m}$, $\Delta h_4 = 1.62\text{m}$임).

풀이

① 제거율(%)의 계산

$$\text{제거율(\%)} = \frac{\Delta h_1}{h_5} \times \frac{R_1 + R_2}{2} + \frac{\Delta h_2}{h_5} \times \frac{R_2 + R_3}{2} + \frac{\Delta h_3}{h_5} \times \frac{R_3 + R_4}{2} + \frac{\Delta h_4}{h_5} \times \frac{R_4 + R_5}{2}$$

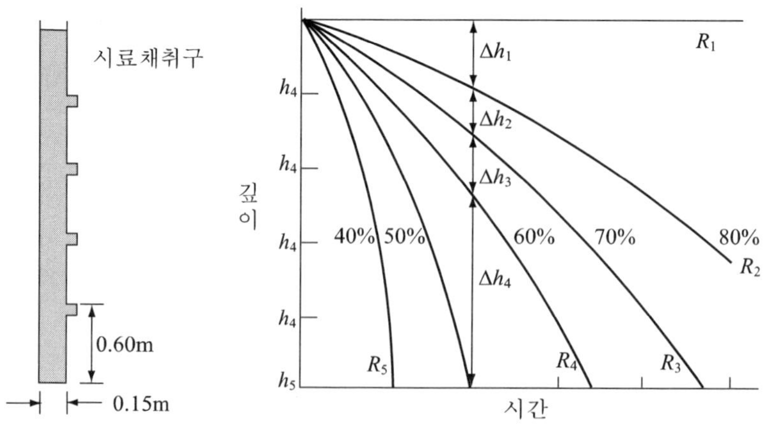

그림. 침강 컬럼과 응집성 입자의 침강 곡선

Chapter 2
Chapter 3
Chapter 4
Chapter 5
Chapter 6
Chapter 7

② <그림>에서의 계산 절차는 다음과 같다.

$$\frac{\Delta h_n}{h_5} \times \frac{R_n + R_{n+1}}{2} = \text{제거율}\%$$

$$0.20 \times \frac{100+80}{2} = 18.00$$

$$0.11 \times \frac{80+70}{2} = 8.25$$

$$0.15 \times \frac{70+60}{2} = 9.75$$

$$0.54 \times \frac{60+50}{2} = 29.70$$

1.00　　　　65.70

총괄 제거율은 65.7%이다.

[별해] 식 (5-19)에 의한 풀이

$$R_T = 50\% + \frac{(0.6+0.33+0.45)+\left(\frac{1.62}{2}\right)}{3}(60\%-50\%)$$
$$+\frac{(0.6+0.33)+\left(\frac{0.45}{2}\right)}{3}(70\%-60\%)$$
$$+\frac{(0.6)+\left(\frac{0.33}{2}\right)}{3}(80\%-70\%)$$
$$+\frac{\left(\frac{0.60}{2}\right)}{3}(100\%-80\%)$$
$$=50\%+7.3\%+3.85\%+2.55\%+2.0\%=65.7\%$$

풀이

현장에서는 최적 조건보다 못한 상태에서 조작되므로 이를 고려하여야 한다. 대개는 침강 컬럼 시험에서 구한 설계 침강 속도에 인자 0.65～0.85를 곱하며, 체류시간에는 인자 1.25～1.75를 곱한다.

(3) 제3형 침전(type III settling : 간섭침전)

현탁물질의 농도가 높은 경우에는, 보통 간섭침전 또는 계면침전(제3형 침전)과 압밀침전(제4형 침전)이 독립침전(제1형 침전)이나 응집성 침전(제2형 침전)과 함께 일어난다. 입자의 농도가 높기 때문에 액체는 서로 접촉하는 입자들의 틈새사이로 빠져 올라오려고 한다. 결과적으로 접촉하는 입자들은 침전할 때 각 입자 사이의 상대위치를 바꾸지 않고 계면을 형성하며 침전한다. 이 현상을 간섭침전이라고 한다. 즉, 입자의 농도가 중간 정도인 경우의 침전으로서 입자들이 너무 가까이 있어서 이웃입자의 침전을 방해하게 되므로, 입자는 상호간에 상대적으로 고정된 위치에 존재하며 모든 입자가 동일한 속도로 침전하게 된다. 입자들이 한 덩어리로서 지역적으로 침전하므로 지역침전이라고도 한다. 이 영역에서 입자가 침전할 때는 비교적 명확하게 물과 입자의 층으로 분리된다. 제3형 침전(지역침전, 간섭침전, 방해침전)의 예는 활성슬러지공법의 최종침전지의 중간정도 깊이에서 일어나는 침전이다.

활성슬러지 응결부유물의 침전관 실험을 <그림 5-7>에 나타내었다. 시간 $t=0$일 때 입자는 지역침전(zone settling ; ZS)을 한다. 입자들은 상호간에 동일한 상대적 위치를 가지며, 입자의 농도가 커지면 입자들은 서로 침강을 방해하므로 침강속도는 고형물 농도의 함수이다. $t=t_1$일 때 슬러지는 덩어리로 침전하므로 슬러지층 상부에 맑은 액층이 생성된다. 지역침전(간섭침전)의 아래 부분에서는 입자농도가 매우 높아져서 많은 입자들 상호간에 물리적 접촉을 하게 된다. 이것이 간섭침전(지역침전)에서 압축침전(compression settling ; CS)으로 변화되는 전이침전(transition settling ; TS)이다. 전이지역 아래에서는 모든 입자들 상호간에 접촉을 하게 되며 압축이 시작되는 압축침전지역이 형성된다. $t=t_2$일 때, 지역침전은 사라지고 모든 입자들은 전이침전 또는 압축침전 상태에 있으며, $t=t_3$에서 전이지역은 없어지고 입자 전체가 압축침전상태가 되고, $t=t_4$에서 압축침전이 거의 완결된다.

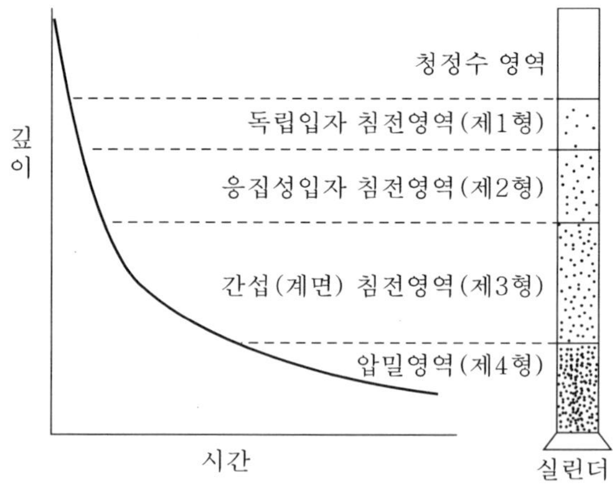

그림 5-6 침전영역에 대한 개념도

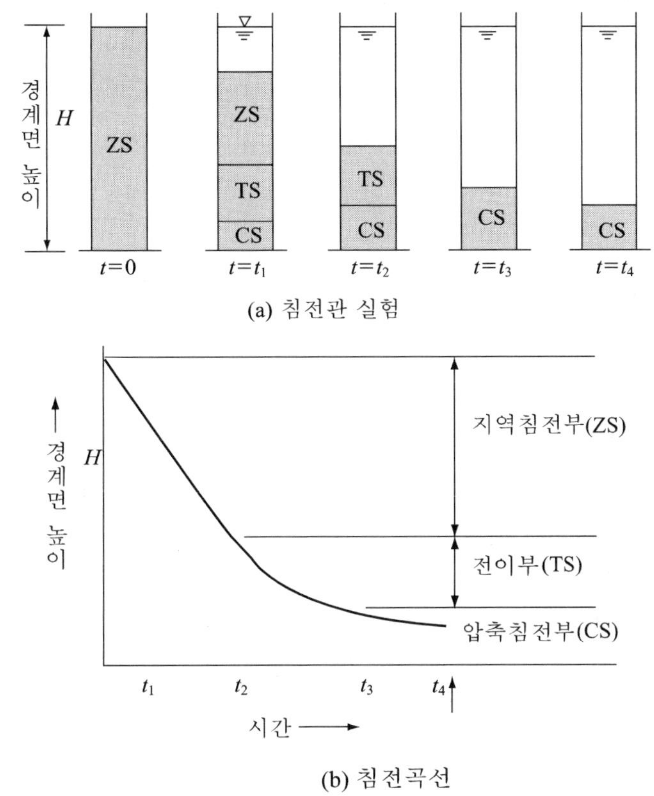

그림 5-7 농축 부유물질의 침전

(4) 제4형 침전(type Ⅳ settling : 압축침전)

Ⅳ형 침전 또는 압축침전(compression settling)은 고농도 입자들의 침전으로 입자들이 서로 접촉하며, 침전은 단지 밀집된 덩어리의 압축에 의해서만 일어난다.

입자들의 농도가 너무 커서 입자들끼리 구조물을 형성하여 더 이상의 침전은 압밀에 의해서만 생기는 고농도의 현탁용액에서 일어나는 침전을 말한다. 압밀은 위의 액체로부터의 침전에 의하여 구조물에 연속적으로 가해지는 입자들의 무게 때문에 일어나게 된다. 이 영역에서 압밀의 속도는 시간 t에서의 높이와 시간이 아주 오래 지났을 때의 슬러지의 높이와의 차이에 비례한다.

Ⅳ형 침전의 예는 활성 슬러지 공법의 최종 침전지의 낮은 깊이에서 일어나는 압축 침전이다. 침전이 진행되면서 압축영역에서는 실린더의 밑바닥에 압축된 입자층이 형성되기 시작한다. 이 영역의 입자들은 입자끼리 서로 닿은 구조를 형성하는 것처럼 보인다. 압밀층이 형성되어 갈수록, 압밀층의 농도보다 낮은 농도의 입자를 가진 영역은 실린더의 위

로 점점 올라가게 된다. 따라서 실제로는 간섭침전의 영역에서는 침전영역의 계면에서 나타나는 농도로부터 압밀침전영역에서 나타나는 농도까지의 여러 가지 농도가 차례대로 나타나게 된다. 입자간의 물리적 작용은(이것은 압밀영역에서 최대임) 높이에 따라 점점 작아진다. 이것은 어느 정도는 간섭침전 영역에서 일어날 수 있다.

5.4 부상(flotation)

폐수 내에 물보다 가벼운 부상물질을 제거하고자 할 경우에는 부상(flotation)방법이 사용된다. 이 방법은 가라앉히는 대신에 부상시키는 방법이므로 침전지의 모양을 뒤집어 놓은 형태이다. 부상방법에는 공기부상(air flotation), 용존공기부상(dissolved air flotation), 진공부상(vacuum flotation) 등이 있다.

부상은 작은 공기방울을 용액에 주입시켜 용액 내의 입자가 달라붙어서 부력에 의해 상승시킨다. 침전에서와 마찬가지로 부상에서도 화학약품을 이용하여 그 효과를 증대시킬 수 있다. 이러한 화학약품들은 공기방울이 유기물을 흡착하거나 포집하기 좋은 구조를 만들어 주는 기능을 한다. 유기고분자 응집제는 주로 기체/액체의 경계나 고체/액체의 경계의 성질을 변화시키며, 무기화학물질(알루미늄염, 철염, 활성실리카)은 입자상 물질을 엉키게 하여 공기방울에 포집하기 용이한 구조를 형성한다.

부상시스템을 설계하는 데는 A/S (air의 질량/폐수 내 고체의 질량)의 비, 공기의 용해도, 운전압력, 고형물의 농도 등이 고려되며, 유출수를 압력탱크로 반송할 경우에는 반송률도 고려한다.

A/S비에 대한 식은 다음과 같다.

$$A/S = \frac{(1.3)S_a\left(\frac{f \cdot p}{1atm} - 1\right)}{S} = \frac{(1.3)S_a(f \cdot P - 1)}{S} = \frac{(a-b)}{S} \qquad (5\text{-}20)$$

여기서, 1.3 : 공기의 밀도(29 g / 22.4 L = 1.3 g/L = 1.3 mg/cm^3)

S_a : 공기의 용해도(0℃에서 29.2 cm^3/L, 10℃에서 22.8 cm^3/L, 20℃에서 18.7 cm^3/L, 30℃에서 15.7 cm^3/L)

p : 절대압(atm)

f : 절대압 p에서의 용존되는 공기의 전체 공기량에 대한 비율(주로, $f = 0.5$)

S : 폐수 내의 고형물질의 농도

a : 가압시 물에 용해되어 있는 공기량(mg/L)

$a = (1.3)S_a(f \cdot p/1\text{atm}) = [\text{mg/L}]$

공기의 밀도(mg/cm³) × 압력탱크에서 압력 P로 용존되는 공기비율(용존효율) × (1기압에서 공기의 용해도(cm³/L) × (p atm/1atm) = [mg/L]

b : 대기압에서 물에 용해되어 있는 공기량(mg/L)

$b = (1.3)S_a(1\text{atm}/1\text{atm}) = [\text{mg/L}]$

공기의 밀도(mg/cm³) × 압력탱크에서 압력 P로 용존되는 공기비율(용존효율) × (1기압에서 공기의 용해도(cm³/L) × (p atm/1atm) = [mg/L]

$a-b$: 부상에 사용되는 공기량 [mg/L]

유출수를 압력탱크로 반송시킬 경우의 식은 다음과 같다.

$$A/S = \frac{(1.3)S_a(f \cdot p - 1)}{S} \cdot \frac{R}{Q} \qquad (5\text{-}21)$$

여기서, R/Q : 반송률

R : 반송되는 폐수량

Q : 유입되는 폐수량

식 (5-20)과 (5-21)에서 분자는 공기의 중량이며, 분모는 고형물질의 중량이다. 1 cm³의 공기중량이 1.3 mg이며 괄호 내의 (−1)은 대기압을 의미한다. 하수슬러지를 농축시키는 경우의 A/S비는 일반적으로 0.01～1.2이다.

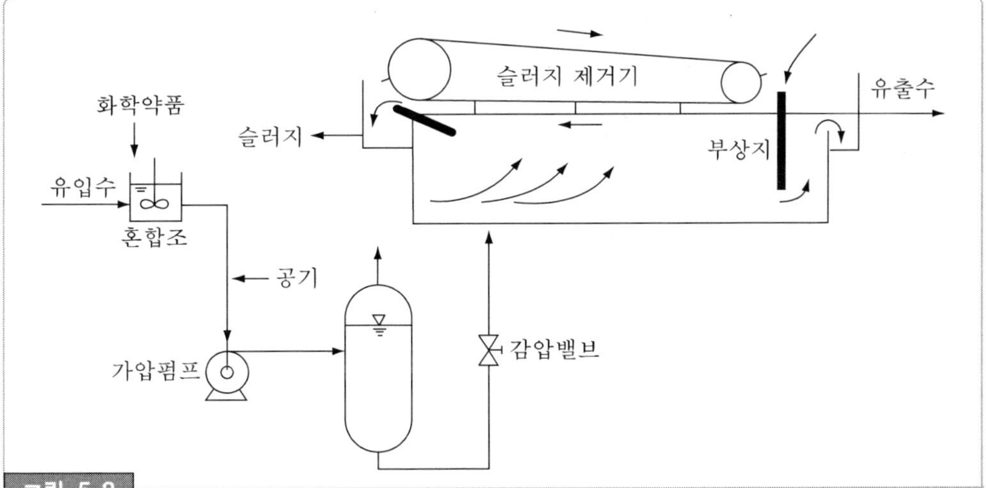

그림 5-8 용존 공기 부상지의 계통도

Example 5-3

활성슬러지 혼합액의 부상분리 농축법

활성슬러지 혼합액을 0.3%에서 4%로 농축시키기 위한 부상분리 농축조를 가압순환이 있는 경우와 없는 경우 두 가지에 대해 다음 조건에 따라 설계하라.

① 최적 A/S비 = 0.008 mL/mg
② 온도 = 20℃
③ 공기 용해도 = 18.7 mg/L
④ 가압순환식에서의 계기압력 = 2.7 atm
⑤ 포화도 = 0.5
⑥ 포화도표면부하율 = 8 L/m^2 · min
⑦ 슬러지 유량 = 400 m^3/day

풀이

(1) 순환하지 않는 경우

① 식 (5-20)을 사용하여 소요압력을 계산한다.

$$\frac{A}{S}=\frac{1.3S_a(f\cdot p-1)}{S}$$

$$0.008=\frac{(1.3)(18.7\text{mL/L})(0.5p-1)}{3{,}000\text{mg/L}}$$

$$\therefore 0.5p=0.99+1$$

$$\therefore p=3.98\text{ atm}$$

② 필요 표면적을 구한다.

$$A=\frac{(400\text{m}^3/\text{d})(1{,}000\text{L/m}^3)}{(8\text{L/m}^2\cdot\text{min})(60\text{min/h})(24\text{h/d})}=34.7\text{ m}^2$$

③ 고형물 부하율을 검토한다.

$$\text{고형물 부하율}=\frac{(3{,}000\text{mg/L})(400/\text{m}^3/\text{d})(1{,}000\text{L/m}^3)}{(34.7\text{m}^2)(10^6\text{mg/kg})}$$

$$=34.58\text{ kg/m}^2\cdot\text{day}$$

(2) 순환이 있는 경우

① 절대압력을 결정한다.

$p=$ 절대 압력 = 계기압력+대기압$=2.7+1.0=3.7$ atm

② 식 (5-21)을 사용하여 필요 순환율을 계산한다.

$$\frac{A}{S} = \frac{1.3S(f \cdot p - 1)R}{SQ}$$

$$0.008 = \frac{(1.3)(18.7\text{mL/L})[(0.5)(3.7)-1]R}{3{,}000\text{mg/L}(400\text{m}^3/\text{d})}$$

$$R = 464.6\ \text{m}^3/\text{day}$$

이렇게 구하는 방법 대신 순환율을 먼저 결정하고 압력을 구할 수도 있으나 실제 설계에서는 여러 조건들에 대하여 순환 pump, 가압 시스템, 탱크 건설 등에 드는 비용을 구하여 가장 경제적인 조합을 찾아낼 수 있다.

③ 필요한 표면적을 구한다.

$$A = \frac{(464.6\text{m}^3/\text{d})(1{,}000\text{L/m}^3)}{(8\text{L/m}^2\cdot\ \text{min})(60\text{min/h})(24\text{h/d})} = 40.3\ \text{m}^2$$

5.5 여과(filtration)

여과란 다공성 매개체나 다공성 물질에 액체를 통과시켜 미세한 부유물질을 제거함으로써 고체－액체를 분리시키는 것을 말한다. 이는 화학적으로 응집침전 시킨 물을 여과시켜 양질의 상수를 생산하는 상수처리에서 이용한다.

여과상(filter)은 사용된 메디아의 형태에 따라 다음과 같이 분류할 수 있다.

i) 단일 메디아 여과상(single-media filter) : 이것은 대개 모래나 분쇄된 자갈로 된 단일 형태의 메디아로 되어 있다.

ii) 이중 메디아 여과상(dual-media filter) : 이것은 대개 모래와 분쇄된 자갈로 구성된 이중 형태의 메디아로 되어 있다.

iii) 다중 메디아 여과상(multi-media filter) : 이것은 대개 분쇄된 자갈, 모래 그리고 석류석으로 이루어진 3중 이상의 메디아로 되어 있다.

고도 처리와 3차 처리에서 사용하는 거의 모든 여과상은 이중 메디아나 다중메디아 형태이다. 고도 폐수처리에서의 여과는 다음과 같은 목적으로 사용된다. 즉, (1) 생물학적으로 처리된 2차 유출수의 여과, (2) 화학적으로 처리된 2차 유출수의 여과, (3) 화학적으로 처리된 1차 혹은 원폐수의 여과 등이다.

(1) 단일 메디아 여과상

보통 폐수처리에 이용되는 급속 모래여과상은 여과방식이 대개 중력식이며, 공극구멍보다 더 작은 미세한 부유물질을 제거하는데 있어서 모래의 역할은 주로 부착, 응결, 침전, 여과 등이다. 원수가 공극 사이를 통해 아래로 이동할 때 미세한 부유물은 모래 표면과 충돌하여 모래입자에 부착하게 된다. 물이 입자 공극부를 통과할 때 일부 미세한 부유물은 모여서 응결되고 커진 부유물은 공극부 하부의 모래 입자 위에 침전하게 된다<그림 5-9a>. 단일 메디아 여과상은 운전기간이 짧기 때문에 폐수처리나 고도처리에서는 거의 사용되지 않는다.

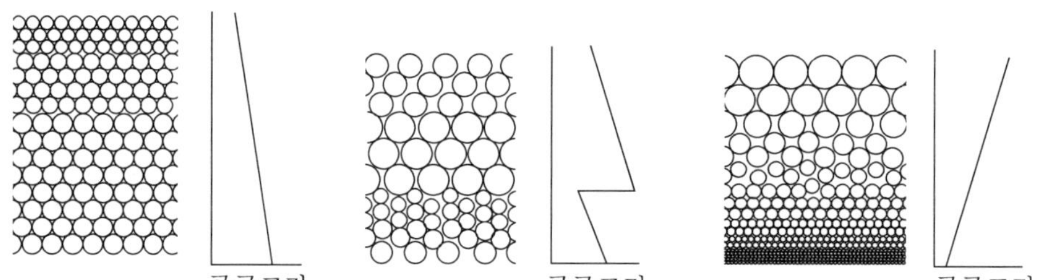

(a)단일 메디아 여과상 (b)이중 메디아 여과상 (c)이상적인 메디아 여과상

그림 5-9 각종 여과장치의 입자크기별 배열에 따른 공극변화

(2) 다중 메디아 여과상

두 종류 이상의 메디아를 가진 다중 메디아 여과상은 개방형 중력여과이거나 가압여과 형태이다. 단일 메디아 여과에서 고형물 저장에 사용할 수 있는 공극부피는 상의 윗부분에 있는 반면, 다중 메디아 여과에서는 여과상 내부 깊이까지 확장된다. 축적된 floc이 깊은 지점까지 침투하기 때문에 이런 여과지들은 종종 deep bed filters라고 부르기도 한다. 다중 메디아 여과상은 고형물 저장이 가능한 공극부피가 크기 때문에 고도처리나 3차 처리에서 사용되어질 수 있으며 여과운전 일수도 적절하다.

1) 이중메디아 여과상(dual-media filters)

미세한 모래층 위에 거친 자갈층으로 구성된 이중 메디아 여과상은 여과상의 공극부피를 증가시키기 위한 한 가지 방법이다. 공극 크기에서 볼 수 있듯이 이중메디아 여과상의 가능한 공극 부피는 단일메디아 여과상보다 크다. 이상적으로 이용 가능한 공극 부피는 여과상의 맨 윗부분에서 최대가 되며 바닥으로 내려갈수록 점차 줄어 바닥에서 최소가 될 것이다.

2) 혼합메디아 여과상(mixed-media filters)

이상적인 여과상은 <그림 5-9(c)>와 같은 공극크기와 층을 가진다. 공극크기는 상(床)의 상부에서 가장 크고 바닥으로 갈수록 점차적으로 작아진다. 공극공간과 같은 이용 가능한 공극부피는 상의 상부에서 최대가 되며 갈수록 감소된다. 메디아는 상부일수록 거칠고 하부로 갈수록 미세한 층을 가진다.

이상적인 여과상은 모래층위에 분쇄한 자갈로 된 메디아를, 그리고 모래층 아래 3번째 층에는 비중이 다소 큰 메디아를 사용한다. 따라서 세 번째 메디아가 그 입경이 작아도 역 세척 시 보다 낮은 깊이에서 유지될 수 있도록 해준다. 이로 인하여 이런 여과상을 혼합메디아 여과상이라 부르는데 이것은 역 세척 시 약간의 층간 혼합이 있기 때문이다. 상(床)이 깊어질수록 공극크기는 점차로 감소하게 되는 이상적인 상태가 될 것이다.

공극크기는 여과지의 상부에서 바닥으로 갈수록 감소되므로 여과지는 여과상 전깊이를 통해 큰 공극부피를 가지게 된다.

연습문제

01. 침전지의 침전효율을 양호하게 유지하기 위한 관리상의 유의점을 세 가지만 들어라.

02. 3,000 m^3/day의 폐수를 처리하는 침전지의 체류시간의 3시간일 때 이 침전지의 표면부하율은 몇 m^3/m^2day인가? (단, 침전지의 수심은 3 m이다.)

03. 다음과 같은 조건으로 폐수를 부상법으로 처리하려고 한다. 물음에 답하시오.

(조건) A/S비 : 0.008 mL/mg　　수온 : 20℃
공기 용해도 : 18.7 mL/L　　포화분율(f) : 0.5
표면부하율 : 8 L/m^2 · min　　슬러지량 : 400 m^3/day
고형 물함유율 : 0.3%

(1) 요구되는 압력을 구하시오(atm).
(2) 표면적을 구하시오(m^2).
(3) 고형물 면적부하율(kg/m^2 · day)을 구하시오.

04. 침전지의 매일 점검할 사항을 5가지만 기재하시오.

05. 부유고형물 1,000 mg/L의 오수에서 침강분포는 표와 같다. 이 오수 14.4 m^3/day 포함된 부유고형물의 90%를 제거하고 싶을 때 최소필요면적은 몇 m^2인가?

고형물 침강속도(mm/min)	백분율
10	10
20	60
30	90

06. 수면적 100 m^2의 침전지로 유량 1,000 m^3/day의 폐수를 침전처리하고 있다. 이 침전지를 이상적 침전지라 할 때 다음의 각각을 구하시오.

(1) 완전 제거 가능입자 중 최소입자의 침강속도(m/day)

(2) 완전제거 가능입자 중 최소입자의 입경(mm)

(단, 침강은 구형입자의 독립침강유형에 따른다. 폐수의 밀도 1,000 kg/m^3, 폐수의 점도 0.11 kg/m · sec, 입자의 밀도 2,000 kg/m^3)

07. 10,000 m^3/day의 폐수를 처리하기 위해, 유효분리면의 직경 25 m인 원형침전조가 있다. 이 침전조의 표면적부하를 25 m^3/m^2 · day 이내에서 운전하기 위해서는 폐수의 공급량은 최대 몇 % 증가할 수 있겠는가?

08. 유량이 50,000 m^3/day인 도시하수처리장의 1차 침전지를 설계하고자 한다. 침전지는 원형이며 2지이다. 표면침전율을 40 m/day로 하는 경우 다음을 구하여라.

(1) 침전지 1개당 필요한 표면적(m^2)

(2) 침전지의 직경(m)

(3) 깊이를 3 m로 하는 경우 침전지 체류시간(hrs)

(4) weir overflow rate(m^3/m · day) (단, 유출 위어의 길이가 원주와 같다.)

09. 1차 침전지에서 폐수의 체류시간이 너무 길면 어떤 현상이 일어나는가?

10. 유적의 직경이 15 mm, 물의 점도 0.01 g/cm · sec, 물의 밀도 1.0 g/cm^3, 기름의 밀도 0.9 g/cm^3, 조내 폐수 수평유속 9 cm/sec, 수조깊이 2.4 m라고 하면 방울이 모두 부상하기 위해서 조의 길이는 얼마정도 해야 하는가?

CHAPTER 6

화학적 처리

화학적 수처리 공정에서는 대부분의 경우 어떤 성분을 제거하기 위하여 다른 어떤 성분을 첨가해 주어야 하는 근본적인 단점이 있으며, 결과적으로 폐수 내에 녹아있는 성분의 양이 증가한다. 침전효율을 증대시키기 위하여 화학약품을 첨가해 준 폐수내의 총 용존성분의 농도는 항상 증가하므로, 하수의 재사용 시에는 이것이 매우 심각한 요인이 될 수 있다. 화학적 공정의 또 다른 불리한 점은 운전비가 많이 든다는 점이다.

6.1 화학적 침전

화학적 처리는 미국에서 많이 사용되어 왔지만, 생물학적 처리 방법이 개발됨에 따라 화학적 처리는 감소하고 생물학적 처리가 증가하고 있다.

폐수처리에서의 화학적 침전은 용존 및 현탁물질의 물리적 상태를 변환시켜 침전에 의해 제거될 수 있도록 화학약품을 첨가하는 것을 말한다. 어떤 경우에는 응집제 자체에 의해 만들어지는 부피가 큰 침전물 안에 포집되어 제거되는 경우도 있다. 화학약품 첨가에 의해 폐수중의 용존성분이 증가하는 문제점이 있다.

과거에는 화학적 침전은 1) 폐수의 농도가 계절적으로 변할 때, 2) 중간 정도의 처리가 필요할 때, 3) 침전공정의 보조수단 등으로 SS와 BOD의 제거율을 높이기 위해 사용되어 왔다. 1970년경부터 하수에 있는 유기화합물과 영양염류(인, 질소)를 완전히 제거해야 할 필요가 생겨 화학적 침전이 새롭게 각광을 받기 시작하였다. 최근에 화학적 침전은 (1) 일차침전 시설의 효율을 높이기 위하여, (2) 폐수의 개별적 물리·화학적 처리의 기본 단계로서, (3) 인의 제거를 위하여 사용되고 있다.

표 6-1 폐수처리에서 사용되는 화학약품

화학약품	화 학 식	분 자 량	질 량(kg/m^3)	
			건조	액체
명반	$Al_2(SO_4)_3 \cdot 18H_2O^a$	666.7	961～1201	1121～1281(49%)
	$Al_2(SO_4)_3 \cdot 14H_2O^a$	594.3	961～1201	1281～1362(49%)
염화철(Ⅲ)	$FeCl_3$	162.1		1346～1490
황산철(Ⅲ)	$Fe_2(SO_4)_3$	400		
	$Fe_2(SO_4)_3 \cdot 3H_2O$	454		1121～1153
황산철(Ⅱ)	$FeSO_4 \cdot 7H_2O$	278.0	993～1057	
석회	$Ca(OH)_2$	56 as CaO	561～801	

a : 결합된 물의 분자수는 13～18 사이에서 변함.

(1) 응집에 의한 화학적 침전

수중의 콜로이드(colloid) 입자는 전하를 띄고 있기 때문에 응집제를 가하여 급속히 혼합하면, 수중에서 전리한 응집제와 콜로이드 입자가 반응하여 콜로이드 입자의 제타전위가 저하되므로 동종의 대전입자간의 반발력이 작아지고 van der Waals 인력이 커져서 응결이 일어난다. 서서히 교반하면 가교현상에 의하여 응결된 입자들이 서로 결합하여 플럭(floc)을 형성한다. 이것을 응집이라 한다.

화학적 침전에 의해서 전체 현탁물질의 80～90%, BOD_5의 40～70%, COD의 30～60%, 박테리아의 80~90%의 제거가 가능하다. 반면에 단순침전만으로는 총 현탁물질의 50～70%와 유기물질의 30～40%만이 침전 제거된다.

명반(Alum) 명반을 칼슘이나 마그네슘, 중탄산 알칼리도가 있는 폐수에 가하게 되면 다음과 같은 반응이 일어나게 된다.

$$\underset{\text{황산알루미늄}}{\overset{666.7}{Al_2(SO_4)_3\cdot 18H_2O}} + \underset{\text{중탄산칼슘}}{\overset{3\times100\ \text{as}\ CaCO_3}{3Ca(HCO_3)_2}} = \underset{\text{황산칼슘}}{\overset{3\times136}{3CaSO_4}} + \underset{\text{수산화알루미늄}}{\overset{2\times78}{2Al(OH)_3}} + \underset{\text{탄산가스}}{\overset{6\times44}{6CO_2}} + \overset{18\times18}{18H_2O} \quad (6\text{-}1)$$

화학공식의 위에 쓰인 숫자는 각 물질끼리 결합되는 분자량을 나타낸다. 따라서 각 화학물의 반응에 사용되는 양을 나타낸다. 칼슘염 대신에 마그네슘염이 사용되었을 때에도 반응은 거의 비슷하게 나타난다.

식 (6-1)의 알칼리도는 분자량이 100인 탄산칼슘($CaCO_3$)을 기준으로 표시하였으므로, 10 mg/L의 명반과 반응하는 알칼리도(HCO_3^-, OH^-, CO_3^{2-} 등)의 양은 다음과 같다.

$$10\text{mg/L}\times\frac{3\times100\text{g/mol}}{666.7\text{g/mol}} = 4.5\text{mg/L as } CaCO_3$$

$$Al_2(SO_4)_3 + 3Mg(HCO_3)_2 = 2Al(OH)_3 + 3MgSO_4 + 6CO_2 \quad (6\text{-}2)$$

$$Al_2(SO_4)_3 + 3Ca(OH)_2 = 2Al(OH)_3 + 3CaSO_4 \quad (6\text{-}3)$$

$$Al_2(SO_4)_3 + 3Na_2CO_3 + 3H_2O = 2Al(OH)_3 + 3Na_2SO_4 + 3CO_2 \quad (6\text{-}4)$$

위 식들을 다음과 같이 표현할 수 있다.

$$\text{응집제} + \text{알칼리도} \rightarrow \text{금속수산화물} + \text{기타} \quad (6\text{-}5)$$

금속수산화물은 점착성 물질이기 때문에 응결된 입자들은 쉽게 응집하여 플럭(floc)을 형성하게 되고, 수중의 현탁입자들이 플럭에 부착하여 침전된다. 응집법은 폐수처리나 정수에서 현탁입자 제거에 이용된다.

Example 6-1

황산알루미늄 1ppm을 첨가할 때의 알칼리도 감소, CO_2 증가, $Al(OH)_3$ 슬러지 발생량을 구하시오.

풀이

황산알루미늄과 수중의 알칼리와의 반응 :

$$Al_2(SO_4)_3 \cdot 18H_2O + 3Ca(HCO_3)_2 = 2Al(OH)_3 + 3CaSO_4 + 6CO_2 + 18H_2O$$

① 황산알루미늄 1ppm을 첨가했을 때의 알칼리도의 감소 :

$$\frac{3 \times Ca(HCO_3)_2\text{의 분자량}}{Al_2(SO_4)_3 \cdot 18H_2O\text{의 분자량}} \times \frac{CaCO_3\text{의 분자량}}{Ca(HCO_3)_2\text{의 분자량}}$$

$$= \frac{3 \times 162}{666.7} \times \frac{100}{162} = 0.45(\text{ppm}) \text{ as } CaCO_3$$

② 동일한 방법으로 유리탄산의 증가량 :

$$\frac{6 \times 44}{666.7} = 0.396(\text{ppm}) \text{ as } CO_2$$

③ 발생하는 $Al(OH)_3$ sludge량 :

$$\frac{2 \times 78}{666.7} = 0.234(\text{ppm})\text{이다.}$$

(2) 인(phosphorous) 제거를 위한 화학적 침전

폐수로부터 인을 제거하는 공정은 인을 생물학적 물질(미생물 등과 같이)이나 화학적 침전물로서 현탁물질로 만든 다음, 그 물질을 제거한다. 따라서, 생물학적 인 제거 방법과 화학적인 인 제거 방법이 있다.

어떤 종류의 약품을 폐수에 주입하면 인과 결합된 불용성 또는 용해도가 낮은 염이 생성된다. 인 제거를 위해 사용해온 화학약품 중에는 금속염과 석회(lime)가 있으며 가장 흔히 사용되어온 금속염 중에는 염화제2철과 황산알루미늄(명반, Alum)이 있다. 고분자 응집제도 철염이나 명반과 함께 사용되고 있다. 석회는 금속염 사용 시보다 발생하는 슬러지의 양이 많으며, 석회의 저장, 취급, 주입 시에 발생하는 문제점들 때문에 점점 덜 사용되고 있다.

Chapter 2
Chapter 3
Chapter 4
Chapter 5
Chapter 6
Chapter 7

1) 인 제거 시의 화학반응

인의 화학적 침전은 다가의 금속이온의 염을 첨가하여 잘 용해되지 않는 인산염을 형성함으로써 이루어진다. 가장 많이 이용되는 금속이온들로는 칼슘[Ca(Ⅱ)], 알루미늄[Al(Ⅲ)], 철[Fe(Ⅲ)] 등이 있다.

표 6-2 석회(lime), 황산알루미늄(alum) 및 3가 철염(Fe(Ⅲ))을 사용한 인의 침전 시 생산되는 슬러지 양 계산을 위한 관련 반응식의 요약

반응	슬러지내의 화합물 종류
Lime	
1. $5Ca^{2+} + 3PO_4^{3-} + OH^- \leftrightarrow Ca_5(PO_4)_3(OH)$	$Ca_5(PO_4)_3(OH)$
2. $Mg^{2+} + 2OH^- \leftrightarrow Mg(OH)_2$	$Mg(OH)_2$
3. $Ca^{2+} + CO_3^{2-} \leftrightarrow CaCO_3$	$CaCO_3$
Alum	
1. $Al^{3+} + PO_4^{3-} \leftrightarrow AlPO_4$	$AlPO_4$
2. $Al^{3+} + 3OH^- \leftrightarrow Al(OH)_3$	$Al(OH)_3$
IronFe(Ⅲ)	
1. $Fe^{3+} + PO_4^{3-} \leftrightarrow FePO_4$	$FePO_4$
2. $Fe^{3+} + 3OH^- \leftrightarrow Fe(OH)_3$	$Fe(OH)_3$

2) 칼슘에 의한 인의 침전

칼슘에 의한 인의 침전에 대한 화학반응은 알루미늄, 철에 의한 반응과 전혀 다르며, 다음과 같이 두 종류의 침전과정을 거친다.

① 칼슘은 보통 석회[$Ca(OH)_2$]의 형태로 첨가된다. 석회가 물에 가해지면 자연상태의 중탄산염 알칼리도와 반응하여 탄산칼슘($CaCO_3$)을 침전시키게 된다.

② 폐수의 pH 값이 10 이상으로 되면, 식 (6-6)과 같이 잉여칼슘이온이 인과 반응하여 하이드록실 아파타이트 $Ca_{10}(PO_4)_6(OH)_2$를 침전시키게 된다.

$$10Ca^{2+} + 6PO_4^{3-} + 2OH^- \Leftrightarrow \underset{\text{하이드록실아파타이트}}{Ca_{10}(PO_4)_6(OH)_2} \tag{6-6}$$

석회와 폐수 중의 알칼리도와의 반응 때문에 일반적으로 필요한 석회의 양은 존재하는 인의 양과는 상관없이 주로 폐수중의 알칼리도에 의해 결정된다. 폐수 중의 인을 침전시키기 위해 필요한 석회의 양은 보통 $CaCO_3$로 환산된 총 알칼리도의 1.4~1.5배가 된다. 인을 침전시키기기 위해서는 pH가 높아야 되므로 공침은 보통 이루어지지 않는다.

3) 알루미늄에 의한 인의 침전 :

$$Al^{3+} + H_nPO_4^{3-n} \Leftrightarrow AlPO_4 + nH^+ \quad (6\text{-}7)$$

4) 철에 의한 인의 침전 :

$$Fe^{3+} + H_nPO_4{}^{3-n} \Leftrightarrow FePO_4 + nH^+ \quad (6\text{-}8)$$

명반이나 철의 경우, 1몰(mole)의 인을 침전시키기 위하여 1몰이 필요하다. 그러나 이 반응은 겉보기에는 단순하지만 실제로는 많은 경쟁적인 반응과 그에 관련된 평형상수, 알칼리도, pH, 미량물질, 폐수에 함유된 작용기 등에 의한 영향을 고려하여야 한다. 서로 경쟁적으로 일어나는 반응들이 많기 때문에 식 (6-7)과 (6-8)은 필요한 화학약품 주입량을 직접 예측하는 데는 사용할 수 없다. 따라서 주입량의 결정은 실험실 규모의 실험에 의하거나 실제 규모의 실험에 의해 이루어진다. 특히 고분자응집제가 사용되는 경우에는 더욱 그러하다.

Example 6-2

인 제거를 위한 명반주입량의 결정

인이 8 mg/L 들어 있는 폐수에서 인을 침전시키는데 필요한 액체 명반의 양을 결정하라. 또한 처리장에서 30일분의 양을 저장할 수 있는 저장조의 용량을 결정하라. 실험에 의해, 인 1몰당 알루미늄 1.5몰이 필요하다는 것을 알았다. 유량은 10,000 m^3/day이며 액체 명반의 공급에 대해서는 다음 데이터를 사용하라.

1. 액체 명반의 화학식 $Al_2(SO_4)_3 \cdot 18H_2O$ (분자량 : 666.7)
2. 액체 명반의 순도 = 48%
3. 액체 명반용액의 단위중량 = 1,281kg/m^3 (표 6-1 참조)

풀이

1. 액체 명반 1 L당 유효한 알루미늄의 무게
   a) 1 L당 명반의 무게 : Alum/L = 0.48 × 1,281 kg/L = 0.615 kg/L
   b) 1 L당 알루미늄의 무게는 다음과 같다.
      명반의 분자량 = 666.7
      알루미늄의 분자량 = 26.98
      Aluminum/L = 0.615 kg/L × (2 × 26.98/666.7) = 0.05 kg/L

2. 인의 단위중량당 필요한 Al의 무게
   a) 이론적인 주입량 = 1몰의 인에 대하여 1몰의 Al (식 6-17 참조)
   b) 필요 알루미늄 양 = 1.0 kg × (Al 분자량/P 분자량)
      = 1.0 kg × (26.98/30.97) = 0.87 kg Al/kg P

3. 1 kg의 인에 대해 소요되는 명반용액의 양

$$\text{명반주입량} = 1.5 \times \left(\frac{0.87\ \text{kgAl}}{\text{kg P}}\right)\left(\frac{1\text{L 명반용액}}{0.05\text{kg Al}}\right)$$

$$= 26.1\ \text{L 명반용액/kg} \cdot \text{P}$$

4. 하루에 필요한 명반용액의 양 :

$$\text{명반} = (10{,}000\text{m}^3/\text{d})(8\text{mg} \cdot \text{인/L}) \times (26.1\text{L 명반용액/kg} \cdot \text{인})$$

$$= 2{,}088\ \text{L 명반용액/일}$$

5. 평균유량에 대한 필요 명반용액 저장조의 용량

$$\text{저장조의 용량} = (2{,}088\text{L 명반용액/일})(30\text{일})$$

$$= 62{,}640\ \text{L} = 62.64\ \text{m}^3$$

(3) 암모니아(NH_3) 제거를 위한 화학적 처리

2차 처리과정을 거친 유출수내의 암모니아 제거에 사용될 수 있는 단위공정으로는 파과점 염소처리(breakpoint chlorination)와 이온교환법이 있다.

1) 파과점 염소처리(breakpoint chlorination)

염소가스나 차아염소산 염(hypochloric salts)을 사용하는 염소처리는 암모니아를 산화시켜 중간 생성물인 클로라민을 형성하고, 최종적으로 질소가스와 염산을 생성시키는 것이다. 염소 가스와 물이 반응하여 차아염소산(HOCl)을 형성하는 반응식은 다음과 같다.

$$Cl_2 + H_2O \rightarrow HCl + HOCl \rightleftarrows H^+ + OCl^- \tag{6-9}$$

차아염소산은 폐수 내에서 암모니아와 반응하여 monochlorarnine (NH_2Cl)과 dichloramine ($NHCl_2$), trichloramine (NCl_3)을 생성하게 된다. Monochloramine과 dichloramine은 pH가 4.5～8.5범위에서 형성된다. pH 8.5 이상에서 monochlorarnine이 주종을 이루는 화학종으로 나타나고, pH 4.5 이하에서는 trichloramine이 주로 나타난다. 만일 첨가된 염소의 양이 파과점에 도달하는데 필요한 양 이상이고 pH가 7～8 정도이면 중간 생성물인 monochlorarnine은 산화하여 질소가스로 바뀌며 계(system)에서 유리된다. 암모니아를 산화하는데 필요한 일련의 단계는 다음과 같다.

$$Cl_2 + H_2O \rightarrow HOCl + HCl \qquad (6\text{-}10)$$

$$NH_4^+ + HOCl \rightarrow NH_2Cl + H_2O + H^+ \qquad (6\text{-}11)$$

$$2NH_2Cl + HOCl \rightarrow N_2\uparrow + 3HCl + H_2O \qquad (6\text{-}12)$$

위 식들에서 얻어진 총괄적인 반응식은 다음과 같다.

$$3Cl_2 + 2NH_4^+ \rightarrow N_2\uparrow + 6HCl + 2H^+ \qquad (6\text{-}13)$$

따라서, 정량적인 염소 요구량은 암모니아 2 mole당 염소 3 mole이다. 염소 요구량은 온도 범위가 4.4～37.7℃인 경우에는 온도와 무관하고, 암모니아의 95～99%가 질소가스로 산화하게 된다. 여기에는 dichloramine, trichloramine (악취가 남) 및 질산염 이온을 생성하는 몇 가지 바람직스럽지 못한 부반응(side reactions)이 있을 수도 있다. 그러나 만일 pH가 7～8범위에서 유지되면 부반응은 최소화 된다. 알칼리도가 pH범위를 유지하기에 불충분하다면 생성된 염산을 중화시키기 위해 NaOH와 같은 알칼리를 첨가해야 한다. 파과점 염소처리의 단점은 용존성 고형물이 증가하여 암모니아 스트리핑에 비해 경비가 2배 정도 든다는 것이다. 또한 염소처리 동안에 형성되는 trihalomethanes이 건강에 해롭기 때문에 암모니아 제거를 위한 파과점 염소처리법의 사용은 장래에는 줄어들게 될 것이다.

2) 이온교환법(ion exchange)

천연 제올라이트를 사용하는 양이온 교환 방법이 암모니아를 제거하는 데에 사용되고 있다. 2차 처리 유출수를 다중 메디아 여과와 탄소 흡착을 거친 후 이온교환컬럼을 통과시킨다. 이온교환컬럼이 소모되었을 때 약 2% NaCl의 소금물을 이용해서 재생시킨 재생액에는 NH_4^+, Ca^{2+}, Mg^{2+}, Na^+ 및 Cl^- 이온이 주로 함유되어 있다. 재생액은 전해조를 통과하면서 음극에서 Cl_2, 양극에서 H_2를 생성하게 된다.

6.2 연수화(water-softening)

물속의 경도를 나타내는 Ca^{2+}이나 Mg^{2+}를 제거하여 센물(경수)을 단물(연수)로 바꾸는 연수화(water-softening)라고 한다. 연수화 방법으로는 석회－소다회법(lime-soda ash process)과 이온교환법(ion-exchange process)이 있다.

석회－소다회법 탄산가스와 탄산경도는 석회[$Ca(OH_2)$]를 사용하여 제거하고, 비탄산경도는 소다회(Na_2CO_3)를 사용하여 제거한다. Ca^{2+}이나 Mg^{2+}는 각각 $CaCO_3$, $Mg(OH)_2$로 변화되며, 용해도가 낮기 때문에 침전한다.

$$CO_2 + Ca(OH)_2 \rightleftarrows CaCO_3\downarrow + H_2O \tag{6-14}$$

$$Ca(HCO_3)_2 + Ca(OH)_2 \rightleftarrows 2CaCO_3\downarrow + 2H_2O \tag{6-15}$$

$$Mg(HCO_3)_2 + 2Ca(OH)_2 \rightleftarrows Mg(OH)_2\downarrow + 2CaCO_3\downarrow + 2H_2O \tag{6-16}$$

$$MgCO_3 + Ca(OH)_2 \rightleftarrows Mg(OH)_2\downarrow + CaCO_3 \tag{6-17}$$

$$MgSO_4 + Ca(OH)_2 \rightleftarrows Mg(OH)_2\downarrow + CaSO_4 \tag{6-18}$$

$$CaSO_4 + Na_2CO_3 \rightleftarrows CaCO_3\downarrow + Na_2SO_4 \tag{6-19}$$

식 (6-14)는 경도를 제거하는 것이 아니라 수중의 탄산가스를 제거한다. 수중의 탄산가스는 먼저 석회($Ca(OH)_2$)와 결합하기 때문에 화학약품의 소요량 계산에 고려하여야 한다.

총 경도(total hardness, TH)는 수중에 존재하는 2가 금속농도의 합으로 정의되지만 자연수중에는 Ca^{2+}와 Mg^{2+}가 주종을 이루므로 이들 이온농도의 합으로 나타내고 $CaCO_3$의 당량에 대한 meq/L 또는 mg/L로 표시한다.

알칼리도(alkalnity)는 중탄산이온(HCO_3^-), 탄산이온(CO_3^{2-}), 수산이온(OH^-) 농도에 기인한다. pH 7 이하인 자연수에서의 알칼리도는 중탄산 및 탄산알칼리도이며 수산이온의 농도는 무시할 수 있다.

탄산경도(carbonate hardness, CH)는 중탄산 및 탄산알칼리도에 상당하는 총경도의 일부이며, 비탄산경도(non-carbonate hardness, NCH)는 총경도에서 탄산경도를 뺀 값이다. 연수화에 필요한 석회와 소다회의 양은 총경도(TH), 탄산경도(CH), 비탄산경도(NCH), Mg^{2+}, CO_2의 농도에 좌우된다.

총경도(TH)가 meq/L 또는 mg $CaCO_3$/L로서 표시될 때,

i) 총경도(TH) > 알칼리도이면,
   탄산경도(CH) = 알칼리도
   비탄산경도(NCH) = 총경도(TH) − 탄산경도(CH)

ii) 총경도(TH) < 알칼리도이면,
   탄산경도(CH) = 총경도(TM)
   비탄산경도(NCH) = 0

자연수에 나타나는 pH범위 내에서의 알칼리도는 대개 중탄산이온(HCO_3^-)에 기인되고, 특히 pH 7.5 이하에서의 알칼리도는 중탄산이온(HCO_3^-)에 전적으로 기인한다.

석회($Ca(OH)_2$)를 물에 가하면 식 (6-14)와 같이 이산화탄소(CO_2)와 반응하며 식 (6-15), (6-16), (6-17)과 같이 탄산경도와 반응한다. 황산마그네슘($MgSO_4$)으로 나타나는 마그네슘의 비탄산경도는 석회($Ca(OH)_2$)와 반응하여 $Mg(OH)_2$로 되어 침전하지만 $CaSO_4$가 생성되므로(식 (6-18) 참조), 가해진 양의 칼슘은 용액 중에 그대로 남게 된다. 따라서, 이 칼슘을 제거하기 위하여 소다회(Na_2CO_3)가 필요하다. 필요한 소다회(Na_2CO_3)의 양은 meq/L로 나타낸 비탄산경도(NCH)와 같다.

탄산칼슘($CaCO_3$)이 침전하기 쉬운 pH는 약 9.5 정도이며, 수산화마그네슘($Mg(OH)_2$)을 침전시키기 위해서는 pH 10.8 정도 되어야 하므로, pH를 높이기 위하여 1.25 meq/L 정도의 석회($Ca(OH)_2$)를 추가로 가하여야 한다. 그러므로, 필요한 석회량(meq/L)은 meq/L로 나타낸 다음의 양을 합한 값과 같다.

① 이산화탄소(meq/L)
② 탄산경도(meq/L)
③ 마그네슘의 양(meq/L)
④ pH를 올리기 위한 양 : 1.25 meq/L

물을 연수화시 킨 후에는 수중에 약간의 석회[$Ca(OH)_2$], 수산화마그네슘[$Mg(OH)_2$], 탄산칼슘($CaCO_3$)이 용해되어 있으며 이들은 침전하지 않는다. 이러한 잉여석회와 수산화마그네슘을 이산화탄소로 안정화시킬 수 있으며 이를 재탄산화(recarbonation)라고 한다.

$$Ca(OH)_2 + CO_2 \rightleftarrows CaCO_3 + H_2O \tag{6-20}$$

$$CaCO_3 + CO_2 + H_2O \rightleftarrows Ca(HCO_3)_2 \tag{6-21}$$

$$Mg(OH)_2 + CO_2 \rightleftarrows MgCO_3 + H_2O \tag{6-22}$$

탄산칼슘($CaCO_3$)과 수산화마그네슘[$Mg(OH)_2$]의 용해도가 낮고, 아주 미세한 비침전성 플럭(floc)이 있기 때문에 물에서 경도를 모두 제거할 수는 없다. 일단 안정화가 이루어지면 미세한 침전물은 다시 용해되므로 석회－소다회 연수화공정으로 처리한 물에 남아 있는 탄산칼슘으로서의 잔류 경도는 약 50～80 mg/L이다.

Example 6-3

석회－소다 연수화

연수화 공정을 거쳐 처리될 물에 다음과 같은 이산화탄소, 칼슘, 마그네슘 그리고 중탄산 농도가 함유되어 있다.

성분	농도(mg/L)
CO_2	8
Ca^{2+}	65
Mg^{2+}	32
HCO_3^-	260

물 1,000리터당 요구되는 생석회와 소다회 양을 구하라. 단, 그 순도는 각각 85%, 95%이다. 계산에 있어 알칼리도와 경도는 모두 mg $CaCO_3$/L 대신 meq/L 단위를 사용하라.

풀이

각 이온의 1 meq 무게는 Ca^{2+}=40/2=20 mg ; Mg^{2+}=24/2=12 mg ; HCO_3^-=61/1 mg이며, 이산화탄소 1 meq의 무게는 22 mg이다.

그러므로 총경도(TH)는 65/20+32/12 = 3.25+2.67=5.92 meq/L이며, 알칼리도는 260/61 =4.26 meq/L이다. 총경도가 알칼리도보다 크기 때문에 탄산경도(CH)는 4.26 meq/L이고, 비 탄산경도(NCH)는 5.92−4.26=1.66 meq/L이다.

마그네슘 이온 농도는 2.67meq/L이며, 이산화탄소는 8/22, 즉 0.36 meq/L이다.

그러므로, 각 반응물에 대해 필요한 석회의 양(meq/L)과 pH를 높이기 위한 잉여석회양은 다음과 같다.

CO_2	0.36 meq/L
CH (HCO_3^-)	4.26 meq/L
Mg^{2+}	2.67 meq/L
잉여량	1.25 meq/L
총 요구량	8.54 meq/L

NCH에 필요한 소다회 양은 1.66 meq/L이다.

생석회(CaO)의 1 meq는 (40+16)/2=28 mg이며, Na_2CO_3(소다회) 1 meq는 [2(23)+12+3(16)] (1/2)=53 mg이다. 필요한 석회양은 (8.54)28=239.0 mg/L이고, 소다회는 (1.66)53 =88.0 mg/L가 필요하다.

따라서, 1,000 L당 생석회 양은

$$CaO=\left(239\frac{mg}{L}\right)(1{,}000\ L)\left(\frac{1}{0.85}\right)=281.2\ g$$

1,000 L당 소다회는

$$Na_2CO_3 = \left(88\frac{mg}{L}\right)(1,000\ L)\left(\frac{1}{0.95}\right) = 92.6\ g$$

6.3 화학적 침전에 관한 이론적 고찰

화학적 침전반응의 이론은 매우 복잡하다. 많은 경우 폐수 중의 다른 물질들과 수많은 부수반응이 일어나기도 한다.

(1) 폐수중의 입자의 성질

일반적으로 액체 중에서 콜로이드상의 고체 입자들은 두 가지 형태로 존재한다. 즉, 용매가 물이라면 이들은 소수성(hydrophobic, 물을 싫어하는)과 친수성(hydrophilic, 물을 좋아하는) 콜로이드로 나눌 수 있다. 이 두 가지 형태는 물과 입자표면간의 인력에 따라 분류된다. 소수성 입자는 물에 대한 인력이 거의 없는 반면에 친수성입자는 물에 대한 인력이 매우 크다. 그러나 소수성 입자라도 물과 어느 정도는 반응한다.

(2) 표면전하(surface charge)

콜로이드의 안정도(stability)에 관련된 중요한 인자중의 하나는 표면전하가 존재한다는 것이다. 입자들이 서로 뭉쳐져 쉽게 가라앉기에 충분한 질량을 가진 큰 입자가 되려면 이 안정도보다 큰 힘이 있어야 한다. 표면전하는 주로 선택적 흡착, 이온화, 이종동형치환(isomorphous replacement) 등에 의해 생긴다. 예를 들어 기름방울, 가스 기포, 또는 수중에 분산된 화학적 불활성 물질들은 음이온(특히 수산화이온)의 선택적 흡착에 의해 음전하를 얻게 된다.

콜로이드나 입자의 표면이 전기를 띠게 되면, 반대전기를 가진 이온(counter ion)들이 표면에 붙게 된다. 이 이온들은 열역학적 교란보다 큰 정전기적인 힘과 van der Waals 힘에 의해 계속 붙어있게 된다. 이 이온의 고정층(fixed layer) 주위에는 이온의 분산층(diffuse layer)이 존재하는데 이때 이온이 치밀하게(compact) 이중층(double layer)이 형성되지 않는 것은 열역학적 교란 때문이다. 이중층은 전위가 Ψ_o에서 Ψ_s로 떨어지는 치밀층(compact layer, Stern층)과 전위가 Ψ_s에서 용액중의 전위 0(zero)으로 떨어지는 분산층(확산층 diffuse layer)으로 구성되어 있다. 만약 이러한 입자를 전해질 용액에 넣고 용액에 전류를 통과시키면 표면전하에 따라, 입자는 어느 한쪽 전극으로 끌려가게 되는데 이때 입자주위의 이온들도 함께 따라 끌려간다.

(3) 제타전위(zeta potential)

입자와 함께 따라 움직이는 이온의 표면(전단표면)에서의 전위를 제타전위(zeta potential)라고 하며, 입자에 붙은 이온의 고정층을 포함하는 표면에서 측정된 전위이다. 제타전위는 용액의 구성성분의 성질에 따라 변하므로, 재현성이 있는 측정치가 되지 못하기 때문에 제타전위의 측정치를 잘 사용하지는 않는다.

(4) 입자의 응집(particle aggregation)

입자를 응집시키기 위해서는, 입자의 전하를 줄이거나 또는 이 전하의 영향을 극복하기 위한 단계가 필요하다. 전하의 영향을 극복하기 위한 방법들은 다음과 같다.

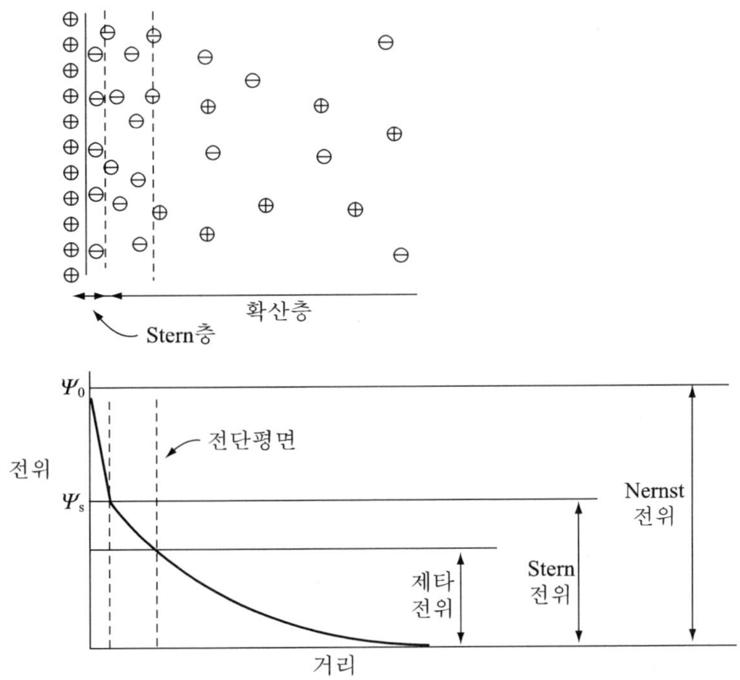

그림 6-1 Stern의 전기이중층 모델

① 전위결정이온을 첨가하여 콜로이드 표면을 채우거나 반응을 하여 표면전하를 줄인다.
② 전해질을 첨가하여 분산층(확산층)의 두께를 줄여서 제타전위를 줄이는 효과를 가진다.
③ 긴 사슬을 가진 유기분자(고분자 응집제)를 첨가한다. 이들 고분자 응집제의 부분들은 이온화가 되기 쉬워 고분자 전해질(polyelectrolyte)이라고 불리는데 이들의 흡착작용과 가교작용으로 인하여 입자들을 제거할 수 있다.
④ 수산화금속이온을 형성하는 화학약품을 투입한다.

응집을 촉진시키기 위하여 전위결정이온을 첨가하는 것은 강산이나 강염기를 첨가하여 금속산화물이나 수산화물의 전하를 제로에 가깝게 하여 응집이 일어나게 하는 것이다. 콜로이드상 부유물질을 응집시키기 위하여 전해질을 첨가할 수도 있다. 주어진 전해질 농도가 증가하면 제타전위가 감소하게 되고, 따라서 반발력이 줄어들게 된다. 전해질의 전하가 증가하여도 비슷한 현상이 나타난다.

1) 고분자 전해질(polyelectrolytes)

고분자 전해질은 천연과 합성의 두 가지로 분류할 수 있다. 천연의 고분자 전해질 중에는 생물로부터 만들어지거나, 전분, 셀룰로오스 생성물, 알기네이트 등이 있다. 합성 고분자 전해질은 물에 용해되어 고도로 이온화 한다. 고분자전해질이 물속에 있을 때 그 전하가 음이면 anionic, 양이면 cationic, 중립이면 nonionic이라고 분류된다.

고분자 전해질(polyelectrolytes)의 작용은 세 가지로 나눌 수 있다.

① 폐수 중의 입자의 전하를 낮추는 응집제 역할을 한다. 폐수에 들어있는 입자는 보통 음으로 대전되어 있으므로 양이온 고분자 전해질을 사용한다.
② 폐수 중에 포함되어 있는 입자간의 다리를 놓아주는 역할을 한다(<그림 6-2> 참조). 이 경우 음이나 중립의 고분자는(물에 넣으면 보통 약간의 음이온을 띔) 폐수 중에 존재하는 입자의 표면에 흡착된다. 고분자의 길이 방향으로 두개 이상의 입자가 흡착되면 다리가 형성되며, 다리로 연결된 입자들은 응집과정에서 다른 다리와 서로 엉키게 되어 쉽게 침전한다.
③ 응집－가교현상으로서 입자의 전하를 낮추는 것 외에 입자간의 가교역할을 한다. 분자량이 큰 양이온의 전해질을 사용할 때 일어난다.

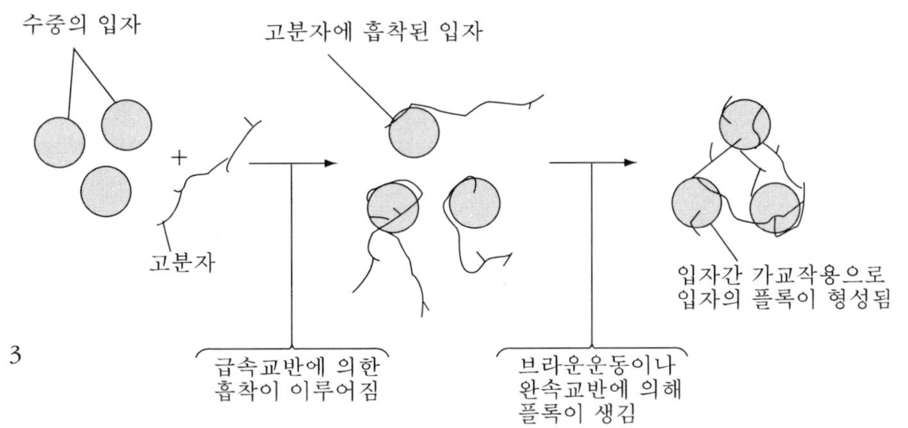

그림 6-2 고분자 응집제에 의한 입자간 가교작용

2) 응집제(coagulant)

응집을 위하여 사용되는 약품을 응집제(coagulant)라고 하며, 명반(alum)은 정수장에서 많이 사용되고 철염은 폐수처리에 주로 이용된다.

명반[$Al_2(SO_4)_3$]은 보통 18개의 결정수를 가지며, 물에 주입하면 알칼리도와 반응하여 수산화알루미늄[$Al_2(SO_4)_3$]의 플럭(floc)을 형성한다.

$$Al_2(SO_4)_3 + 3Ca(HCO_3)_2 \longrightarrow 2Al(OH)_3 \downarrow + 3CaSO_4 + 6CO_2 \qquad (6\text{-}23)$$

폐수의 응집에 많이 사용되는 철염은 황산이나 염산의 제1 및 제2 철염인 $FeSO_4$, $Fe_2(SO_4)_3$, $FeCl_2$, $FeCl_3$로서 물속의 알칼리도와 반응하여 수산화제2철[$Fe(OH)_3$]의 플럭(floc)을 형성한다.

$$2FeCl_3 + 3Ca(HCO_3)_2 \longrightarrow 2Fe(OH)_3 \downarrow + 3CaCl_2 + 6CO_2 \qquad (6\text{-}24)$$

이외에도 $NaAlO_2$ (Sodium aluminate), $Al_2(SO_4)_3 \cdot (NH_4)_2$ (ammonia alum), $Al_2(SO_4)_3 \cdot K_2SO_4$ (potash alum) 등이 응집제로 이용되기도 한다.

3) 응집보조제(coagulant acid)

응집제의 응집효율을 증가시키기 위하여 소량의 응집보조제를 첨가하는 경우가 있으며, 대표적으로 산, 염기, 활성규사, 고분자전해질(polyelectrolytes), 점토(clay) 등이 사용된다.

산과 염기는 응집에 적절한 pH를 유지하는데 사용되며, 산으로는 황산, 인산, 염기로는 석회[$Ca(OH)_2$]나 소다회(Na_2CO_3)가 주로 사용된다.

활성규사는 활성화(activated)된 sodium silicate로서 물에서는 전하를 띤 졸(sol)을 형성하므로 응집제로부터 생성된 ⊕전하의 금속수산화물과 결합하여 플럭(floc)을 생성한다.

고분자전해질은 음이온(anionic), 양이온(cationic), 양쪽성(amphoteric)으로 구분된다.

점토(clay)는 플럭의 무게를 증가시켜 쉽게 침전되도록 하는 작용과 플럭의 형성을 촉진시키는 흡착작용을 하며, 벤토나이트(bentonite) 많이 사용된다.

4) 응집제 주입량에 따른 응집특성

응집제 주입량 및 초기탁도의 함수로서의 잔류탁도에 대한 일반화된 곡선은 <그림 6-3>과 같다. 낮은 콜로이드 농도에서는(그림 6-3a) 표면 전하가 중화되었다고 하더라도 콜로이드가 적어 침강할 정도의 물질을 만들기가 어렵다(영역 1). 그러한 경우 충분한 응집제가 주입되어 금속 수산화물로 침전되기 전까지는 응집이 일어나지 않는다. 비교적 높은 콜로이드 농도에서는(그림 6-3b) 흡착에 의한 불안정화와 전하 중화가 빨리 일어나지만(영역 2) 계속적인 응집제 주입 결과 전하가 바뀌고 다시 안정화된다(영역 3). 콜로이드

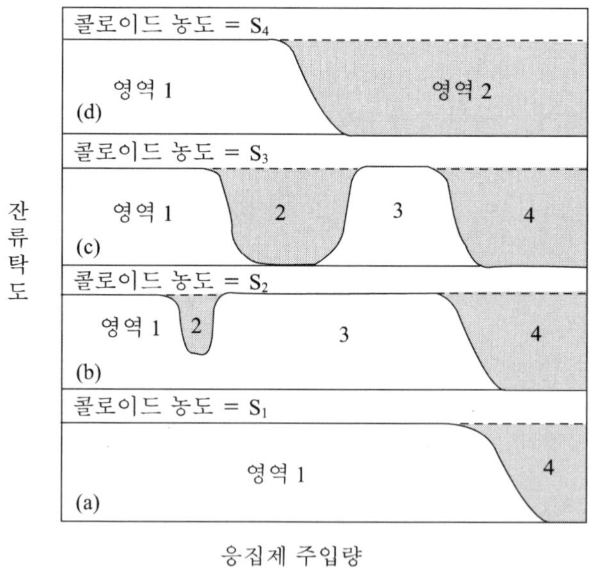

그림 6-3 탁도 증가에 대한 jar 시험결과

농도가 좀 더 큰 경우<그림 6-3c>, 충돌이 더 많아져서 넓은 농도 범위에 걸쳐서 응집이 일어난다. 계속적인 응집제 주입으로 재 안정화가 일어나고, 최종적으로는 수산화물 플럭이 형성되며 Sweep 응집이 일어나게 된다(영역 4). 응집제에 의해 생성된 최종 생성물인 금속산화물[예, $Al(OH)_3$, $Fe(OH)_3$]은 물보다 무거운 무정형의 아교성인 플럭을 형성하며 중력에 의하여 침강하게 된다. 플럭이 형성되면서 콜로이드는 플럭에 접촉되고, 끈적끈적한 표면에 붙어 침강하게 된다. 콜로이드가 이러한 방법에 의하여 씻겨 제거되는 공정을 sweep응집이라고 한다. 콜로이드 농도가 아주 큰 경우<그림 6-3d> 고분자 가교결합이나 sweep응집도 일어나지만 이론적으로는 흡착과 전하 중화에 의하여 많은 양의 콜로이드 응집이 일어나게 된다(영역 2). 아주 탁한 물의 재안정화는 거의 문제되지 않는다.

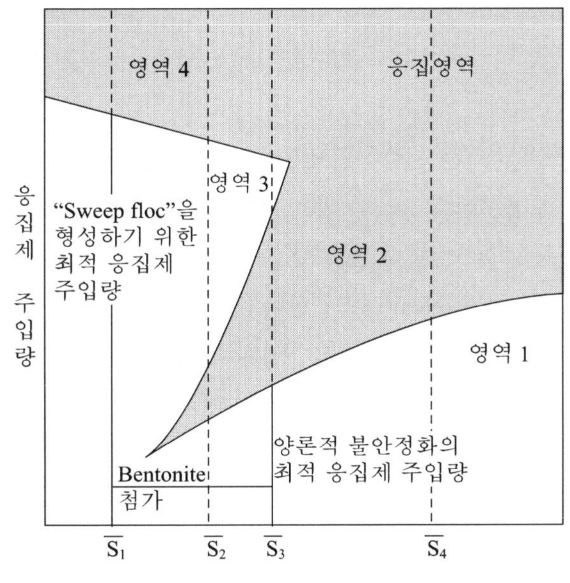

그림 6-4 탁도의 함수로서의 응집제 주입

이러한 자료를 요약하면 두 가지의 유용한 결과를 얻을 수 있다. 첫째로 흡착과 전화중화에 의한 응집(영역 2)은 응집제 주입을 매우 주의 깊게 조절하지 않으면 일어나기 어렵다. 콜로이드 농도 S_2에 대한 응집영역에서 나타난 바와 같이 아주 적은 과잉 주입으로도 재안정화를 가져오게 한다. 둘째로 탁도가 높은 물은 탁도가 낮은 물보다 적은 양의 응집제로도 응집이 잘 일어난다. 이러한 이유 때문에 비교적 깨끗한 물에 탁도를 주입시키는 것이 유용할 때도 있다. 예를 들면, 초기 탁도가 S_1인 물을 S_3나 그 이상으로 더 탁하게 만들면 응집제의 절감을 가져올 수 있다.

6.4 흡착(adsorption)

흡착이란 일반적으로 용액 안에 있는 용해물질을 적당한 경계면 위에 모이도록 하는 공정이다. 경계면은 액체와 기체, 액체와 고체, 액체와 또 다른 액체 사이에 생길 수 있다. 부상분리법에서는 기·액 계면에서의 흡착이 이용되기도 하지만, 본 절에서는 고·액 계면에서의 흡착을 다루기로 한다.

폐수의 활성탄 처리는 대개 생물학적 처리(2차 처리)를 거친 물을 3차 처리하는 것을 말한다. 이 경우에 활성탄은 남아있는 용존유기질의 일부를 제거하는데 쓰인다. 활성탄을 물과 접촉시키는 방법에 따라 물속에 존재하는 입자상 물질도 함께 제거되기도 한다.

(1) 흡착등온식(adsorption isotherm)

흡착제(adsorbent)에 흡착되는 물질의 양은 흡착되는 물질(adsorbate)의 농도, 온도에 따라 달라진다. 일반적으로 흡착되는 물질의 양은 일정온도에서 농도의 함수로 나타내며, 이것을 흡착등온식(adsorption isotherm)이라 한다. 흡착등온식으로는 Freundlich, Langmuir, BET (Brunauer-Emmet-Teller) 등이 있으며, Freundlich 등온식이 상수나 하수처리장에 사용되는 활성탄의 흡착특성을 설명하는데 많이 사용된다.

1) Freundlich 등온식

$$\frac{x}{m} = KC^{1/n} \tag{6-25}$$

여기서, x/m : 흡착제의 단위무게당 흡착된 물질(용질)의 양
C : 흡착이 일어난 후 용액 중의 흡착물질(용질)의 평형농도
K, n : 실험상수

실험상수(K, n)는 $\log(x/m)$ 대 $\log\ C$의 그래프로부터 구할 수 있다.

$$\log\left(\frac{x}{m}\right) = \log K + \frac{1}{n}\log C \tag{6-26}$$

2) Langmuir 등온식

$$\frac{x}{m} = \frac{abC}{1+bC} \tag{6-27}$$

여기서, x/m : 활성탄의 단위무게당 흡착된 물질(용질)의 양
C : 흡착이 일어난 후 용액 중의 흡착물질(용질)의 평형농도
a, b : 실험상수

Langmuir 등온식에서의 가정은 다음과 같다.

① 흡착제의 표면에 흡착될 수 있는 지점의 개수는 일정하다.
② 흡착지점은 균일한 에너지를 갖고 있다.
③ 흡착은 가역적이다.

흡착속도는 구동력(driving force)에 비례하며, 이는 흡착가능한 양과 흡착된 양의 차이로 나타난다. 평형상태에서 이 차이는 0이 되며, 분자가 흡착제 표면에 흡착하는 속도와 표면으로부터 탈착하는 속도가 같아진다.

Langmuir 등온식의 실험상수는 식 (6-27)을 변형시킨 식 (6-28)로부터 $C/(x/m)$ 대 C의 그래프로부터 구할 수 있다.

$$\frac{C}{(x/m)} = \frac{1}{ab} + \frac{1}{a}C \tag{6-28}$$

Example 6-4

활성탄 흡착시험자료의 분석

다음과 같은 입상활성탄(granular activated carbon ; GAC) 흡착실험 데이터에 대하여 Freundlich와 Langmuir 등온식의 상수를 구하라. 회분식(batch) 흡착실험에 사용된 용액의 부피는 1 L이다.

용액중의 GAC의 질량 m (g)	용액중의 흡착질의 평형농도 C (mg/L)
0.0	3.37
0.001	3.27
0.010	2.77
0.100	1.86
0.500	1.33

풀이

(1) 회분식(batch) 흡착실험 자료를 이용하여 Freundlich와 Langmuir 흡착등온식을 그래프에 그리는데 필요한 값으로 바꾸어준다.

오염물질 질량(mg)			m(g)	x/m (mg/mg)	C/(x/m)
C_0	C	x			
3.37	3.37	0.00	0.000	-	-
3.37	3.27	0.10	0.001	0.1000	32.7
3.37	2.77	0.60	0.010	0.0600	41.2
3.37	1.86	1.51	0.100	0.0151	123.2
3.37	1.33	2.04	0.500	0.0041	324.4

(2) 위에서 계산된 값을 이용하여 Freundlich와 Langmuir 흡착등온선을 그래프에 그린다.

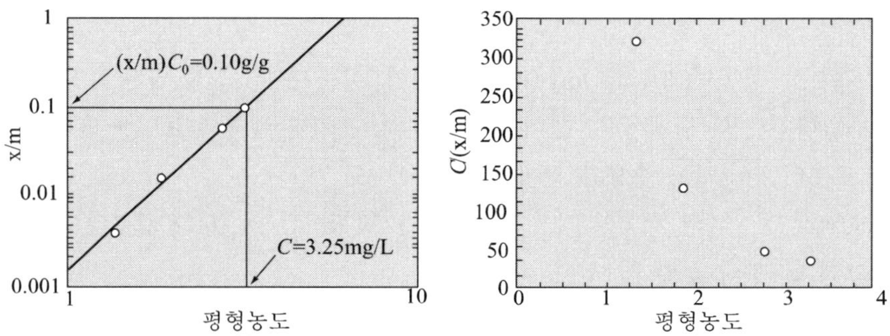

(a) (b)

(3) 흡착등온식의 상수들을 결정한다.

① Freundlich 공식

C가 1.0일 때, (x/m) = 0.0015이므로, K = 0.0015이다.

(x/m)이 0.1일 때, C = 3.25이므로, 1/n = 3.56이 된다.

그러므로, $(x/m) = 0.0015C^{3.56}$

② Langmuir 공식 : Langmuir 등온식의 그래프가 직선이 되지 않으므로, Langmuir 흡착등온식의 적용은 적합하지 않다.

6.5 이온교환법(ion exchange process)

폐수내에 존재하는 이온들의 회수, 제거 또는 탈광천수(demineralized water)얻기 위하여 이온교환수지(ion exchanger)를 사용한다. 이온교환수지는 제거하고자 하는 이온의 종류에 따라 양이온 교환수지와 음이온 교환수지가 있으며, 연수화에는 Ca^{2+}나 Mg^{2+} 등의 양이온을 제거해야 하므로 양이온 교환수지를 사용한다. 양이교환수지로는 제올라이트(zeolite)를 많이 사용하며 연수화의 원리는 다음과 같다.

$$Na_2R + \left.\begin{matrix} Ca \\ Mg \end{matrix}\right\} \begin{matrix} (HCO_3)_2 \\ SO_4 \\ Cl_2 \end{matrix} \longrightarrow \left.\begin{matrix} Ca \\ Mg \end{matrix}\right\} R + \left\{\begin{matrix} 2NaHCO_3 \\ Na_2SO_4 \\ 2NaCl \end{matrix}\right. \tag{6-29}$$

경도를 일으키는 Ca^{2+}나 Mg^{2+}가 함유된 물이 제올라이트(zeolite)로 채워진 탱크를 통과하는 동안 이들 양이온들이 경도를 일으키지 않는 제올라이트의 Na^+성분과 교환된다. 제올라이트의 Na^+성분이 Ca^{2+}나 Mg^{2+}로 모두 치환되면 진한 소금용액으로 재생(regeneration)시켜야 한다.

$$\left.\begin{matrix} Ca \\ Mg \end{matrix}\right\} R + 2NaCl \longrightarrow Na_2R + \left.\begin{matrix} Ca \\ Mg \end{matrix}\right\} Cl_2 \tag{6-30}$$

제올라이트는 연수화에 오랫동안 사용되어 왔으나 최근에는 이온교환능력이 높은 합성 유기 교환수지로 대체되고 있다. 합성 양이온 교환수지는 이온화 및 교환가능한 양이온으로 대전되는 설폰기(sulfonic), 페놀기(phenolic), 카르복실기(carboxylic) 등의 반응기를 가진 고분자 물질이다. 합성음이온 교환수지는 4급암모늄(quaternary ammonium)이나 아민기와 같은 이온화기를 갖고 있으며 교환가능한 음이온으로 대전된다.

수화규산알루미늄(montmorillonite), 점토(clay)와 같은 광물질은 양이온 교환능이 우수하며 특정 이온교환에 사용된다. 이온교환법은 물의 연수화, 탈염(desalting), 암모니아 제거, 방사성 폐기물처리, 폐수의 중금속처리 등에 사용되며 이온교환의 일반식은 다음과 같다.

$$M_1^{\ +} + R \cdot M_2 \rightleftarrows M_2^+ + R \cdot M_1$$

여기서, R : 이온교환수지

$M_1^{\ +}, M_2^{\ +}$: 서로 다른 종류의 양이온

평형상태에서 질량작용상수(mass action constant) 또는 선택계수(selectivity coefficient) K는 다음과 같다.

$$K_{M_2^+}^{M_1^+} = \frac{[R \cdot M_1][M_2^{\ +}]}{[R \cdot M_2][M_1^{\ +}]} \tag{6-31}$$

$$= \left[\frac{M_1}{M_2}\right]_{\text{이온교환수지}} \times \left[\frac{M_2^{\ +}}{M_1^{\ +}}\right]_{\text{용액}} \qquad (6\text{-}32)$$

K 값의 크기는 이온교환의 상대적 선택성을 나타내므로, 양이온 M_2^+에 대한 양이온 M_1^+를 흡착하는 수지의 상대적 선택성을 나타낸다. 따라서, 선택계수 K가 클수록 이온교환물질에 대한 이온의 선택성이 크다. 일반적인 이온선택 경향이 큰 것은 다음과 같다.

① 원자가가 높은 이온
② 극성을 띄는 능력이 큰 이온
③ 이온교환수지와 강하게 반응하는 이온
④ 다른 이온과 관여를 적게 하고 복염을 형성하는 이온

강산성수지, 즉 술폰기($-SO_3H$)와 같은 양이온 교환수지의 양이온에 대한 선택성의 일반적인 순서는 다음과 같다.

$$Ba^{2+} > Pb^{2+} > Sr^{2+} > Ca^{2+} > Ni^{2+} > Cd^{2+} > Cu^{2+} > Co^{2+}$$
$$> Zn^{2+} > Mg^{2+} > Ag^{+} > Cs^{+} > K^{+} > NH_4^{+} > Na^{+} > H^{+}$$

4급 암모늄기와 같은 음이온 교환수지의 선택성의 순서는 다음과 같다.

$$SO_4^{\ 2-} > I^{-} > NO_3^{\ -} > CrO_4^{\ 2-} > Br^{-} > Cl^{-} > OH^{-}$$

6.6 살균(disinfection)

살균이란 질병을 유발시키는 미생물을 선택적으로 파괴시키는 것을 말한다. 이 공정에서는 모든 미생물을 다 죽이는 것은 아니다. 이 점이 모든 미생물을 다 죽이는 멸균(sterilization)과 다른 점이다. 가장 많이 쓰이는 살균방법으로는 1) 화학적 물질 2) 물리적 물질 3) 기계적 수단 4) 방사선 등이 있다.

살균제로 쓰여 온 화학약품 중에는 1) 염소와 염소화합물 2) 브롬 3) 요오드 4)오존 5) 페놀과 페놀화합물 6) 알코올 7) 중금속과 관련화합물 8) 염료 9) 비누와 합성세제 10) 4급(quaternary) 암모니아 화합물 11) 이산화수소 12) 여러 가지 산과 알칼리 등이 있다. 이들 중에서 가장 보편적인 살균제는 산화작용을 하는 화학약품이며, 염소가 가장 많이 쓰이고 있다. 브롬과 요오드도 폐수의 살균에 사용되어 왔다. 오존은 매우 효과적인 살균

제로서 비록 잔류오존이 생기지는 않지만, 점점 더 많이 사용되고 있다.

여러 가지 살균제의 효율은 미생물의 성질과 상태에 따라 영향을 받는다. 예를 들어, 생존하여 자라고 있는 박테리아의 세포는 쉽게 죽일 수 있다. 반면에 박테리아의 포자는 저항력이 매우 강하여 많은 화학적 소독제들은 효과가 전혀 없거나 매우 작다. 이때에는 가열과 같은 다른 살균 방법이 사용되어야 할 경우가 있다.

앞에 언급한 요소들 외에 부유액의 성질도 주의 깊게 평가되어야 한다. 예를 들어 외부에 유기물질이 있으면 대부분의 산화시키는 살균제는 이들과 반응을 일으켜 그 효율이 떨어지게 된다. 탁도유발 물질도 흡착하거나 박테리아를 둘러싸서 보호함으로써 살균제의 효율을 떨어뜨린다.

(1) 염소에 의한 살균

화학적 살균제 중에서 전 세계를 통해서 가장 많이 사용되는 것은 염소일 것이다. 물속에 염소를 주입하면 염소의 강한 산화력으로 인하여 살균, 냄새제거, BOD 제거 등의 목적을 달성할 수 있지만, 염소가 수중의 유기물과 결합하여 인체에 유해한 염소화합물이 생성될 수 있다. 자연적으로 생성되어 수중에 함유되어 있는 부식질(humic substance)과 염소가 결합하여 THM (trihalomethane)을 생성시킨다. 포기법, 활성탄 흡착법으로 THM을 제거시킬 수 있으며, 오존이나 ClO_2 (chlorine dioxide)에 의한 산화, 응집침전, 활성탄 흡착법으로 부식질 자체를 제거할 수 있다.

1) 염소의 화학반응

폐수처리장에서 가장 보편적으로 사용되는 염소화합물은 염소가스(Cl_2), 차아염소산칼슘($Ca(OCl)_2$), 차아염소산나트륨(NaOCl) 그리고 이산화염소(ClO_2)이다. 차아염소산칼슘과 차아염소산나트륨은 가격보다는 간단성과 안전성이 요구되는 package 플랜트와 같이 매우 작은 처리장에서 많이 사용된다. 이산화염소는 암모니아와는 반응하지 않는 특성을 가지고 있으므로 많은 처리시설에서 사용되고 있다.

2) 수중에서의 반응

염소는 오존보다 산화력은 떨어지나 값이 저렴하므로 산화제로서 수처리에 사용되고 있다. 가스상태의 염소가 물에 들어가면 가수분해와 이온화 반응의 두 개의 반응이 일어난다. 가수분해에 의하여 차아염소산과 염산이 생성되고 pH가 저하한다.

$$Cl_2 + H_2O \rightleftarrows HOCl + H^+ + Cl^- \tag{6-33}$$

이 반응의 안정도 상수(stability constant)는

$$K = \frac{[\mathrm{HOCl}][\mathrm{H}^+][\mathrm{Cl}^-]}{[\mathrm{Cl_2}]} \simeq 4.5 \times 10^{-4} \ \text{at} \ 25℃ \quad (6\text{-}34)$$

이 계수가 크기 때문에 많은 양의 염소가 물에 녹을 수 있다.

이온화 반응은 다음과 같다.

$$\mathrm{HOCl} \rightleftarrows \mathrm{H}^+ + \mathrm{OCl}^- \quad (6\text{-}35)$$

이 반응의 이온화 상수는

$$K = \frac{[\mathrm{H}^+][\mathrm{OCl}^-]}{[\mathrm{HOCl}]} \simeq 2.9 \times 10^{-8} \ \text{at} \ 25℃ \quad (6\text{-}36)$$

가수분해 생성물의 조성은 평형상태에서 계의 pH에 따라 다르다. pH 2 이하에서는 Cl_2로 존재하고, pH 3~6에서는 HOCl이 많으며, pH 7 이상에서는 OCl^-가 많이 존재한다.

물속에 존재하는 HOCl과 OCl^-의 양을 유리유효염소(free available chlorine)라 한다. 살균능력은 HOCl이 가장 강하고 그다음 OCl^-, 결합잔류염소 순이다. HOCl의 살균효율이 OCl^-의 살균효율보다 40~80배 더 강하기 때문에 이 두 성분이 서로 어떻게 분포 되었는가는 매우 중요하다.

유리염소는 차아염소산염의 형태로도 물에 첨가될 수 있다. 이때의 반응은 다음과 같다.

$$\mathrm{Ca(OCl)_2 + 2H_2O \rightarrow 2HOCl + Ca(OH)_2} \quad (6\text{-}37)$$

$$\mathrm{NaOCl + H_2O \rightarrow HOCl + NaOH} \quad (6\text{-}38)$$

3) 암모니아와의 반응

미처리 상태의 폐수는 암모니아와 여러 가지 결합유기물 형태의 질소를 포함하고 있다. 대부분의 처리장에서의 유출수에는 암모니아 형태나 질산염의 형태로 존재한다. 차아염소산은 매우 활발한 산화제이므로, 폐수중의 암모니아와 금방 결합하여 다음과 같은 연속반응에 의해서 세 가지 형태의 클로라민을 형성한다.

$$\mathrm{HOCl + NH_3 \rightarrow NH_2Cl\,(monochlorarmine) + H_2O} \quad (6\text{-}39)$$

$$\mathrm{HOCl + NH_2Cl \rightarrow NHCl_2\,(dichloramine) + H_2O} \quad (6\text{-}40)$$

$$HOCl + NHCl_2 \rightarrow NCl_3\,(\text{nitrogentrichloride}) + H_2O \quad (6\text{-}41)$$

이 반응들은 pH, 온도, 접촉시간, 암모니아 대 염소와의 비율 등에 따라 큰 영향을 받는다. 대부분의 경우 가장 많이 존재하는 물질은 모노클로라민(NH_2Cl)과 디클로라민($NHCl_2$)이다. 모노클로라민과 디클로라민은 상당한 살균력을 갖고 있으면 결합잔류염소(combined available residual chloride)라고 하고, 수중에 Cl_2, $HOCl^-$, OCl^-로 존재하는 염소를 유리잔류염소(free available residual chloride)라 한다.

4) 분기점(파과점) 반응(breakpoint reaction)

폐수의 살균을 목적으로 잔류염소(유리 또는 결합)를 유지하는 것은 매우 복잡하다. 왜냐하면 유리염소는 암모니아와 반응할 뿐만 아니라, 그 자체가 강력한 산화제이기 때문이다. 염소를 암모니아가 들어있는 하수에 첨가할 때 일어나는 단계적 현상은 아래 그림을 통하여 설명될 수 있다.

염소가 첨가되면, Fe^{2+}, Mn^{2+}, H_2S, 유기물 등과 같이 쉽게 산화되는 물질들은 염소와 결합하므로 잔류염소의 양이 없거나 극히 적다(<그림 6-5>의 A점). 이와 같이 즉각적인 소요량을 만족시킨 후에, 염소는 암모니아와 계속 반응하여 점 A와 B사이에서 클로라민을 형성되므로 잔류염소의 양이 증가한다. 염소 대 암모니아의 몰 비율이 1보다 작을 때는 모노클로라민과 디클로라민이 형성된다.

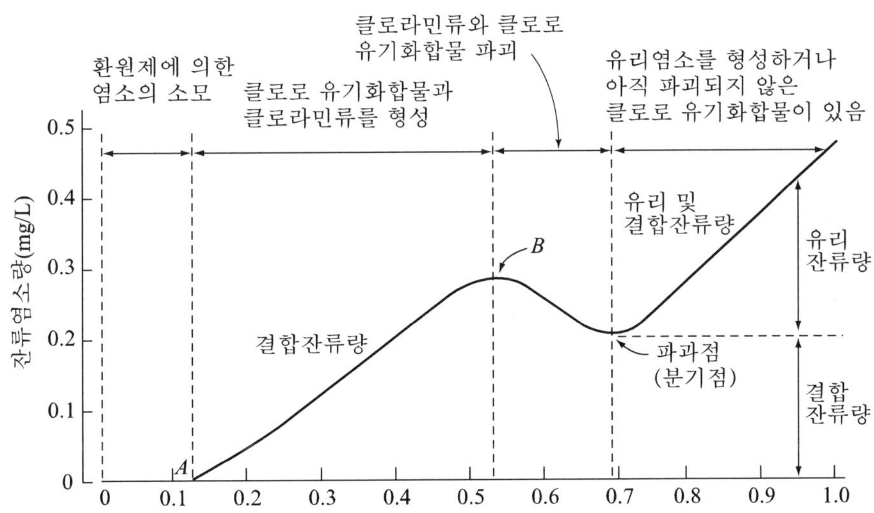

그림 6-5 분기점 염소처리 중에 나타나는 일반적인 곡선

B점과 분기점(파과점) 사이에서는 주입된 염소가 클로라민들 중의 일부를 NCl_3로 변환(식 6-41)시키며, 나머지 클로라민들을 산화질소(N_2O, NO)나 질소(N_2)로 산화시켜 파괴하는 데 소모되므로 잔류염소량이 감소한다. 이때 염소를 계속 주입하면, 대부분의 클로라민들은 분기점(파과점)에서 산화된다. 이론적으로는 <예제 6-5>에서 알 수 있듯이 분기점에서의 염소 대 암모니아성 질소의 무게비는 7.6 : 1이 된다. 이와 같이 기체가 새로 생기고, 클로라민이 없어지는 것을 설명하는데 사용되는 반응식은 다음과 같다.

$$NH_2Cl + NHCl_2 + HOCl \rightarrow 4HCl + N_2O \tag{6-42}$$

$$4NH_2Cl + 3Cl_2 + H_2O \rightarrow N_2 + N_2O + 10HCl \tag{6-43}$$

$$2NH_2Cl + HOCl \rightarrow N_2 + H_2O + 3HCl \tag{6-44}$$

$$NH_2Cl + NHCl \rightarrow N_2 + 3HCl \tag{6-45}$$

분기점을 지나 염소를 계속 주입하면 더 이상 염소와 결합할 물질이 없으므로, 유리유효염소(반응하지 않은 차아염소산)가 비례적으로 증가한다. 유리잔류염소를 얻을 때까지 충분히 염소를 주입하는 주된 이유는 비로소 살균작용이 보장되기 때문이다. 파과점 이상으로 염소를 주입하여 살균하는 것을 파과점 염소주입(breakpoint chlorination)이라 한다. 어떤 경우에는 분기점 주입에 의한 염소살균 시에 심각한 냄새 문제가 발생하기도 하는데 그 이유는 NCl_3와 그와 관련된 화합물이 생겨나기 때문이다. 어느 일정한도의 잔류량에 도달하기 위해 첨가되어야 하는 염소의 양을 염소요구량(chlorine demand)이라고 한다.

Example 6-5

분기점(파과점) 염소주입

분기점에서 염소 대 암모니아성 질소와의 무게비를 반응식으로부터 결정하라.

풀이

① 식 (6-39)와 (6-44)를 이용하여 분기점 현상을 설명하는 반응식을 쓴다.

$$2NH_3 + 2HOCl \rightarrow 2NH_2Cl + 2H_2O$$
$$2NH_2Cl + HOCl \rightarrow N_2 + H_2O + 3HCl$$
$$\overline{\qquad\qquad\qquad\qquad\qquad\qquad\qquad\qquad}$$
$$2NH_3 + 3HOCl \rightarrow N_2 + 3H_2O + 3HCl$$

② 암모니아의 분자량을 N으로 환산하고, 차아염소산의 분자량을 Cl_2로 환산한다.

$$\text{N으로 환산한 } NH_3\text{의 분자량} = \frac{17}{17}(14\,g/mol) = 14$$

$$Cl_2\text{로 환산한 HOCl의 분자량} = \frac{52.45}{52.45}(70.9\,g/mol) = 70.9 \quad \text{(식 6-33 참조)}$$

③ 염소 대 암모니아성 질소의 무게비를 구한다.

$$\frac{Cl_2}{NH_3-N} = \frac{3(70.9)}{2(14)} = \frac{7.6}{1}$$

[참고] 제 3단계에서 계산한 비율은 실제 일어나는 반응마다 약간의 차이가 있다. 실제값은 8 : 1에서 10 : 1의 사이에 있는 것으로 알려져 있다.

5) 산의 생성

염소주입 시 생기는 차아염소산은 하수중의 알칼리도와 반응하므로, 대부분의 경우 pH는 약간 떨어질 것이다. 반응식으로부터 살펴보면, 분기점 염소주입 과정에서 1 mg/L의 암모니아성 질소를 산화시키기 위해서는 14.3 mg/L의 알칼리도($CaCO_3$로 환산)가 필요하다. 그러나 실제로는 염소의 가수분해에도 일부가 필요하므로 15 mg/L의 알칼리도가 요구된다.

6) 총 용존물질의 증대

차아염소산이 생성되는 것 이외에도, 분기점 반응을 위해 첨가된 화학약품에 의하여 하수의 총 용존고형물질의 양은 증가하게 된다. 분기점 주입 시 흔히 사용되는 화학약품에 의해 증가하는 총 용존고형물질(TDS)의 양은 <표 6-3>과 같다.

표 6-3 파과점 염소주입에서 화학약품 첨가가 총 용존고형물질(TDS)에 미치는 영향

화학약품첨가	소모된 시간당 증가하는 총 용존고형물질(TDS)의 양
염소가스에 의한 파과	6.2 : 1
하이포아염소산나트륨에 의한 파과	7.1 : 1
염소가스에 의한 파과 모든 산도의 중화는 석회 (CaO)사용	12.2 : 1
염소가스에 의한 파과 모든 산도의 중화는 가성소다(NaOH)사용	14.8 : 1

7) 여러 가지 염소 화합물의 살균효율

차아염소산(HOCl), 차아염소산이온(OCl^-), 모노클로라민(NH_2Cl)의 살균효율을 비교하면, 주어진 접촉시간 또는 잔유량 하에서 차아염소산의 살균효율(접촉시간이나 잔유량의 기준으로)은 차아염소산이온이나 모노클로라민의 살균효율보다도 훨씬 높다. 차아염소산이 살균작용을 하는데 가장 바람직하므로, 적절한 교반 하에서 분기점 이후에 차아염소산을 형성하는 것이 가장 효율적으로 하수를 살균하는 방법이다. 차아염소산과 차아염소산이온의 평형상태는 pH의 영향을 크게 받으므로 적절한 살균의 효율을 달성하기 위해서는 적절하게 pH의 값을 유지하는 것도 중요하다.

8) 염소 잔유물의 독성

염소살균은 전염병이나 유해한 미생물을 제거하는데 보편적으로 사용되는 방법 중의 하나이다. 하수 중의 어떤 유기물은 염소와 결합하여 독성물질을 형성하기 때문에, 방류수역의 물을 효율적으로 이용하는데 장기적으로 나쁜 영향을 가져 올 수도 있다. 염소 잔유물의 영향을 최소화하기 위하여 염소로 살균된 하수로부터 염소를 제거할 필요가 있다. 유출수의 독성에 대한 규제가 있다든지, 암모니아성 질소 제거를 위한 파과점 염소처리 공정을 거친 후 염소를 제거하기 위하여, 이산화황과 활성탄이 많이 사용되고 있으며, 기타 사용되는 화학약품으로는 아황산나트륨(Na_2SO_3)과 메타중아황산나트륨($Na_2S_2O_5$) 등이 있다.

(2) 이산화염소에 의한 살균

이산화염소는 염소와 동등한 이상의 살균력을 가진 박테리아를 죽이는 화학약품이다. 또한 이산화염소는 바이러스를 무기력화하는 데는 염소보다도 더 효과가 있다. 이산화염소는 펩톤(단백질의 일종)에 의해 흡수되고 바이러스가 단백질막에 보호되고 있으므로 이 막에 이산화염소가 흡수되면 바이러스가 무기력해지기 때문이다. 이산화염소는 불안정하고 폭발성이 있는 가스이기 때문에 사용 현장에서 만들어야만 한다. 클로라이트와 같은 유독성 최종 생산물이 이산화염소와 함께 생성되어 총 잔유물의 성분 중에 남는다고 알려져 있다.

이산화염소의 장점 중의 하나는 암모니아와 반응하지 않으므로 독성의 잠재력이 높은 클로라민을 형성하지 않는다는 것이다. 또한 발암물질인 클로로포름과 같은 할로겐 유기화합물이 감지할 수 있을 정도로는 발생되지 않는다. 이산화염소는 염소와는 달리 물과 반응하지 않는다. 유리이산화염소 잔류물도 남을 수 있지만 그것은 염소가 수생환경에 영향을 주는 것보다 덜 유해하다.

(3) 브롬화염소(bromine chloride)에 의한 살균

아직은 브롬화염소가 염소와 같이 훌륭한 살균제라고 증명할만한 실적 데이터는 없지만 브롬화염소는 염소와 같이 믿을만하고 효율적인 것처럼 보인다. 브롬화염소는 박테리아 세포에 흡수되어 효소작용을 방해한다고 알려져 있다. 브롬화아민은 클로라민보다 더 효율이 좋고 더 빨리 분해된다. 박테리아를 죽이는데 필요한 접촉 시간도 염소 사용 시보다는 보통 적게 걸린다. 브롬화 유기물이 브롬화염소 살균에 의하여 생성되며 이들은 가수분해와 광화학적 반응에 의해 분해된다. 브롬화 유기화합물은 브롬화합물로 살균한 폐수에 노출된 물고기의 생체 내에 축적된다. 그러나 물고기에 나타난 잔류브롬물질의 양은 다른 알려진 독성물질(즉, PCB와 chlordane)의 양보다 적은 양이었다.

(4) 오존에 의한 살균

현재 많은 오존 살균시설이 존재하고(대개가 유럽에 있음), 거의 전부가 상수를 처리하고 있다. 이들 시설에서 오존을 사용하는 이유는 대개 맛, 냄새, 색도 제거이다. 처음에는 상수의 살균용으로 사용되었지만 최근의 오존제조, 용해 기술의 발달로 인해 폐수의 소독에도 경쟁력이 있게 되었다. 또한 오존은 폐수처리에서도 활성탄 대신에 냄새 제거, 고도정수처리 시 용존유기물의 제거에 사용될 수 있다. 오존은 화학적으로 불안정하여 생성된 후 빨리 산소로 분해되기 때문에 현장에서 직접 생산되어야 한다.

$$O_3 + H_2O \rightarrow HO_3^{+} + OH^{-} \tag{6-46}$$

$$HO_3^{+} + OH^{-} \rightarrow 2HO_2 \tag{6-47}$$

$$O_3 + HO_2 \rightarrow HO + 2O_2 \tag{6-48}$$

$$HO + HO_2 \rightarrow H_2O + O_2 \tag{6-49}$$

이때 만들어진 HO_2와 HO와 같은 자유기는 강력한 산화력을 가지므로, 살균작용이 있으며 수용액 중의 다른 불순물과 반응한다. 오존은 박테리아의 세포막을 파괴시키고, 바이러스를 죽일 수 있으며 염소보다도 살균 효과가 우수한 것으로 나타났다. 이와 같은 이유로 인하여 오존처리는 염소처리나 차아염소산 처리들과 같이 탈염소를 필요로 하는 공정에 대한 대안으로 제시되고 있다. 오존을 살균목적으로 사용했을 때 얻어지는 다른 이득은 주입 후 산소로 분해되기 때문에 방류수의 용존산소가 포화상태까지 올라간다는 것이다. 이 때문에 수질 기준상 필요 용존산소요구량에 맞추기 위하여 재포기를 할 필요가 없다. 게다가 오존은 빨리 분해되기 때문에 방류수에 있어서 염소잔류물의 경우와 달리 꼭 제거해야 하는 화학적 잔유물이 존재하지 않는다.

(5) 자외선에 의한 살균

태양광선도 좋은 살균제중 하나이다. 적은 양의 물을 살균하는 데는 자외선을 발생하는 특수램프가 사용되어 성공적으로 쓰이고 있다. 이 공정은 광선이 물속으로 침투하는 양에 따라 효율이 좌우된다. 따라서 자외선 광원과 물과의 접촉의 기하학적 형상이 매우 중요한데 그 이유는 부유물질, 용존유기분자, 그리고 물 자체 뿐만 아니라 미생물이 광선을 흡수하기 때문이다. 특히 입자상물질이 많이 들어 있는 경우에는 자외선 방법을 사용하는 것은 바람직하지 않다.

살균용 자외선 에너지 발생장치로서 수은램프는 살균효과가 가장 높은 적정한 범위(250～270 nm) 내의 파장인 253.7 nm에서 85% 정도의 광선출력을 내기 때문에 많이 사용되고 있다. 자외선은 화학적이라기 보다는 물리적인 살균방법이다. 파장이 254 nm 정도의 조사선은 미생물의 벽을 뚫고 들어가 DNA와 RNA 등과 같은 세포물질에 흡수되어 복제 증식을 방해하거나 세포를 죽이도록 한다. 박테리아를 죽이기 위해서는 박테리아까지 자외선의 침투가 가능하도록 해야 하기 때문에 물은 비교적 탁도를 낮게 하여, 자외선 에너지가 흡수된다든지 탁도에 의해 박테리아가 보호받는다든지 하는 경우가 없도록 해야 한다. 따라서 고형물질의 농도가 높은 하수에서는 자외선이 적합하지 않다.

| 연 | 습 | 문 | 제 |

01. 최종 침전지에서 유출되는 수량은 6,550 m^3/day이다. 여기에 염소처리를 하고자 유출수에 80 kg/day의 염소량을 주입한 후 잔류염소 농도를 측정하니 0.2 mg/L이었다. 이때 염소요구량은 몇 mg/L가 되겠는가?

02. COD가 100 mg/L, 유량 3,000 m^3/day의 폐수를 활성탄으로 처리하여 최종 COD 농도를 20 mg/L로 하기 위한 활성탄의 양(kg/day)을 구하시오.

$$\frac{X}{M} = \frac{abC}{1+bC}$$

(단, $a=$ 0.33, $b=0.064$)

03. 활성탄의 흡착능력을 알기 위해 등온흡착실험을 한 결과 평형상태에서 용액 중 용질의 농도가 매우 큰 경우(농도 → ∞) 활성탄 1 g당 12 mg의 용질이 흡착되었고, 농도가 50 μg/L일 때 흡착량은 활성탄 1 g당 0.5 mg이었다. 흡착현상이 Langmuir의 공식에 따른다고 할 때, 다음에 답하여라.

(1) 필요한 상수 a, b의 값을 구하여라.

(2) 농도가 100μg/L일 때 활성탄 1 g당 흡착되는 용질의 양(mg)을 구하여라.

04. 어느 공장의 폐수에서 수은 함량이 20 mg/L인 경우 이 폐수를 흡착법으로 처리하여 2 mg/L까지 처리하고자 할 때, 폐수 150 m^3당 필요한 흡착제의 양(kg)은? (단, Freundlich 등온식의 K = 0.5, n = 2이다.)

05. 30 mg/L의 Cu^{2+}, 15 mg/L의 Zn^{2+}, 20 mg/L의 Ni^{2+}을 함유하는 5,000 m^3/day의 처리수에서 양이온교환수지를 이용하여 이온들을 모두 회수하고자 한다. 수지의 처리용량은 10^5 g $CaCO_3/m^3$이며, 10일마다 재생을 조건으로 할 때, 한 주기당 필요한 양이온교환수지의 부피를 구하시오. (단, Cu = 63.5, Zn = 65.4, Ni = 58.7)

06. 반응조에서 응집침전 시 수온이 하강하면 유출되는 수질은 어떤 상태로 되겠는가?

07. 정수처리의 염소살균 시 문제점을 기술하시오.

CHAPTER 7

생물학적 처리

폐수의 생물학적 처리의 목적은 미생물을 이용하여 비침강성 콜로이드성 고형물을 응집제거하고 유기물을 안정화시키는 데 있다. 도시 하수의 경우, 유기물 함량을 감소시키는 것이 주요 목적이며, 대부분의 경우 질소와 인 같은 영양염류도 동시에 감소된다. 농업폐수는 수생식물의 성장을 촉진하는 영양염류를 다량 함유하고 있으며, 이러한 영양염류는 수중에서 분해되어야 하는 오염원으로서 BOD의 근원이므로, 농업폐수의 처리목적은 영양염류, 특히 질소와 인을 제거하기 위한 것이다. 공장폐수의 경우, 유기 및 무기화합물을 제거하거나 농도를 감소시키는 데 있다. 공장폐수에 함유되어 있는 화합물들이 미생물에 독성을 미칠 경우에는 독성에 대한 전처리가 필요하기도 하다.

BOD의 제거나 비침강성 콜로이드성 고형물의 응집과 유기물의 안정화는 여러 가지 미생물, 그중에서도 특히 bacteria에 의하여 이루어진다. 미생물들은 콜로이드나 탄소성 유기물을 여러 가지 가스와 세포조직으로 변환시킨다. 유기물에 의하여 생성된 세포를 처리수로부터 제거하지 않으면 완전한 처리가 이루어지지 않는데, 그 이유는 세포조직도 유기물이며 이 또한 처리수내의 BOD로 나타나기 때문이다. 만약 처리수로부터 이러한 세포조직을 제거하지 않는다면, 이는 단지 최초 폐수 내의 유기물의 일부를 미생물학적으로 여러 가지 고체상태의 최종 생성물로 변환시키는데 지나지 않는다.

7.1 생물학적 처리에 있어서 중요한 미생물

세포구조와 기능에 따라 미생물들은 유핵 미생물(eucaryotes), 무핵 박테리아(eubacteria), 그리고 archaebacteria로 분류된다. 무핵 미생물군(eubacteria와 archaebacteria)이 생물학적 처리에서 가장 중요하며, 일반적으로 박테리아(bacteria)라 불린다. 생물학적 처리에 중요한 유핵 미생물로는 균류(fungi), 원생동물(protozoa)과 로티퍼(rotifer), 조류(algae)가 있다.

(1) 박테리아(bacteria)

박테리아는 단세포의 무핵 미생물이다. 대개 2분열(binary fission)에 의하여 번식하지만 어떤 종류는 유성생식 또는 포자(budding)에 의하여 번식한다. 박테리아의 크기는 아주 다양하다. 구균의 경우 그 직경은 0.5～1.0μm의 크기이며, 막대기형(또는 간균)의 경우 폭은 0.5에서 1.0μm이고 길이는 0.5 내지 3.0μm 정도이며, 나선균의 경우 폭은 0.5～5μm, 길이는 6～15μm 정도이다.

온도, pH의 환경 조건은 박테리아의 생존과 성장에 중요한 영향을 미친다. 최적온도 이상에서 보다 최적온도 이하에서 성장은 보다 크게 영향을 받는다. 즉, 성장 최적온도에 이르기까지 박테리아의 성장률은 온도 10℃ 증가마다 약 2배가 된다. 박테리아의 활동이 최적이 되는 온도의 범위에 따라 친냉성(psychrophilic), 친온성(mesophilic) 또는 친열성(thermophilic)으로 분류된다. 생물체의 성장에 있어서 pH도 중요한 요소이다. 대개의 박테리아는 pH 9.5 이상 또는 pH 4.0 이하에서 살기 힘들다. 일반적으로 박테리아의 성장을 위한 최적 pH는 6.5~7.5 사이이다.

표 7-1 여러 미생물의 전형적인 온도 범위

종류	온도(℃)	
	범위	최적
친냉성(psychrophilic)[a]	−10~30	12~18
중온성(mesophilic)	20~50	25~40
친열성(thermophilic)	35~75	55~65

[a]Cryophilic이라 불리기도 함.

(2) 곰팡이(fungi)

환경공학에 있어서 균류(fungi)는 다세포의 비광합성 유기영양생물로 간주한다. 균류는 유성(sexually) 또는 무성(asexually), 분열(fission), 발아(budding), 포자형성(spore-formation)으로 번식한다. 곰팡이(mold)는 진균류(true fungi)라 하는데 미세한 균사(hyphae)를 형성하여 균사체(mycelium)라는 필라멘트성 덩어리(filamentous mass)를 형성한다. 효모(yeast)는 균류의 일종이지만 균사를 형성하지 않으며 단세포이다.

대개의 균류는 엄격한 호기성 미생물이다. 균류는 수분이 낮은 조건에서도 성장할 수 있으며 낮은 pH 상태에서도 잘 견딘다. 대부분의 균류의 적정 pH는 5.6이지만 pH 2~9의 범위에도 생존한다. 균류는 질소요구량이 박테리아에 비하여 대략 절반 정도이다. 균류의 낮은 pH조건과 적은 질소요구량 그리고 섬유소(cellulose) 분해 능력 때문에 공장폐수의 생물학적 처리나 유기 고형물의 퇴비화(Composting)에 중요하다.

(3) 프로토조아(protozoa)와 로티퍼(rotifer)

프로토조아(protozoa)는 대개 운동성을 지닌 미세한 원생생물로서 단세포 생물이다. 대부분의 프로토조아는 호기성 유기영양 미생물이지만 혐기성도 간혹 있다. 프로토조아는 일반적으로 박테리아보다 크며 때로는 박테리아를 에너지원으로 섭취한다. 실제로 프로토조아는 생물학적 처리공정의 유출수 내의 박테리아 및 고형유기물을 섭취하여 깨끗이 한다.

로티퍼(rotifer)는 호기성 유기영양의 다세포 생물이다. 로티퍼란 이름은 운동성 및 먹이 섭취를 하는 머리에 붙어있는 두 개의 회전섬모(rotating cilia)로부터 유래되었다. 로티퍼는 폐수 내의 분산 및 응집되어 있는 박테리아와 작은 유기고형물을 아주 효과적으로 섭취한다. 처리 유출수 내에 로티퍼가 있다면 호기성 생물학적 처리공정이 아주 효율적임을 나타낸다.

(4) 조류(藻類 : algae)

조류는 단세포 또는 다세포의 무기영양형 광합성 원생동물이다. 안정화지(池)에서 조류는 광합성에 의하여 산소를 생산하기 때문에 수환경의 생태에 긴요하다.

$$CO_2 + 2H_2O \underset{\text{빛이 없을 때}}{\overset{\text{빛이 있을 때}}{\rightleftharpoons}} \text{새로운 세포} + O_2 + H_2O \qquad (7\text{-}1)$$

조류의 광합성 작용에 의하여 생성되는 산소는 물분자의 산소원자로부터 만들어진다[식 (7-1) 참조]. 조류는 세포의 구성성분인 탄소를 얻기 위하여 탄산가스나 수중의 HCO_3^- 이온을 이용하는 자가영양생물(autotrophic)이며, 조류가 번식하기 위해서는 암모니아, 아질산, 인산 상태의 영양소를 섭취한다. 이는 저수지나 호소의 부영양화(eutrophication)와 관련된다.

호기성 또는 임의성 산화지(oxidation pond)를 효과적으로 운영하기 위하여 조류가 호기성 유기영양성 박테리아에게 산소를 공급할 수 있도록 하여야 한다. 이러한 조류와 박테리아는 서로 공생(共生) 관계에 있기 때문에 호기성 및 임의성 산화지에서 매우 중요하다.

조류가 번성하는 얕은 물에서는 pH가 10 이상일 수가 있다. 조류는 광합성에 CO_2를 사용하므로 이것이 pH를 높게 만드는 원인이 된다. 조류는 성장을 위하여 중탄산염(HCO_3^-)이나 탄산염(CO_3^-)으로부터 CO_2를 섭취한다.

$$2HCO_3^- \rightleftharpoons CO_3^{2-} + H_2O + CO_2 \qquad (7\text{-}2)$$

$$CO_3^{2-} + H_2O \rightleftharpoons 2OH^- + CO_2 \qquad (7\text{-}3)$$

따라서, 조류에 의한 CO_2의 섭취에 의하여 수중의 알칼리도가 중탄산으로부터 탄산으로, 탄산으로부터 수산화물로 변화한다. 이러한 변화 동안에도 총알칼리도는 일정하며, 생성된 수산기(OH^-)에 의하여 pH는 높아진다. 조류는 pH 10~11이 될 때까지 수중에서 CO_2를 섭취할 수 있다.

야간에는 조류의 호흡작용 때문에 CO_2를 생산하므로 pH를 낮게 한다. 이러한 조류의 광합성과 호흡작용에 의한 하루 동안의 표면수의 pH변화는 흔히 일어나는 현상이다.

7.2 미생물 성장을 위한 영양소

미생물이 계속해서 적절한 번식과 기능활동을 하려면 (1) energy원, (2) 새로운 세포조직 합성을 위한 탄소원, (3) 질소(N), 인(P), 황(S), 칼륨(K), 칼슘(Ca), 마그네슘(Mg) 같은 무기물(즉, 영양소)이 필요하다. 세포합성을 위하여 유기영양소(즉, 성장인자 : growth factor)도 역시 필요하다.

(1) 탄소원과 Energy원

미생물의 세포탄소원으로 가장 흔한 2가지는 유기물과 탄산가스이다. 미생물이 세포합성을 위하여 유기탄소를 활용하는 경우 이를 유기영양형(종속영양형 또는 타가영양형 : heterotrophs)이라 한다. 또 세포탄소를 탄산가스로부터 조달하는 경우에는 이를 무기영양형(독립영양형 또는 자가영양형 : autotrophs)이라 한다. 탄산가스로부터 유기성 세포조직으로의 변환은 하나의 환원과정으로서 에너지가 필요하며 일반적으로 성장률이 낮다.

세포합성에 필요한 에너지는 빛이나 화학적 산화반응에 의하여 공급된다. 빛을 energy원으로 사용할 수 있는 미생물을 광합성(phototrophs) 미생물이라 한다. 에너지를 화학반

표 7-2 에너지원과 탄소원에 의한 미생물의 일반적 분류

분 류	에너지원	탄소원
자가영양(Autotrophic) 미생물 :		
광합성자가영양(Photoautotrophic)	빛	CO_2
화학합성자가영양(Chemoautophic)	무기물의 산화환원 반응	CO_2
종속영양(Heterotrophic) 미생물 :		
화학합성종속영양(Chemoheterotrophic)	유기물의 산화환원 반응	유기탄소
광합성종속영양(Photoheterotrophic)	빛	유기탄소

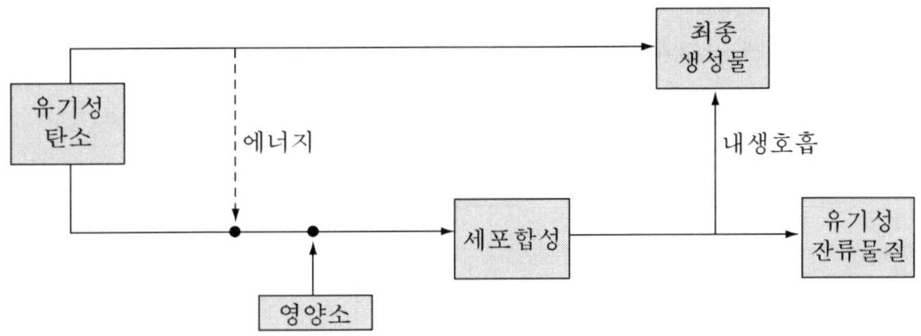

그림 7-1 화학종속영양 미생물 대사반응의 모식도

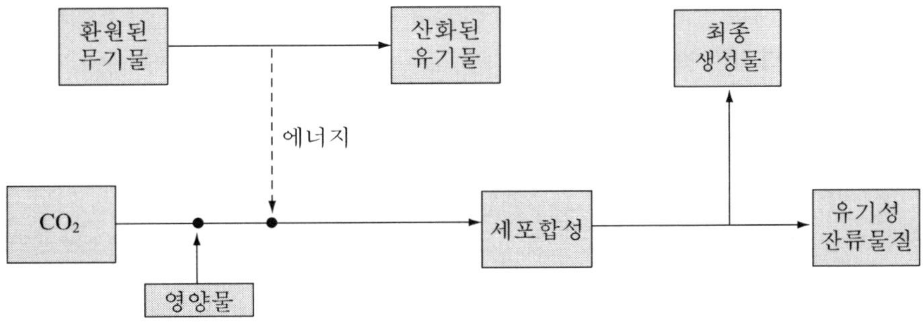

그림 7-2 화학자가영양 미생물 대사반응의 모식도

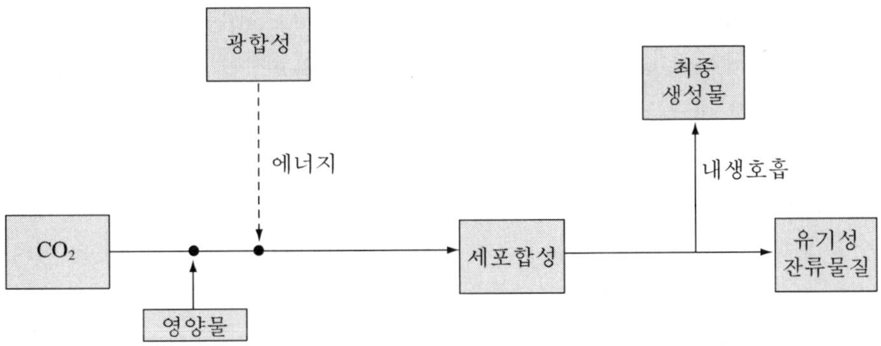

그림 7-3 광합성 자기영양 미생물 대사반응의 모식도

응으로부터 얻는 미생물을 화학영양미생물(chemotrophs)이라 한다. 화학영양 미생물도 유기영양형(원생동물, 균류 및 대부분의 박테리아)과 무기영양형(질산화미생물)으로 나눈다. 화학유기영양형(chemoheterotrophs) 미생물은 유기화합물을 산화시켜 그 에너지를 조달한다. 화학무기영양형(chemoautotrophs) 미생물은 암모니아나 질산염(nitrate) 및 황화물(sulfide)과 같이 환원된 무기화합물을 산화하여 그 에너지를 얻는다.

(2) 영양소 및 성장인자

탄소원이나 energy원과는 달리 영양소는 때때로 세포합성 및 성장을 제한하는 물질일 수 있다. 미생물에 있어서 기본적인 영양소는 질소(N), 황(S), 인(P), 칼륨(K), 마그네슘(Mg), 칼슘(Ca), 철(Fe), 나트륨(Na), 염소(Cl) 등이다. 다른 주요한 미량영양소와 더불어 유기영양소들도 미생물에게 필요하다. 성장요소(growth factor)로 알려진 유기영양소들도 미생물에 필요한 화합물로서 여타 탄소원으로부터 합성될 수 없는 유기세포의 선행물이거나 또는 그 합성에 필요한 매개인자이다.

7.3 미생물 대사의 유형과 박테리아의 성장

화학종속영향(chemoheterotrophic) 미생물은 그 신진대사의 형태와 산소의 필요정도에 따라 다시 분류된다. 효소(enzyme)에 의하여 전자공여체(electron doner)로부터 전자 수용체(electron acceptor)로 전자가 전달되는 과정에서 에너지를 얻는 미생물은 호흡성 대사(respiratory metabolism)과정을 가지고 있다. 반면 발효성대사(fermentative metabolism)에는 외부의 전자수용체가 관여하지 않는다. 발효(fermentation)는 에너지 생산과정이 호흡(respiration)에 비하면 비효율적이다. 그 결과 엄격한 발효성인 유기영양(heterotrophic) 미생물들은 호흡성 미생물에 비하여 낮은 성장률과 세포 생산량이 낮다.

호흡대사 과정에서 분자 상태의 산소가 전자 수용체로 사용되는 경우 이를 호기성호흡(aerobic respiration)이라 한다. 호기성호흡에 의존하는 미생물들은 분자상태의 산소의 공급이 있을 때만 그들의 energy 필요량을 충족시킬 수 있으며, 이러한 미생물을 절대적 호기성(obligatly aerobic) 미생물이라 한다. 질산염(nitrate)이나 아질산염(nitrite) 같이 산화된 무기화합물은 분자상태의 산소가 없는 경우 어떤 미생물에게는 전자 수용체의 역할을 할 수 있다<표 7-3 참조>. 이러한 미생물을 사용하는 공정을 준혐기성(anoxic)이라 한다.

표 7-3 폐수처리 시 미생물 반응에서의 전형적인 전자 수용체(electron accepter)

환경	전자 수용체[a]	공정
호기성	산소	호기성 대사작용
협기성	질산염(NO_3^-)	탈질화(denitrification)[b]
	황산염(SO_4^{2-})	황산염 환원
	탄산가스(CO_2)	메탄형성(methanogenesis)

a전자수용체의 개념 (본 chapter의 부록 참조)

[b]Anoxic 탈질화로도 알려짐.

생물학적 폐수처리의 효율적인 환경조절은 미생물의 성장을 조절하는 기본조건들에 대한 이해가 필요하다. 생물학적 처리에서 가장 중요한 미생물인 박테리아의 성장은 회분식(batch) 배양의 경우, 최초에 적은 수의 박테리아를 배양액에 접종하면 활성 미생물의 수는 시간에 따라 변화한다. 세포수를 기준으로 할 때 그 성장양상은 4가지의 특이한 기간을 보여준다.

① 지연기(the lag phase) : 지연기는 배양액에 접종함에 따라 미생물이 새로운 환경에 적응하여 분열하기까지 걸리는 시간을 말한다.
② 대수 성장기(the log-growth phase) : 이 기간 동안 세포의 분열률은 그 세대시간 및 먹이섭취 능력에 따라 결정된다(성장률은 일정)
③ 안정기(the stationary phase) : 세포수는 일정하게 유지된다. 그 이유는
(a) 세포성장에 필요한 기질 및 영양소를 다 소비하고
(b) 오래된 세포의 사멸률이 새로운 세포의 성장률을 능가하려 하기 때문이다.

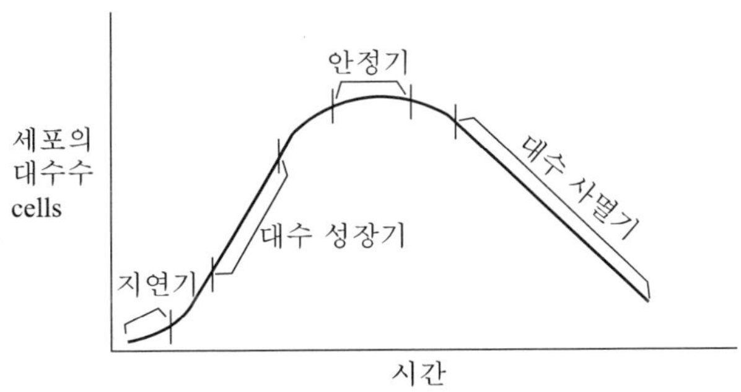

그림 7-4 미생물 숫자에 의한 전형적인 미생물 성장 곡선

④ 대수 사멸률(the log-death phase) : 이 기간에는 박테리아의 사멸률이 새로운 세포의 생성률을 능가한다. 사멸률은 대개 활성미생물군(群)과 환경 특성의 함수관계이다. 때로는 대수 사멸기는 대수성장기의 역의 관계에 있다.

7.4 미생물의 성장 동력학

생물학적 폐수처리공정의 설계에 있어서 환경 및 생물집단 제어가 필요하다. 환경조건은 pH조정, 온도조정, 영양소 및 미량영양소의 주입, 산소의 주입 또는 제거, 그리고 적절한 혼합 등으로 조절할 수 있다. 환경조건의 조절을 통하여 미생물 성장을 위한 적절한 생활환경을 제공하여야 한다. 미생물의 성장을 위하여 미생물은 공정 내에서 번식하기 충분한 기간이상 잔류하여야 하며, 이 기간은 미생물 성장률에 좌우되는데 이는 폐수를 섭취 또는 대사하는 율과 직접 관련이 있다. 미생물의 성장률을 조절함으로써 효율적인 폐수의 안정화를 꾀할 수 있다.

(1) 미생물의 성장

회분 및 연속운전 공정에서 박테리아 세포의 성장률은 다음과 같이 정의될 수 있다.

$$\Gamma_g = \mu X \tag{7-4}$$

여기서, Γ_g : 미생물 성장률(질량/부피·시간)

μ : 비(specific) 성장률(시간$^{-1}$)

X : 미생물 농도(질량/부피)

회분식 공정에서 $dX/dt = \Gamma_g$ 이므로, 회분식 반응조에서 다음 관계가 성립한다.

$$\frac{dX}{dt} = \mu X \tag{7-5}$$

(2) 기질제한 상태의 성장

회분식 및 연속운전 반응조의 미생물에게 성장에 필수적인 기질과 영양소 중의 하나가 제한된다면 이것이 먼저 부족하게 되고 성장도 멈추게 될 것이다<그림 7-4>. 기질이나 영양소 제한에 의한 영향은 Monod와 Michaelis-Menten이 제안한 식으로 정의할 수 있다.

$$\mu = \mu_m \frac{S}{K_s + S} \tag{7-6}$$

여기서, μ : 비(specific) 성장률(시간$^{-1}$)

μ_m : 최대 비(specific) 성장률(시간$^{-1}$)

S : 성장제한 기질의 농도(질량/부피)

K_s : 반속도 상수, 최대성장률의 1/2일 때의 성장제한 기질의 농도(질량/부피)

만약 식 (7-6)의 μ값을 식 (7-4)에 대입하면 성장률의 식은 다음과 같다.

$$\Gamma_g = \frac{\mu_m SX}{K_s + S} \tag{7-7}$$

(3) 미생물 성장과 기질의 소비

회분식 및 연속 운전식의 경우 기질의 일부는 새로운 미생물로 변환되고 일부는 무기물 및 유기물의 최종생성물로 변환된다. 주어진 기질에서 기질 소비율과 미생물의 성장률과의 사이에 다음과 같은 관계가 유도된다.

$$\Gamma_g = -Y\Gamma_{su} \tag{7-8}$$

여기서 Γ_g : 미생물 성장률(질량/부피 · 시간)

Y : 최대미생물 생산계수(mg/mg : 단위 무게의 기질 소비량에 대한 단위 무게의 미생물 생산량에 대한 비로 정의되며 대수성장 단계의 일정 기간 중 측정한다)

Γ_{su} : 기질 소비율(질량/부피 · 시간)

미생물 생산량은 (1) 탄소원 및 영양소의 산화정도, (2) 기질의 고분자화 정도, (3) 대사경로, (4) 성장률, (5) 배양에 따른 여러 물리적 요소 등에 의한다.

만약 식 (7-7)의 Γ_g값을 식 (7-8)에 대입하면 기질소비율은 다음과 같이 정의될 수 있다.

$$\Gamma_{su} = -\frac{\mu_m SX}{Y(K_s + S)} \tag{7-9}$$

식 (7-9)에서 μ_m/Y항은 때때로 k로 대치되기도 하는데 k는 단위무게의 미생물당 최대기질 소비율로 정의된다.

$$k = \frac{\mu_m}{Y} \tag{7-10}$$

만약, k를 식 (7-9)의 μ_m/Y항에 대입하면 그 결과식은 다음과 같다.

$$\Gamma_{su} = -\frac{kXS}{K_s + S} \tag{7-11}$$

(4) 내생 호흡대사의 영향

폐수처리에 활용되는 미생물계의 경우, 공정내의 세포의 일령(cell age)의 분포가 모두 대수성장기(log growth phase)에 있는 것은 아니다. 따라서 성장률의 수식은 세포유지를 위한 energy를 고려하여 보정하여야 한다. 또한 사멸과 타미생물에 의한 포식(predation)도 고려하여야 한다. 대개 이러한 요소는 한데 묶어서 고려하며 이러한 이유로 인한 세포 질량의 감소는 공정 내에 존재하는 미생물의 질량에 비례한다고 가정한다. 이를 내생감소(endogenous decay)라 한다. 내생감소에 관한 항목은 다음과 같이 수식화 할 수 있다.

$$\Gamma_d(\text{내생감소}) = -k_d X \tag{7-12}$$

여기서, k_d : 내생감소 계수(시간$^{-1}$)

X : 미생물 농도(질량/부피)

식 (7-12)를 식 (7-7) 및 (7-8)과 결합하면 순성장률(net rate of growth)에 관한 다음 식을 얻을 수 있다.

$$\Gamma_g' = \frac{\mu_m SX}{K_s + S} - k_d X \tag{7-13}$$

$$= \left(\mu_m \frac{S}{K_s + S} - k_d\right) X \tag{7-14}$$

$$\Gamma_g' = -Y\Gamma_{su} - k_d X \tag{7-15}$$

여기서, Γ_g' : 순 미생물 성장률(무게/부피 · 시간)

이에 대응하는 순 비성장률이 식 (7-16)에 나타나 있는데 van Uden에 의해 제안된 식과 같다.

$$\mu' = \mu_m \frac{S}{K_s + S} - k_d \tag{7-16}$$

여기서, μ' : 순비(specific) 성장률(시간$^{-1}$)

순 미생물생산(net bacterial yield)에 대한 내생호흡의 영향은 다음과 같은 실제 미생물 생산율(observed yield)로 설명된다.

$$Y_{obs} = -\frac{\Gamma'_g}{\Gamma_{su}} \tag{7-17}$$

(5) 온도의 영향

생물학적 반응률 상수에 온도가 미치는 영향은 생물학적 처리공정의 총괄적 효율을 평가하는데 아주 중요하다. 온도는 미생물의 대사활동에 영향을 미칠 뿐만 아니라 가스 전달률과 생물학적 슬러지의 침전 특성 등에 영향을 미친다. 생물학적 공정의 반응률에 대한 온도의 영향은 일반적으로 다음과 같이 표현된다.

$$r_T = r_{20}\theta^{(T-20)} \tag{7-18}$$

여기서, r_T : T℃에서 반응률
r_{20} : 20℃에서 반응률
θ : 온도 영향계수
T : 온도(℃)

7.5 완전혼합 반응조에 의한 생물학적 처리공정

폐수처리에 활용되는 주요 생물학적 공정들은 호기성 공정(aerobic processes), 준혐기성 공정(anoxic processes), 혐기성공정(anaerobic processes), 호기성과 준염기성 및 혐기성 혼합공정(combined aerobic, anoxic and anaerobic processes), 안정화지 공정(pond process) 등 크게 5개로 분류된다. 각각의 공정은 미생물의 성장형태가 부유성장이냐 부착성장이냐 또는 그 혼합형이냐에 따라 더 세분화된다.

탄소성 유기물 제거에 쓰이는 주요한 호기성 부유(현탁)성장 생물학적 처리공정은 (1) 활성슬러지 공정(activated-sludge processes) (2) 호기성 라군(aerated lagoons) (3) 연속회분식 반응조(sequencing batch reactor) (4) 호기성 소화공정(aerobic digestion processes)들이다. 이 중 활성슬러지 공정은 도시하수의 2차 처리에 가장 흔히 쓰이는 것 중 하나이다.

(1) 완전혼합 반응조에서의 미생물과 기질의 물질수지

완전혼합 반응조 내의 미생물의 양에 대한 물질수지는 다음과 같이 쓸 수 있다.

$$\begin{pmatrix}\text{공정경계}\\ \text{내에서}\\ \text{미생물의}\\ \text{축적률}\end{pmatrix} = \begin{pmatrix}\text{공정경계 내}\\ \text{로 유입되는}\\ \text{미생물의}\\ \text{유입률}\end{pmatrix} - \begin{pmatrix}\text{공정경계 밖}\\ \text{으로 유출되}\\ \text{는 미생물의}\\ \text{유출률}\end{pmatrix} + \begin{pmatrix}\text{공정경계}\\ \text{내의}\\ \text{미생물의}\\ \text{순성장률}\end{pmatrix} \quad (7\text{-}19)$$

간단히 표현하면

$$\text{축적률} = \text{유입률} - \text{유출률} + \text{순성장률} \quad (7\text{-}20)$$

기호로 표현하면,

$$\frac{dX}{dt}V = QX_0 - QX + V\Gamma_g' \quad (7\text{-}21)$$

여기서, $\frac{dX}{dt}$: 반응조 내 질량(휘발성 부유 고형물, VSS)으로 측정한 미생물 농도의 변화율(VSS 무게/부피 · 시간)

V : 반응조 부피

Q : 유량(부피/시간)

X_0 : 유입수 내 미생물의 농도(VSS 질량/부피)

X : 반응조 내 미생물의 농도(VSS 질량/부피)

Γ_g' : 미생물 순 성장률(VSS 질량/부피 · 시간)

식 (7-13)의 Γ_g'값을 식 (7-21)에 대입하면 미생물의 물질수지는 다음과 같다.

$$\frac{dX}{dt}V = QX_0 - QX + V\left(\frac{\mu_m XS}{K_s + S} - k_d X\right) \quad (7\text{-}22)$$

여기서, S : 반응조로부터 나가는 유출수내의 기질농도(mg/L)

유입수 내의 미생물의 농도를 무시할 수 있다고 가정하고($X_0 = 0$), 정상상태 운전($dX/dt = 0$)이라면 식 (7-22)는 보다 간단히 정리할 수 있다.

$$\frac{Q}{V} = \frac{1}{\theta} = \mu_m \frac{S}{K_s + S} - k_d \tag{7-23}$$

여기서, θ : 수리학적 체류시간(V/Q : hydraulic retention time, HRT)

미생물 평균 체류시간(mean cell residence time, MCRT) θ_c는 다음과 같이 나타낼 수 있다.

$$\theta_c = \frac{VX}{QX} = \frac{V}{Q} \tag{7-24}$$

식 (7-22)의 미생물 물질수지에 상응하는 **기질의 물질수지**를 취하면 다음과 같다. 기질의 소비속도인 식 (7-11)을 고려하면,

$$\frac{dS}{dt} V = QS_0 - QS - V\frac{kXS}{K_s + S} \tag{7-25}$$

정상상태 $dS/dt = 0$에서는 다음과 같다.

$$(S_0 - S) - \theta\left(\frac{kXS}{K_s + S}\right) = 0 \tag{7-26}$$

여기서, θ : V/Q (수리학적 체류시간)

(2) 유출수내 미생물과 기질의 농도

유출수내 미생물과 기질의 농도는 다음과 같이 구할 수 있다. 만약 식 (7-23)을 $S/(K_s + S)$에 대하여 풀어서 그 식을 식 (7-26)에 대입하고 식 (7-10)을 이용하여 간단히 하면 정상상태에서 **유출수 내의 미생물의 농도(X)**에 관한 식을 얻을 수 있다.

식 (7-23)과 (7-26)으로부터

$$\frac{S}{K_s + S} = \frac{1}{\mu_m}\left(\frac{1}{\theta} + k_d\right) \tag{7-27}$$

$$= \frac{1}{\mu_m}\left(\frac{1 + k_d\theta}{\theta}\right) \tag{7-28}$$

$$\frac{kXS}{K_s + S} = \frac{1}{\theta}(S_0 - S) \tag{7-29}$$

그러므로, 유출수 내의 미생물의 농도(X)는

$$X = \frac{K_s + S}{kS}\frac{1}{\theta}(S_0 - S) \tag{7-30}$$

$$= \frac{1}{k\theta}(S_0 - S)\frac{\mu_m \theta}{1 + k_d\theta} \tag{7-31}$$

$$= \frac{\mu_m (S_0 - S)}{k(1 + k_d\theta)} \tag{7-32}$$

$$= \frac{Y(S_0 - S)}{(1 + k_d\theta)} \tag{7-33}$$

동일한 방법으로, 유출수의 기질농도(S)는 다음과 같이 구할 수 있다.
식 (7-29)를 식 (7-33)에 대입하면,

$$X = \frac{Y}{(1 + k_d\theta)} \cdot \frac{\theta kXS}{K_s + S} \tag{7-34}$$

$$(1 + k_d\theta)(K_s + S) = Y\theta kS \tag{7-35}$$

$$S[\theta(Yk - k_d) - 1] = K_s(1 + k_d\theta) \tag{7-36}$$

그러므로, 유출수의 기질농도(S)는

$$S = \frac{K_s(1 + k_d\theta)}{\theta(Yk - k_d) - 1} \tag{7-37}$$

따라서 동력학 계수를 안다면 식 (7-33) 및 (7-37)을 유출수 내 미생물 및 기질의 농도를 추정하는데 사용할 수 있다.

실제 슬러지 생산율 Y_{obs}는 다음과 같이 나타낼 수 있다.

$$Y_{obs} = -\frac{\Gamma_{g'}}{\Gamma_{su}} = \left(\frac{\mu_m SX}{K_s + S} - k_d X\right) \Big/ \left(\frac{kXS}{K_s + S}\right) \tag{7-38}$$

$$= X\left(\frac{\mu_m S}{K_s + S} - k_d\right) \Big/ \left(\frac{kXS}{K_s + S}\right) \tag{7-39}$$

식 (7-23)으로부터

$$Y_{obs} = \frac{K_s + S}{\theta kS} \tag{7-40}$$

식 (7-10)에서 $k = \dfrac{\mu_m}{Y}$ 이므로

$$Y_{obs} = \frac{Y(K_s + S)}{\theta \mu_m S} \tag{7-41}$$

식 (7-23)으로부터 실제 슬러지 생산율 Y_{obs}는 다음과 같다.

$$Y_{obs} = \frac{Y}{1 + k_d \theta} \tag{7-42}$$

폐수의 특성과 미생물의 종류, 환경조건에 따른 동력학 계수 k, Y, K_s, k_d가 결정된다.

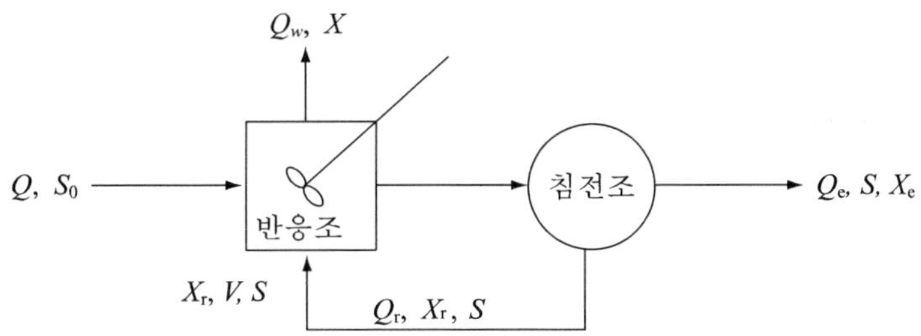

(a) 반응조에서 폐기

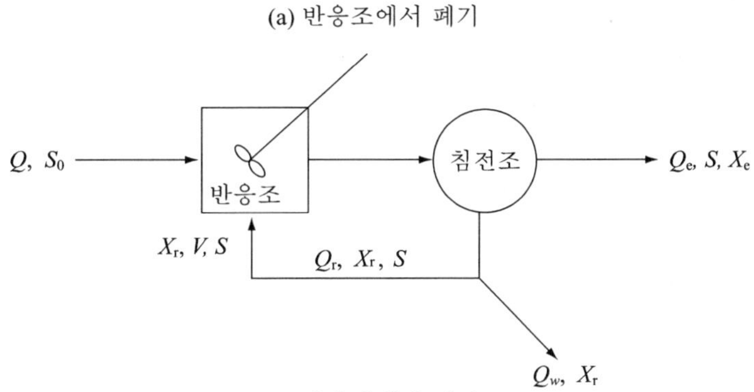

(b) 반송관에서 폐기

그림 7-5 미생물 반송과 폐기가 있는 완전혼합 반응조의 모식도

7.6 활성슬러지 공정

(1) 활성슬러지 공정의 물질수지

활성슬러지 공정에서 미생물의 물질수지는 다음과 같이 쓸 수 있다(<그림 7-5a> 참조).

축적률 = 유입률 − 유출률 + 순 성장률 (7-43)

기호로 표현하면,

$$\frac{dX}{dt}V = QX_o - [Q_w X_w + Q_e X_e] + V(\Gamma_g{}') \tag{7-44}$$

성장률에 대한 식 (7-15)를 대입하는데 유입수 내의 미생물 농도가 없다 $(X_o = 0)$고 가정하고, 정상상태 조건(steady-state condition)으로 가정 $(dX/dt = 0)$하여 정리하면,

$$\frac{Q_w X_w + Q_e X_e}{VX} = -Y\frac{\Gamma_{su}}{X} - k_d \tag{7-45}$$

식 (7-45)의 좌변은 미생물 평균 체류시간(θ_c)의 역수이다.

$$\Gamma_{su} = -\frac{Q}{V}(S_o - S) = -\frac{S_o - S}{\theta} \text{ 이므로,} \tag{7-46}$$

여기서, $(S_o - S)$: 소비된 기질의 질량농도(mg/L)

S_o : 유입수 내의 기질의 농도(mg/L)

S : 유출수 내의 기질의 농도(mg/L)

θ : 수리학적 체류시간(day)

θ_c : 미생물 체류시간(day)

반응조 내의 미생물의 질량농도 X는 식 (7-46)을 식 (7-45)에 대입한 후 X에 대하여 풀면 얻을 수 있다.

$$X = \frac{\theta_c}{\theta}\frac{Y(S_o - S)}{(1 + k_d\theta_c)} \tag{7-47}$$

식 (7-47)을 식 (7-26)에 대입하여 정리하면, 유출수 기질의 농도(S)는 다음과 같다.

$$S = \frac{K_s(1 + \theta_c k_d)}{\theta_c(Yk - k_d) - 1} \tag{7-48}$$

식 (7-48)은 반송이 없는 완전혼합 반응조에서 유도된 식 (7-37)과 같은 점을 유의하기 바란다.

슬러지 반송이 있는 경우의 실제 슬러지 생성률(observed yield)의 식은 이미 보인 식 (7-42)와 같으며, θ_c(미생물 체류시간, solid retention time : SRT)를 θ에 대입하여 다음과 같다.

$Y_{obs} = -\frac{\Gamma_g'}{\Gamma_{su}}$ 이므로 식 (7-15)와 (7-46)을 대입하면

$$Y_{obs} = \frac{Y\Gamma_{su} + k_d X}{\Gamma_{su}} \tag{7-49}$$

$$= Y - \frac{\theta k_d X}{S_o - S} \tag{7-50}$$

식 (7-45)를 식 (7-50)에 대입하면

$$Y_{obs} = Y - \frac{\theta_c k_d Y}{1 + k_d \theta_c} \tag{7-51}$$

$$= \frac{Y}{1 + k_d \theta_c} \tag{7-52}$$

비록 식 (7-47)과 (7-48)이 공정의 여러 변화의 영향을 예측하는데 유용하지만, 다수의 설계상수를 포함하고 있기 때문에 이 식들을 설계 측면에서 활용하기는 다소 어렵다. 기질의 비소비율(specific substrate utilization rate) Γ_{su}의 정의를 이용하여 **기질의 비소비율**(U)을 나타내면 다음과 같다.

$$U = -\frac{\Gamma_{su}}{X} = \frac{S_o - S}{\theta X} = \frac{Q}{V}\frac{S_o - S}{X} \tag{7-53}$$

U항을 식 (7-45)의 $(-\Gamma_{su}/X)$항으로 대입하면,

$$\frac{1}{\theta_c} = YU - k_d \tag{7-54}$$

식 (7-54)에서 순 비성장률 $1/\theta_c$과 비소비율 U는 직접적으로 관련이 있는 것을 알 수 있다. 비소비율 U를 계산하기 위하여 기질 소비량과 기질 비소비에 관여한 미생물의 양을 알아야 한다. 소비된 기질양은 유입수와 유출수의 COD 또는 BOD_5의 차이를 계산하여 산정할 수 있다. 활성미생물량의 산정에서 U를 조절계수로 쓰는 것은 비실용적이다.

처리조절 계수로서 θ_c를 사용하면, 활성미생물은 산정해야할 필요가 없을 뿐 아니라 기질소모량을 계산할 필요도 없다. θ_c의 활용은 미생물의 성장률조절, 폐수안정화의 정도, 반응조 내의 미생물 중 일정 퍼센트를 매일 폐기시켜야 하는 사실에 근거한다. 따라서 만약 요구되는 처리효율을 위하여 10일의 θ_c가 필요하다고 계산되었다면 반응조로부터 매일 총 미생물량의 약 10%를 폐기하여야 한다.

(2) 활성슬러지 공정의 생물화학적 동력학

활성슬러지 공정에서 발생하는 유기물 제거속도를 결정하는 데는 Michaelis-Menten 또는 Monod가 사용한 식을 이용하는 방법과 화학적 동력학 방법이 있다.

1) Michaels-Menten법

Michaelis-Menten식은 생산물 생성속도(dP/dt)와 기질농도(S)의 관계를 나타내며, 생성물 비생성속도(specific rate of product production)는 $\left(\frac{1}{X}\right)\left(\frac{dP}{dt}\right)$로 표현된다. 유기물 비제거속도(specific rate of substrate utilization)는 $\left(\frac{1}{X}\right)\left(\frac{dS}{dt}\right)$로 표현된다. 여기서 X는 미생물의 농도이다.

$$\left(\frac{1}{X}\right)\left(\frac{dS}{dt}\right)=k_s\left(\frac{S}{K_m+S}\right) \quad : \text{Michaelis-Menten식} \qquad (7\text{-}55)$$

여기서, $\left(\frac{1}{X}\right)\left(\frac{dS}{dt}\right)$: 유기물 비제거속도(질량/미생물량 · 시간)

$\left(\frac{dS}{dt}\right)$: 유기물 제거속도(질량/부피 · 시간)

K_m : 유기물 제거속도가 최대유기물 제거속도의 1/2일 때의 유기물 농도(질량/부피)

k_s : 최대 유기물 제거속도(질량/미생물량 · 시간)

S : 유기물 농도(질량/부피)

유기물 비제거속도가 최대값(k_s)의 1/2일 때 $K_m = S$이다. 식 (7-55)는 활성슬러지공법의 미생물농도(X), 유기물 농도(S), 유기물 제거속도$\left(\frac{dS}{dt}\right)$와의 관계를 나타내며 다음과 같은 두 가지 극단적인 경우를 생각해 볼 수 있다. 만일 S가 K_m에 비하여 상대적으로 매우 크면 식 (7-55)는 다음과 같다.

$$\frac{1}{X} \cdot \frac{dS}{dt} = k_s \tag{7-56}$$

$$= k_0 \quad (0\text{차 반응의 속도상수})$$

즉, 유기물 비제거속도가 유기물 농도에 무관한 0차 반응을 나타낸다. 만일 S가 K_m에 비하여 상대적으로 매우 작으면 1차 반응이 된다.

$$\frac{1}{X} \cdot \frac{dS}{dt} = \frac{k_s}{K_m} S \tag{7-57}$$

$$= k_1 S$$

여기서, k_1은 1차 반응에 대한 속도상수이다.

Michaelis-Menten식으로부터, 유기질의 농도가 고농도이면 기질이용 속도는 0차 반응이며, 저농도에서는 1차 반응임을 알 수 있다. 식종 미생물의 양이 증식될 최대미생물량에 비하여 비교적 작고 미생물 성장에 비하여 내생분해가 무시될 수 있는 경우에 잘 적용된다.

2) 화학적 동력학 이론

높은 유기물 농도에서 유기물 제거속도가 0차이므로(Michaelis-Menten) pseudo-zero-order 반응에 관한 속도식은

$$-\frac{1}{X} \cdot \frac{dS}{dt} = k_0 \tag{7-58}$$

－부호는 유기물이 시간에 따라 감소하기 때문이며, k_0는 속도상수이다.

식 (7-58)을 적분하면,

$$\int_{s_0}^{s_1} dS = -k_0 \overline{X} \int_0^t dt \tag{7-59}$$

여기서, k_0 : 속도상수(1/시간)

$\overline{X}$: 평균미생물농도 $= \frac{1}{2}(X_0 + X_1)$ (질량/부피)

S_0, S_t : 유기물의 농도(질량/부피)

적분하여 정리하면,

$$S_t - S_0 = -k_o\overline{X}t \tag{7-60}$$

또는

$$S_t = S_0 - k_0\overline{X}t \tag{7-61}$$

따라서 반응이 pseudo-zero-order이면 기울기가 $-k_0$인 직선이다.

유기물의 농도가 저농도이면 pseudo-lst-order에 대한 속도식은

$$-\frac{1}{X}\frac{dS}{dt} = k_1 S \tag{7-62}$$

적분하면

$$\int_{S_0}^{S_1}\frac{dS}{dt} = -k_1\overline{X}\int_0^t dt \tag{7-63}$$

$$\ln S|_{S_0}^{S_1} = -k_1\overline{X}t \tag{7-64}$$

정리하면,

$$\ln S_t = \ln S_0 - k_1\overline{X}t \tag{7-65}$$

반응이 pseudo-lst-order일 때 이 식은 반대수(semi-log) 그래프에서 기울기가 $-k_1$인 직선을 나타낸다.

폐수에 함유되어 있는 유기물의 종류가 다양하기 때문에 동력학 방정식의 속도상수 k는 폐수 중에 포함되어 있는 여러 종류의 유기물 상수에 대한 평균치를 나타낸다.

Example 7-1

생화학적 동력학

용해성 유기폐수에 관한 동력학적 연구를 위하여 연속흐름 활성슬러지 반응조에서 순화된 배양균으로 식종한 회분식 반응조를 사용하여 실험하였다.

여러 반응시간에 대한 COD와 MLSS 농도가 <표 1>에 나와 있다. 24시간에서 BOD_5 = 4.2 mg/L, $BOD_5 = 0.35BOD_u$ 그리고 BOD_u는 분해가능한 COD와 같다. MLVSS는 MLSS의 88%이다. MLSS와 MLVSS에 대하여 반응차수와 반응속도상수를 구하라.

Chapter 2
Chapter 3
Chapter 4
Chapter 5
Chapter 6
Chapter 7

<표 1> 회분식 실험에서 측정한 자료

반응시간(hr)	COD(mg/L)	MLSS(mg/L)
0	680	1,910
1	440	2,180
2	240	2,210
3	165	2,190
4	128	2,130
5	115	2,090
24	102	1,860

풀이

분해불능 COD는 24시간 COD－BOD, 즉 102－4.2/0.35＝102－12＝90 mg/L이다. pseudo-lst-order 반응으로 가정했을 때 데이터는 <표 2>에 나타난 바와 같다.

〈표 2〉 회분식 실험에서 측정한 자료

시간(hr)	분해가능한 COD (mg/L)	X MLSS (mg/L)	$\overline{X}$ MLSS (mg/L)	$\overline{X}t$ (mg/L)(hr)
0	590	1,910		
1	350	2,180	2,045	2,045
2	150	2,210	2,060	4,120
3	75	2,190	2,050	6,150
4	38	2,130	2,020	8,080
5	25	2,090	2,000	10,000

$\overline{X}t$에 대한 $\ln S_t$를 도식하면, 그래프가 직선이므로 pseudo-lst-order이고, 기울기로부터 $k_{\text{MLSS}} = 0.316\ \text{L}/(\text{g MLSS} \cdot \text{hr})$, $k_{\text{MLVSS}} = k_{\text{MLSS}}/0.88 = 0.359\ \text{L}/(\text{g MLSS} \cdot \text{hr})$

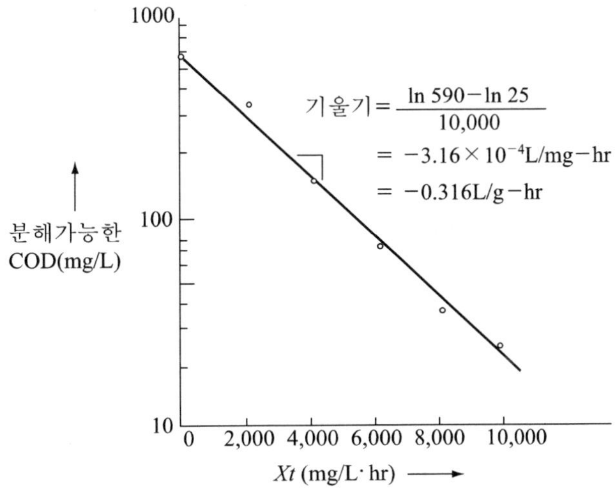

7.7 활성슬러지 공정의 설계와 운전

활성슬러지 공정의 운전에 있어서의 고려해야 할 주된 요소는 (1) 포기조 내의 용존산소 농도의 유지, (2) 반송슬러지 (return activated sludge, RAS)의 양 조절, (3) 폐슬러지 (waste activated sludge, WAS)의 양 조절이다. 활성슬러지 공정에서 흔히 쓰이는 조절요소는 F/M비와 평균 미생물 체류시간(θ_c)이다. MLSS농도도 조절요소로서 사용된다. 반송슬러지는 MLSS농도 유지에 중요하며 (F/M비에서 "M"에 해당), WAS는 미생물체류시간(θ_c) 조절에 중요하다. 산소 섭취율(oxygen uptake rate)도 활성슬러지 공정의 관리 및 조절방법 중에 하나이다.

(1) 부하조건

수년간 활성슬러지 공정의 설계와 운전을 위한 다수의 경험적인 변수 및 이론적인변수가 제안되었다. 가장 흔히 사용되는 두 가지 변수는 (1) 먹이－미생물비(food-to-microorganism ratio, F/M) (2) 미생물 평균 체류시간(mean cell residence time, θ_c)이다.

먹이와 미생물의 비(food-to-microorganism), 즉 F/M 비는 활성 슬러지법을 설계하는데 있어 중요한 척도이다. 포기된 물과 미생물이 합해진 것을 혼합액(mixed liquor)이라고 하며, 현탁(부상)고형물은 MLSS (mixed liquor suspended solids)라고 부른다. MLSS는 미생물의 양으로 간주된다. 포기조 내에 들어오는 BOD와 MLSS비, 또는 F/M 비는 포기조 내에서 kgBOD/day와 kgMLSS으로 계산한 것이며 부하(loading)라 한다.

$$\frac{F}{M} = \frac{\text{kgBOD/day}}{\text{kgMLSS}} \tag{7-66}$$

Example 7-2

1차 침전지에서 유출된 물의 BOD_5는 150 m^3/day의 flow rate를 가진 곳에서 120 mg/L이다. 포기조의 크기는 2 m × 2 m × 4.5 m이고, MLSS는 2,000 mg/L일 때 F/M비를 계산하여라.

풀이

$\text{kg BOD} = 120\ \text{mg/L} \times 150\ \text{m}^3/\text{day} \times 1/1000 = 18\ \text{kg/day}$

$\text{kgMLSS} = (2 \times 2 \times 4.5)\ \text{m}^3 \times 2000\ \text{mg/L} \times 1/1000 = 36\ \text{kg}$

그러므로, $F/M = 18/36 = 0.5$ kgBOD/day/kg MLSS

BOD부하는 혼합액 부유고형물(mixed liquor suspended solids, MLSS)의 단위 무게당 하루에 가해지는 BOD의 무게로 나타내는데 통상 F/M비라고 하며, 혼합액 휘발성 부유고형물(MLVSS)을 사용하여 F/M_V로 표현하기도 한다.

F/M비와 평균 미생물 체류시간으로 활성슬러지 공법의 처리능력을 결정한다. 높은 F/M비와 낮은 평균 미생물 체류시간은 침전이 잘되지 않는 사상성 미생물의 번식을 야기시킨다. 낮은 F/M비와 높은 평균 미생물 체류시간에서는 미생물이 과다하게 내생분해하며 미생물 플럭(floc)이 파괴되어 분산상태로 된다.

먹이－미생물비(food-to-microorganism ratio, F/M)는 다음과 같이 정의된다.

$$F/M=\frac{S_oQ}{VX}=\frac{S_o}{(V/Q)X}=\frac{S_0}{\theta X} \tag{7-67}$$

여기서, F/M : 먹이－미생물비(day^{-1})

S_0 : 유입수의 BOD나 COD농도(mg/L)

θ : 포기조의 수리학적 체류시간 $= V/Q(\text{day})$

V : 포기조의 부피(m^3)

Q : 유입 폐수의 유량(m^3/day)

X : 포기조 내의 휘발성 부유물(VSS) 농도(mg/L)

먹이－미생물비(F/M)와 비소비율(specific utilization rate, U)과의 관계는

$$U=-\frac{\Gamma_{su}}{X}=\frac{Q}{V}\frac{S_0-S}{X}=\frac{S_0-S}{\theta X}=\frac{(F/M)E}{100} \tag{7-68}$$

여기서, $E=\dfrac{S_0-S}{S_0}\times 100=\text{공정효율}(\%)$

미생물 평균체류시간(mean cell residence time, θ_c)은 반응조(또는 포기조)에서 미생물이 체류하는 평균시간이다. 슬러지 체류시간(sludge residence time, SRT)이라고 하기도 한다.

$$\theta_c=\frac{VX}{Q_wX_w+Q_eX_e} \tag{7-69}$$

(2) 슬러지 생산량

매일 생산되는 슬러지의 양을 아는 것은 중요하다. 그 이유는 잉여 (폐기)슬러지의 관

리 및 처분시설에 필요한 설계에 영향을 주기 때문이다. 일일 슬러지 생산량은 아래 식으로 추정할 수 있다.

$$P_X = Y_{obs} Q \times (S_0 - S) \tag{7-70}$$

여기서, P_X : 휘발성 부유고형물(VSS)로 측정된 일일 순폐슬러지 생산량(kg/day)
Y_{obs} : 실제 생산계수(g/g)
Q, S_0, S : 이미 정의됨

관측된 생산량(Y_{obs})은 다음과 같이 계산할 수 있다.

$$Y_{obs} = \frac{Y}{1 + k_d \theta_c} \tag{7-71}$$

(3) 슬러지 지수(sludge index)

슬러지 지수는 활성슬러지의 침전특성을 나타내는 것으로서 슬러지 용적지수(sludge volume index, SVI), 슬러지 밀도지수(sludge density index, SDI)가 있으며 침전지에서 슬러지의 분리가 잘 되는 정도를 아는데 매우 중요하다.

슬러지 용적지수(SVI)는 포기조 혼합액(mixed liquor)을 Imhoff cone이나 눈금이 있는 실린더에 넣어서 30분간 정치한 후에 1g의 활성슬러지 부유물(MLSS)이 차지하는 용량을 mL로 표시한 수(mL/g)이며, 슬러지 밀도지수(SDI)는 포기조 혼합액을 30분간 정치한 경우에 침전슬러지량 100 mL 중에 포함된 활성슬러지 부유물을 g수로 나타낸 것(g/100mL)이다. 활성슬러지 공법에서 적절한 운전을 하였을 때 SVI는 통상 50～150 mL/g이다.

$$\text{SVI(mL/g)} = \frac{(\text{30분 침전 후의 슬러지 부피, mL/L}) \times 1{,}000\,(\text{mg/g})}{\text{MLSS농도 (mg/L)}} \tag{7-72}$$

$$\text{SDI(g/100mL)} = \frac{\text{MLSS 농도 (mg/L)}}{(\text{30분 침전 후의 슬러지 부피, mL/L})} \times \left(\frac{100\text{mL}}{1{,}000\text{mL}}\right)$$

그러므로,

$$\text{SDI(g/100mL)} = \frac{100}{\text{SVI(mL/g)}} \tag{7-73}$$

SV_{30}은 1 L의 눈금실린더에 포기조 혼합액을 넣고 30분간 정치한 후 침전량의 부피백분율(%)을 의미한다.

$$SV_{30}(\%) = \frac{\text{침전물의 부피(mL)}}{1{,}000\text{mL}} \times 100 \quad (7\text{-}74)$$

Example 7-3

SVI와 SV_{30}과의 관계식을 구하시오.

풀이

$$SVI(mL/g) = \frac{SV_{30}(\%) \times 10^4}{MLSS(mg/L)}$$

$$SVI(mL/g) = \frac{SV_{30}(mL/L) \times 10^3}{MLSS(mg/L)}$$

(4) 반송슬러지 조절

반송슬러지율은 원폐수량에 대한 반송슬러지의 비를 뜻한다. 활성슬러지의 반송 목적은 포기조 내의 활성슬러지의 농도(MLSS)를 충분히 유지하여 주어진 시간동안 요구되는 처리정도를 얻기 위함이다. 최종 침전지로부터 포기조 입구로 활성슬러지를 반송함으로써 포기조 내의 활성슬러지농도(MLSS)를 높게 유지하고, 유출수로의 슬러지 고형물의 유실을 방지한다.

여러 기법이 반송슬러지 유량을 조절하기 위하여 쓰이고 있다. 이 조절 기법들은 포기조 내에서 적정 MLSS농도를 유지하거나 종말 침전지에서 주어진 슬러지 층의 두께를 유지하는데 근거하고 있다. 가장 흔히 쓰이는 기법들은 (1) 침전성(settleability) 실험의 이용, (2) 슬러지 층 두께 조절, (3) 2차 침전지의 물질수지, (4) 포기조의 물질수지, (5) 슬러지의 질을 고려하는 것 등이다.

1) 침전성 실험법

침전성 실험을 이용하여 반송슬러지의 유량을 정하는 경우, 그 유량은 1,000 mL의 눈금매긴 실린더에서 30분간 침전시킨 후 상징액의 부피에 대한 포기조 유출수의 침전가능한 고형물이 차지하는 부피의 퍼센트 비율과 같아지도록 조절한다. 이 비율은 어느 경우든 15% 이하이어서는 안 된다. 만약 30분 침전 후 침전가능한 고형물의 부피가 275 mL라면 부피 퍼센트는 38%가 된다[(275 mL / 725 mL)×100]. 만약 처리장의 유량이 2 m^3/sec라면 슬러지 반송률은 $0.38 \times 2\ m^3/sec = 0.76\ m^3/s$가 된다.

2) 슬러지 부피지수(SVI)법

반송슬러지 펌프율 조절에 사용되는 또 하나의 침전성 실험 방법은 슬러지 부피지수(sludge-volume index : SVI)로 알려진 경험적 측정법이다. 만약 슬러지 부피지수(SVI)를 안다면 포기조에서 MLSS의 wt%농도(P_w)를 유지하기 위한 반송비 Q_r/Q은 다음과 같다.

$$(Q_r/Q)(100) = \frac{100}{\dfrac{100}{(P_w)(\text{SVI})} - 1} \quad (7\text{-}75)$$

Example 7-4

MLSS 농도를 0.25 wt% (2,500 mg/L)로 유지하고자 할 때 SVI가 다음과 같다. 활성슬러지의 반송률을 구하시오.

① 80 mL/g ② 200 mL/g

풀이

① $100(Q_r/Q) = 100/[100/(0.25\times80)-1] = 25\%$

② $100(Q_r/Q) = 100/[100/(0.25\times200)-1] = 100\%$

3) 침전지의 물질수지법

슬러지 반송률은 침전지나 포기조 주변의 물질수지(mass balance)를 통하여 구할 수도 있다. 침전지 내의 슬러지 층의 두께가 일정하고 침전지로부터의 유출수내의 고형물을 무시한다고 가정하면($X_e=0$), 침전지 주위의 물질수지는 다음과 같다(그림 7-6a 참조).

축적량(accumulation) = 유입량(inflow) − 유출량(outflow)

$$0 = X(Q+Q_r) - X_r(Q_r+Q_w) - X_eQ_e \quad (7\text{-}76)$$

여기서, X : MLSS(mg/L)

Q : 2차 침전지 유입유량(m^3/day)

Q_r : 반송슬러지 유량(m^3/day)

X_r : 반송활성슬러지 내의 고형물(mg/L)

Q_w : 폐슬러지 유량(m^3/day)

Q_r 에 대하여 풀어서 정리하면

$$Q_r = \frac{XQ - X_r Q_w}{X_r - X} \tag{7-77}$$

요구되는 활성슬러지반송(recycle of activated sludge) 펌프율은 포기조 주변의 물질수지를 세워서 추정할 수도 있다(그림 7-6b 참조). 포기조에서의 MLSS 농도는 침전지에서 침전된 활성슬러지의 적당량을 반송시킴으로써 일정한 농도로 유지시킨다. 반송율$\left(R = \dfrac{Q_r}{Q}\right)$은 유지하려는 MLSS농도와 슬러지 밀도지수(sludge density index ; SDI)에 의해 측정되는 반송 슬러지 농도에 좌우된다.

반송슬러지 조절을 위한 다른 기법으로는 슬러지 침전특성 곡선을 만들어서 슬러지 반송률을 구하는 방법이 있다.

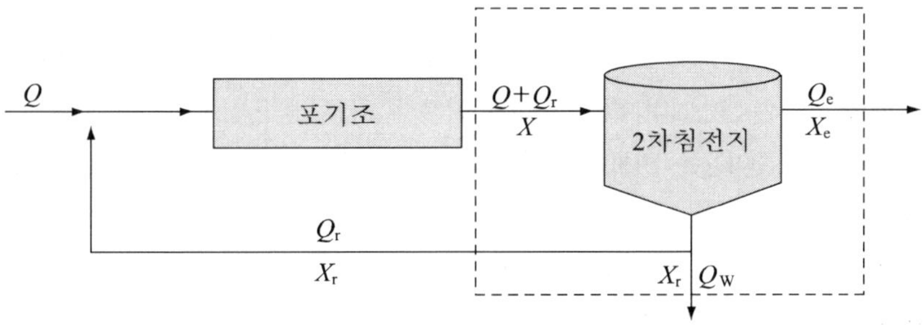

(a) 2차 침전지에서의 물질수지

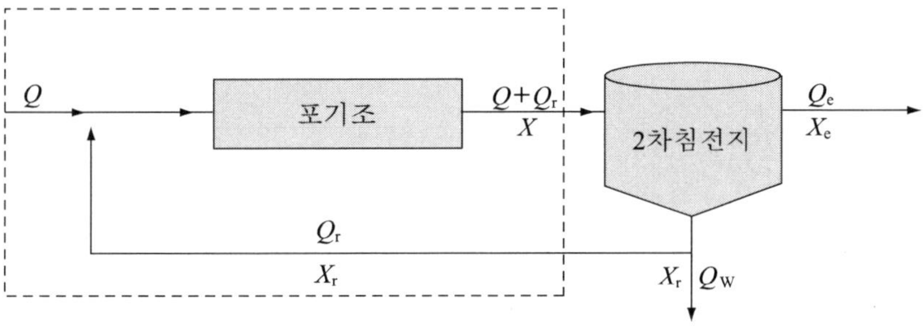

(b) 포기조에서의 물질수지

그림 7-6 반송슬러지 조절을 위한 전형적인 부유물질의 물질수지

Example 7-5

만약 SDI가 10,000 mg/L이고 포기조에서 MLSS농도를 2,500 mg/L로 유지시키고자 한다. 유입유량(Q)에 대한 반송슬러지 유량(Q_r)의 비(Q_r/Q)를 구하시오.

풀이

원폐수 중의 슬러지와 포기조에 반송되는 반송류의 혼합부에서 활성슬러지에 대한 물질 수지(material balance)는 다음과 같다.

$Q(0) + Q_r(10{,}000) = (Q + Q_r)(2{,}500)$ 이며,

$Q_r/Q = 2{,}500/7{,}500 = 1/3$ 또는 33.3%이다.

그러므로, 원하는 MLSS 농도로 일정하게 유지시키기 위한 반송슬러지 유량 Q_r은 유입유량의 33.3%가 되어야 한다.

(5) 슬러지 폐기량을 이용한 산소 요구량 계산

포기조에서의 이론적 산소 요구량은 폐기물의 BOD_5와 시스템에서 매일 폐기되는 미생물의 양으로부터 구할 수 있다 만일 BOD_5 전부가 최종 생성물로 전화된다면, 적절한 환산인자를 사용하여 BOD_5를 BOD_L로 환산하여 전체산소 요구량을 계산할 수 있다. 그러나 폐기물의 일부는 새로운 세포(미생물)로 전화되어 공정으로부터 폐기된다. 따라서, 전체 BOD_L에서 폐기된 세포의 BOD_L을 뺀 값이, 공정에 공급하여야 할 산소의 양을 나타내게 된다. 세포 1 mol의 BOD_L은 다음 식으로 추산할 수 있다.

$$\underset{\substack{113 \\ \text{세포}}}{C_5H_7NO_2} \rightarrow \underset{5(32)}{5CO_2} + 2H_2O + NH_3 \tag{7-78}$$

$$\frac{kgO_2}{kg\ \text{세포}} = \frac{160}{113} = 1.42$$

따라서, 세포의 최종 BOD는 세포질량의 1.42배와 같다.

$$BOD_L = (1.42)\ (\text{세포질량, g/m}^3) \tag{7-79}$$

따라서, 활성슬러지 공정에서 폐수 내의 탄소성 유기물의 제거에 필요한 이론적 산소 소요량은 다음과 같이 계산할 수 있다.

$$kgO_2/day = (\text{총 } BOD_L \text{소모량}) - (1.42)\ (\text{폐기 미생물량}),\ (kg/day) \tag{7-80}$$

앞에서 정의한 항들로 나타내면,

$$\mathrm{kgO_2/day} = \frac{\mathrm{Q(S_0 - S) \times (10^3 g/kg)^{-1}}}{f} - 1.42(P_X) \tag{7-81}$$

여기서, $f = \mathrm{BOD_5}$를 $\mathrm{BOD_L}$로 바꾸는 환산 인자

질산화를 고려하여야 할 경우, 총산소 요구량은 탄소성 유기물 제거를 위한 산소량($\mathrm{kgO_2/day}$)과 질소전환(암모니아로부터 질산염)에 필요한 산소량($\mathrm{kgO_2/day}$)의 합으로서 다음과 같이 계산할 수 있다.

$$\mathrm{kgO_2/day} = \frac{\mathrm{Q(S_0 - S) \times (10^3 g/kg)^{-1}}}{f} - 1.42(P_X) + 4.57\,Q(N_0 - N) \times (10^3 \mathrm{g/kg})^{-1} \tag{7-82}$$

여기서, N_0 : 유입수 내 TKN (mg/L)

N : 유출수 내 TKN (mg/L)

4.57 : TKN (total Kjeldahl nitrogen)의 완전산화에 필요한 산소량에 대한 환산계수

포기 시스템의 산소 전달 효율을 알거나 추산할 수 있다면, 실제 산소 소요량을 구할 수 있다. 공기는, (1) 폐기물의 BOD를 충족시키고, (2) 슬러지 미생물의 내생호흡을 충족시키며, (3) 적절한 혼합이 이루어지게 하고, (4) 포기 탱크 전체에 최소 용존 산소 농도인 1～2mg/L를 유지할 수 있도록 공급하여야 한다.

(6) 운전상의 문제점들

활성슬러지 처리장 운전 시 가장 흔한 문제들로 팽화슬러지(bulking sludge), 슬러지부상(rising sludge), 그리고 노카디아(norcadia)에 의한 거품(foaming)현상이 있다.

1) 팽화슬러지(bulking sludge)

팽화슬러지는 침전성이 불량하고 농축이 잘 되지 않는다. 슬러지 팽화문제에는 크게 두 가지 형태가 있다. 그 하나는 미생물이 나쁜 조건 하에서 사상균(filamentous organisms)이나 사상체로 성장할 경우이며, 슬러지 팽화의 대부분은 이러한 형태이다. 다른 하나는 부착수(bound water)에 의한 것으로, 미생물로 형성된 플럭(floc)이 물을 머금어 부풀어 올라 밀도가 감소하여 침전이 잘되지 않는 것이다. 슬러지팽화의 원인으로는 (1) 하수의

물리·화학적 성질, (2) 처리장 설계상의 제약조건, (3) 처리장의 운전이 있다.

슬러지 팽화에 영향을 주는 하수의 물리·화학적 특성으로는 유량과 폐수농도의 변동, pH, 온도, 하수의 부패, 영양소 함량, 하수성분의 특성 등이 있다. 설계상의 제약조건으로는 공기공급, 침전지 설계, 반송슬러지 펌프용량, 불균일한 혼합 등이 있다. 운전상의 원인으로는 포기조 내의 낮은 용존산소, 영양소 부족, 유기물 부하량의 급격한 변화, 낮은 먹이－미생물비(F/M) 등이 있다.

2) 부상 슬러지(rising sludge)

때때로 침전성이 양호한 슬러지가 짧은 침전기간 후 침전지 표면으로 부유하거나 부상하는 경우가 있다. 이러한 현상은 폐수 내의 아질산염과 질산염이 질소가스로 전환되는 탈질화(denitrification) 때문이다. 질소가스가 슬러지 층에서 생성되면 이들 대부분은 슬러지 내에 있게 된다. 충분한 양의 가스가 생성되면 슬러지는 부력을 가지게 되고, 침전지 표면으로 상승하거나 부유하게 된다. 부상슬러지는 부유하는 슬러지 내에 부착된 작은 기체방울을 관찰하면 팽화슬러지와 구별할 수 있다.

슬러지 부상문제는 (1) 침전지에서 슬러지 체류시간을 감소시키기 위하여 침전지의 슬러지 제거율을 증가시키거나, (2) 반송슬러지 제거율을 증가시켜도 슬러지 층의 깊이가 감소되지 않는 경우, 포기조에서 침전지로의 유량을 감소시키거나 (3) 침전지의 슬러지 수집장치의 속도를 높이거나, (4) 슬러지 폐기량을 증가시켜 평균 미생물 체류시간을 감소시키는 방법으로 해결할 수 있다.

3) Norcadia 거품현상(norcadia foam)

끈적한 갈색의 거품이 활성슬러지 처리장의 포기조와 2차 침전지를 덮게 되면, 유출수 수질저하, 냄새문제 등이 발생한다. 이러한 거품문제는 대개 노카디아(Norcadia) 속(genus)의 악티노마이세트(actinomycete)과의 사상균의 증식과 관련이 있다. 거품문제의 일부 원인은 (1) 포기조 내의 낮은 F/M 비, (2) 불충분한 슬러지 폐기에 따른 고농도의 MLSS (이에 따라 슬러지 일령도 증가함), (3) 슬러지 재포기 등이 있다. 고농도 MLSS 유지를 위한 공기량 증가는 거품을 확장시켜서 거품문제를 악화시킨다. Norcadia조절을 위한 방법으로는 (1) 슬러지 일령감소, (2) 거품층의 두께 저감을 위한 공기량 감소, (3) 사상균 조절을 위한 선택조의 추가, (4) 돌연변이성 미생물 첨가제 주입, (5) 반송슬러지의 염소처리, (6) 거품 위에 염소용액 또는 분말상의 calcium hypochlorite를 뿌리는 것, (7) MLSS에 약품을 주입하거나 질산화시켜 pH를 감소시키는 것 등이 있다. 슬러지 일령을 감소시키는 방법이 Norcadia 조절에 가장 흔히 쓰인다.

Example 7-6

활성슬러지 공정 분석

용해성 BOD_5가 250 mg/L인 유기성 폐수가 완전혼합 활성슬러지 공정으로 처리된다. 유출수의 BOD_5는 20 mg/L 또는 그 이하이다. 온도가 20℃, 유량이 18,925 m^3/day로 가정하고 다음 조건이 적용된다.

① 반응조 유입수의 휘발성 부유고형물은 무시한다.
② 반송슬러지의 SS농도 = 10,000 mg/L, 휘발성 부유고형물(VSS)
= 8,000 mg/L (VSS/SS = 0.8)
③ 혼합액 휘발성 부유고형물(MLVSS) = 3,500 mg/L = 0.80×총 MLSS
④ 미생물 평균 체류시간, θ_c = 10일
⑤ 반응조의 수리학적 특성 = 완전혼합식
⑥ 동력학 계수, $Y = \dfrac{0.65\text{kg 미생물}}{\text{kg소모된 } BOD_5}$, $k_d = 0.06\text{day}^{-1}$
⑦ 유출수의 고형미생물은 20mg/L로 추정되고 이 중 80%가 휘발성, 그리고 65%가 생물학적 분해가능한 고형미생물이다. 이 생물학적 분해가능한 고형미생물은 최종BOD값에 0.68의 계수를 곱하여 BOD_5 값으로 환산할 수 있다고 가정한다[$BOD_5 = BOD_L$ (0.68)].
⑧ 폐수 내에는 미생물 성장에 필요한 질소, 인, 그리고 기타 영양소가 충분하다.

풀이

① 유출수의 용해성 BOD_5 추정

유출수의 BOD_5 = 유출수 중의 미처리된 용해성 BOD_5
+ 유출수 중의 고형미생물(SS)에 의한 BOD_5

$20 = S + 20\,(0.65)\,(1.42)\,(0.68)$

용해성 BOD_5 $S = 7.4$ mg/L

(a) 용해성 BOD_5값에 의거한 생물학적 처리효율은

$$E_5 = \frac{250 - 7.4}{250}(100) = 97\%$$

(b) 총괄적 공정 효율은

$$E_{\text{overall}} = \frac{250 - 20}{250}(100) = 92\%$$

② 반응조 부피 계산

반응조의 부피는 식 (7-47)에서 θ대신 V/Q를 대입하여 정리하면 다음과 같다.

$$XV = \frac{YQ\theta_c(S_0 - S)}{1 + k_d\theta_c}$$

$$3{,}500\ \mathrm{mg/L}(\mathrm{V}, \mathrm{m}^3) = \frac{0.65(18.925\mathrm{m}^3/\mathrm{d})(10\mathrm{d})(250\mathrm{mg/L} - 7.4\mathrm{mg/L})}{1 + (0.06/\mathrm{day})(10\mathrm{d})}$$

그러므로, $V = 5{,}330\ \mathrm{m}^3$

③ 슬러지 생산량 계산

(a) 실제 슬러지 생산율 Y_{obs} :

$$Y_{obs} = \frac{Y}{1 + k_d\theta_c} = \frac{0.65}{1 + 0.06(10)} = 0.406$$

(b) 미생물 생산율 P_x :

$$\text{미생물 생산율}(\mathrm{kgVSS/day}) = [(Y\mathrm{kg/kg})(S_0 - S)\mathrm{mg/L}][Q\mathrm{m}^3/\mathrm{day}]$$
$$= 0.406(250 - 7.4)(18{,}925)(10^3)$$
$$= 1{,}864\ \mathrm{kg\,VSS/day}$$

④ 또한 $Q_e = Q$이고 유출수 내의 VSS는 16.0 mg/L (0.80 × 20 mg/L)로 가정

(a) 슬러지를 반응조에서 폐기할 경우의 θ_c :

$$\theta_c = \frac{VX}{Q_w X + Q_e C_c}$$

$$10 = \frac{(5{,}330\mathrm{m}^3)(3{,}500\mathrm{mg/L})}{(Q_w\mathrm{m}^3/\mathrm{d})(3{,}500\mathrm{mg/L}) + (18{,}925\mathrm{m}^3/\mathrm{d})(16\mathrm{mg/L})}$$

그러므로, $Q_w = 446\mathrm{m}^3/\mathrm{day}$

(b) 반송관으로부터 폐기할 경우의 θ_c :

$$\theta_c = \frac{VX}{Q_w X_r + Q_e C_e}$$

$$10 = \frac{(5{,}330\mathrm{m}^3)(3{,}500\mathrm{mg/L})}{(Q_w\mathrm{m}^3/\mathrm{d})(8{,}000\mathrm{mg/L}) + (18.925\mathrm{m}^3/\mathrm{d})(16\mathrm{mg/L})}$$

그러므로, $Q_w = 195\mathrm{m}^3/\mathrm{day}$

어느 경우이든지 폐기된 슬러지의 무게는 같고(1,854 kg VSS/day) 어느 폐기방법이든 반응조의 θ_c를 10일로 유지할 수 있다.

⑤ 재순환비 : 유입수의 부유 고형물을 무시하고 반응조 주변의 부유고형물의 물질수지로부터 반송률을 계산

포기조의 VSS농도 = 3,500 mg/L

반송슬러지 VSS농도 = 8,000 mg/L

$3{,}500(Q + Q_r) = 8{,}000Q_r$

$$\frac{Q_r}{Q}=R=0.78$$

⑥ 반응조의 수리학적 체류시간(hydraulic retention time ; θ) 계산

$$\theta=HRT=\frac{V}{Q}=\frac{5{,}330\text{m}^3}{18{,}925\text{m}^3/\text{d}}=0.28\text{일}=6.7\text{시간}$$

⑦ 기질의 비소비율, 먹이－미생물(F/M)비, 용적 부하율을 계산

(a) 기질의 비소비율

$$U=\frac{S_0-S}{\theta X}=\frac{(250-7.4)\text{mg/L}}{0.28\text{일}(3{,}500\text{mg/L})}=0.25\frac{\text{mg 부하된 BOD}_5}{\text{mg MLSS}\cdot\text{d}}$$

(b) F/M비

$$F/M=\frac{S_0}{\theta X}=\frac{250\text{mg/L}}{0.28\text{일}(3{,}500\text{mg/L})}=0.255\frac{\text{mg 부하된 BOD}_5}{\text{mg MLVSS}\cdot\text{d}}$$

(c) 용적부하율(VLR : volumetric loading rate)은 $\text{kgBOD}_5/\text{m}^3$ 으로 표현하면,

$$VLR=\frac{(S_0\,\text{mg/L})(Q\text{m}^3/\text{d})}{V\text{m}^3}=\frac{250(18{,}925)(10^{-3})}{5{,}330}$$

$$=0.89\text{kg 부하 BOD}_5/\text{m}^3\text{ 반응조}$$

[참조] 폐기량 산정시 유출수의 고형물을 고려하지 않는다면 실제미생물의 평균체류시간은 가정한 설계값보다는 낮을 것이다. 본 예제에서 유출수의 휘발성고형물을 무시하면 실제 미생물의 평균 체류시간은 약 8.4일이 된다.

7.8 호기성 부착성장(고정층) 공정

생물학적 호기성 부착성장(고정층) 처리공정은 대개 폐수 내의 유기물제거에 활용된다. 이 공정들은 질산화(암모니아의 질산염으로의 변환)에 사용되기도 한다. 부착성장 처리공정에는 살수여상(trickling filter), 초벌여상(roughing filter), 회전생물막접촉기(rotating biological contactor), 고정층 질산화(fixed-film nitrification) 공정을 들 수 있으며, 살수여상이 가장 흔하게 쓰이고 있다.

(1) 살수여상(trickling filter)

살수여상은 쇄석을 채운 수밀성(水密性) 탱크로 된 접촉여과상(contact filter)이다. 접촉여과상의 한계점은 비교적 막힘이 자주 일어나고 긴 휴지기간이 소요되며 비교적 저부하로 운전되어야 하는 점이다. 현대식 살수여상은 미생물이 부착되는 투수성이 좋은 여재(filter media)로 이루어져 있으며 이를 통하여 폐수를 침투(percolation) 또는 살수(trickle)시키는 데서 그 이름이 유래되었다. 여상의 여재는 석재 또는 슬래그(slag)나 여러 가지 플라스틱 재질을 쓴다. 처리된 폐수와 여재에서 떨어져 나오는 생물학적 고형물을 모으기 위한 하부배수(underdrain)장치가 필요하다. 이 하부배수장치는 집수설비 및 공기순환을 위한 다공성 구조이다. 집수된 물은 처리된 폐수에서 고형물을 분리하는 침전지로 보내진다.

폐수내의 유기물은 여재에 부착된 미생물균에 의하여 분해되며 생물막 또는 점액질 층(slime layer)에 흡착된다. 미생물 점액질층(0.1～0.2 mm)의 바깥부분에서 유기물은 호기성 미생물에 의하여 분해된다. 미생물이 증식함에 따라 생물막의 두께는 증가하고 산소가 생물막 깊이침투하기 전에 소모된다. 따라서 여재의 표면 근처에서 혐기성환경이 된다. 생물막층의 두께가 증가함에 따라 흡착된 유기물이 여재 표면 근처의 미생물들에 닿기 전에 대사(metabolize)되어 버린다. 세포형성을 위한 외부로부터의 유기물이 고갈된 결과,

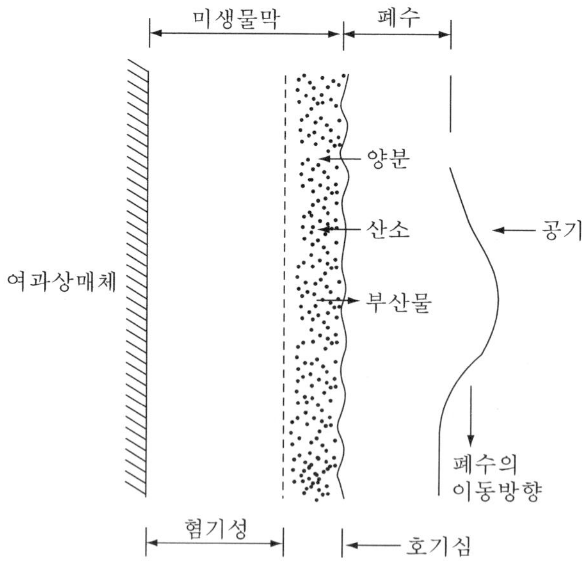

그림 7-7 살수여상의 원리

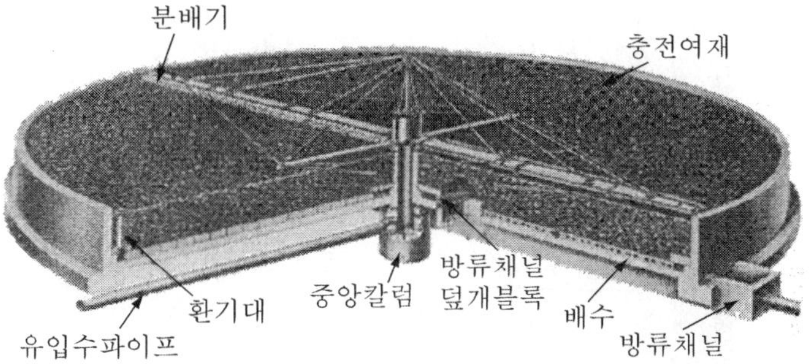

그림 7-8 살수여상의 구조

여재 표면근처의 미생물은 내생성장 단계로 들어가며, 여재 표면에의 부착력을 잃는다. 폐수가 생물막을 여재로부터 씻어내게 되며 새로운 생물막이 생성된다. 생물막이 떨어지는 이러한 현상을 "탈리(sloughing)"라 하고 일차적으로 여상의 수리학적 부하와 유기물 부하의 함수이다. 수리학적 부하는 전단속도(shear velocity), 유기물 부하는 생물막의 대사율과 관련이 있다. 현대식 살수여상에서 수리학적 부하율은 생물막의 일정한 두께를 유지할 수 있도록 조절된다.

살수여상은 호기성 공정으로 분류되지만 여재 표면의 미생물막의 바깥부분(0.1～0.2 mm)만 호기성이고 그 안쪽은 혐기성이다. 따라서, 호기성인 부분은 영양분이 충분하여 대수적 성장단계를 유지하지만, 하부의 미생물은 충분한 유기물을 얻지 못하므로 내생성장단계에 있다.

호기성 상태를 유지하는데 필요한 산소는 여상의 바닥에서 여재 사이의 공간을 통하여 폐수와는 반대 방향으로 흐르는 공기에 의하여 공급된다.

(2) 회전생물막 접촉기(rotating biological contactors, RBC)

회전생물막 접촉기(RBC)는 다중원판으로 구성된 원통형이 폐수조에서 회전하도록 되어 있으며 전원판 면적의 40% 정도가 폐수에 잠겨 있다. 다중원판의 중심축이 회전함에 따라 원판표면에 부착된 미생물은 폐수에 잠기게 되며 이 때 미생물은 유기물을 분해한다. 회전에 의한 전단력에 의하여 원판으로부터 잉여고형물(과잉미생물)이 떨어져 나가고 탈리된 고형물을 부유상태로 유지하여 침전조로 이송되게 하는 기능을 한다. 중심축의 회전에 의하여 회전원판이 대기로 노출될 때 미생물은 대기로부터 산소를 흡수하여 호기성 상태를 유지한다.

그림 7-9 회전생물막 접촉기

(3) 산화지(oxidation pond)

유기성 폐수를 비교적 장기간 체류시켜 자연의 생물학적 과정에 의하여 처리하고자 하는 목적으로 만든 연못을 안정지(stabilization pond), 늪(lagoon) 또는 산화지(oxidation pond)라고 한다.

1) 산화지의 원리

얕은 연못이나 하천에서는 박테리아와 조류간의 공생(symbiosis)관계가 존재한다. 박테리아가 유기물을 분해하여 질소 및 인 성분의 영양소와 CO_2를 물속으로 배출하면 조류는 광합성을 통하여 이들 화합물을 이용하고 산소를 방출한다. 조류의 광합성에 의해 생산된 산소를 호기성 박테리아가 사용하므로 순환이 반복된다.

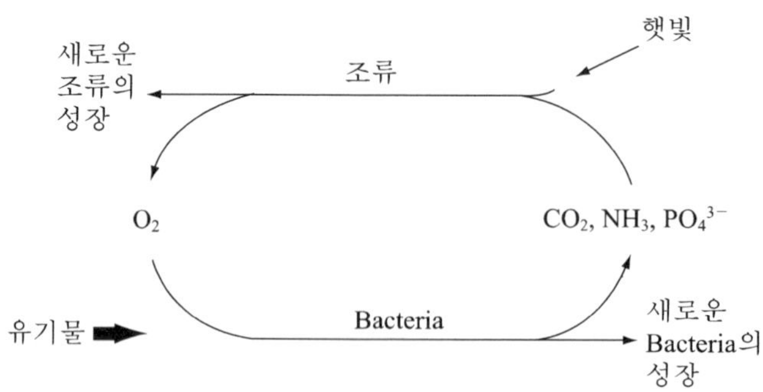

그림 7-10 Bacteria와 조류간의 공생

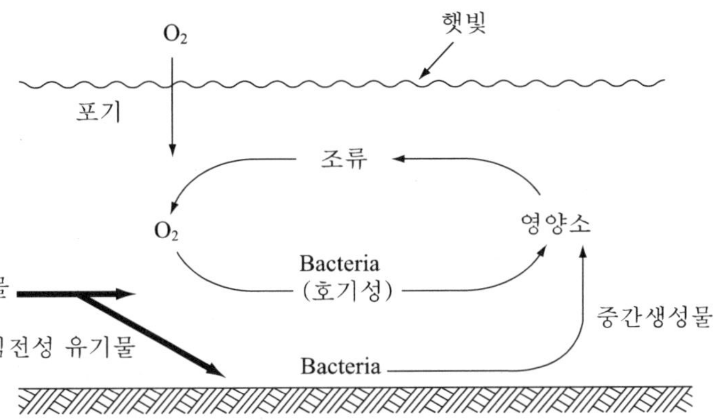

그림 7-11 임의성 산화지의 원리

2) 산화지의 특징

① 비교적 넓은 용지가 필요하나 장치비가 없으므로 건설비가 저렴하다.

② 제어성이 부족하지만 유지관리가 용이하고 비용이 싸다.

③ 체류시간이 길고, 유입폐수의 부하량, 부하 변동, 충격부하에 대한 저항성이 크다. 그러나, 처리기능이 악화되면 회복에 장시간이 걸린다.

④ 포기조를 제외하고는 처리기구가 복잡하여 설계기준과 운전지침의 확립이 어렵다.

⑤ 기온과 햇빛 등의 환경에 지배를 많이 받으며, 처리능력이 계절적으로 변한다.

⑥ 악취 및 파리, 모기 등의 해충이 발생하기 쉽다.

7.9 생물학적 고도처리(3차 처리, advanced treatment)

고도처리(3차 처리)는 2차 처리 후에도 폐수 중에 남아 있는 부유물, 용해성 유기물, 무기염류, 중금속, 영양염류(질소, 인) 등을 제거하고자 하는 공정이며, 특히 부영양화(eutropication)에 관련된 주요 영양물질인 질소화합물과 인화합물 제거를 일차 목적으로 한다. 최근에는 중금속과 같은 다양한 독성물질을 제거하는 부가 목적도 가지고 있다. 영양염류 제거를 위한 고도처리 기법으로 여과, 활성탄에 의한 흡착, 화학약품에 의한 침전, 이온교환, 오존처리, 전기투석, 역삼투, 증발 등의 물리·화학적 처리방법(제4장, 제6장 참조)이 있다.

최근에는 폐수에 함유된 질소화합물과 인화합물을 제거하기 위한 고도처리 방법으로 생물학적 공정이 효과적인 방법으로 알려져 있으며, 이러한 생물학적 영양염류 제거 공정에 드는 비용도 비교적 저렴하다.

(1) 생물학적 질산화/탈질화에 의한 질소제거

질소제거를 위한 여러 가지 방법 중에서 생물학적 질산화/탈질화가 다음과 같은 이유로 가장 선호된다. (1) 잠재적 처리 효율이 높고, (2) 공정의 안정성과 신뢰도가 높고, (3) 공정운전이 비교적 쉽고, (4) 토지 소요 면적이 작고, (5) 비용이 적당하기 때문이다. 생물학적 질산화/탈질화에 의한 질소제거는 2단계 공정이다. 첫 번째 질산화 단계에서는 암모니아가 호기성 상태에서 질산염(NO_3^-)으로 전환된다. 두 번째 탈질화 단계에서 질산염은 질소가스(N_2) 형태로 전환되어 제거된다.

1) 생물학적 질산화(biologicalnitrification)

질산화는 질산화－탈질화 과정에 의한 질소제거의 첫 단계이다. 두 종의 미생물이 질산화에 관여하는데 이는 나이트로조모나스(*Nitrosomonas*)와 나이트로박터(*Nitrobactor*)이다. *Nitrosomonas*는 암모니아를 중간 생성물인 아질산(nitrite)으로 산화시킨다. 아질산(nitrite)은 *Nitrobacter*에 의하여 질산염(nitrate)으로 변환된다. 암모니아로부터 아질산(nitrite)으로의 변환에 대한 대략적인 반응식은 다음과 같다.

Nitrosomonas 관련식 :

$$55NH_4^+ + 76O_2 + 109HCO_3^- \rightarrow C_5H_7O_2N + 54NO_2^- + 57H_2O + 104H_2CO_3 \tag{7-83}$$

Nitrobactor 관련식 :

$$400NO_2^- + NH_4^+ + 4H_2CO_3 + HCO_3^- + 195O_2 \rightarrow C_5H_7O_2N + 3H_2O + 400NO_3^- \tag{7-84}$$

두 단계를 다음과 같이 합칠 수 있다.

$$NH_4^+ + 2O_2 \xrightarrow{\text{박테리아}} NO_3^- + 2H^+ + H_2O \tag{7-85}$$

즉, NH_3-N이 *Nitrosomonas*에 의해서 NO_2-N으로 되고 다시 *Nitrobacter*에 의해서 NO_3-N으로 변화된다. 상기 식으로부터 NH_3-N에서 NO_2-N으로 되는 것보다 NO_2^-

에서 NO_3^-로 변하는 것이 쉽다. 왜냐하면 NH_3-N에서 NO_2^-가 되기 위해서는 세 개의 산소원자가 요구되나 NO_2^-에서 NO_3^-가 되는 경우에는 한 개의 산소 원자가 필요하기 때문이다. 즉, 산화시키는데 적은 양의 에너지가 소요되며, *Nitrosomonas*는 *Nitrobacter* 보다 매우 환경조건에 민감하므로 NO_2^-가 생성되면 비교적 쉽게 NO_3^-로 산화된다.

이 식들에서 공정에 필요한 화학물의 양을 계산할 수 있다. 1 mg의 암모니아성질소가 아질산성 질소로 산화될 때 대략 4.3 mg의 산소(O_2)가 필요하다. 이 변환과정에서 많은 양의 알칼리도가 소비되는데 1 mg의 암모니아성 질소의 산화에 8.64 mg의 HCO_3가 소모된다. 주의할 것은 암모니아성 질소로부터 아질산성 질소로의 변환은 질소제거가 아니고 산소요구량을 제거하는 것이다.

질산화 세균은 민감한 미생물로서 다양한 대사 방해물질에 특히 민감하다. 다양한 유기물 및 무기물이 이 미생물의 성장과 활동을 억제할 수 있다. 고농도의 암모니아 및 아질산(nitrous acid)도 억제작용을 한다. pH의 영향 또한 크다. pH 7.5에서 8.6사이의 좁은 범위에서 존재하나 보다 낮은 pH 범위의 처리장에서도 성공적으로 질산화가 일어난다. 온도 역시 질산화 미생물의 성장에 영향을 끼친다. 질산화가 일어나기 위하여 용존산소의 농도는 1 mg/L 이상이어야 한다. 만약 DO농도가 이 값 이하로 떨어지면 산소가 임계영양소가 되고 질산화가 느려지거나 중지된다.

2) 생물학적 탈질화(biological denitrification)

탈질화는 질소제거를 위한 질산화－탈질화 공정의 두 번째 과정이다. 질산염을 질소가스로 변화시켜 질소를 제거하는 것은 생물학적으로 준혐기성(anoxic) 상태 하에서 일어난다. 이 과정이 탈질화(denitrification)이다. 쉽게 제거 가능한 형태로의 질산성 질소의 변환은 여러 종의 세균에 의하여 이루어진다. Acbromobacter, Aerobacter, Alcaligenes, Bacillus, Brevibacterium, Flavobacterium, Lactobacillus, Micrococcus, Proteus, Pesudomonas, Spirillum 등이다. 이들 세균은 자가영양으로 질산염 환원의 2단계 작용을 할 수 있다. 첫 번째 단계가 질산염이 아질산염으로의 변환이다. 이 과정에 뒤따라 산화질소(nitrous oxide), 아산화질소(nitrous oxide) 그리고 질소가스가 생성된다.

질산염 환원반응은 다음과 같다.

$$NO_3^- \rightarrow NO_2^- \rightarrow NO \rightarrow N_2O \rightarrow N_2 \qquad (7\text{-}86)$$

마지막 3가지 화합물은 기체로서 대기 중에 배출된다.

만약 폐수처리공정에서 공기를 주입시켜 주다가 공기의 주입을 중단하면 미생물들이 화학적으로 결합되어 있는 산소를 이용하게 된다. 이때 용존되어 있는 NO_3^-나 NO_2^-가 존재하면 산소를 빼앗겨서 N_2가 발생하는데 질소는 물에 잘 녹지 않으므로 대기 중으로 날아가게 된다. 이것이 탈질화의 원리이며 이러한 현상이 침전지에서 발생하면 슬러지가 상승하는, 즉 rising sludge 현상이 생긴다.

탈질화 공정에서 용존산소의 농도는 결정적인 변수이다. 용존산소의 존재는 탈질화를 위한 효소체계를 억제한다. 질산염에서 질소가스로의 변환도중 알칼리도가 생성되며 그 결과 pH가 증가한다. 최적 pH는 7에서 8 사이이나 미생물 종류에 따라 최적조건이 다르다. 온도는 질산염 제거와 미생물 성장에 영향을 미친다. 이 미생물들은 온도 변화에 민감하다. 혐기성 미생물은 성장에 필요한 에너지를 질산염에서 질소가스로의 변환에서 얻지만 세포합성을 위한 탄소원이 필요하다. 대개 질산화된 유출수 내의 탄소성 유기물 농도가 낮기 때문에 탄소의 외부 공급원이 필요하게 된다. 일부 생물학적 탈질화 공정에서 유입폐수 또는 세포체가 탄소공급원으로 쓰인다. 유기탄소가 부족한 농업폐수의 처리에 있어서, 메탄올(methanol)이 탄소원으로 쓰여 왔다. 영양염류의 함량은 낮으나 유기탄소를 포함하고 있는 공장 폐수도 역시 사용된다. 탈질화 반응에서 생성된 질소가스는 혼합액의 침전을 저해하기 때문에 탈질화는 침전지전에 질소가스 추출반응조를 설치하여야 한다.

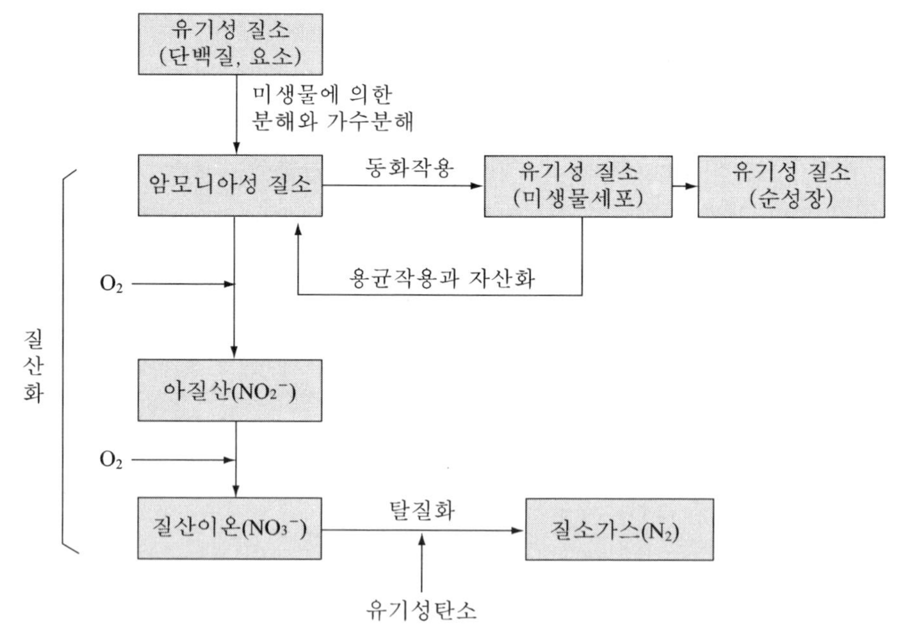

그림 7-12 생물학적 처리공정에서 질소의 변환

$$U'_{DN} = U_{DN} \times 1.09^{(T-20)}(1-DO) \tag{7-87}$$

여기서, U'_{DN} : 총괄적인 탈질률

U_{DN} : 비(specific)탈질률(kg NO_3-N/kg MLVSS · day)

T : 폐수온도(℃)

DO : 폐수 내의 용존산소(mg/L)

식 (7-87)의 DO항목은 용존산소 농도가 1.0 mg/L까지 상승하면 탈질률이 거의 0까지 선형적으로 감소하는 것을 나타낸다.

Example 7-7

탈질조의 체류시간 계산

다음 조건에서 탈질화에 사용되는 anoxic 반응조의 체류시간을 계산하라.

① 반응조로의 유입수 질산염 농도 = 22 mg/L
② 반응조로부터 유출수 질산염 농도 = 3 mg/L
③ MLVSS = 2,000 mg/L(mixed liquor volatile SS)
④ 온도 = 10℃
⑤ 용존산소 = 0.1 mg/L
⑥ $U_{DN}(20℃) = 0.10\ day^{-1}$

풀이

① 식 (7-87)을 사용하여 10℃에서의 탈질률을 계산한다.

$$U'_{DN} = (0.10) \times 1.09^{(10-20)}(1-0.1) = (0.10)(0.42)(0.9) = 0.038 day^{-1}$$

② 식 (7-68)을 사용하여 체류시간을 계산한다.

$$U = \frac{S_0 - S}{\theta X}$$

따라서, $\theta = \dfrac{S_0 - S}{UX} = \dfrac{22-3}{0.038 \times 2{,}000} = 0.237\ \text{day} = 5.7\ \text{hr}$

(2) 생물학적 인제거(phosphorous removal)

인은 대개 제한 영양물이기 때문에 부영향화가 문제가 될 때 그 제거가 대단히 중요하다. 인은 생물학적 처리에서 오소인산염(orthophosphate, PO_4^{3-}), 폴리인산염(polyphosphate, P_2O_7) 그리고 미생물 세포 내에 유기물과 결합된 인으로써 제거된다. 미생물 세포 내의 인함량은 질소함량의 대략 1/5 정도이나, 실제 인의 함량은 특정한 환경조건에 따라 질소값의 1.7에서 1.3까지 변화된다. 평균적으로 2차 처리시 슬러지 폐기에 의하여 제거되는 인의 양은 유입수 내 인의 양의 10～30% 범위이다. 유출수내의 인농도를 낮추기 위하여 정상적인 세포합성과 유지에 필요한 이상의 추가제거가 요구된다. 호기성 조건을 적절히 조절함으로써 미생물이 과량의 인을 제거할 수 있도록 만들 수 있다. 인은 무산소 조건 하에서 미생물로부터 방출될 수 있다. 생물학적 인제거는 적절한 환경조건을 갖춘 연속 반응조에서 이룰 수 있다.

Acinetobacter는 인제거를 위한 가장 중요한 미생물의 하나이다. 이 미생물은 혐기성 조건하에서 유입폐수내의 휘발성 지방산(volatile fatty acids : VFAs)과 반응하여 축적된 인을 방출한다. 인은 미생물의 유지, 세포합성 에너지 전달에 사용될 뿐 아니라 미생물에 의하여 추후 사용되기 위하여 저장된다. 따라서 생물학적 인제거를 위해서는 반응조 내에 혐기성 및 호기성 두 가지의 반응조가 필요하다. 과량의 인을 포함한 슬러지는 폐기되거나 또는 잉여분을 통하여 제거된다.

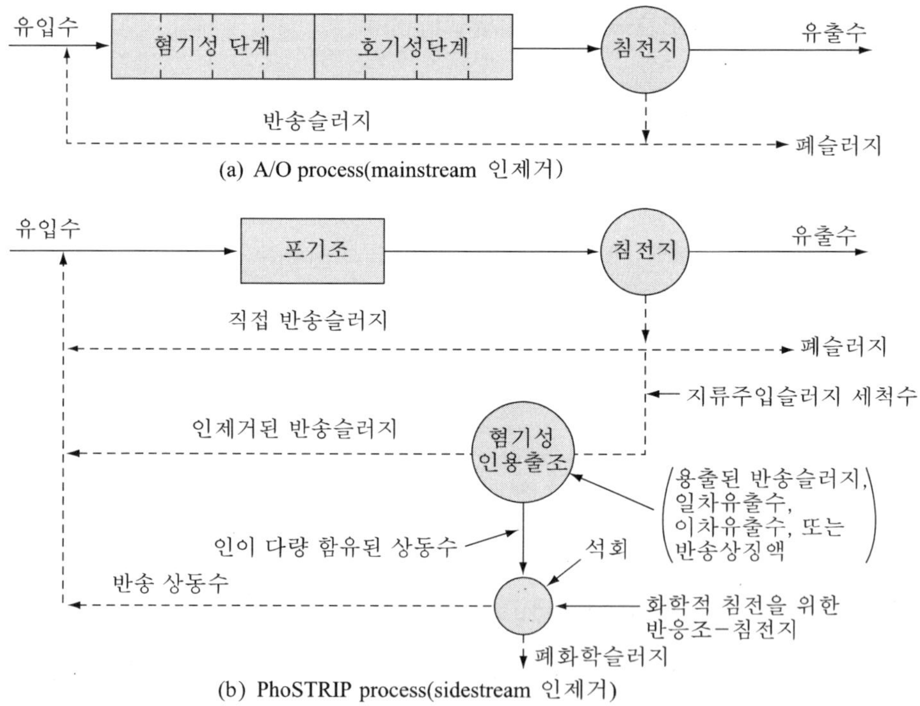

그림 7-13 생물학적 인제거 공정

7.10 유기염소계 화합물과 중금속의 생물축적

물속에 버려지는 많은 종류의 화학물질들은 희석과 분해가 된다. 그러나 어떤 경우에는 반대현상도 일어난다. 희석되어 완전히 분해되어 없어지는 대신에 어떤 화학물질은 더 높아진 농도로 유기체에 나타난다. 화학물질이 더욱 높은 농도로 증가 혹은 축적되는 현상을 생체축적 혹은 생물농축이라 한다. 생체축적(bioaccumulation)은 어느 물질이 한 생물체에 섭취되었으나 분해되거나 배설이 안 되었을 때 일어난다. 따라서 그 생물체 내에 그 물질은 축적된다. 생체축적 효과는 먹이연쇄의 여러 단계가 참여되었을 때 더욱 커진다. 먹이연쇄의 첫 생물종이 적정농도의 수준으로 어느 물질을 축적하나 2단계 생물종은 보다 많이 축적한다. 그 이유는 동물은 생명을 유지하기 위해 사용되는 에너지를 확보하기 위하여 자기 체중보다 수배나 많은 먹이를 먹어야 하기 때문이다. 소화된 음식 속에 함유된 모든 종류의 오염물질들이 포식자의 체내에 집중된다. 이러한 집중효과가 먹이연쇄를 통하여 반복되기 때문에 각 단계마다 생체축적을 가져온다. 유기염소계 화합물과 중금속은 생체축적이 특히 쉽게 일어나며, 오염물질로써 유해성이 매우 높은 물질이다.

7.11 수질오염의 영향

수생식물의 생태도 다른 생태계처럼 그 기능을 발휘하기 위해서는 탄소, 질소, 인, 칼슘 및 다른 영양소를 필요로 한다. 이들 영양소 중에서 제한요소로 작용하는 두 가지 영양소는 인산염(PO_4^{3-}) 형태의 인과 질산염(NO_3^-)이나 암모니아(NH_3) 형태의 질소이며, 이들 두 원소는 수중생물의 번식을 규제한다. 0.3 ppm의 질소(질산염이나 암모니아)와 0.03 ppm의 인산염이 존재하면 조류가 지나치게 번식한다.

(1) 조화(algae bloom)

제한영양소가 증가함에 따라 부영양화되어 수생식물이 번성하게 되고, 번성한 수생식물에 의하여 물이 녹색을 띠게 된다. 조류가 폭발적으로 번식하여 조화(algae bloom)현상이 나타난다. 이것은 보통 몇 가지 종류의 조류들로 되어 있으나 대개는 남조류이다. 남조류는 생물이 섭식하기에는 너무 커서 초식동물이 소화를 시킬 수 없으므로 먹이연쇄는 처음 단계에서 중단된다.

조류에 의한 광합성작용은 용존산소를 유지하는데 도움이 되지만, 조류가 많아지면 여러 가지 나쁜 영향을 미친다. 일부는 밑바닥에 가라앉아 유기침적물을 이루게 되고 분해될 때 산소를 필요로 하기 때문에 심층부는 산소가 고갈되므로 찬물에서 사는 물고기는 죽게 된다. 또한, 죽은 조류가 해안과 항만에 밀려오면 이 지역에서도 산소의 고갈을 초래하여 물고기의 손실을 가져온다. 어떤 종류의 남조류는 유독한 물질을 방출하기도 한다.

부영양화에 의한 수생식물의 지나친 성장은 수영, 보트놀이 등을 방해하며, 잡고기만 살게 되어 낚시와 양어는 할 수 없게 된다. 조류가 번성하면 불쾌한 맛과 냄새를 유발하며 맛과 냄새 및 조류를 제거하는 비용 때문에 상수와 공업용수의 단가가 높아진다.

(2) 적조(red tide, 赤潮)

1) 적조현상

부영양화 해역에서는 야광충, 편조류, 규조류 등의 특정 동식물 플랑크톤이 급격이 번식하여 이들 체내의 색소 때문에 물의 색이 붉게 변하는 현상이다. 이 현상은 비나 하천수가 다량 흘러내린 후 파도가 적은 강의 하구에서 발생되기 쉽다.

2) 적조발생의 기구

적조는 햇빛, 수온, 염분, 영양염류, 증식을 자극하는 물질, 지형, 조류, 해류 등 여러 가지 요인이 복합적으로 작용하여 일어난다. 적조발생의 직접적 요인과 간접적 요인은 다음과 같다.

i) 직접적 요인

① 플랑크톤 번식에 충분한 온도와 햇빛
② 영양염류(질소와 인)의 유입
③ 연안수역에서의 물의 안정성 및 정체성

ii) 간접적 요인

① 강우, 하천수의 유입에 의한 염류량의 저차에 따른 물리적 요인 또는 점성저하에 의한 플랑크톤의 물질섭취 증대
② 하천수의 유입에 의한 자극물질의 보급
③ 해저의 빈산소화에 의한 포자의 발아촉진
④ 해저로부터의 자극물질의 용출

⑤ 비타민류, 철, 코발트, 니켈 등의 미량금속류, 미생물이나 단백질의 분해생성물의 증가

3) 적조의 피해

적조에 의한 어패류의 피해는 산소부족에 의한 것과 중독사에 의한 것이 있다. 적조번성기에는 적조해역의 용존산소가 부족해지는 일은 없으나, 어패류의 비정상적인 대사작용 때문에 상대적인 산소부족현상이 일어날 수 있으며, 적조생물이나 그 유해가 아가미 등에 부착하여 산소섭취 기능이 저하되는 경우가 있다. 적조 말기에는 적조생물의 분해 등에 의한 산소부족 현상으로 인하여 물고기가 질식사하게 되며, 그 때 발생하는 황화수소 등의 유독물 때문에 폐사하기도 한다. 중독사로서는 적조생물 자체가 가지고 있는 독성물질과 사후에 생성된 부패독에 의한 것이 있다.

적조의 최대 유해작용은 기초생산을 저해하여 먹이사슬이나 생육환경 등을 통한 수역생산력을 저하시키는 것이다. 적조를 구성하는 플랑크톤의 종류는 수종에 한정되므로 적조가 대규모로 발생하면 그 적조 플랑크톤이 수중의 영양염류를 대량으로 소비하면서 제2차 생산으로는 연결되지 못하고, 적조 플랑크톤의 사멸에 의하여 한꺼번에 수중으로 되돌아가게 된다. 즉, 대규모의 적조가 수역의 물질순환을 교란시킴으로써 수역생산력을 저하시키고 생태계의 변이를 초래하는 것은 어패류의 폐사 등에 의한 어업손실과는 또 다른 차원의 손실이다.

7.12 부영양화(eutrophication)

본래에는 호수에서 유래되었으나 요즈음은 하천, 호수 및 해역 등에 영양분이 다량 공급되어 조류 등의 수중식물이 과다하게 번식되어 일어나는 수역의 생태계 변화를 부영양화라고 부른다. 2차 처리 후에도 폐수는 아직도 유기물 분해, 세척제 등으로부터 온 대부분의 영양물질을 함유하고 있으며, 이러한 영양물질도 수생태계에 상당한 오염피해를 준다. 부영양화 “(eutropic)”라는 단어는 희랍어에서 기원하였으며 eu는 well, tropic은 to feed이므로 eutropication은 먹이가 풍부하게 되는 과정을 말한다.

(1) 부영양화 과정

부영양화 현상은 수중의 영양염류(질소, 인 등의 영양염)의 농도가 높게 되어 식물성

플랑크톤이 대량으로 증식되면서 생태계나 수질이 변화하는 것이다. 부영양화가 진행됨에 따라 나타나는 현상은 용존산소의 감소와 적조현상이다. 또한, 식물성 플랑크톤에 의한 기초생산이 점점 높아지나, 과영양지역에서는 생산이 극히 수면층에 한정되기 때문에 총생산량이 그다지 증가하지 않는다. 부패수역으로 변화되면 식물성 플랑크톤 자체가 사멸하게 되므로 기초생산량은 급격히 감소한다.

수역의 생태계는 영양염류의 농도에 따라 빈영양수역과 부영양수역으로 구분된다. 빈영양수역에서의 1차 생산자는 피코 플랑크톤(picoplankton)이며, 부영양수역에서는 남조나 적조를 형성하는 조류이다. 부영양화가 진행되면 남조 및 적조가 발생한다.

i) 부영양화 과정

① 과량의 영양소 공급.

② 조류의 급격한 번식 → 사멸 → 미생물분해 → CO_2 발생 → 조류의 번식에 이용

③ 수중생물(조류, 물고기)의 사체 → 호기성 미생물 분해 → 용존산소 고갈 → 혐기성 상태 초래

④ 용존산소의 소모에 따라 수온 변화층(thermocline)까지 혐기성 상태로 변화

⑤ 호기성 활동은 온난상층에만 한정됨 → 탁도 증가 → 빛투과 감소

⑥ 광합성에 의해 생산되는 산소량 감소 → 수면층도 혐기성 → 호기성 수생생물 사멸

⑦ 조화현상(algae bloom)

⑧ 조류사체 → 토탄습지(peat bog) 형성

ii) 원인

① 분뇨나 동물의 배설물

② 농경지나 정원에 사용한 비료

③ 유기성 공장 폐수

④ 축산 폐수

⑤ 가정배수(합성세제) 등

호소수의 부영양화를 방지하기 위하여 근본적으로 질소와 인의 유입을 방지하고 호소수의 포기와 순환, 조류와 수초의 제거 등 사후관리 차원의 대책을 고려하여야 한다.

(2) 영양순환 과정과 부영양화

호수는 호수에서 자라는 생물의 양(호수의 생산성)에 따라 빈영양호와 부영양호로 구분된다. 빈영양호(oligotropic lake)는 영양순환 속도가 느리고 생산성이 낮다. 부영양호

(eutrophic lake)는 영양순환 속도가 빠르고 수생식물의 양이 많으므로 생산성은 높으나 수생생물의 종은 얼마 안 된다. 호수에 사는 생물의 양은 제한영양소(질소, 인)의 순환속도에 달려 있으며, 순환과정에 관여하는 영양원은 유입수, 침전물, 호수에 사는 생물들이다. 어떤 호수는 처음부터 많은 유기물이 유입되어 부영양호로 된 것도 있지만, 원래는 빈영양호였으나 시간이 지나면서 부영양호로 변화된다. 영양순환 속도가 인간의 활동에 의하여 가속화되는 현상을 문화적 부영양화(cultural eutrophication)라고 한다.

표 7-4 빈영양호와 부영양호수의 일반적 특징

특 징	빈영양호	부영양호
영양순환속도	느리다.	빠르다.
수중식물에 의한 생산	낮다.	높다.
동물의 생산	낮다.	높다.
잡고기의 비율	낮다.	높다.
심층에서의 산소	있다.	가끔 없다.
깊이	대개는 깊다.	낮아진다.
음료수나 공업용수로서의 수질	좋다.	나쁘다.
수중생물의 종(種)의 수	많다.	적다.
질소(ppm)	소량($N < 0.2$)	소량($N > 0.2$)
인산(ppm)	소량($P < 0.02$)	소량($P > 0.02$)

(3) 부영양화와 양식업

인공양식은 인위적으로 과밀한 군락을 만들어 주는 것이므로, 보통 수역의 농도를 상회하는 농도가 요구된다. 김양식의 경우 보통 이상의 부영양화가 적합하지만, 과도한 영양염은 김양식에 좋지 않다. 특히, 암모니아성 질소의 농도가 높으면 김에 나쁜 영향을 준다. 또한, 부영양화가 진행됨에 따라 투명도의 저하, 적조, 조류의 부착, 병해 등이 발생할 수 있다.

패류 양식도 자연군락보다 훨씬 고밀도로 양식하므로 플랑크톤 등의 밀도나 양이 큰 편이 좋다. 그러므로 부영양화 초기에는 패류양식에 좋은 조건이 형성되나, 부영양화가 진행됨에 따라 조류의 부착과 부착생물에 의하여 섭식활동의 방해를 받게 된다.

부영양화에 따른 용존산소의 고갈로 인하여 양식어류는 직접적인 생존위협을 받으며, 고급어종은 감소하고 하급어종은 증가한다.

7.13 호수의 오염영향

깨끗한 호수의 물은 식물성 플랑크톤의 성장이 영양물질 부족으로 제약을 받기 때문에 맑게 보인다. 자연적 상황에서 호수의 영양물질은 토지생태계에 의하여 거의 공급되고 계속적으로 재순환된다. 토양입자와 더불어 호수에 유입된 영양물질은 호수의 입구 근처에서 침전되는 경향이 있다. 그러나 폐수나 하수처리시설에서 방류되는 영양물질은 대부분이 물속에서 유리상태로 있으므로 호수 입구에서 흙과 함께 침전되기보다는 호수에 있는 물과 쉽게 혼합된다. 영양물질이 풍부한 물은 빈 영양에 의해 견제되어 왔던 식물성 플랑크톤의 성장을 돕는다. 영양물질이 주어지면 식물성 플랑크톤의 성장과 번식은 매우 신속하게 진행되므로 수일 안으로 맑은 물이 검푸른 색의 물로 변한다. 이렇게 갑작스럽게 대량의 식물성 플랑크톤이 나타나는 것을 조화현상(algae bloom)이라 부른다.

(1) 부영양화(eutrophication)

호수와 저수지에서의 수질의 관심사는 부영양화이며, 이 현상은 물속의 유기물의 함량이 많아지면서 생기는 자연적인 노화 현상으로서, 수생 잡초가 증가하게 되고 저습지로 변천시키며 결국은 건조한 땅으로 변화시킨다. 부영양화는 인간에 의한 영양염류의 유입으로 가속화될 수 있다. 수생식물의 격감과 침전물 산소요구량(sediment oxygen demand, SOD)을 유발하며 용존산소의 농도를 하락시킨다. 호수와 저수지에서, 질소도 중요하지만 대부분의 경우 인이 제한 영양소(limiting nutrient)이다. 무기 질소와 인의 농도가 각각 0.3 mg/L과 0.01 mg/L를 초과하면 조류가 번성한다.

(2) 성층현상(stratification)에 의한 호수의 부영양화

호수에 있어서 오염의 영향은 하천과는 몇 가지 측면에서 다르다. 빛과 온도는 하천에서와는 상당히 다른 결과를 초래한다. 깊이가 15 m 이상인 거의 모든 호수들과 저수지들은 일년 중 상당한 기간 동안 층을 형성하고 있다. 수심에 따라 여러 개의 층으로 분리되는 현상을 성층현상(stratification)이라고 하며, 온난상층, 수온변화층, 정체하층 등을 열밀도층(thermal-density layers) 또는 열층(thermal layers)이라고 한다. 온난 상층(epilimnion)이라고 하는 따뜻한 상층과 정체하층(hypolimnion) 이라고 하는 비교적 혼란이 적고 찬 하층으로 구분된다. 이러한 두 층 사이에는 수온 변화층(thermocline) 또는 중간층(metalimnion)이라고 하는 심한 온도구배를 나타내고 있는 영역이 있다.

호수나 저수지에서 수심에 따른 온도차이에 의하여 물의 밀도가 변화하므로 수직방향으로 물의 운동이 생기며 자정작용 역할을 한다. 수직방향의 물운동이 없으면, 수온변화층(thermocline)을 중심으로 상부의 온난 상층(epilimnion), 하부의 정체하층(hypolimnion)으로 분리되어 수면에 위치한 온난상층(epilimnion)에서는 공기 중의 산소가 재포기되므로 용존산소 농도가 높아서 호기성 상태가 유지된다. 수온변화층 하부의 정체하층(hypolimnion)에서는 용존산소가 부족하여 혐기성상태가 되며, 바닥에 침전된 유기물이 혐기성 미생물에 의하여 분해되므로 수질이 악화된다. 이런 현상은 물의 수직운동이 없는 겨울이나 여름에 일어나며 봄과 가을에는 물의 수직혼합으로 인하여 열밀도층의 구별이 없어진다(그림 7-14 참조).

겨울에 수면이 얼게 되면 얼음 밑의 물은 0℃에 가까우나 더 깊은 곳의 물은 4℃로서 최대밀도를 갖게 되므로 이런 상태의 물은 안정된 평형상태이고 수직혼합이 없다. 그러나 봄이 되어 수면부근의 온도가 높아지기 때문에 4℃가 되면 최대밀도가 되어 아래로 운동하게 되고 아래의 물이 위로 이동하게 된다. 봄에서 여름이 되면 표면의 물은 점점 따뜻해져서 물의 밀도가 낮아지므로 순환현상(수직운동)은 없어지게 된다. 가을이 되어 표면의 수온이 내려가면 수직적인 정체현상은 파괴되고 다시 수직혼합이 이루어진다. 즉, 겨울과 여름에는 수직운동이 없어서 정체현상이 생기므로 수심에 따른 온도나 용존산소(DO)의 농도변화가 적다.

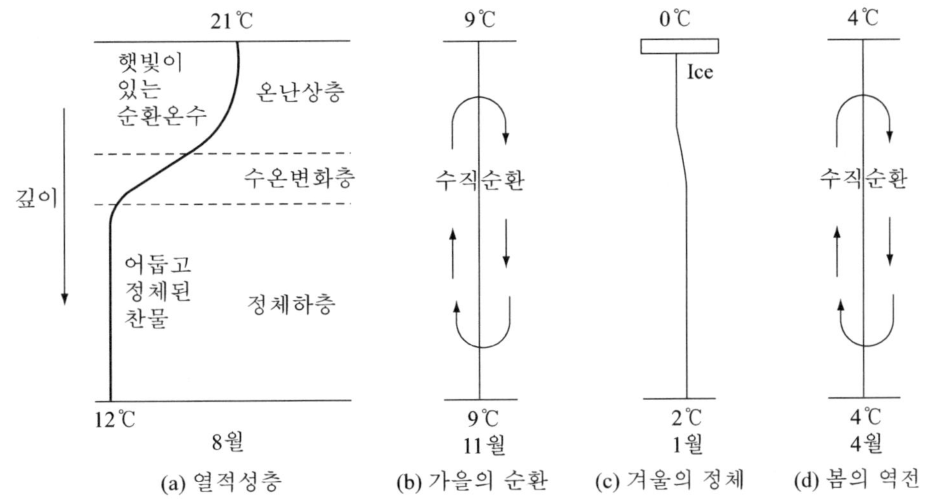

그림 7-14 깊은 호수에서의 온도 분포

봄과 가을의 수직운동은 대기 중의 바람에 의하여 가속되며 보통 봄과 가을에 전도가 일어난다. 이러한 봄가을철의 전도현상에 의하여 부영양화 현상이 발생하고, 일시적인 조화현상(algal bloom)이 발생한다. 이러한 수직운동을 전도(turnover)라고 한다. 호수나 저수지의 물을 급수원으로 이용할 경우 전도현상은 좋지 않다. 혐기성 상태의 정체하층(hypolimnion)의 물이 전도하여 수질이 나쁜 물이 취수되기 때문이다.

물이 호수에 오래 머무르면 자정작용에 의하여 수질이 좋아질 것으로 생각하기 쉬우나 자정능력을 초과하면 성층현상에 의한 물의 수직운동에 의하여 수질악화가 더욱 가속화된다. 수중미생물의 번식에 필요한 영양염류가 축적되어 조류가 번식하여 죽게 되면 바닥에 침전되어 다른 미생물에 의해 분해되고 분해되어 생긴 물질은 다른 조류의 번식을 초래하게 되므로 이러한 순환으로 인하여 수질은 점점 악화된다.

(3) 폐수의 유입에 의한 호수의 부영양화

영양물질이 상대적으로 부족한 호수에서는 이용가능한 영양물질이 성장하는 식물성 플랑크톤에 의해 곧 흡수되므로 조화현상은 단기간 동안 일어난다. 그러나 폐수가 유입되면 조화현상의 기간이나 강도가 매우 증대한다. 아주 심한 경우에는 봄철에 조류 성장이 시작되면서부터 가을철에 조류성장이 중지될 때까지 조류에 의한 초록색의 스컴으로 뒤덮인다. 만일 호수물이 상수원으로 쓰이면 조류를 여과시켜야 하는 비용이 추가로 들고, 조류로부터 악취와 독성물질이 생기므로 불쾌한 맛이 남게 된다.

더구나 조화현상은 일련의 생태학적 문제의 시작이다. 식물성 플랑크톤의 개체수가 곧 최대 규모로 되어 계속적인 높은 생산율과 사망률이 서로 비슷해진다. 죽은 세포는 밑으로 가라앉아 영양물질 공급원이 된다. 죽은 유기물질은 박테리아나 다른 분해생물의 먹이가 되며 이러한 생물체의 성장과 번식은 상당히 증가한다. 박테리아가 호흡할 때 필요한 산소는 물에 녹아 있는 산소로부터 얻어진다. 산소는 물속에 조금 녹아 있으므로 박테리아는 물속의 산소를 고갈시킨다. 그러나 산소 부족은 모든 박테리아의 성장을 중지시키지는 않는다. 어느 것들은 혐기성 호흡을 이용하여 성장과 번식을 계속한다. 물속에 용존산소가 고갈되면, 호흡할 때 산소가 필요한 물고기나 다른 생물들은 질식사 한다. 죽은 물고기가 썩으면 부영양화 과정을 촉진하는 추가의 산소수요를 초래하게 된다. 자연수에서 유기물질의 분해는 용존산소를 고갈시키기 때문에, 하수처리과정은 이러한 유기물질의 제거와 직결되며 영양물질도 제거할 수 있어야 한다.

연 | 습 | 문 | 제

01. 다음과 같이 처리되는 수질조건을 이용하여 다음 물음에 답하시오.

유입유량 : 1,800 m^3/day　　　　BOD농도 : 1,800 mg/L

포기조 : 14 m × 30 m × 4 m (2개)　　　　MLSS농도 : 1,500 mg/L

(1) 포기조의 체류시간(hr)을 구하시오.

(2) BOD슬러지 부하(kg-BOD/kg-MLSS · day)를 구하시오.

02. BOD 300 mg/L인 하수를 1, 2차 처리하여 BOD 30 mg/L 이하로 처리하려고 한다. 2차 처리장의 효율을 80%로 한다면 1차 처리장의 효율(%)은 얼마로 하여야 하는가?

03. 평균유량 5,000 m^3/day, BOD 230 mg/L, SS 280 mg/L일 때 포기조의 F/M비는 0.2, 포기시간 8 hr, 반송슬러지 농도 1.5%, 슬러지 폐기량은 유량의 5%, 처리효율은 BOD, SS가 각각 85%일 때 SRT (hr)을 구하시오.

04. 도시하수처리장의 공정에서 포기조 MLSS농도가 2,000 mg/L, 최종침전지 유출수 내 SS가 50 mg/L, 반송슬러지의 SS농도가 10,000 mg/L일 때 반송비를 구하시오.

05. 어느 하수종말처리장 하수의 30분 침전율이 30%, SVI 100, 반송슬러지 농도가 9,000 mg/L이었다면 슬러지의 반송률은 얼마인가?

06. 어떤 폐수처리장의 1차 처리효율이 50%, 2차 처리효율이 85%였을 때 전체 효율은 계산하여라.

07. 포기조의 F/M비가 0.3, MLSS농도 3,000 mg/L일 때 BOD용적부하(kg/m^3 · day)는?

08. 반송슬러지 농도가 9,000 ppm일 때 포기조의 MLSS를 2,500 ppm으로 유지하려면 슬러지반송률은 몇 %로 하면 좋은지 산출하여라. (단, 원폐수 중의 SS는 무시한다.)

09. 유입수의 SS농도가 225 mg/L, 유량 2,650 (m^3/day)인 유입수를 1차 처리에서 58% 제거시킨 후 포기조를 보냈다. MLSS농도가 2,150 mg/L이고 슬러지 일령이 5일일 때 포기조의 용량을 구하라.

부록 전자수용체의 개념

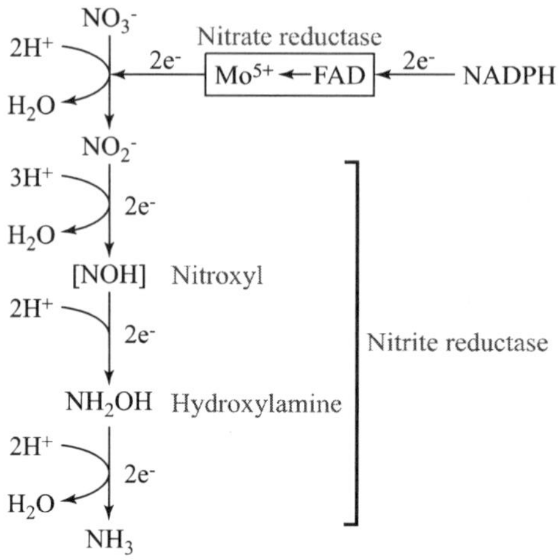
NO3-
2H+
H2O
2e-
Nitrate reductase
Mo5+
FAD
2e-
NADPH
NO2-
3H+
2e-
H2O
[NOH] Nitroxyl
2H+
2e-
Nitrite reductase
NH2OH Hydroxylamine
2H+
2e-
H2O
NH3

대기오염

Part 3

CHAPTER 8

대기오염

사람은 식량 없이는 얼마동안 살 수 있으나, 공기 없이는 몇 분도 지탱할 수가 없다. 그리고 오염된 식품과 물은 섭취하지 않거나 발생원을 조정할 수 있으나, 공기는 골라서 마실 수가 없다. 대기오염(air pollution) 문제를 산업혁명의 도래와 연관시키는 경향이 있지만, 옛날의 대기오염은 자연 발생원에서 생긴 것이었다. 화산 및 산불로부터의 연기, 연무, 재와 가스, 한발지역에서 폭풍으로 인한 모래와 먼지, 습한 저지대의 안개 등은 사람으로 인한, 즉 인류 발상론적인 문제(anthropogenic problem)가 등장하기 훨씬 전에 이미 우리 환경의 일부가 되어 있었다. 과학적인 견지에서 보면 청정한 공기란 <표 8-1>에 나타난 성분으로 구성된 대기를 말한다. 이것을 청정한 공기의 정의라고 한다면, 오염물질의 정의로는 "자연적 또는 인공적으로 발생한 물질이 인간생활에 원치 않는 영향을 미칠 정도의 농도로 대기 중에 존재하는 물질을 대기오염물질(air pollutant)이다"라고 정의하는 것이 바람직하다.

표 8-1 정상적인 건조공기의 구성

공기구성성분	농도(ppm)
질소	780,900
산소	209,400
아르곤	9,300
이산화탄소	315
네온	18
헬륨	5.2
메탄	1.0～1.2
크립톤	1.0
질소산화물	0.5
수소	0.5
크세논	0.008
이산화질소	0.02
오존	0.01～0.04

오염물질의 발생은 자연적일 수도 있고 인공적일 수도 있으며, 오염물질의 형태는 기상이나 입자상일 수 있다(입자 : 직경 1μm보다 큰 액체·고체상 입자). 화산 폭발과 같은 극단적 경우를 제외하고는 자연 발생원으로부터의 오염은 대개 그 자체가 삶과 재산에 위협이 될 만큼 심각한 문제를 야기하지는 않았다. 지구 대기의 일부를 황량한 환경으로 만들 위협이 되는 오염문제의 책임은 인간활동에 있는 것이다.

8.1 대기오염의 역사

대기오염은 새로운 것이 아니라 연기로 가득 찬 동굴에서 살던 원시인도 대기오염 문제를 가졌었다. 대기오염을 규제하기 위한 맨 처음의 규제법은 에드워드왕 1세가 석탄 사용을 금지한 법을 통과시킨 1273년 영국 런던에서 제정되었다. 1300년에는 리차드왕 3세가 사용량을 감소시키기 위하여 석탄에 무거운 세금을 부과하였다. 1911년 석탄의 연료 사용으로 인한 런던의 대기오염 사고로 1,150명의 주민들이 사망하였는데, 그 사건에 대한 해롤드안토인 박사의 보고서에서 "스모그(smog)"라는 말을 처음 사용하였으며, 연기(smoke)와 런던지역의 공기 중에 형성된 안개(fog)를 혼합한 것을 지칭하였다.

8.2 대기오염의 근원

자연적으로 발생한 대기오염물질로서 입자상 물질을 살펴보면, 곡식의 씨, 균류의 포자, 산림화재로 인한 매연, 화산폭발 시 발생하는 화산재 등이다. 인공적인 오염원은 자동차의 연소, 공장, 고형폐기물 처리장으로 구분할 수 있다. 자동차의 운행에 따른 오염원은 주로 입자상 물질(재, 매연, 황산화물, 질소화합물)로 구성되어 있다. 물론 황산화물은 연료의 유황 함유량에 따라 달라진다. 그러므로 상당한 황을 포함하고 있는 석탄과 기름의 연소는 황산화물의 근원이라고 할 수 있다.

Example 8-1

1952년 런던 스모그 당시, 약 4%의 유황 함유율을 가지고 있는 석탄 25,000 MT (metric tons)이 연소되었다고 추산된다. 대기의 깊이는 1,200 km^2에 걸쳐 약 150 m였다. SO_2농도는 얼마나 되었겠는가?

풀이

방출된 황 $= 2{,}5000\text{MT} \times 0.04 = 1{,}000\text{MT}$

$S = 32$, $SO_2 = 64$이므로,

방출된 이산화유황의 양은,

$$\frac{64}{32} \times 1{,}000\text{MT} = 2{,}000\text{MT}$$

$$\text{대기의 부피} = 150\text{m} \times 1200\text{km}^2 \times 10^6\text{m}^2/\text{km}^2$$
$$= 1.8 \times 10^{11}\ \text{m}^3$$
$$\text{농도} = \frac{2{,}000\text{MT} \times 10^6\text{g/MT} \times 10^6\mu\text{g/g}}{1.8 \times 10^{11}\text{m}^3} = 11{,}000\ \mu\text{g/m}^3$$

황을 함유하는 석탄을 연소시키게 되면 우리 인간이 받는 또 하나의 영향은 산성비(acid rain)이다. 미국 북부에서는 이미 산성비로 인해 대부분의 물고기들이 사멸했으며, Adrirondacks의 고산 호수에서는 50%식물이 자취를 감추고 말았다. 이러한 호수의 pH는 매우 낮아 산성에 강한 조류(algae)에게 모든 자리를 내주고 말았다. 천연가스는 황을 함유하고 있지 않으며, 입자상오염물질은 거의 배출되지 않는다.

질소화물은 모든 연소과정에서 발생할 수 있다. 연소과정에서 발생되는 또 다른 가스는 유기산, 알데하이드(aldehydes), 암모니아(ammonia), 일산화탄소(carbon monoxide) 등이다. 일산화탄소의 배출양은 연소기관의 효율에 관련이 있으며, 효율이 좋은 기관은 탄소를 CO_2로 완전연소시켜 CO를 덜 발생시킨다.

내연기관을 사용하는 자동차는 대기오염의 주범이며, 자동차에서 배출되는 입자상오염물질로는 매연(smoke)이다. 다른 기관에서와 마찬가지로 매연의 방출은 탄소물질의 불완전 연소(incomplete combustion)에 따른 것이다. 기체상오염물질인 CO, NO_X, HC의 배출요인은 불완전 연소에 의한 것이다. 공장에서 배출되는 오염물질은 매우 다양하다. 그러므로 공장에서는 모든 오염물질이 배출된다고 하여도 과언이 아니다.

쓰레기 처분장에서 방출되는 기체는 대기오염의 주종은 아니지만, 쓰레기 연소시 발생하는 기체상오염물질은 악취, 일산화탄소, 질소산화물, 유기산, 탄화수소, 알데하이드, 매연 등이다. 쓰레기 소각은 쓰레기의 양을 줄이는 효과는 있지만 오히려 처리하기 어려운 대기오염물질을 생성하는 과정일 수도 있다.

8.3 측정단위

대기오염물 방출 및 대기오염물 농도는 입상물질 및 기상오염물에 대하여 다음 단위들이 사용되고 있다. 입상 낙하물(particulate fallout), 즉 낙하 분진(dustfall)은 $\text{mg/cm}^2\cdot$시간(가령, $\text{mg/cm}^2\cdot\text{month}$, $\text{mg/cm}^2\cdot\text{year}$)으로 나타내며, 입자 수(particulate counting)는 기체 m^3당의 입자 수($1/\text{m}^3$ 또는 $10^6/\text{m}^3$)로 나타낸다. 부유입상물질(suspended particulate) 및 기상 오염물(gaseous contaminant) 농도는 단위부피당의 질량($\mu\text{g/m}^3$)을 주로

사용하며, 기상오염물을 부피 기준의 part per million (ppm), part per hundred million (pphm), 또는 part per billion (ppb) 등으로 나타내기도 한다.

$$1\text{ppm} = \frac{\text{기체상 오염물의 부피}}{10^6\text{volume}(\text{오염물질}+\text{공기})}$$

$$1\text{ppm} = 0.0001\%(\text{부피})$$

Example 8-2

어떤 자동차가 CO를 부피로 2% 방출하고 있다. CO온도가 80℃일 때 ppm농도와 $\mu g/m^3$농도를 구하여라. CO는 25℃에서 24.5 L이다.

풀이

1 ppm = 0.0001%, 즉 CO가 2%이므로 CO농도는 20,000 ppm이다.

샬의 법칙에서,

$$\frac{V_1}{T_1} = \frac{V_2}{T_2}\text{이므로, }\frac{24.5\text{ L}}{(273+25)\text{ K}} = \frac{V_2}{(273+80)\text{ K}}$$

그러므로, $V_2 = 29.0\text{ L}$

이 기체의 1 g몰은 29.0 L의 부피를 차지한다. CO의 분자량은 12 + 16 = 28이므로

$$\mu g/m^3 = \frac{20{,}000\text{ppm} \times 28 \times 10^3}{29.0} = 19.3 \times 10^6 \mu g/m^3$$

8.4 대기오염과 대류권

대기오염 방지에서 가장 관심이 되는 층은 대류권이다. 생물의 대부분은 이 층 안에 존재하기 때문이다. 대기 중의 각 기체의 전체 질량을 <표 8-1>에 나타내었다. 이러한 기체가 대기의 네 가지 기본층, 즉 대류권(troposphere), 성층권(stratosphere), 중간권(mesosphere), 열권(thermosphere)에 들어 있는 양은 서로 다르다<그림 8-1>.

이 대류권에서의 최근의 변화 중의 하나는 산성비(acid rain)이다. 산성비 또는 산 침착(acid deposition)은 기상 배출물인 황산화물(SO_x) 및 질소산화물(NO_x)이 수증기 및 햇빛과 반응하여, 화학적으로 황산(H_2SO_4) 및 질산(HNO_3)과 같은 강산화 화합물로 변화하여 생기는 것이다. 이러한 화합물은 다른 유기 및 무기 화합물과 함께 에어로졸 및 입상물질

로 지상에 침착하거나(건식침착, dry deposition) 빗방울, 눈, 안개, 이슬 등에 의하여 지상에 운반된다(습식침착, wet deposition).

산성비는 고도의 공업화 지역에서 건물 및 기념물에 상당한 손상을 입히는데 이러한

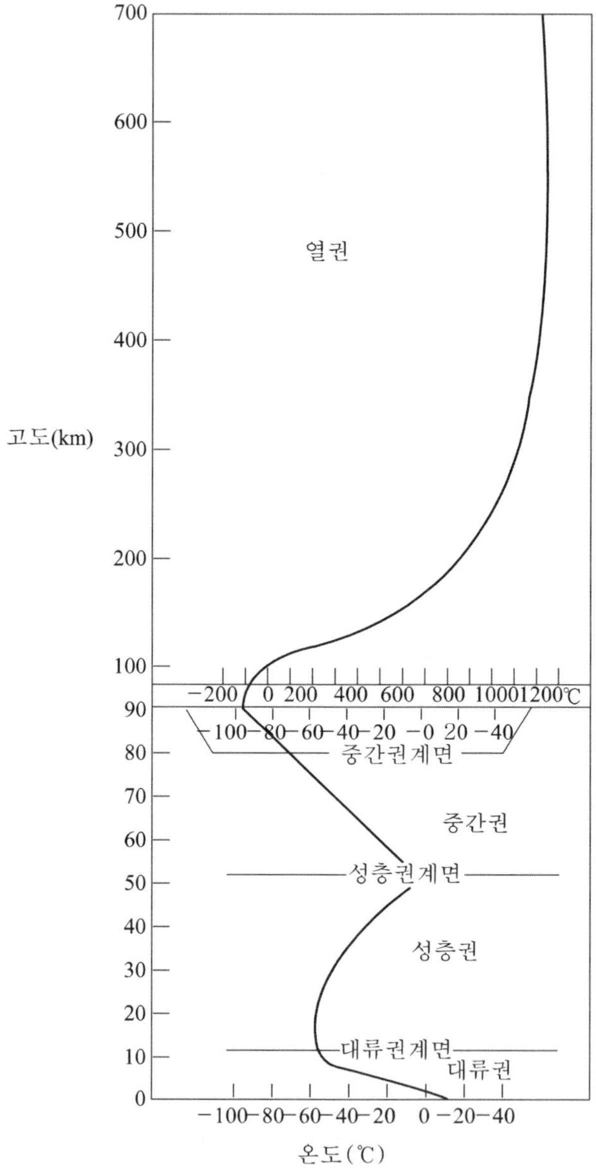

그림 8-1 대기의 온도 분포

피해는 공업화 지역 인근에만 국한되는 것이 아니다. 높은 굴뚝에서는 오염물이 분산되어 대류권 상층에 이르기도 하며, 여기에서 수일 동안 체류하다가 원거리로 운반되기도 한다.

에어로졸 분무 추진제로 사용되는 플루오르화탄소(fluorocarbon)로부터 방출되는 염소가 오존(O_3)과 반응하여 성층권의 오존층이 감소되고 있다. 오존층의 O_3은 지표에 도달하는 자외선을 감소시키는데, 자외선 수준이 높으면 식물과 동물에 손상을 입히므로, O_3층의 감소는 심각한 문제가 될 소지가 있다.

화석연료의 소비, 농업, 임업 등 여러 형태의 토지 이용이 CO_2의 축적에 기여하게 된다. CO_2는 긴 파장의 지구 복사선(적외선)을 잘 흡수하므로, CO_2가 계속 증가하면 지구 표면의 온도가 올라가서 북극의 얼음을 녹이게 될 것이다. 지구가 더워지는 경향이 확실하고, 이러한 원인이 되는 CO_2를 제거하기 위하여 재식림(reforestation)과 같은 범세계적 운동을 추진하여야 할 것이다.

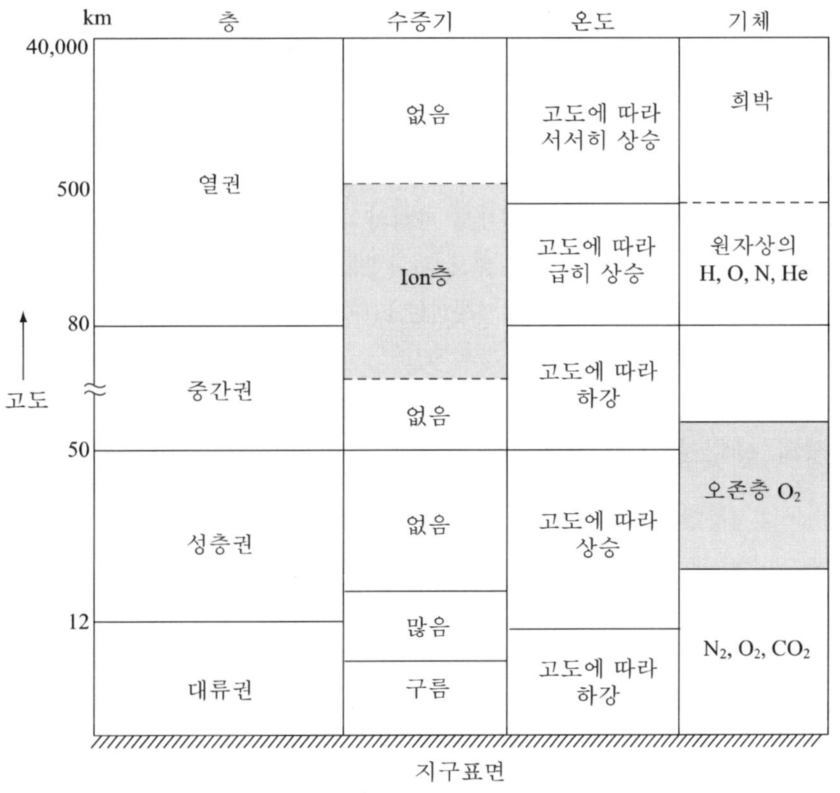

그림 8-2 지상고도에 따른 온도, 수증기 변화와 성층권의 오존층

8.5 대기오염물질의 분류

대기오염물은 그 생성원, 화학조성, 물질의 상태에 따라 분류할 수 있다. 생성원에 의하여 1차 오염물과 2차 오염물로 구분하며, 화학조성에 따라 유기화합물과 무기화학물로 구분한다. 물질의 상태에 따라 분류로는 입상오염물질과 기상오염물질로 구분한다.

(1) 생성원에 의한 분류

생성원(origin)에 따라서 오염물을 1차 또는 2차 오염물로 구분할 수 있다. 1차 오염물(primary pollutant)은 황산화물(SO_x), 질소산화물(NO_x), 탄화수소(HC) 등으로서, 대기 중에 직접 배출될 때의 상태 그대로 있는 것이다. 2차 오염물(secondary pollutant)에는 오존(O_3), peroxyacetyl nitrate (PAN) 등이 있으며, 대기 중에서 광화학 반응, 가수분해, 산화 등에 의하여 생성되는 것을 말한다.

(2) 화학조성에 의한 분류

오염물은 화학 조성에 따라 유기 또는 무기 화합물로 분류할 수 있다. 유기 화합물(organic compound)은 탄소와 수소로 된 유기 화합물이며, 알데하이드와 케톤은 탄소와 수소 외에 산소를 포함한다. 대기오염에서 관심의 대상이 되는 유기 화합물로는 카르복실기, 알코올, 에테르, 에스테르, 아민, 유기 황화합물 등이 있다.

무기물(inorganic material)로서는 일산화탄소(CO), 이산화탄소(CO_2), 탄산염, 황산화물, 오존, 플루오르화수소, 염화수소 등이 있다.

(3) 물질의 상태에 의한 분류

오염물은 입상물질(액상 또는 고상)과 기상 물질로 구분한다. 입상물질은 액상 또는 고상 분산물질(dispersed matter)로서, 개개의 응집체의 크기가 단일 분자(지름 약 0.002 μm)보다는 크고 약 500μm보다는 작은 것을 말한다. 입상 오염물(particulate pollutant)은 적절한 상태에서 대기로부터 침강 분리된다. 기상 오염물(gaseous pollutant)은 배출되는 곳의 공간을 완전히 차지하는 형태가 없는 유체로서, 공기와 비슷하게 거동하고 대기로부터 침강하지 않는다. 기상오염 물질에는 상온 상압에서 기체인 물질 뿐만 아니라, 액체 또는 고체인 물질의 증기도 있다. 일반적인 기상 오염물로는 탄소산화물, 질소산화물, 탄화수소, 옥시던트(oxidant) 등이 있다.

표 8-2 오염물질의 분류

기본분류	세부분류	대표적 성분
입상물질	고체	먼지(분진), 연기, 연무, 비산재
	액체	미스트, 분무
기상물질		
유기물	탄화수소	헥산, 벤젠, 에틸렌, 메탄, 부탄, 부타디엔
	알데하이드 케톤	포름알데하이드, 아세톤
	기타 유기물	염소화 탄화수소류, 알코올류
무기물	탄소산화물	일산화탄소, 이산화탄소
	황산화물	이산화황, 삼산화황
	질소산화물	이산화질소, 일산화질소
	기타 무기물	황화수소, 플루오르화수소, 암모니아

8.6 입상오염물질(particulate pollutants)

입상오염물질은 그 생성 양식에 따라서, 먼지(dust), 훈연(fume), 연기(smoke), 플라이애쉬, 연무(mist), 분무(spray) 등으로 구분할 수 있다. 처음 네 가지는 고체 입자이며, 나머지 두 가지는 액체이다. 광화학 반응으로 생성된 입자상 물질을 헤이즈(haze)라고 하며, 연기(smoke)와 헤이즈(haze)를 통틀어 smaze라 한다. 연기(smoke), 안개(fog), 연무(mist)와 같이 기체 내에 고체나 액체의 미세입자가 분산되어 있는 것을 에어로졸(aerosol)이라 한다.

1) 먼지(분진, dust) 주로 콜로이드보다 큰 고체입자이다. 공기나 가스 내에서 부유할 수 있고, 정전기력에 의하지 않고서는 응결하려는 경향이 없으며 확산하지도 않는다. 중력에 의하여 침강할 수 있으며, 크기는 1.0 ~ 10,0000μm 정도이다.

2) 훈연(fume) 용융된 물질의 승화, 증류, 하소(calcination), 용융금속공정 등에서 생기는 고체입자로서 Brown운동으로 상호 응결하고 때로는 충돌 결합하며, 플럭형성 및 응집하여 침강된다. 크기는 0.03 ~ 0.3μm 정도이다.

3) 연기(매연, smoke) 석탄, 나무, 담배와 같은 유기 입자의 불완전 연소에서 생기는 미세한 고체 입자로서, 주로 탄소와 기타 가연성 물질로 되어 있다. 연기 입자의 지름은 0.5 ~ 1μm 정도이다.

표 8-3 기상오염물질

항목	분자식	주요한 성질	대기오염으로서 중요성
Sulfur Dioxide	SO_2	Colorless gas, intense choking odor, highly soluble in water to form sulfurous acid H_2SO_3	Damage vegetation, property and health
Sulfur Trioxide	SO_3	Soluble in water to form sulfuric acid H_2SO_4	Highly corrosive
Hydrogen Sulfide	H_2S	Rotten egg odor at low concentrations, odorless at high concentrations	Highly poisonous
Nitrous Oixide	N_2O	Colorless gas, used as carrier gas in aerosol bottles	Relatively inert. Not produced in combustion
Nitric Oxide	NO	Colorless gas	Produced during high temperature, high pressure combustion. Oxidized to NO_2
Nitrogen Dioxide	NO_2	Brown to orange gas	Major component in the formation of photochemical smog
Carbon Monoxide	CO	Colorless and odorless	Product of incomplete combustion. Poisonous
Carbon Dioxide	CO_2	Colorless and odorless	Formed during complete combustion. Possible effects in producing changes in global climate
Ozone	O_3	Highly reactive	Damage to vegetation and property. Produced mainly during the formation of photochemical smog
Hydrocarbons	C_xH_y or HC	Many	Some hydrocarbons are emitted from automobiles and industries, others are formed in atmosphere

4) 플라이 애쉬(비산재, fly ash) 미세한 비가연성 입자로서, 석탄 연소 가스 중에 들어 있다. 모든 석탄에 다 들어 있는 광물질 또는 금속 물질은 석탄의 유기 성분이 연소될 때 방출되며, 플라이 애쉬는 앞에서 설명한 세 가지 고체 입자의 성질을 다 가지고 있다. 먼지와 마찬가지로 크기는 1.0～1,000μm 정도인 입자이며, 연기와 마찬가지로 연소과정에서 생성되고 연무와 마찬가지로 무기 금속 또는 광물질로 되어 있다.

5) 연무(mist) 액체 입자 또는 액적(droplet)으로서 증기의 응축, 액체의 분산, 화학반응

의 진행(가령 황산미스트 생성의 경우) 등으로 생성되며, 미스트의 지름은 대개 10μm 이하이다. 미스트 농도가 너무 커서 시계(視界)가 나빠지면 이를 안개(fog)라 한다. 일반적인 직경은 0.5～3.0μm이다.

6) 분무(spray) 모액의 미립화(atomization, 분무)에 의해 대기 중에 생기는 액체입자이다. 분무입자는 크기가 10～1,000μm 정도이다.

Example 8-3

대기 중 입상물질의 침강속도

27℃에서 공기 중의 1μm 입자로 된 안개구름의 침강속도를 구하여라. (공기의 밀도 ρ= 1.2kg/m^3)

풀이

① 27℃에서의 공기 점도는,

$$1.85 \times 10^{-5} \text{N} \cdot \text{s/m}^2 = 1.85 \times 10^{-5} \text{kg/m} \cdot \text{s}$$

② 식 (5-5)를 사용한다.

$$v_t = \frac{9.81\text{m/s}^2 \times 1 \times 10^3 \text{kg/m}^3 \times (1 \times 10^{-6}\text{m})^2}{18(1.85 \times 10^{-5}\text{kg/m} \cdot \text{s})} = 2.95 \times 10^{-5}\text{m/s}$$

③ Reynolds 수를 검산한다.

$$\text{N}_{re} = \frac{\rho d v}{\mu}$$

$$= \frac{2.95 \times 10^{-5}\text{m/s} \times 1 \times 10^{-6}\text{m} \times 1.2\text{kg/m}^3}{1.85 \times 10^{-5}\text{kg/m} \cdot \text{s}} = 1.91 \times 10^{-6}$$

Reynolds 수가 1보다 작으므로, Stokes법칙이 적용되며, 침강속도는 2.95×10^{-5}m/s이다. 이 값을 보면, 안개가 대기 중에 부유하는 이유를 설명할 수 있다.

(1) 입상물질과 시계(visibility) 감소

시계(visibility)장애란 대기오염으로 인한 가시거리(visibility distance)의 감소로 먼 곳을 볼 수 없거나 먼 곳을 보고자 할 때 지장을 받는 것을 말한다. 시계(visibility)의 감소는 대기오염 영향 중의 하나이다. 입상물질에 의한 산란(scattering)은 이러한 시계(視界)

감소의 원인이 되며, 가시광선(0.38~0.76μm)영역의 입자가 시계 감소효과가 가장 크다. 시계는 입도분포 뿐 아니라 입자형상 및 표면특성에도 영향을 받는다. 광 산란에 관여되는 부유 입상물질의 5~20%는 황산 미스트 및 황산염으로 되어 있다. 공기 중의 SO_2농도가 26μg/m^3(0.10 ppm)이고 입상물질의 농도가 이에 상응하며 상대습도가 50%이면 가시거리는 8 km (5 mile)로 감소된다.

시정거리는 낮 동안 대기의 혼탁도를 나타내는 척도로 이용되며 하늘을 배경으로 할 때 목표물을 수직으로 볼 수 있는 최대거리이다. 습도가 높을 때도 빛의 산란에 의하여 시정거리가 감소할 수 있으며, 0.1~5.0μm 정도의 수분 입자에 의하여 빛의 산란이 일어난다. 대기 중에 부유하고 있는 작은 물방울로 인하여 수평시정거리가 1 km 미만인 것을 안개(fog)라고 하며, 1 km 이상인 것을 연무(mist)라 한다.

| 연 | 습 | 문 | 제 |

01. 극히 작은 물방울이 대기 중에 부유하고 있어서 수평시정이 1 km 미만인 경우는? ①

① fog　② mist　③ smog　④ haze

02. Aerosol의 설명 중 맞는 것은? ④

① 불완전 연소 시 생성된 미세한 연무질 입자이다.
② 타르에 젖은 탄소입자가 결합된 것이다.
③ 미세한 고체나 액체가 독립상태로 된 알맹이다.
④ 기체 내에 미세한 고체나 액체 입자가 분산된 것이다.

03. 다음 중 1차 오염물질에 속하지 않는 것은? ④

① SO_X, NO_X　② 입자상 물질
③ HC, Pb　④ oxidant, 산성 mist

04. 1차 오염물질, 2차 오염물질, 1, 2차 오염물질을 설명하고, 예를 드시오.

05. 어떤 thermal pool에서의 가스 중의 SO_2 함유량이 760 mmHg, 50℃에서 7 ppm이다. 이를 g/m^3, mg/m^3 단위로 나타내어라. 단, 25℃, 1기압에서 24.5 L/몰 이다.

06. 25℃의 대기에 CO가 10 ppm 존재한다. CO 농도는 몇 mg/m^3인가?

07. 광화학적 smog가 심한 도시에서는 오존(O_3)의 농도가 0.1 ppm까지 증가할 수 있다. 이 농도는 몇 $\mu g/m^3$이며 대기의 오존농도 기준이 160$\mu g/m^3$인 경우에 온도가 25℃인 대기에서는 몇 % 정도로 오존농도가 기준을 초과하는가?

08. 지구표면부터 고공 1 km까지의 대기 내에 107 ton의 분진이 존재한다면 분진의 농도는 몇 $\mu g/m^3$인가? 단, 지구의 지름은 12,830 km이다.

09. 담배연기 속의 CO 농도는 400ppm 또는 그 이상이 될 수 있다. 대기의 상태가 1기압, 25℃인 경우에 이 CO 농도는 몇 mg/m^3이며, 부피는 몇 %인가?

10. 27℃, 760mmHg에서 기체상태인 SO_2 4몰의 부피는 얼마인가? 단, 25℃, 1기압에서 24.5 L/몰 이다.

CHAPTER 9

대기오염물질과 영향

9.1 기후에 대한 영향

(1) 입자성물질의 영향

입자성물질과 이산화탄소는 지구표면과 지구표면으로부터 복사되는 에너지에 현저한 영향을 주므로 지구의 전반적인 온도와 기후를 결정하는 주요 인자들이다. 햇빛 복사열이 대기에 부딪치면 그것은 우주공간에 반사되거나 지구표면까지 도달된다. 빛은 입자성물질(구름의 상층표면, 연무층, 먼지 등)에 의해 반사되며, 반사가 많을수록 지구는 더 적은 에너지를 받게 된다. 이것이 입자성물질의 주요 역할 중의 하나이다. 따라서 입자성물질이 많을수록 지구 표지까지 도달하는 에너지는 적게 되므로 온도가 내려가게 된다. 기후학자 레이드 브리슨에 의하면 지구의 정상적인 반사도가 38%에서 1%가 증가해도 지구의 평균온도가 약 1.7℃가 낮아질 것이라는 것이다.

(2) 온실효과(green house effect)

이산화탄소는 입자성물질과는 반대적인 영향을 미친다. 지구에 도달하는 에너지는 대부분이 빛의 형태이며, 지구에 도달하면 대부분의 빛은 흡수되어 여러 가지 경로를 거쳐 열로 바뀐다. 그 열은 적외선(열선) 형태로 지구로부터 재방출되는 과정에서 대기 중에 있는 이산화탄소는 지구표면으로부터 방출되는 적외선 에너지를 흡수하므로 적외선의 통과를 막는다. 이것은 단파장의 빛이 내부로 들어올 수 있지만 거꾸로 장파장인 적외선이 대기권 밖으로 나가기는 매우 어렵다는 것을 의미한다. 따라서, 열의 외부방출이 봉쇄되어 대기온도와 지구표면 온도는 더욱 증가하게 된다. 이러한 현상은 온실이나 승용차 내부의 온도가 햇빛에 의해 온도가 상승하는 것과 비슷하므로 온실효과(green house effect)라 부른다<그림 9-1>. 빛에너지는 유리를 통과하여 흡수되면서 열로 변환되고, 그 유리는 적외선 방출을 막으므로 내부온도는 증가하게 된다. 이러한 온실효과를 열을 감싼다는 의미에서 열담요(heat blanket)라고도 부른다.

온실효과에 영향을 미치는 요인은 이산화탄소 뿐 아니라 수증기, 오존, 산화질소, 불화염화탄소, 메탄가스 등의 유기분자들도 대기의 온실효과를 일으키고 있는 것으로 밝혀졌다.

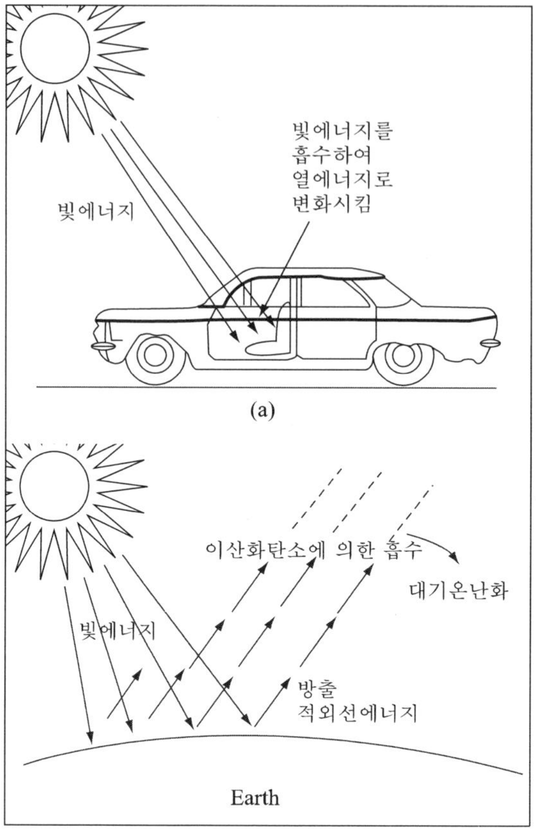

그림 9-1 온실효과(이산화탄소 분자에 의해 흡수되는 방출 적외복사선에 의해 지구의 온도가 상승하는 것으로 햇빛이 있을 때 내부온도가 상승하는 경우와 유사하다. 이산화탄소의 양이 많을수록 흡수되는 양은 더 많아지며 대기의 온도도 더욱 상승하게 된다.)

9.2 오존층에 대한 영향

대기층의 낮은 곳에서 생성된 오존은 식물과 동물에 독성이 강한 오염물질이지만 성층권에 있는 오존층은 자외선을 막아주는 차단막의 역할을 하는 절대적으로 필요한 물질이다. 자외선은 파장은 짧고 다른 가시광선보다 고에너지를 함유하고 있다. 그러므로 자외선은 생체조직에 위협적이며 돌연변이를 야기할 수 있다. 자외선의 대부분은 성층권에 있는 오존층에 의하여 흡수되고 걸러지기 때문에 자외선 피해가 거의 없이 지내고 있다. 이러한 오존층이 없다면 식물과 동물에 미치는 생물학적 피해는 절망적일 것이다. 자외선은 산소분자들을 산소원자로 쪼개고 다시 산소분자와 결합시켜 오존을 생성하며, 다른 산소원자는 오존을 분해하여 산소를 생성한다. 이리하여 오존과 산소의 균형이 성층권에서 이루어진다. 그러나 낮은 대기층으로부터 성층권으로 서서히 스며들어간 염소원자들은 오존층의 분쇄반응에 촉매작용을 한다. 염소 한 원자는 그 자신은 변화되지 아니하고 반복적으로 분쇄작용에 참여할 수 있으므로 수백만 개의 오존분자들을 분쇄시켜서 자연의 오존 균형을 깨트릴 수 있다. 성층권에 도달하는 염소의 주요 발생원은 냉매, 세정제, 에어로졸 캔의 충진제 등으로 쓰이는 프레온($CFCl_3$) 등 염화불화탄소화합물(chlorofluorocarbon compounds)이다. $CFCl_3$는 적당한 압력 하에서 액상이며, 지상에서는 무독성인 비활성 물질이다. 그러나 성층권에서는 오존층을 분해하는 촉매제 역할을 한다.

성층권의 오존농도가 1% 낮아져 자외선의 투과율이 2～3% 높아지면 피부암의 4～7% 증가 외에도 지상의 생태계에 많은 영향을 줄 수 있다. 식물의 경우 엽록소의 감소, 광합성 작용의 억제, 식물의 성장부진 등으로 농작물의 수확량이 크게 줄어들며, 소, 돼지 등은 암 발생률이 높고 일사병에 걸릴 위험도 높다. 수중생물의 경우 식물성 플랑크톤의 광합성작용이 억제되어 성장이 늦어지면 플랑크톤을 먹고 사는 물고기와 수중생물이 먹이사슬 현상에 의하여 멸종될 우려가 있다.

1985년 영국의 남극조사연구소가 조사팀에 의하여 남극상공 성층권에 오존층의 구멍이 존재함을 처음 발견하고, 그 원인은 $CFCl_3$ 사용증가로 인한 것임을 밝혀냄에 따라 서방의 선진국들을 중심으로 오존층보호를 위한 비엔나협약을 1985년 3월에 채택하였고, 31개국 $CFCl_3$ 주요생산국의 업계대표들은 1987년 9월 몬트리올에서 만나 $CFCl_3$생산량을 1986년 수준으로 동결시킬 것을 약속하여 1989년 1월에 1차로 47개국이 서명하여 몬트리올 의정서가 발효되었다. 이 의정서의 내용은 1989년 7월 1일부터 연간 생산량을 1986년 수준으로 고정시키고 1993년 7월 1일 이후는 1986년 수준의 80%, 1998년 7월 1일 부터는 1986년 수준의 50%로 제한키로 하고, 이의 대안으로 대체상품개발에 상호협력키로 하였다. 우리나라도 1989년부터 대체품 개발연구에 착수하였다.

9.3 인간에 대한 영향

대기오염물의 주요 표적이 되는 것은 호흡기 계통의 기관이며, 호흡기 계통은 입자상이나 기체상오염물질에 의해 해를 입을 수 있다.

대기오염의 인간에 미치는 영향은 도노라 사건, 런던사건에서 알 수 있다. 두 사건에서 일어난 공통적인 영향은 화학적인 호흡기 장애가 두드러진다는 점이며, 그때의 기후 환경은 역전층(inversion layer)에 있는 고압대라는 점에서 두 사건의 비슷한 일면을 발견할 수 있다. 역전층이란 대기오염물질이 수직적으로 전혀 운동을 할 수 없게 하고, 다른 공기와 희석할 수 없게 하는 두터운 공기층, 즉 안정한 층을 역전층이라고 한다. 두 사건에서 심장호흡계 계통(cardio-respiratory system)의 병을 앓았던 사람들에게는 매우 치명적인 영향을 미쳤다. 두 사건의 실례에서 중요한 것은 어느 특정한 오염물질 하나로 사건이 일어나지 않았다는 것이다. 입자상오염물질, SO_2, 기체상오염물질 등 매우 다양한 물질에 의해 영향을 받을 수 있다는 것이다.

대기오염의 역사에서 빼놓을 수 없는 것은 1950년 11월 멕시코의 포자리카(Poza Rica)에 있는 정유공장에서 H_2O가스 누출사건이다. 또 하나의 역사적인 대기오염 사건은 요꼬하마(Yokohama) 천식이다. 유행성 천식은 1948년 겨울에 발견되었고, 조사결과 천식은 낮은 풍속과 대기오염에 의한 것으로 밝혀졌다. 또한 애연가(heavy-smokers)들만이 영향을 받았다는 사실이다. 이 문제는 천식 환자들을 격리 수용시킴으로써 해결할 수 있었다. 미국의 뉴올리안(New Orleans) 자선병원에서 수년 동안 천식환자들이 급증한다는 사실을 밝혀내고, 뉴올리안 남쪽에서 폐기물 소각장이 운전되고 있는 것과 천식환자들과의 관계가 있음을 알았다.

어떤 오염물질이 어느 정도의 영향을 미치는지에 대해서는 아직까지도 밝혀내지 못하고 있다. 동물실험으로 어느 정도 도움을 얻었지만 인간과 쥐와의 차이 때문에 섣불리 어떠한 결론에 이르기는 어려운 일이다.

(1) 입상오염물질(particulate matter)의 영향

호흡기에 입자가 침적하는 장소와 그 정도는 물리적인 요소의 작용이다. 폐포 침적(alveola deposition)은 폐에 입자를 제거할 수 있는 섬모(cilia)가 없기 때문에 침적된 입자가 상당한 오랜 시간 폐에서 머무를 수 있게 된다. $0.1\mu m$보다 작은 입자들은, 브라운 운동(Brownian motion) 때문에 폐포(alveoli)에 침적할 수 있다. 훨씬 더 큰 입자일지라도 섬모에 걸리지 않을 경우에는 폐에 침적할 수 있다. $1\mu m$ 이상의 입자들은 일반적으로 폐포에 도달하기 이전에 제거된다.

입자가 침적하는 또 다른 요소로는 단위시간당 호흡수와 공기를 들여 마셨을 때의 부피와 공기를 내쉴 때의 부피이다. 호흡수가 적게 되면 매우 높은 침적률을 초래하게 되며, 약간 높은 호흡수 역시 거의 비슷한 결과를 나타낸다. 호흡수가 적으면 오염물이 체내에 머무는 체류시간이 커지는데 그 원인이 있다. 급한 호흡에서는 이상난류가 체내에서 일어나기 때문에 침적률이 높아질 수 있다. 또한 폐활량이 클수록 많은 공기를 체내에 흡입하므로 많은 오염물질이 폐에 침적할 가능성이 있다.

입자의 용해성 여부는 오염물질의 제거에 매우 중요하다. 왜냐하면, 혈액에 오염물질이 용해되면, 제거는 거의 불가능하기 때문이다.

대기오염물질 중의 하나인 황산(H_2SO_4)은 기본적으로 SO_2의 영향과 같고, 그 영향으로는 점액막의 자극과기관지의 수축을 들 수 있다. 흥미로운 것은 황산과 SO_2를 비교하면 황산이 SO_2보다 4～20배 정도의 신체적 영향을 끼칠 수 있다.

대기 중의 납은 적혈구의 성장을 방해하는 것으로 알려지고 있다. 도시에 거주하는 사람이 농촌 사람들보다 소변에서 훨씬 많은 납이 검출되고 있다. 또한 직업상 자동차와 가까이 하는 사람의 납을 검출한 결과 적정수준을 웃돌고 있고, 흡연을 즐겨하는 사람이 즐겨하지 않는 사람보다 훨씬 더 많은 납을 섭취하고 있는 것으로 나타났다.

베릴륨(beryllium)의 독성은 깨어진 형광등에서 나오는 먼지를 흡입하였을 때 생기는 병이 발견되었을 때 최초로 알려지게 되었다. 베릴륨 중독병의 특징은 폐에서 혈액으로의 가스확산을 방해하는 것이다. 베릴륨은 혈액이나 소변, 피부에서 검출된다.

부유입상물질의 농도가 높으면 호흡기 질병이 있는 사람들에게 특히 좋지 않다. 부유입상물질과 관련이 있는 질병의 성질과 정도는 입상물질의 농도, 다른 대기 오염 성분(특히 황산화물)의 존재, 노출기간 등에 따라서 달라진다.

크기가 1～2μm인 입자의 약 40%는 기관지와 폐포에 체류한다<그림 9-2>. 입도가 0.25～1μm인 것은 체류량이 줄어드는데, 이러한 크기의 입자는 대부분 숨 쉴 때 딸려 들어갔다가 다시 나오기 때문이다. 그러나 0.25μm 이하인 입자는 다시 체류량이 커지는데, 이는 브라운 운동 때문이다. 호흡기관이 외래 물질의 침입에 대하여 자체방어를 하는 방법이 <표 9-1>에 나타나 있다. 입상물질은 배출원 또는 희석에 의하여 조절하지만, "희석이 오염 문제의 해결(dilution is the solution to pollutant)"이라는 생각은 더 이상 통용될 수 없으므로, 실질적 제어방법을 고려하여야 한다. 배출원 제어방법으로는, 침강 분리, 원심 분리, 여과, 전기집진 등이 있다.

황사현상 봄과 가을 특히 봄철에 중국의 만주, 산동반도, 발해만, 내몽고, 황하강유역을 포함한 화북지방에서 발생된 누런 흙먼지, 즉 황사가 원인이며, 저기압으로 발생된 편서풍에 의해서 우리나라와 일본으로 날아오는 현상이다. 중국의 공업화 영향으로 황사에 중금속까지 섞여서 날아오기 때문에 그 심각성도 더해가고 있다. 우리나라는 보통 봄철 3～5월 사이에 그 영향을 많이 받고 있으며, 날아오는 모래의 크기는 직경 0.25～0.5μm이다.

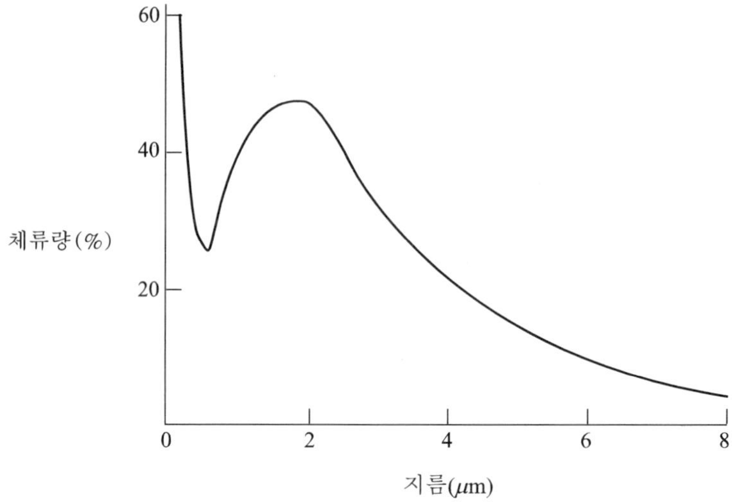

그림 9-2 폐 안의 입상물질의 체류량

표 9-1 입도 및 호흡기 방어 메커니즘

입도	설명	메커니즘
10μm 이상	굵은 먼지, 플라이 애쉬(육안으로 보인다)	코 앞 부분의 털이 10μm 이상의 입자는 모두 제거한다.
2~10μm	연무, 먼지, 연기 입자	섬모의 운동으로 점액을 쓸어 올리면서 입자를 기관에서 입으로 운반하며, 삼킬 수 있게 한다.
2μm	에어로졸, 연무	폐와 임파 세포 및 식 세포가 초미세 입자의 일부를 공격한다.

황사가 발생하는 시기에는 노약자나 어린이들의 호흡기 질환 발생이 훨씬 발생한다. 일반인들도 황사현상이 발생할 때는 호흡기계통의 질환인 기관지염, 천식과 알레르기성 질환, 눈병 등 각종 질환으로 피해를 입을 수 있다.

황사는 농작물의 기공을 막아 생육에 큰 지장을 주기도 하고, 자동차 엔진이나 기계의 회전마찰 부분을 마모시켜 수명을 단축시키고, 전자제품과 같은 정밀기계에도 영향을 준다. 황사현상이 심한 경우에는 태양빛이 차단되어 항공기 이착륙에도 방해를 주는 경우가 있다.

(2) 기상오염물질(gaseous pollutants)의 영향

SO_2는 물에 매우 잘 녹기 때문에 우리의 몸속에서도 쉽게 녹는다. 이 기체의 1차적인 영향은 상부호흡기와 연결되어 있는 피부를 자극하는 것이다. 호흡기 계통에서 SO_2의 영향은 불활성 물질인 염화나트륨(NaCl)과 같은 에어로졸(aerosol)과 공존하면 더욱 악화될 수 있다. 물론 염화나트륨 그 자체만으로는 별다른 영향이 없지만 SO_2와 공존했을 때의 영향은 상승작용의 좋은 예다. 에어로졸은 SO_2를 흡수하여 자체만 존재하였을 때보다 더욱 깊숙이 호흡기 계통에 침투할 수 있기 때문이다. 그리고 흡수된 SO_2는 H_2O와 결합하여 황산으로 산화되어 훨씬 자극성이 있게 된다. 일반적으로, SO_2의 영향은 만성적이거나 축적성이 아니라 급성적이다. SO_2는 호흡기에 직접적으로 영향을 미치는 동시에 인체 내에 흡수된 오염물질들을 인체 밖으로 배출하는 섬모 및 호흡기 계통의 메커니즘에도 영향을 미치는 것으로 밝혀졌다.

NO_2는 폐질환을 일으키는 독성물질이다. 매우 적은 농도에서도 독성물질로 알려진 NO_2는 허용농도 이상에서는 수종과 폐출혈(pulmonary hemorrhage)을 야기한다. 수종(edema)은 유체가 피부에 비정상적으로 축적되는 것이며, 폐질환 수종은 폐에 유체가 과잉으로 축적되는 것이다.

NO는 인간의 헤모글로빈과 결합하여 매우 안정적 NO헤모글로빈을 형성하나 흥미 있는 것은 헤모글로빈에 대한 영향은 다른 동물에서는 발견할 수 없다.

오존은 자극성 있는 산화가스로서 매우 적은 농도에서도 수종(edema) 또는 폐출혈과 같은 폐질환을 일으킨다. 오존농도 2,500$\mu g/m^3$에서 인간이 약 1시간 정도 노출되면, 잔유 폐 부피(residual lung volume)가 증가하게 되는 반면에 최대 호흡능력은 둔화하게 된다. 오존에 인간이 노출되면, 최초로 목이 건조하고 머리가 아프며 호흡이 매우 가빠지게 된다.

CO는 Hb (hemoglobin)와 쉽게 결합하여 COHb (carboxy-hemoglobin)을 형성한다. COHb가 인체 내에 형성되면 산소를 전달하는 헤모글로빈의 양은 급속히 감소되어, 질식하게 된다.

유기성 기체 중에 포름알데하이드(HCHO)의 영향은 호흡기 자극이라는 측면에서 SO_2와 비슷하다. 완전 포화되지 않은 알데하이드인 acrolein (CH_2CHCHO)은 0.1 ppm 농도에서도 눈에 자극을 주며, 호흡에 장애를 초래한다.

대기오염에 기인한 만성질병은 폐암(lung cancer), 폐기종(lung omhysema), 천식 등이다. 만성적인 기관지염(chronic brochitis)은 기관지의 과잉 점액 분비작용에 그 원인이 있으며, 이것은 만성적인 기침(cough)을 유발하게 된다. 폐기종은 폐에서 폐포벽(alveolar wall)이 파손되거나 파괴되는 것으로서, 폐포주머니가 파괴되면 호흡에 커다란 장애를 받게 된다. 농촌 지역보다 도시 지역에서 폐기종에 걸리기 쉬우며 흡연가에게는 치명적인 영향을 미치게 된다.

9.4 식물에 대한 영향

농작물, 관상식물, 수목들이 대기오염에 의하여 심한 피해를 입거나 폐사되는 사례는 수없이 많다. 눈에 보이는 피해보다는 피해나 비정상적인 증상이 나타나지 않은 상태에서 식물생장의 감소에 영향을 미치고 있다. 예를 들면, 뉴욕주 양커에서 광화학스모그로 인해 옥수수와 알팔파의 수확량이 15% 감소한 것으로 나타났다.

식물은 어떤 오염수준까지는 거의 피해 없이 잘 견딘다. 그러나 어떤 수준을 조금만 넘어도 오염에 대처할 능력이 상당히 저하되어 피해 정도는 상당히 증가한다. 식물은 대기오염물질에 의해 (1) 탈저, 회저(necrosis, 잎 표면의 파괴), (2) 백화현상(chlorosis, 잎의 색깔이 백색으로 변함), (3) 성장변화 등의 피해를 받는다.

SO_2는 넓은 식물의 잎 표면에 하얀색의 얼룩을 지게 한다. 잔디는 SO_2에 의해 줄기의 양면에 줄무늬가 생기고, 침엽수의 잎은 탈색되며 황갈색을 띄게 된다. 자주 개나리, 보리, 목화, 사과나무는 SO_2에 가장 민감한 식물이며, $780\mu g/m^3$에서 약 8시간 정도 노출되면 해를 입는다.

침엽수와 잔디가 불소가스에 노출하게 되면 잎이 타버리는 현상을 나타내며, 넓은 잎을 가진 낙엽수에서는 잎의 가장자리가 탈색된다. 불소가스에 가장 민감한 식물은 글라디올러스, 중국 살구나무, 소나무 등이며, 약 $300\mu g/m^3$의 불소가스 농도에서 약 1~2시간 노출되면 이에 예민한 식물은 해를 입게 된다. 토마토, 담배, 콩과 식물, 감자 등이 불소가스에 가장 민감한 식물이다.

오존농도가 높게 되면 표면이 파손되고 잎의 상부 부분에 점막이 생긴다. PAN (peroxyacetyl nitrates)은 광화학적 스모그에 존재하며, 전형적인 스모그 피해를 입힌다. 스모그에 의해서 해를 입은 식물은 잎의 양면이 황갈색을 띠며, 잔디의 파괴된 세포는 황갈색에서 노란색을 띠게 된다. 스모그는 식물을 조숙하게 만들며 노쇠현상을 일으킨다.

9.5 대기오염물질의 상승작용에 의한 영향

상승작용이란 두 가지 이상의 물질이 작용하여 개개의 효과를 합한 것 이상으로 효과가 있는 것을 말한다. 개개 오염물질들은 현존 농도에서는 상대적으로 유해성이 없을 수 있지만 실제생활에서 많은 오염물질들에 의해 동시에 노출되어 있기 때문에 상승효과의 가능성은 무한하다고 볼 수 있다. 알려진 상승작용으로는 광화학스모그, 입자상물질, 흡연과 관련된 것들이다.

(1) 광화학스모그

산업혁명 초기에 대부분 도시의 통상적인 오염물질들은 석탄을 태움으로써 발생되는 입자상 물질(연기입자)과 아황산가스였다. 이러한 연기와 공기 중에 형성된 안개(fog)를 합하여 스모그(smog)라 하였다. 20세기 초에 석탄사용이 오일과 천연가스로 대체되었을 때 대기오염은 상당히 감소되었다. 그러나 1950~1960년대에 대부분의 도시가 스모그라고 불리는 갈색 연무에 의해 뒤덮여 있는 것을 알게 되었으며, 햇빛이 그 생성에 어떤 역할을 하기 때문에 광화학스모그라고 불린다. 광화학스모그를 생성하는 주범은 자동차이다. 수소와 탄소로 만들어진 탄화수소 분자인 가솔린을 태웠을 때 이상적으로는 탄산가스와 물만이 생성되어야 한다($C_XH_X + O_2 \rightarrow H_2O + CO_2$).

그러나, 불행히도 내부 연소엔진의 실린더에서 연소하는 가솔린은 여러 종류의 탄화수소분자를 방출하면서 불완전하게 연소된다. 불완전 연소 시 일산화탄소가 발생되고, 연료에 유황이 함유된 경우에는 아황산가스, 그리고 안티노크제가 첨가된 경우에는 납이 방출된다. 배출구를 통하여 이산화탄소 및 물과 함께 배출되는 여러 종류의 오염물질들의 독성효과는 상호작용에 의하여 상승된다. 특히 질소산화물과 탄화수소 화합물들은 서로 복잡한 일련의 화학작용을 통하여 공기 중의 산소 및 수증기와 함께 오존을 형성하고, 탄화수소는 공기 중의 산소, 질소원자와 다양하게 결합하여 여러 종류의 유기화학물질로 변화된다. 햇빛은 이들 화학작용에 에너지를 공급하며, 이러한 오염물질로부터 생성된 연무는 광화학스모그로 불리고 있다. 오존과 여러 가지 탄소함유화합물질 특히 PAN (peroxyacetyl nitrate)들은 식물과 동물에 매우 유해하다. 질소산화물과 탄화수소물의 상호작용에 의한 상승효과는 개별적인 위해정도보다 훨씬 큰 위해를 나타낸다.

(2) 미세입상물질의 영향

상승작용은 연료를 연소시키거나 또는 쓰레기를 소각시킬 때 발생되는 검댕 혹은 연기의 미세입자(0.002 mm 이하)에서도 발생한다. 이들 입자들은 기본적으로 비활성탄소로 구성되지만 너무 작기 때문에 이들은 대부분의 여과시설을 통과하여 오랫동안 공기 중에 떠 있게 되어서 납, 탄화수소, 유황, 질소산화물들의 잠재적인 흡착물질이 된다. 바꾸어 말하면 미세입자는 다른 오염인자들을 포집하여 운반한다는 것이다. 미세입자 표면에서, 오염 인자들간의 화학작용에 의해 보다 독성이 강한 화합물이 생성된다. 이들을 사람들이 들여 마실 때 미세입자들은 폐 속에 깊이 끌려 들여져서 그곳에 머무르게 된다. 폐암, 폐기종, 기타 호흡기 질환이 도시지역에서 빈번하게 발병하는 것은 부분적으로는 금속가루, 탄소물, 미세입자의 폐내 축적에 기인한다고 추정하고 있다.

9.6 황산화물(SO_X)의 영향

황산화물(SO_X)에는 일산화황(SO), 이산화황(SO_2), 삼산화황(SO_3), 사산화황(SO_4), 황삼이산화물(S_2O_3), 황칠이산화물(S_2O_7) 등이 있으며, 대기오염에서 관심을 갖고 있는 것은 이산화황과 삼산화황이다. 이산화황은 무색, 비가연성, 비폭발성 기체로서, 질식할 것 같은 냄새를 갖고 있다. SO_2는 비교적 안정하지만, 대기 중에서 다른 물질과 광화학적 또는 촉매작용에 의하여 SO_3, H_2SO_4 액적, 또는 황산염을 생성한다. 황산, 이산화황, 황산염은 호흡기의 점막을 자극하며, 기관지염과 폐기종과 같은 만성 호흡기 질병을 유발한다.

아황산가스는 석탄을 태우는 화력발전소에서 주로 배출된다. 자연 순환과정에서 아황산가스는 토양미생물에 의한 동화작용으로 공기 중에서 제거된다. 그러나 독성피해를 피하기 위하여 산업체들은 더 높은 굴뚝을 세워서 가스를 확산시킴으로써 아황산가스 농도를 희석시키려 하고 있다. 자연 정화과정이 이루어지려면 아황산가스는 토양 그리고 토양 생물과의 접촉이 가능토록 하여야 한다. 희석시키기 위하여 세워진 높은 굴뚝이 이것을 막고 있는 셈이 된다. 아황산가스는 공기 중의 산소와 수증기가 함께 작용하여 황산을 생성한다. 황산이 비에 용해되면 빗물은 정상 상태보다 10～100배의 산성을 나타내고 어떤 경우에는 1,000배 이상 산성을 띠는 경우도 있다.

9.7 산성비(acid rain)

빗물은 CO_2 등으로 포화되어 있기 때문에 25℃에서 pH 5.6이다 그러나 H_2O, H_2SO_4, HCl, SO_2, 유기물의 분해에 의한 유기산 등이 대기 중으로 방출되기 때문에 pH가 5.6 이하로 되는 경우도 있다. 빗물은 pH가 5∼8 정도의 범위를 갖는다.

(1) 산성비의 정의

대기 중에는 약 200∼400 ppm의 탄산가스가 존재하므로, 대기 중의 물방울과 반응하면 약산성인 탄산으로 된다.

$$CO_2 + H_2O \rightarrow H_2CO_3 \quad (9\text{-}1)$$

$$(H_2CO_3 \leftrightarrow HCO_3^{\ -} + H^+) \quad (9\text{-}2)$$

$$(HCO_3^- \leftrightarrow CO_3^{2-} + H^+) \quad (9\text{-}3)$$

이 탄산이 빗물에 포화되면 pH 5.6을 나타내므로 정상적인 빗물도 pH 5.6이 될 수 있다. 따라서 다른 오염물질에 의해 빗물이 더욱 산성화되어 pH가 5.6 이하일 때를 산성비라 한다.

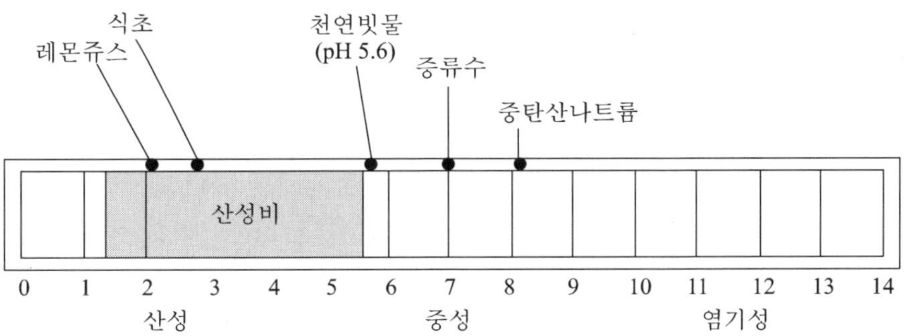

그림 9-3 PH의 크기

(2) 산성비의 원인 물질

산성비의 원인이 되는 물질은 자연적인 것과 인위적인 것으로 대별할 수 있다. 자연적으로 발생하는 물질 중 SO_2는 화산이나 온천 등에 의해 발생한다. 산성비의 원인은 인위

Chapter 8
Chapter 9
Chapter 10
Chapter 11

적인 것이 자연적인 것보다 크다. 산성비의 인위적인 원인물질은 각종 공장, 화력 발전소, 자동차 등에서 산성가스인 아황산가스, 질소산화물, 염화수소 등이 발생한다. 이들 산성가스는 수분이 존재하면 황산, 질산, 염산으로 변하여 산성비, 산성안개, 산성눈의 형태로 지표면에 강하한다. 산성비의 원인물질은 H_2SO_4 (65%), HNO_3 (30%), HCl (5%) 등으로 알려져 있다.

(3) 산성비가 생태계에 미치는 영향

1) 토양생태계에 미치는 영향

토양이 산성화되면 유기물질의 순환과정이 파괴된다. 유기물을 분해하는 박테리아는 중성 또는 약알칼리성에서 성장이 활발하므로 산성토양에서는 미생물의 번식이 억제되고 유기물 분해기능이 저하된다. 또한, 식물의 질소 고정화, 뿌리의 양분흡수, 유해물질 제거 활동이 억제된다.

산성토양에서는 중금속 및 영양소가 용출(leaching)된다. 토양의 산성화에 의하여 토양 중의 K^+, Mg^{2+}, Ca^{2+}와 같은 염기가 먼저 유실되고, 음이온으로서는 NO_3^-, Cl^- 등이 쉽게 유실된다.

식물 뿌리조직에 중요한 영양소인 Ca^{2+}의 유실로 인하여 식물의 성장이 저하된다. 토양이 산성화되면 토양중의 알루미늄 농도가 증가하고, pH 4.2 이하에서는 알루미늄이온은 독성을 띤 +3가 이온으로 변하며, 토양미생물의 기능을 저하시키고 식물뿌리를 손상시킨다.

2) 수중생태계에 미치는 영향

하천이나 호수의 물이 산성화되면 식물성 플랑크톤, 동물성 플랑크톤, 조류, 수생식물의 종의 구성이 변화되며 종의 종류가 감소한다. 물고기는 pH 5.0～5.5에서도 살 수 있으나 알이 부화하지 못하며, 산성토양으로부터 용출되어 나온 알루미늄이온이 하천에 농축되면(0.2 mg/L 이상) 물고기가 살 수 없다. 수중미생물의 분해기능이 저하되므로 인의 순환이 원활하지 못하여 인의 침전이 증가되고 바닥으로부터 알루미늄의 용출을 증가시킨다. 산성화된 호수에서는 육식성 물고기가 감소하는 반면 곤충류는 잘 번식하게 되고 수생식물의 수가 줄어들게 되므로 태양광선을 물속 깊이 도달할 수 있게 되어 지나칠 정도로 맑게 보인다.

3) 식물 생태계에 미치는 영향

산성비가 식물에 직접적으로 미치는 영향과 토양을 산성화시켜 간접적으로 미치는 영향이 있다. 산성비에 민감한 수종은 전나무이며 수관이 파괴되고 속이 텅 비게 되며, 잎의 안쪽에서 바깥쪽으로 고사하는 현상을 나타낸다.

식물이 SO_2에 노출되면, 기공을 형성하는 세포는 SO_2에 민감하므로 기공을 확대시키게 되고, 보다 많은 SO_2가 식물 내로 들어가게 되므로 엽록소 분해가 촉진된다. HSO_3^-는 탄소고정효소의 활성부위에 경쟁적으로 결합하여 광합성을 억제한다. 세포 내의 단백질의 3차 구조형성에 중심축 역할을 하는 S－S결합이 SO_2에 의하여 파괴되므로 세포 내 대사에 영향을 미친다.

NO_2도 기공을 통해 흡수되어 산성(HNO_3)으로 변하여 엽록소의 광합성을 억제하고 각종 단백질의 활성을 저하시킨다.

Chapter 8
Chapter 9
Chapter 10
Chapter 11

9.8 일산화탄소(CO)의 영향

일산화탄소는 무색, 무취, 무미의 기체로서, 보통상태에서는 화학적으로 불활성이며 식물, 물질 등에 별로 영향을 미치지 않는다. 혈액 중의 헤모글로빈(Hb)과 반응하여 carboxyhemoglobin (COHb)을 생성하므로 혈액의 산소 운반능력을 감소시킨다. 헤모글로빈의 일산화탄소에 대한 친화성은 산소에 대한 친화성의 약 210배 정도이다.

9.9 질소산화물(NO_X)의 영향

질소산화물로 알려진 기체 화합물로는 일산화질소(NO), 이산화질소(NO_2), 일산화이질소(N_2O), 삼산화이질소(N_2O_3), 사산화질소(N_2O_4), 오산화질소(N_2O_5) 등 여섯 가지가 있다. 대기오염에서 주된 관심의 대상은 일산화질소(NO)와 이산화질소(NO_2)의 두 가지 질소화합물이며, 대기 중에 많은 양이 방출되는 것도 이 두 가지이다. 이산화질소는 공기보다 무겁고, 물에 잘 녹으며 질산이나 아질산 또는 일산화질소를 생성한다.

번개와 산불에서 소량의 NO_X가 생기며, 유기물질의 박테리아 분해에서도 대기 중으로 NO_X를 방출한다. 실제로, 자연적으로 생성되는 NO_X는, 도시 지역에 집중되어 있는 인공 배출원에서의 NO_X의 배출량 보다 훨씬 많이 발생한다. 인간에 의한 NO_X의 주된 원천은, 고정 배출원과 수송 수단에서의 연료 연소이다. NO_2는 자외선 영역에너지의 좋은 에너지 흡수제이므로, 오존(O_3)과 같은 2차 대기오염물질의 생성에 중요한 역할을 한다. 일산화질소(NO)는 고온 연소과정에서 생성되며, NO_2보다 다량 대기로 배출된다.

(1) 식물, 인간 및 물질에 대한 영향

NO가 식물을 손상시킨다는 증거는 아직 없다. 광화학 반응을 통하여 O_3 등의 2차 오염물을 생성하는 것 외에는 식물을 손상시키는 일과는 먼 것같이 보인다. 고농도의 NO_2에 노출되면 식물의 색깔을 바래게 하며, 흰 천을 황변시키고, 금속을 산화시킨다.

일산화질소(NO)는 비교적 불활성 기체로서 헤모글로빈과 반응하여 혈액의 운반능력을 감소시킨다. NO는 쉽게 산화되어 NO_2가 되며 NO_2는 폐포를 자극한다.

(2) NO_2의 광화학적 순환

NO_X오염물의 영향은 NO_X 그 자체보다는 스모그(smog)를 일으키는 광화학적 산화제를 생성하는 데 있다. 이러한 광화학적 산화물은 NO_X와 대기 중에 존재하고 있는 다른 오염물과의 반응으로 생성된다. NO_X의 광화학적 순환 반응은 NO_2와 햇빛의 상호작용으로 일어난다.

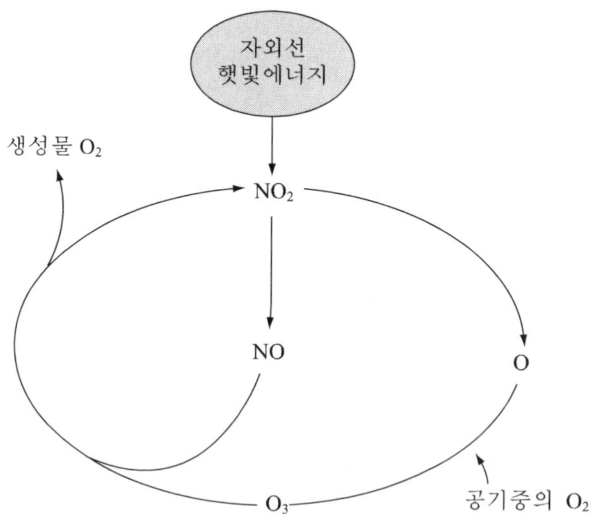

그림 9-4 NO_2의 광화학적 순환

① NO_2는 햇빛의 자외선으로부터 에너지를 흡수한다.

② 흡수된 에너지는 NO_2분자를 NO분자와 산소원자(O)로 분해시킨다.

③ 반응성이 매우 큰 발생기 산소(O)는 공기 중의 산소(O_2)와 반응하여 2차 오염물인 오존(O_3)을 생성한다.

④ 오존(O_3)은 NO와 반응하여 NO_2와 O_2를 생성한다.

9.10 1차 오염물과 2차 오염물(primary and secondary pollutant)

대기오염물은 크게 1차 오염물과 2차 오염물로 분류한다. 1차 오염물은 발생원에서 대기 중으로 직접 배출될 때의 상태 그대로 존재하는 오염물을 말하며, 대기 중에서 1차 오염물들의 화학반응에 의해 생기는 해로운 물질을 2차 오염물이라고 한다. 자동차 배기가스는 2차 오염물 생성에 중요한 요인 중의 하나이며, 로스앤젤레스 스모그(smog)는 2차 오염물질의 광화학 스모그에 의해 발생된 대기오염 사건이다.

가솔린의 연소 시에 생성된 질소산화물(NO_X)이 대기에 배출되어 햇빛을 받아 2차 오염물질인 오존(zone, O_3)을 생성한다.

표 9-2 광화학적 스모그 발생 경로

NO_2	+	Light	→	NO(Nitric oxide)	+	O
O	+	O_2	→	O_3(Ozone)		
O_3	+	NO	→	NO_2	+	O_2
O	+	HC(Hydrocabon)		HCO^*(Radical)		
HCO^*	+	O_2	→	HCO_3^*(Radical)		
HCO_3^*	+	HC	→	Aldehydes, Ketones, etc.		
HCO_3^*	+	NO	→	HCO_2^*(Radical)	+	NO_2
HCO_3^*	+	O_2	→	O_3	+	HCO_2^*
HCO_X^*(Radical)	+	NO_2	→	Peroxyacetyl nitrates		

형성된 오존(ozone, O_3)은 다시 탄화수소와 반응하여 일련의 알데하이드, 유기산, 에폭시화합물(epoxy compounds)을 형성한다. <그림 9-5>는 하루 동안에 NO, NO_2, HC, O_3 농도가 변화하는 과정을 보여주고 있다.

광화학적 smog의 반응 메커니즘은 아직 잘 알려지지 않고 있다. <표 9-2>의 처음 세

반응에서 NO_2는 햇빛과 반응하여 O와 NO를 만들어, O_3가 생성된다. NO가 탄화수소 라디칼(HC-radicals)과 반응함으로써 과잉의 오존(O_3)이 대기 내에 축적되며, 탄화수소 라디칼(HC-radicals)의 일부가 산소(O_2)와 반응하여 오존(O_3)을 생성하기 때문에 대기 중에 고농도의 오존(O_3)이 축적되게 된다. 광화학적 화학이 아직 명확히 밝혀지진 않았으나 최근에 O_3농도를 감소시키기 위하여 탄화수소(HC)의 배출량을 감소시켜야 한다는 이론이 대두되고 있다. 탄화수소가 없게 되면, NO를 NO_2로 산화시키기 위하여 O_3가 사용되므로 O_3의 농도를 감소시킬 수 있다는 것이다. 그러나 이러한 주장은 아직 확실하지 않으므로, 모든 1차 오염물질의 배출을 통제하지 않으면 안 된다.

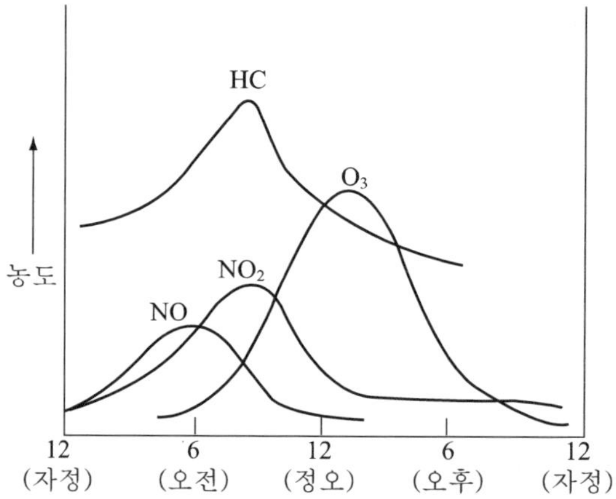

그림 9-5 광화학적 스모그의 형성

(1) NO, NO_2, O_3의 일일 변화

NO와 NO_2는 둘 다 태양광선, 기상 현상, 교통량 등에 따라서 일간변화를 나타낸다.

① 해가 뜨기 전에 NO와 NO_2는 당일의 최소량보다 약간 높은 안정치를 유지한다.

② 인간의 활동에 따른(오전 6～8시) 자동차의 교통량이 증가됨에 따라 탄화수소(HC)와 NO가 차츰 증가하고, 이에 따라 NO_2 농도가 증가한다.

③ NO_2는 햇빛의 자외선과 반응하여 NO가 O로 전환됨에 따라 O_3가 생성된다.

$$NO_2 + UV \rightleftarrows NO + O$$

$$O + O_2 \rightleftarrows O_3$$

④ 저녁 때(오후 5～8시) 햇빛이 약해지고 자동차의 교통량이 증가됨에 따라 NO의 농

도는 다시 증가한다.

⑤ 한낮에 축적된 O_3가 NO와 반응하게 되므로 NO_2가 증가되고 O_3는 감소한다.

$$O_3 + NO \rightleftarrows O_2 + NO_2$$

계절적으로 최대 NO농도는 대개 늦은 가을과 겨울 동안에 생긴다. 이때 열에너지의 수요량이 최대이고, 풍속이 낮으며, 태양 광선이 줄어들기 때문이다. NO와는 달리, NO_X는 계절적으로 변화하는 경향이 없다.

(2) 2차 오염물과 NO_X

NO_X는 광화학 스모그 생성에 필요한 성분이 되는 두 가지 화합물(탄화수소와 NO_X) 중의 하나이다.

$$\text{탄화수소} + NO_X \xrightarrow{\text{햇빛}} \text{스모그} \tag{9-4}$$

실제로는 여러 가지 복잡한 반응이 일어나는데, 아직 스모그 생성의 정확한 반응은 알려지지 않고 있다. 다만 알려진 것은, NO_2가 주로 빛 에너지 흡수제의 기능을 한다는 것이다. 대기 중에서 NO_2가 생성되는 기본 과정은,

$$O_3 + NO \rightarrow O_2 + NO_2 \tag{9-5}$$

Hydroperoxyl radical 역시 NO와 반응하여 NO_2와 hydroxyl radical을 생성한다.

$$\cdot HO_2 + NO \rightarrow \cdot HO + NO_2 \tag{9-6}$$

또한, alkylperoxyl radical도 NO를 산화하여 alkyloxyl radical과 NO_2를 생성한다.

$$\cdot RO_2 + NO \rightarrow \cdot RO + NO_2 \tag{9-7}$$

결국 NO_2는 빨리 순환되며, 탄화수소가 관여되는 일련의 경쟁 반응이 아니라면 총괄적 효과는 나타나지 않을 것이다. 탄화수소 반응은 광분해 사이클(photolytic cycle)이 불균형되게 한다. O (산소원자)는 탄화수소와 반응하여 alkylperoxyl radicals ($\cdot RO_2$)이라 불리는 반응성 중간 화학종을 생성한다. 이 자유 라디칼은 곧 NO와 반응하여 NO_2를 생성한다. 이것이 사이클에서 NO를 제거하며, 이 시스템으로부터 O_3를 제거하게 될 반응 [식 (9-5)]이 없어진다. 따라서 대기 중의 O_3 농도가 증가하게 된다. $\cdot RO_2$는 또한 O_2 및 NO_2반응하여 peroxyacetyl nitrate (PAN)를 생성한다. 이러한 광화학 반응의 최종 생성물은 광화학 스모그로서 O_3, PAN, 알데하이드, 케톤, 질산알킬, 이산화탄소 등의 공기 오염

물질로 되어 있다.

9.11 탄화수소와 광화학적 산화제(oxidants)

탄소와 수소로만 된 유기 화합물을 탄화수소라고 한다. 가솔린 및 기타 석유 제품 중의 대부분은 탄화수소인데, 지방족 및 방향족의 두 부류로 구분한다.

탄화수소(hydrocarbon, HC)는 직접 공기 중으로 배출되는 1차 오염물이고, 광화학 산화제(oxidant)는 대기 중에서 1차 오염물과 반응하여 생성된 2차 오염물이다. 대부분의 광화학적 산화제는 탄화수소와 직접·간접으로 반응하여 생성된다. 탄화수소의 유해성은 탄화수소 그 자체가 아니라 탄화수소가 대기 중에서 반응하여 생성되는 광화학적 생성물 때문이다.

광화학적 산화제는 광화학적 과정에 의하여 생성되는 대기 중의 물질로서 1차 오염물질이 햇빛과 반응하여 생성되는 2차 오염물질이다.

NO_2의 광화학적 순환에 의하여 생성되는 2차 오염물질로는 오존(O_3)과 PAN (peroxyacetyl nitrate)가 있다.

$$\mathrm{PAN: CH_3 - \overset{\displaystyle O}{\overset{\|}{C}} - OONO_2}$$

이외에도 PAN의 CH_3기가 에틸기(CH_3-CH_2-)로 치환된 PPN (peroxypropionyl nitrate)과 프로피오닐($CH_3-CH_2-CH_2-$)기로 치환된 PBN (peroxybutyryl nitrate)이 있다.

$$\mathrm{PPN: CH_3 - CH_2 - \overset{\displaystyle O}{\overset{\|}{C}} - OONO_2}$$

$$\mathrm{PBN: CH_3 - CH_2 - CH_2 - \overset{\displaystyle O}{\overset{\|}{C}} - OONO_2}$$

탄화수소는 햇빛에 의해 쉽게 반응하지 않으나 광화학적으로 생성된 물질과는 반응성이 크다. NO_2의 광화학순환에 의해 생성된 물질과 탄화수소는 쉽게 반응한다.

NO_2 광화학 순환은 다음 3단계를 거친다.

$$NO_2 + \text{햇빛} \rightarrow NO + O$$

$$O + O_2 \rightarrow O_3$$

$$O_3 + NO \rightarrow NO_2 + O_2$$

NO_2의 광학적 순환 반응에 의하여 오존(O_3)과 NO는 동일한 양씩 생성·소멸된다. 이 순환은 탄화수소의 존재 하에서 탄화수소의 방해작용으로 인하여 파괴된다. 이는 생성된 산소원자(O)나 오존(O_3)과의 반응성 때문이다. 탄화수소와 O와의 반응이 가장 쉽게 일어나며 이는 탄화수소와 O_3와의 반응보다 약 108배나 빠르게 반응하기 때문이다. O와 O_2와의 반응은 탄화수소와 O의 반응에 비하여 빠르나, 탄화수소와 O의 반응도 순환이 완성될 만큼 충분히 일어난다. 탄화수소와 O의 반응으로 생성되는 탄화수소의 자유라디칼(free radical)은 반응성이 매우 커서 NO, NO_2, O_2, O와 같은 다른 화학 물질과 반응한다.

PAN (peroxyacetyl nitrate)의 생성 반응은 다음과 같다.

1단계 : $R-CH=CH-R + O_3 \longrightarrow R-C(=O)-H + RO\cdot + HCO\cdot$
(불포화 탄화수소) (오존) (알데하이드) (자유라디칼)

2단계 : $R-C(=O)-H + O \xrightarrow{\text{햇빛}} R-C(=O)\cdot + \cdot OH$
(알데하이드) (발생기산소) (자유라디칼)

3단계 : $R-C(=O)\cdot + O_2 \longrightarrow R-C(=O)-O-O\cdot$
(자유라디칼) (산소) (자유라디칼)

4단계 : $R-C(=O)-O-O\cdot + NO_2 \longrightarrow R-C(=O)-O-O-NO_2$
(자유라디칼) (이산화질소) (PAN)

(여기서, R은 $-H$, $-CH_3$, $-CH_2CH_3$ 등을 의미함)

일반적으로 알려져 있는 반응 과정은 다음과 같다.

① 자유라디칼은 NO와 급격히 반응하여 NO_2를 생성한다. 그 결과로 NO는 이 순환에서 제외되므로 NO와 O_3의 반응은 일어날 수 없게 되고 공기 중의 O_3농도는 증가한다.

② 자유라디칼은 O_2와 NO_2와 반응하여 PAN을 생성한다.

③ 자유라디칼은 다른 탄화수소 또는 산소와 반응하여 새로운 유기 화합물을 생성한다.

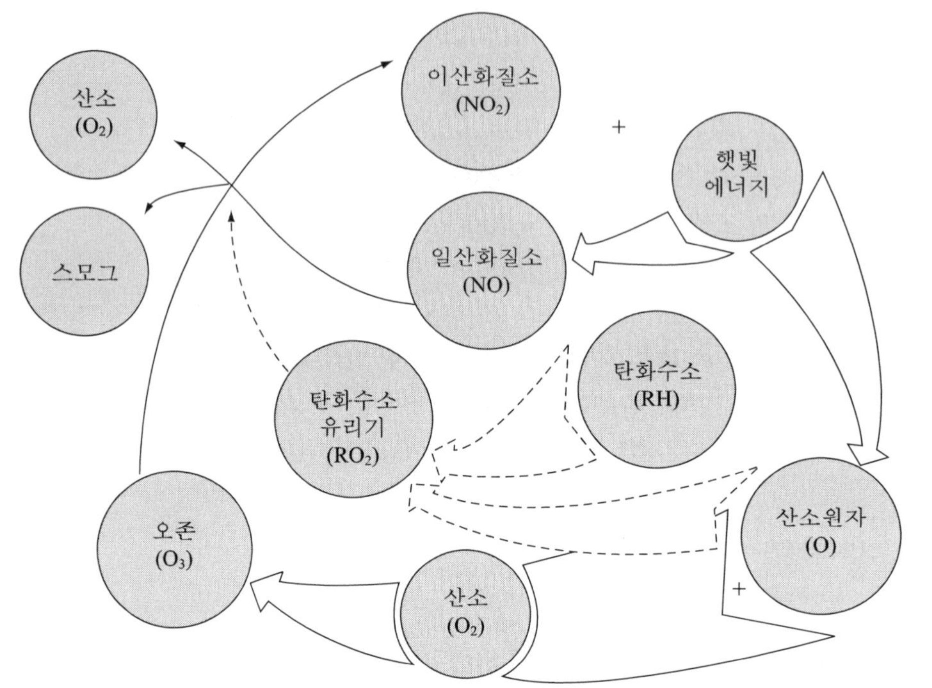

그림 9-6 탄화수소와 NO, 광화학적 순환에 의한 스모그(smog) 발생

이들 상호작용에 의하여 탄화수소는 NO_2의 광화학 순환을 파괴하는 역할을 한다. 이러한 탄화수소의 방해작용에 의하여 생성된 화합물, 즉 NO_2와 탄화수소의 반응에 의하여 생성된 물질의 혼합물을 광화학 스모그라고 부른다. 광화학 스모그는 O_3, CO, PAN, 알데하이드, 케톤, 알킬질산염, 기타 유기화합물 등의 혼합물이다. 메탄은 탄화수소 중에서 널리 분포되어 있으나 매우 불활성이기 때문에 광화학적 산화제를 생성하는데 거의 관여하지 못한다.

(1) 지방족 탄화수소(aliphatic hydrocarbon)

지방족 탄화수소에는 알칸, 알켄, 알킨 등이 있다. 알칸(alkane)은 포화 탄화수소(가령 메탄)로서, 상당히 불활성이므로 대기 중의 광화학 반응에서는 일반적으로 작용하지 않는다. 알켄(alkene)은 대개 올레핀(olefin)이라고 하며, 불포화되어 있어서 대기 광화학에서 반응성이 크다. 태양광선 존재 하에서 알켄은 고농도의 질소산화물과 반응하여 PAN (peroxyacetyl nitrate), 오존(O_3)과 같은 2차 오염물을 생성한다. 알킨(alkyne)은 반응성이 상당히 크기는 하지만, 비교적 드물어서 대기오염 연구에서는 관심의 대상이 되지 않는다.

(2) 방향족 탄화수소(aromatic hydrocarbon)

방향족 탄화수소는 생화학적 및 생물학적 활성이 있으며, 어떤 것은 발암성이 있다. 방향족은 벤젠에서 유도되거나 이것과 관련이 있다. 방향족은 불포화 지방족 탄화수소와는 특징적인 반응성을 나타내지는 않지만 방향족 탄화수소의 다핵 작용기(polynuclear group)는 대기오염 연구에서 관심의 대상이 되고 있다. 이러한 화합물 중 여러 가지가 발암성을 나타내고 있기 때문이다. 도시 지역에서의 폐암의 증가는 자동차 배기가스 중의 다핵 탄화수소에 원인이 있는 것으로 생각되고 있다.

9.12 광화학 산화제(옥시던트 ; oxidants)의 영향

옥시던트 또는 전체 옥시던트(total oxidants)의 두 용어는 광화학 옥시던트 수준을 나타내는데 사용되며, 일반적으로 대기의 순 산화능을 나타낸다. 오존은 공기 오염에서 기본적 관심의 대상이 되는 광화학 옥시던트로서, 상층 대기 중에서는 태양광선에 의하여 생성되며, 그 중 소량이 아래로 확산된다. 또한 번개 및 삼림화재에서도 소량 생성된다. 오존의 농도는 교외나 농촌지역에서 오히려 높을 경우가 있으며, 이는 도시지역의 O_3는 NO와의 반응으로 없어지기 때문이다. 대기오염의 주요관심의 대상으로는 오존(O_3), PAN (peroxyacetyl nitrate), 이산화질소(NO_2), 발생기산소(O), PPN (peroxypropionyl nitrate), PBN (peroxybutyryl nitrate) 등이 있다.

(1) 인간 건강에 대한 영향

광화학 옥시던트는 기침, 숨참, 기도 수축, 두통, 가슴 조임 및 아픔, 폐기능 장애, 적혈구 변화, 인두염, 후두염, 그리고 눈, 코 및 목의 자극 등의 원인이 된다. 임상조사에 의하면, 광화학 옥시던트 수준 725 $\mu g/m^3$ (0.37 ppm)에 노출된 사람은 건강에 심각한 영향을 겪게 된다. 실험용 생쥐를 고농도의 오존에 노출시키면, 염색체가 손상된다. 인간 세포 배양에서 10분 동안 15,673 $\mu g/m^3$ (8.0 ppm)에 노출시키면 염색체 파괴를 관찰할 수 있다.

(2) 식물에 대한 영향

옥시던트 중에서 식물에 손상을 입히는 주요 성분은 O_3와 PAN이다. 두 가지 다 기공을 통하여 식물 잎으로 들어가서 식물세포의 대사를 방해한다. O_3에 의한 피해는 잎 위의 점각(stippling) 및 반점(flecking)으로 나타난다. 민감한 종은 59μg/m^3 (0.03 ppm)에서 3시간 동안 노출되면 O_3에 의한 피해가 나타난다.

PAN노출에 의한 피해 증상은 잎 뒷면에 청동색화(bronzing), 광택화(glazing), 은백화(silvering) 등이다. 민감한 종은 5시간 동안 20μg/m^{3}의 PAN농도에 노출되면 피해를 입는다. 94～282μg/m^3 (0.05～0.15 ppm) 수준의 옥시던트에 만성적으로 노출되면, 콩, 옥수수, 무 등은 수확량이 줄어든다. 카네이션, 제라늄, 얼룩배기강낭콩(pinto bean) 등은 이러한 조건에서 성장 및 개화에 영향을 받는다.

(3) 물질에 대한 영향

오존은 아주 활성이 있는 화합물로서, 페인트, 탄성체(elastomer, 가령 고무), 직물 섬유, 염료 등을 쉽게 산화한다. 탄성체, 직물 및 염료의 보호기술이 있지만 비용이 많이 든다.

대기오염 문제는 단지 오염물을 제거만 한다면 해결되는 단순한 문제가 아니다. 대부분의 경우 제거해야 할 것이 무엇인가를 먼저 알아야 한다. 그 전형적인 예가 광화학적 smog이다. Smog의 형성을 위한 반응물은 주로 자동차로부터 배출된다. 그러나 smog의 방지를 위하여 개인차 대신 대중 교통수단을 이용하는 것은 새로운 방식의 생활을 뜻하게 되므로 단순한 일이 아니다. 따라서 대기오염 문제는 결코 단순한 경제, 정치, 기술만 관련된 것이 아니라 에너지의 공급과 수요, 인간의 심리, 그리고 인간의 생활양식이 얽힌 복잡한 문제가 된다는 사실을 명심하여야 한다.

연 습 문 제

01. Smog와 광화학 smog의 차이점을 설명하시오.

02. 다음을 설명하시오.

① VOCs ② PAHs ③ CFCs ④ PAN ⑤ PCB

03. COH(Coefficient of Haze)에 대하여 설명하시오.

04. 연료사용에서 배출되는 SO_2의 환경기준치를 0.05 ppm 이하로 정하고 있다. 이 때 0.05 ppm값은? ④

① 8시간 평균치 ② 24시간 평균치
③ 6개월 평균치 ④ 연간평균치

(해설) 환경기준은 SO_2 농도가 0.05 ppm 이하이어야 하며, 연간을 통하여 24시간 평균치가 0.05 ppm 이하인 일수가 70% 이상 유지하고, 24시간 평균치가 0.15 ppm 이하이어야 한다(연간 3회 이상 최과하여서도 안 된다.).

05. 대기오염은 생활환경을 파괴하는 동시에 직접 또는 간접으로 인체, 동·식물, 농축산물, 건축 자재 등에 피해를 주어 경제적으로 큰 손실을 끼치고 있다. 이러한 오염물질의 오염레벨(level)을 설명하시오.

06. 유해물질의 연소 시 유발되는 대기오염물질이다. 이에 해당되지 않는 것은? ①

① 스모그 ② 분진 ③ 산성가스 ④ 증기

(해설) 스모그는 연소 시 발생되는 대기오염물질이 아니고, 대기오염물질에 의해 유발되는 안개의 일종이다.

07. 발전소에서 석탄을 20 ton/h로 태운다. 이 석탄의 평균 황 함유량이 4.5%일 때, SO_2의 배출량(ton/d)을 구하여라.

08. 광화학 스모그 생성에서 필요한 성분이 되는 두 가지 화합물은 무엇인가?

09. NO와 NO_2의 일간 변화의 원인과 상호 관계를 설명하여라.

CHAPTER 10

대기오염과 기상학

대기오염과 가장 밀접한 관계를 맺고 있는 학문은 기상학(meteorology)이며, 기상현상은 대기의 질에 중요한 영향을 미친다. 과거에는 대기오염은 도시에서 일어나는 기본적인 현상으로 인식되어졌다. 따라서 도시 오염물질들이 대기 중에서 희석될 수 있다면 최종농도는 매우 낮아 아무런 피해가 없을 것이라고 생각되어 왔으며, 아직도 많은 사람들은 희석이 오염의 해결책이라는 생각을 하고 있다. 그리하여 많은 공장과 발전소에서는 오염물질을 보다 멀리 확산시키기 위하여 높은 굴뚝을 건설함으로써, 오염물질을 저오염지역으로 확산시켜 왔고, 위해영향을 더욱 넓은 지역으로 확산시키는 결과를 초래하였다.

10.1 기상현상의 영향

오염물질의 배출원에서 방출된 대기오염물질은 기상이나 지형에 따라서 이동, 분산 또는 농축된다. 대기오염 사례에서 알 수 있듯이, 오염물질이 분산되기 어려워서 유해한 수준으로까지 축적되는 원인에는 기상조건이 관련되어 있다. 대기질관리의 일차적인 목적은 대기 중에 있는 오염물질의 수준을 낮추는 데에 있다. 이것은 오염물질의 배출률을 감소시키거나, 적당히 확산·희석시켜 오염물질의 농도를 낮추는 것이다. 확산에는 수평확산과 수직확산이 있다. 따라서 대기의 수직·수평이동의 원리를 이해하는 것은 대기질의 관리측면에서 매우 중요하다. 또한, 기상현상의 4가지 요소인 열, 압력, 바람, 수분이 오염물질의 대기 중으로의 분산에 미치는 영향을 이해하여야 한다.

(1) 바람과 분산

바람은 공기오염물질의 분배, 수송 및 분산의 가장 중요한 매개체이다. 풍속으로부터 입상물질의 수용체(receptor)까지의 이동시간과 대기오염물질의 분산속도를 구할 수 있다. 가령 풍속이 1 m/sec이고 배출원에서 오염물질을 5 $g/m^2 \cdot sec$로 배출하고 있다면, 이 플룸의 오염물질 농도는 5 g/m^3이 된다. 풍속을 5 m/sec로 증가시키면, 같은 배출원에서의 오염물질 농도는 1 g/m^3으로 줄어든다. 따라서, 플룸 중의 물질 농도는 풍속에 반비례한다. 지구상의 모든 지역에서 태양에너지를 흡수하여 지표면이 뜨거워짐으로써, 계절풍(seasonal wind), 태풍(typhoon)과 영구풍(permanent wind)이 발생한다. 지구는 계속 회전하기 때문에, 북반구에서의 대기이동은 시계반대 방향으로 움직인다. 풍향과 풍속에 관한 자료를 그림으로 나타낸 것을 풍화(wind rose, 바람장미)라고 하는데 풍향은 바람이 불어오는 쪽의 방향이다. 즉, 북풍은 북쪽에서 불어오는 바람을 말한다.

국지적인 지형조건이 기상에 영향을 미친다. 예를 들어, 해안이나 큰 호숫가에서는 해풍이 불게 된다. 해변에서는 태양복사열이 많은 낮 동안 바다 위의 기온이 육지의 기온보다 낮다. 따라서 육지의 따뜻한 공기는 상승되고 바다위의 찬 공기로 대치된다. 해풍과는 반대로 육풍은 해안에서 멀리 떨어진 내륙에서 일어나며, 여름철보다는 겨울철에 더욱 강하다. 산곡풍(mountainvalley wind)은 밤에는 산능선의 높은 곳의 온도가 더 낮기 때문에 밤에는 낮은 계곡쪽으로 바람이 불게 된다. 한편, 낮에는 햇빛에 의하여 따뜻해진 계곡의 공기가 산능선쪽으로 상승하므로 바람의 방향은 반대가 된다. 그리고 도시에서 건물의 벽이나 도로는 열을 흡수, 저장하기 때문에 밤에는 열섬효과(heat-island)를 만든다. 이 효과에 의해 방출된 대량의 분진이 도시 상공에 머물면서 지표면에 도달하는 태양 복사열을 감소시켜서 결국 공기의 수직이동을 방해하며 자체의 독특한 순환 시스템을 형성하게 된다.

(2) 기압과 분산

기압은 기상현상의 중요한 변수 중의 하나이며 기압이 같은 점을 연결한 선을 등압선(isobar)이라고 한다. 한 지역에서 기압이 올라가면 다른 지역에서는 기압이 내려가므로, 대기의 흐름량(flux)은 일정하다.

1) 고기압 북반구에서는 공기의 수직운동은 하향적이며 수평운동은 시계방향이다. 고기압에서는 햇빛이 나고 비교적 안정된 날씨를 나타내며 풍향은 시계방향으로 하강한다. 대기가 안정하므로 광범위한 지역에서 기온과 습도가 별로 변하지 않는다.

대기가 안정하므로, 분산이 제한되고 대기오염물질이 축적되어 대기오염 문제를 야기하게 된다.

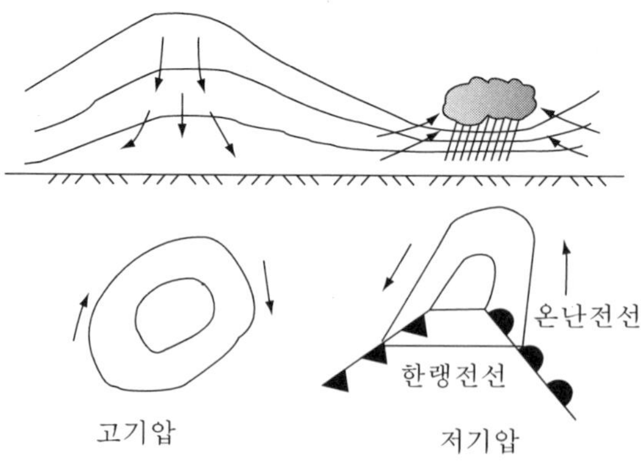

그림 10-1 고기압과 저기압

2) 저기압 북반구에서의 공기의 수평이동은 시계반대 방향이고 수직이동은 상향적이다. 저기압에서는 대개 구름이 낀 하늘, 세찬바람, 대기의 불안정성, 전선의 형성 등과 관련이 있다. 대기의 불안정 상태에 의하여 오염물질의 분산이 쉬우므로 오염물질의 축적이 잘 일어나지 않게 되어 대기오염 문제가 적어진다. 온난전선은 찬 공기가 후퇴하고 더운 공기가 전진할 때 생성되며, 온난전선이 발전하면, 보다 안정된 상태가 되어서 대기오염 잠재력이 증가하게 된다. 한냉전선은 찬 공기가 더운 공기권으로 전진할 때 생기며, 갑자기 소나기가 내린 후 맑아지고 시원해지며 습도가 내려간다.

Example 10-0

기압에 대한 이해

지구의 해수면에서의 기압은 1기압(1 atm)이다. 이 해수면적 1 cm^2 (= 1 cm × 1 cm)이고, 높이가 해수면으로부터 대류권 계면까지인 부피에 들어 있는 공기의 무게는 몇 g인가? (1기압 = 76 cmHg)

풀이

압력은 단위 면적당 수직으로 가해지는 힘이다. 공기는 대류권 내에 존재하며, 기압(즉, 공기에 의한 압력)은 대기권(大氣圈)에 존재하는 공기(空氣)가 누르는 압력이다. 즉, 해수면으로부터 대류권 계면까지의 공기가 해수면을 누르는 압력이 1기압(= 76 cmHg)이므로, 공기의 무게가 단위면적당 76 cmHg이다.

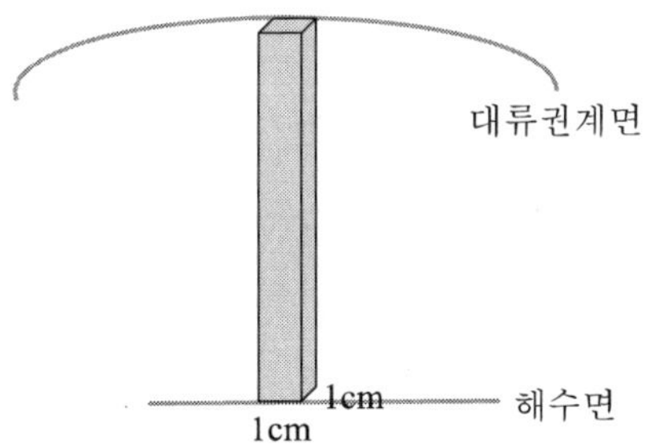

단위면적당 1기압(= 76 cmHg)이 공기에 의한 것이므로, 지표면 면적 1 cm^2에 76 cmHg의 기둥에 해당하는 무게가 대기권까지의 공기 무게이다.

$$(1\ cm^2) \times (76\ cmHg) \times (13.6\ g/cm^3 Hg) = 1033.6\ g$$

(3) 열과 분산

열은 기상의 변화를 가져오는 중요한 변수로서 대규모의 공기이동을 초래한다. 대류권에서 발생하는 열전달 방법은 온실효과(green house effect), 응축 - 증발 사이클, 전도, 대류 등이 있다. 이러한 열이동은 대기의 안정성·불안정성과 관련되며, 대기이동의 원동력이 되므로 오염물질의 분산에서는 대기의 안정성 또는 불안정성을 필수적으로 고려하여야 한다(다음 10.2절의 "대기오염물질의 수직분산" 참조).

(4) 수분과 분산

대기 중의 수분 함유량과 형태는 그 지역의 공기질에 큰 영향을 미칠 수 있다. 대기 중의 수증기는 태양의 복사에너지를 산란 또는 흡수하는 역할을 하기 때문이다. 강수는 대기 세척제의 역할을 한다. 비가 공기로부터 이산화황(SO_2)을 제거하면 산성비(acid rain)를 생성하게 되고 그 지역의 부식속도를 증가시킨다. 또한, 강이나 하천의 pH를 변화시키게 되므로, 그 수역의 조류(algae) 및 식물 종에 영향을 미친다.

10.2 대기오염물질의 수직분산

대기오염에서 가장 중요한 대기특성 중의 하나는 대기의 안정도(stability)이다. 대기의 안정도는 수직적인 기온변화에 의한 풍속의 변화에 의하여 결정되므로 수직방향의 기온변화가 대기의 상태를 결정하게 된다. 이러한 대기의 안정도는 체감률(lapse rate)과 밀접한 관계가 있다.

(1) 체감률(lapse rate)

기온의 변화와 기압의 변화는 대기오염물의 이동에 큰 영향을 미친다. 오염물을 확산시킬 수 있는 난류의 크기는 온도경사(temperature gradient)의 함수이다.

공기(空氣)는 지구를 둘러싼 기체(氣體)를 말하며, 기압(氣壓)은 대기권(大氣圈)에 존재하는 공기(空氣)가 누르는 압력이다(Exemple 10-0 참조). 해면에서 기압은 1기압이지만 상공으로 올라갈수록 기압은 떨어진다.

대류권에서는 일반적으로 고도가 높아질수록 기온이 낮아진다(그림 8-1). 이러한 온도의 변화율을 체감률(lapse rate)이라고 한다. 고도에 따른 실제 온도변화를 실제체감률, 주변체감률(ambient lapse rate), 우세체감률(prevailing lapse rate) 또는 환경체감률(environmental lapse rate)이라고 한다.

(2) 단열체감률(adiabatic lapse rate)

인공적으로 가열된 공기덩어리(가령, 굴뚝 가스나 자동차 배기가스)가 주변의 대기(공기) 중으로 배출되어 나오는 경우를 생각해 보자.

대기 중으로 배출된 이 공기덩어리는 주변 대기 중의 공기분자의 에너지보다 크기 때문에 팽창하게 되며, 공기덩어리의 온도는 낮아지게 된다. 이 특정 공기덩어리의 온도가 주변 대기의 온도보다 높으므로(즉, 주변 대기의 밀도보다 낮으므로) 위로 올라가서 그 자체의 온도 및 밀도가 이것을 둘러싸고 있는 대기의 경우와 같아지는 위치에까지 이르게 될 것이다. 따라서 인공적으로 가열된 공기덩어리(가령, 굴뚝 가스나 자동차 배기가스)는 상승하고, 팽창하며, 가벼워지고, 차가워지게 된다. 이 과정은 상승하는 덩어리와 주변 공기 사이의 열 교환이 없이(단열과정, adiabatic) 일어난다고 가정하므로, 이 공기덩어리 안의 온도는 내려가게 된다.

단열 팽창하는 건조 공기는 9.8℃/km (0.98℃/100m, 약 1℃/100m)로 냉각되는데, 이를 건조단열체감률(dry adiabatic lapse rate)이라 한다. 습한 공기도 건조단열 과정에서와 마찬가지로 상승하면서 단열적으로 냉각되지만, 상승하는 포화 공기덩어리 안에서 수증기가 응축하면 잠열이 방출되므로 이 공기덩어리의 온도 변화는 공기의 팽창에 따른 잠열의 방출에 의하여, 온도가 덜 내려가게 된다. 따라서 이러한 포화단열체감률(saturated or wet adiabatic lapse rate, 6℃/km)은 건조단열체감률보다 작다. 상승하는 배기가스 덩어리는 완전히 포화되거나 건조되어 있는 일은 거의 없으므로, 일반적으로 단열체감률은 이 두 극단 사이의 어떤 값이 된다.

건조단열체감률(dry adiabatic lapse rate) Γ은 다음과 같다.

$$\Gamma = \left(-\frac{dT}{dz} \right)_{\text{adia}} = \frac{1℃}{100\text{m}} \tag{10-1}$$

건조단열체감률과 실제의 체감률, 즉 환경체감률(environmental lapse rate)을 비교함으로써 대기의 안정도를 나타낼 수 있다. 대기의 안정도는 대기로 방출되는 오염물을 수직 분산시키는 척도가 된다.

[참고] 단열팽창과 단열압축

특정 계(system, 여기서는 특정 공기덩어리)가 외부로부터 열(Q)을 받고, 일(W)을 외부에 했을 때 계의 내부에너지 변화(ΔU)는 받은 열(Q)에서 외부에 한 일(W)을 뺀 값이다 (열역학 제1법칙).

$$\Delta U = Q - W = Q - P\Delta V$$

공기의 열 전도율이 매우 낮으므로, 특정 공기덩어리와 주변 대기와의 열 교환을 무시할 수 있다. 따라서, $Q = 0$이며 이를 단열(adiabatic)과정이라고 한다.

① 단열팽창

$Q = 0$이고 부피가 팽창($\Delta V > 0$)할 경우, 주변 대기의 압력(P)은 양수이므로 내부에너지 변화(ΔU)는 음수가 되어 내부에너지가 감소하므로 온도가 하강하게 된다.

② 단열압축

$Q=0$이고 부피가 수축($\Delta V<0$)할 경우, 내부에너지 변화(ΔU)는 양수가 되어 내부에너지가 증가하므로 온도가 상승하게 된다.

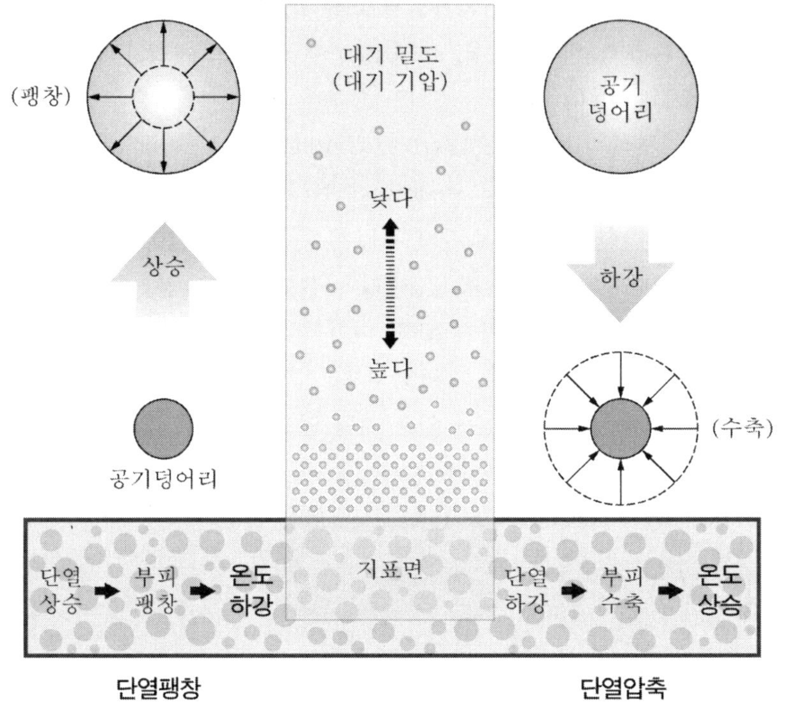

그림 10-1-1 공기덩어리의 단열팽창과 단열압축

(2) 대기의 안정성

오염원으로부터 배출되는 대기오염물을 수직으로 분산시킬 수 있는 대기의 능력을 추정하려면, 대기의 안정도를 먼저 알아야 한다. 대기의 안정성은 상승하는 공기덩어리의 수직 운동 가능성을 반영하는 것이므로, 오염물의 분산에서는 대기안정성 또는 불안정성을 필수적으로 고려하여야 한다. 대기 안정성(atmospheric stability)은 기온의 수직분포의 함수인데, 환경(주변)체감률을 단열체감률에 대하여 그려보면 대기의 안정성을 나타낼 수 있다.

주위 공기보다 상승 공기덩어리가 더운 상태(또는 하강 공기덩어리가 찬 상태)로 유지되면 이 대기는 불안정하다고 한다. 이러한 공기덩어리는 그 변위 방향으로 계속 가속될 것이기 때문이다.

반대로, 상승 공기덩어리가 주위 공기보다 차고 밀도가 큰 상태가 되는 고도에 이르렀다면, 결과적으로 하향 부력이 작용하여, 이 변위 공기덩어리를 땅 쪽으로 밀어서 변위 방향으로부터 벗어나게 할 것이다. 이러한 상태에서는 대기가 안정하다고 한다. 안정한 대기는 수직방향의 공기운동, 즉 혼합이 없으며, 그 결과 지표부근에서 방출된 대기오염물은 지표부근에 그대로 머물게 된다.

움직이고 있는 공기덩어리의 상승 또는 하강은 주변 대기의 상황에 의하여 정해지므로 주변대기의 환경(주변)체감률이 어떠한 상태인가에 따라서 주변대기가 안정한 상태인가 불안정한 상태의 대기인가를 구분할 수 있다.

주변대기의 환경(주변)체감률이 움직이고 있는 공기덩어리의 단열체감률을 능가하면, 이때의 주변체감률이 과단열(superadiabatic) 되었다고 하며, 이때 대기는 아주 불안정하다. 그림 10-2에서 주변대기의 체감률이 약 9.8℃/0.6 km (≒16.3℃/km)일 경우, 움직이고 있는 공기덩어리의 건조단열(중성) 체감률(9.8℃/km)보다 크다. 주변대기의 체감률이 움직이고 있는 특정 공기덩어리의 체감률보다 크므로 특정 공기덩어리의 온도가 주변대기 온도보다 높게 유지된다. 따라서 과단열적인 대기상태에서는 공기가 상하 어느 쪽으로 운동하든 계속 같은 방향으로 운동하려는 경향을 띄게 되므로 불안정(unstable)하다.

예를 들어, 바람이 산쪽으로 불고 있을 때 바람은 높이에 따라서 그 온도가 단열적으로 감소되어 습윤해질 때까지는 1℃/100m씩 내려가나, 만약 습윤해지면 수증기가 응결하기

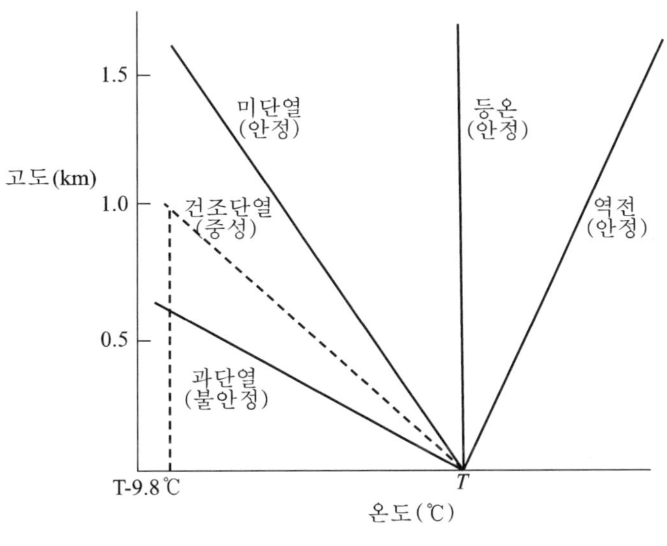

그림 10-2 주변 체감률과 건조 단열 체감률의 관계

때문에 이때에 유리되는 잠열로 인하여 온도의 하강률은 적게 되어 0.6℃/100m씩 하강한다. 반대로 산으로부터 바람이 불어내릴 때에는 단열적으로 기온이 상승하여 수증기의 응결이 없으므로 1℃/100m의 율로 기온이 상승한다. 그러므로 습윤한 바람이라도 일단 산을 넘어가서는 온도가 상승하고 건조해진다. 이를 푄(Föhn)현상이라고 하며 우리나라에서는 서풍에 의하여 동해안지역에서, 또는 동풍에 의하여 관서지역에서 흔히 볼 수 있다.

만약 주변 대기의 체감률이 움직이고 있는 공기덩어리의 단열체감률과 같다면 이 대기를 중립(neutral)이라고 하며, 이 경우 상승하는 공기는 주위의 온도와 똑같은 고도에 도달하면 주위의 기압, 온도, 밀도와 같게 되므로 부력이 없어지게 된다. 따라서 대기가 단열체감률을 갖게 되면 중립적 안정상태에 있게 된다. 즉, 상승하던 공기는 더 이상 상공으로 이동하지도 않고 원위치로 되돌아가지도 않는다.

환경(주변)체감률이 건조단열체감률보다 적으면, 이 환경(주변)체감률은 미단열(sub-adiabatic)이라고 하며, 이때 대기는 안정하다.

어떤 대기층 전체에서 기온이 일정하면, 환경(주변)체감률은 0 (zero)이고, 이 대기층을

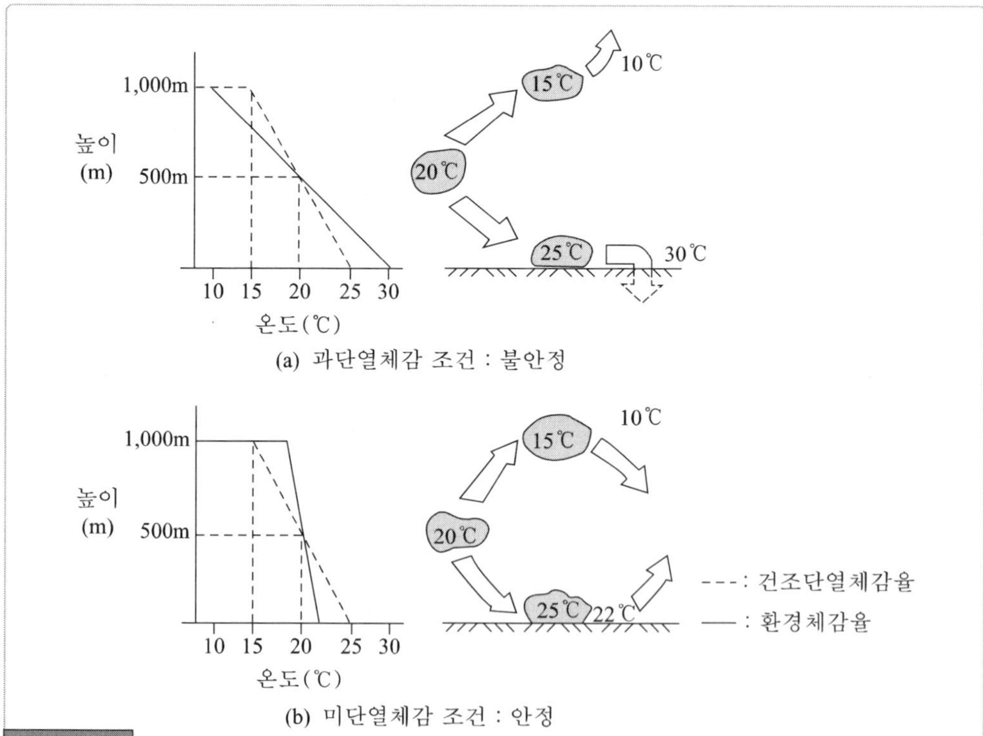

그림 10-3 안정도와 대기의 수직운동

등온(isothermal)이라 하며, 대기는 안정하다.

주변 공기 온도가 고도에 따라 감소하는 대신에 상승하면 체감률이 (−)값, 즉 정상적 상태로부터 역전된다. 일반적으로 기온역전(inversion)이라 한다. 이때 더운 공기가 찬 공기를 덮고 있으며, 열 또는 기온역전은 공기의 안정도가 높음을 의미한다.

만약 500 m 상공의 공기온도가 20℃, 과단열 조건에서의 지상의 온도는 30℃라고 가정하자<그림 10-3(a)>. 500m지점의 공기덩어리가 1,000 m로 상승할 경우, 건조단열 조건 하에서 100 m 상승함에 따라 1℃의 온도가 떨어질 것이다. 1,000 m에서의 공기덩어리의 온도는 20℃보다 5℃적은 15℃가 되어야 한다. 그러나 실제온도는 10℃이기 때문에 공기덩어리는 찬 공기에 둘러싸이게 된다. 그래서 더운 공기는 더 상승하게 되는데, 이때의 대기를 불안정하다고 한다. 과단열 조건 하에서의 공기덩어리는 계속 상승하게 된다.

공기덩어리가 지상으로 나려오게 되면 20℃ + (500 m × 1℃/100m) = 25℃가 된다. 그러나 지상의 온도가 30℃이기 때문에 하강할 수 있을 때까지 하강한다. 그러므로 과단열 조건은 불안정하며, 수직적인 대기이동과 난류에 의한 운동을 한다.

<그림 10-3(b)>에 나타난 미단열조건은 과단열조건과 대조적으로 안정한 대기조건을 형성한다. 다시 한 번, 500 m, 20℃의 공기덩어리를 생각하기로 하자. 전형적인 미단열조건에서 지상온도 22℃, 1,000 m 상공의 온도는 18℃이다(<그림 10-3(b)>에서의 실선). 만약 공기덩어리가 1,000 m에 있다면 그것은 15℃의 온도로 떨어질 것이다. 그러나 상승한 공기덩어리의 온도가 주위의 온도 18℃보다 낮으므로 그 공기는 주위의 공기보다 무

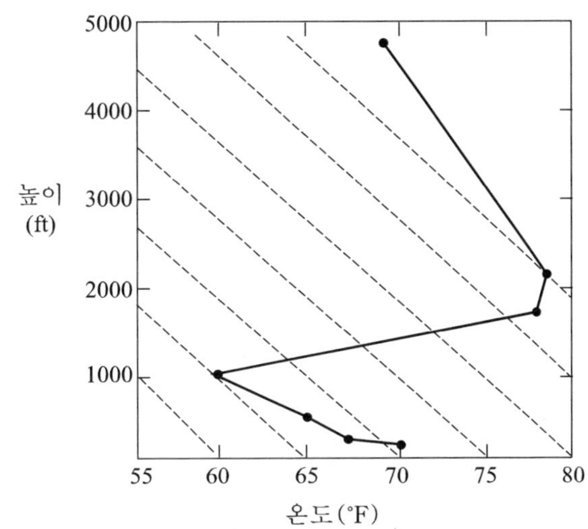

그림 10-4 1962년 10월 4일 로스앤젤레스의 실제온도체감률

Chapter 8
Chapter 9
Chapter 10
Chapter 11

겁게 되고 다시 원위치로 되돌아가려는 경향이 생긴다. 공기덩어리가 지상으로 하강하게 되면, 온도는 25℃가 되어 주위의 공기온도 22℃보다도 높으므로 가벼워져서 다시 원위치인 500m상공으로 되돌아가게 된다. 그러므로 미단열체감계에서는 대기의 수직운동을 방해하고, 제한된 혼합 희석 지역을 생성하게 된다.

대기역전은 미단열상태이므로, 역전층에서의 대기의 수직운동은 거의 없다고 할 수 있다. <그림 10-4>는 로스앤젤레스의 실제온도 체감률을 표시한 것이다. 최초의 역전은 1,000 ft에서 일어나고 있다. 이 역전층은 도시의 뚜껑 역할을 하며, 대기오염의 원인이 된다. 로스앤젤레스의 역전을 침강역전(subsidence inversion)이라고 한다. 왜냐하면 도시 상공에서 침강하는 뜨거운 공기층으로 둘러싸이기 때문이다.

10.3 온도역전(temperature inversion)

대류권에서 공기가 상공으로 올라 갈수록 기온은 단열적으로 감소(−1.0℃/100 m)하는데, 상공으로 올라갈수록 기온이 증가하는 대기의 상태를 온도역전(temperature inversion) 또는 역전(inversion)이라 하며, 대기는 안정한 상태가 된다. 대기역전은 미단열(subadiabatic) 상태이므로, 역전층에서의 대기의 수직이동은 거의 없다. 대기의 온도 역전은 고농도의 대기오염을 일으킨다<그림 10-6>. 온도역전은 맑은 날씨의 평지에 태양이 강렬히 쪼일 때 일어날 수 있으며 이것을 접지역전(ground inversion)이라고 한다. 공중에

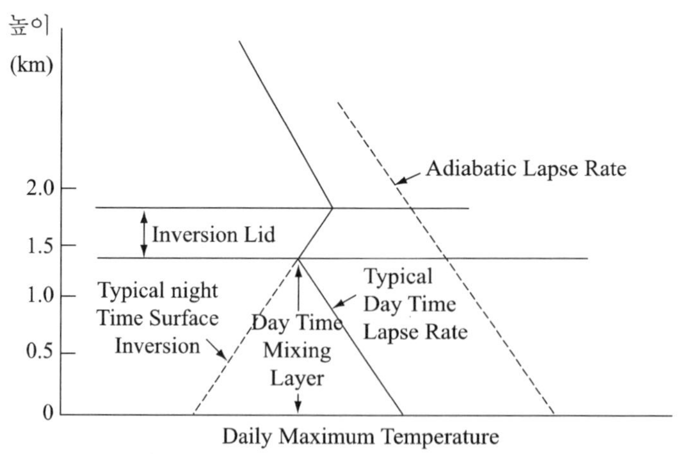

그림 10-5 Inversion Lid와 Depth

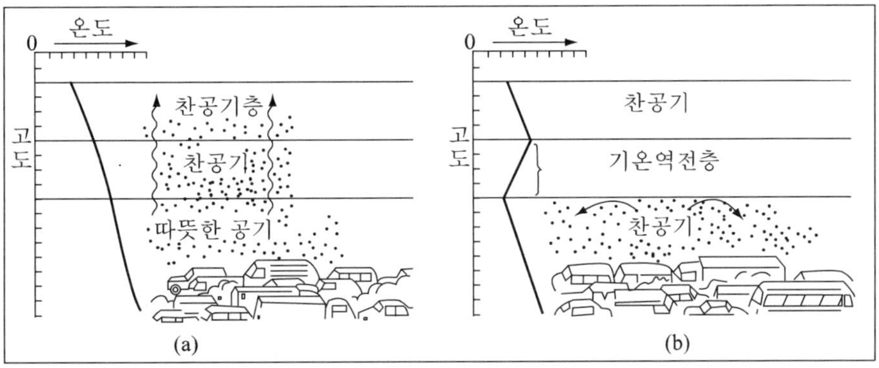

그림 10-6 온도역전은 고농도 대기오염을 일으킨다. (a) 보통공기온도는 지상에서 가장 높으며 고도가 높을수록 하강하게 된다. 따뜻한 공기가 상승하게 되면 오염물질도 상부로 이동하게 되어 위에 있는 공기에 확산시켜 희석이 된다. (b) 온도역전상태에서는 따뜻한 공기는 지상의 찬 공기 위에 놓이게 된다. 이것은 상승기류를 봉쇄하여 밀폐된 방안의 담배연기처럼 오염물질을 축적시킨다.

서 찬 공기와 더운 공기가 역전층을 형성하는 것을 공중역전(elevated inversion)이라고 하며, 이 층을 역전면(inversion lid)이라 한다. 즉, 이 면에 오염물질이 배출되면 뚜껑처럼 상·하부로 분산되지 않고 그대로 있게 된다. 이 역전면이 지표면 부근에 생성되면 대기오염 문제를 유발한다. 지상으로부터 약 10,000 m에는 대류정지면(tropopause)이라고 부르는 층이 있다. 대류권과 성층권을 구분하는 이 면은 공기의 온도차에 의한 영구적인 역전면이며, 그 하부를 혼합층(mixing layer)이라고 부른다. 이러한 역전면이 하부에 형성되면 혼합층의 깊이(혼합심)는 얇아지게 되며, 혼합길이에 풍속을 곱한 것을 환기량(ventilation)이라고 한다. 여러 종류의 온도역전 중에서 가장 빈번히 일어나는 것은 복사역전(radiative inversion)과 침강역전(subsidence inversion)이다.

(1) 접지역전(ground inversion)

복사역전 또는 지표역전(radiation or surface inversion) 낮 동안에는 복사열에 의하여 지표면이 가열되어 지표면에 접하고 있는 공기의 온도가 높아지고 대기가 불안정하게 된다. 그러나 밤에는 지표면에서 복사열을 계속 방출하므로 지표면이 냉각되어 지표면에 접한 공기의 온도가 내려가고 그보다 상공의 공기에 비하여 더 차가워져서 역전현상이 생긴다. 이러한 역전을 복사역전 또는 지표역전이라고 하며 이 복사역전은 지면에 접하고 있기 때문에 접지역전(ground inversion)의 일종이다.

접지역전은 따뜻한 공기가 찬 지표면이나 차가운 수면 위에 불어 올 때에도 발생할 수 있다. 따뜻한 공기의 하층이 차가운 지표면에 의하여 냉각되기 때문이다. 또한, 여름철 소나기가 내린 후 수분의 증발에 의해 지표면이 식게 될 경우에 역전층이 생성되기도 한다.

복사역전층은 보통 가을부터 봄 사이에 습도가 낮고 바람이 약한 좋은 날씨에, 저녁부터 아침동안에 발생한다. 낮이 되어 지면이 따뜻해지면 곧 소멸된다. 복사역전은 땅과 땅 위의 공기의 냉각 속도가 달라서 생기는 현상이며 아침 햇빛이 비치면 쉽게 파괴되는 야행성이 특징이다. 복사역전이 생기면 안개 형성이 촉진되며, 동시에 기체와 입상물질을 가두어 두어서 오염물의 농축이 일어난다.

특히 사막지방에서는 아침에 90% 이상의 경우가 역전이 발생한다. 복사역전은 지표 가까이에 형성되므로 지표역전(surface inversion)이라고도 한다. 이때에 방출된 오염물질은 밤 동안에 역전층 안에 갇혀 다음날 아침 역전층이 깨어질 때 비로소 대기의 수직이동이 시작된다.

복사역전은 침강역전과 달리 대기오염물 배출원이 위치하는 대기층에서 생기므로 대기오염문제에 있어서 중요한 위치를 차지한다. 더구나 복사역전은 구름과 바람이 없는 경우에 생기므로 대기오염물이 강우에 의하여 씻기거나 바람에 의해서 분산될 가능성이 적기 때문에 문제는 더 심각하게 된다.

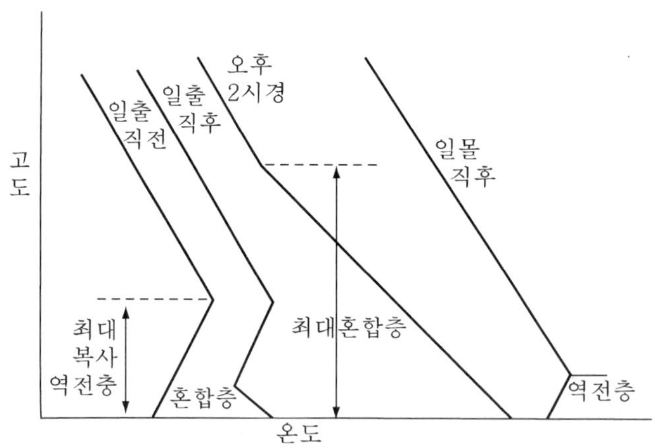

그림 10-7 환경체감률의 일일변화와 복사역전

(2) 공중역전(elevated inversion)

1) 침강역전(subsidence inversion)

침강역전(subsidence inversion)은 대개 고기압권과 관계가 있다. 이러한 역전은 고기압권 내의 특징인 공기의 하강운동에 기인한다. 고기압권 내의 공기가 매우 낮은 속도로 강하하면 기압에 의해 압축되므로, 가열되어 온도가 상승하게 되고, 더운 공기층을 이루게 된다. 지표근처의 공기는 적게 강하하여 온도가 적게 변화하므로 그 밑의 찬 공기를 덮게 된다. 그 결과 공기층 내에서 양(+)의 온도경사가 생기면서 역전층이 형성된다. 따라서, 침강하는 공기덩어리는 그 아래에 위치하는 대기 위에 거대한 뚜껑으로 작용하게 되며, 더 이상의 공기의 수직 운동을 방해하게 된다. 이를 침강역전(subsidence inversion)이라 한다.

침강역전은 오염물방출원보다 높은 곳에서 생기므로 일반적으로 단기적인 대기오염문제는 잘 야기하지 않는다. 그러나 이런 종류의 역전은 장기간 지속될 수 있기 때문에, 장기간에 걸친 대기오염물이 축적을 일으킬 수도 있다. 대도시 지역에서의 대기오염 현상이 침강역전에 의하여 발생한 예가 많다.

2) 전선역전(frontal inversion)

따뜻한 공기가 찬 공기 층 위를 타고 상승하는 전선에서는 그 전이층에서 기온의 역전 현상이 발생하게 된다. 이를 전선역전층(frontal inversion layer)이라고 한다.

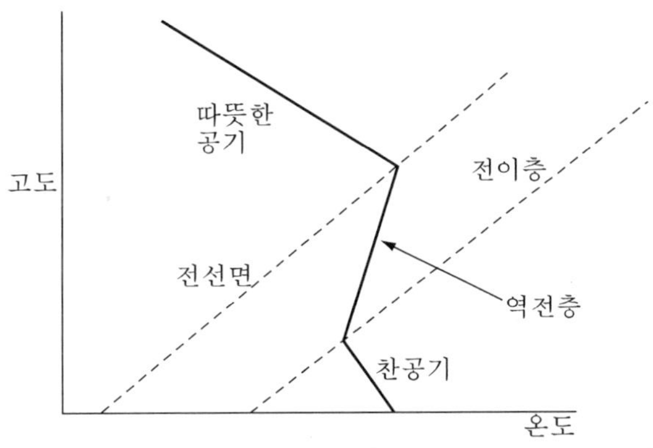

그림 10-8 전선역전(frontal inversion)

3) 난류역전(turbulent inversion)

거친 지표면 위에 바람이 강하게 불면 난류가 발생한다. 이 때 난류가 생기는 기층 전체는 혼합이 이루어지므로 기온분포는 건조단열체감률에 가까워지고 이 혼합층 상단에 역전층이 생성된다. 이것을 난류역전이라 한다. 난류가 일어날 때에는 대기오염은 적게 나타난다.

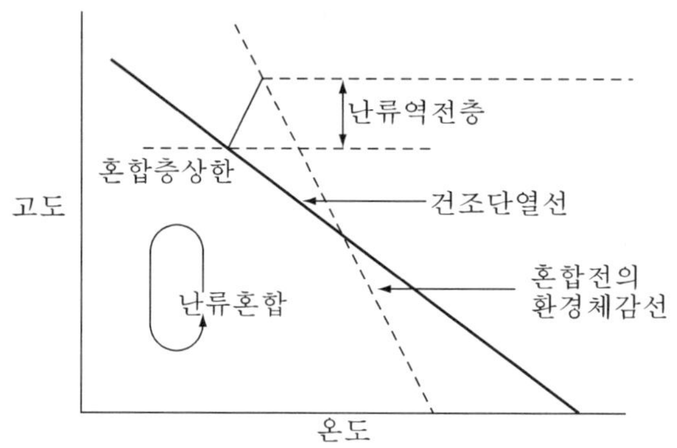

그림 10-9 난류역전(turbulent inversion)

4) 해풍역전(sea-breeze inversion)

낮 동안에 해풍이 불기 시작하면 바다의 서늘한 공기와 육지의 따뜻한 공기 사이에 전선면이 형성된다. 이러한 전선면을 해풍전선면이라 하고 여기에 생성된 역전을 해풍역전이라 한다. 해풍역전은 이동성이 크기 때문에 상하 난류가 커서 지표부근의 오염물질들을 오랫동안 정체시키지는 못한다.

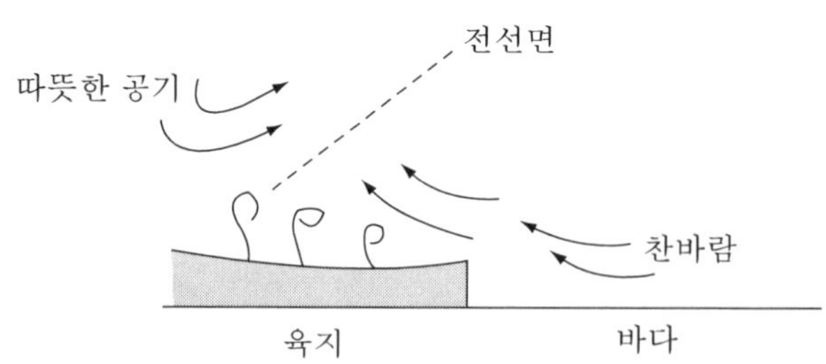

그림 10-10 해풍역전(sea-breeze inversion)

10.4 체감률(lapse rate)과 분산

환경(주변)체감률과 단열체감률을 비교하면, 굴뚝에서 배출되는 가스의 분산 형태를 예상할 수 있다. 굴뚝에서 방출된 연기의 분산현상은 수직온도경사(vertical temperature gradient)에 의해서 직접 영향을 받는다.

환상형(looping, 루프형)은 수직온도경사가 과단열적(superadiabatic, 대기의 불안정 상태)일 때 일어나며, 날씨가 맑고 태양복사열이 강한 따뜻한 계절에 발생한다. 이러한 형태에서는 배출된 연기가 재빨리 분산되나, 바람이 있으면 큰 소용돌이를 일으켜 굴뚝연기 전부를 지표면까지 이동시킬 수 있다. 연기가 지면에 도달하는 경우, 분산이 완전하지 않은 굴뚝 가까운 곳의 지표농도는 높게 될 수도 있다. 환상형(looping) 플룸(plume)이 형성되기 쉬운 지역에서는 굴뚝을 보다 높게 하여 지면과 빨리 접촉하지 않도록 해야 한다.

주변체감률이 건조단열체감률과 같거나 거의 비슷하면, 굴뚝이나 연돌에서 나오는 플룸은 곧바로 대기 중으로 상승하여, 공기 밀도가 플룸 자체의 밀도와 비슷해지는 곳까지 이르게 된다. 이러한 배출 형태를 중성플룸(neutral plume)이라 한다. 그러나 이런 중성플룸은 풍속이 20 m/h 이상이고, 구름이 낮에 태양광선을 차단하고 밤에 지면으로부터의 복사(terrestial radiation)를 차단하면 "원추형(coning)"이 된다.

원추형(conning)은 수직 온도경사(주변체감률)가 미단열적(subadiabatic)이거나 등온(isothermal)보다 낮은 경우에 발생하는데, 이때 대기는 약간 안정하지만 이러한 조건에서는 수직 혼합이 제한되어, 그 지역에서의 공기 오염 문제가 생길 확률이 증가한다. 연기는 원구모양이며, 환상형(looping)보다 더 천천히 분산한다. 지면에 처음 닿을 때까지의 거리는 원추형일 때가 환상형일 때보다 더 멀다. 원추형은 구름이 낀 날이나 밤에 바람이 강하지 않을 때 발생하기 쉽다.

부채형(fanning, 팬형)은 온도경사가 (+)일 때[체감률이 (−)값], 즉 연기의 상·하부분 모두 역전인 경우에 발생하며, 대기가 매우 안정한 상태이므로 연기의 수직방향 분산은 최소가 될 뿐만 아니라 수평방향의 분산도 매우 적다. 그러나 연기는 수평면에서 천천히 이동하여 점차로 퍼지게 된다. 기온 역전이 생길 때처럼, 배출가스의 분산은 가장 적어진다. 극단적으로 안정된 공기에서는 플룸이 수직혼합 없이 수평으로 퍼지게 되는데, 복사역전이 잦은 지역에서는 굴뚝을 아주 높게 만들어서 역전층 위에서 배출되게 하는 것이 좋다. 그러나 침강 역전일 때는 아주 높은 곳까지 미치게 되므로 이러한 방법은 실질적 해결 방법이 되지 못 한다. 부채형의 형성 시 지면에서의 오염물 농도는 높지 않지만 훈증형(fumigation)의 발생을 초래할 수 있다.

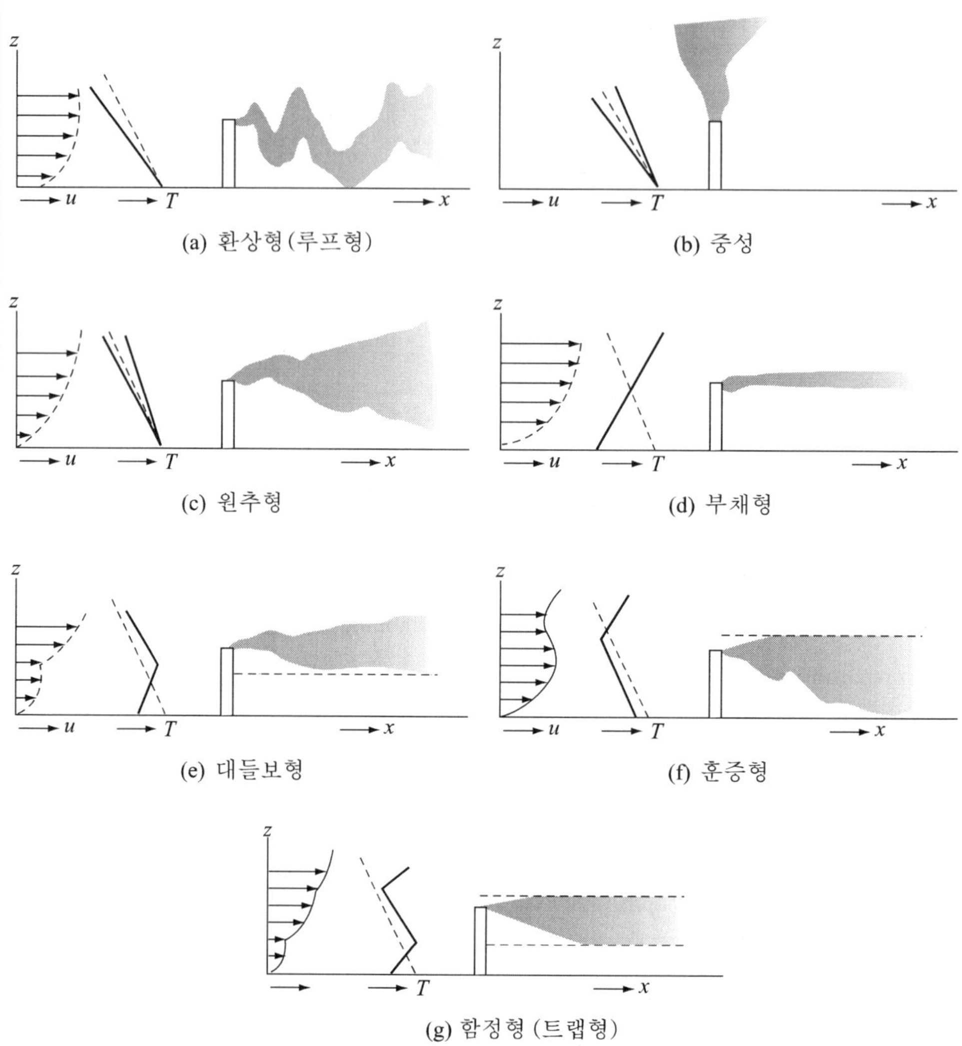

그림 10-11 체감률이 플룸 거동에 미치는 영향

훈증형(fumigation)은 역전층이 연기 배출원 바로 위에서 생기면, 이 굴뚝 하부에서는 과단열 조건이 형성되게 되는데, 이때의 플룸을 "훈증형(fumigating)"이라 한다. 훈증형은 부채형(팬형)이 환상형(루프형)으로 깨질 때 시작되는 일이 자주 있는데, 이는 떠오르는 태양이 복사 역전을 파괴하여, 역전층 하부의 과단열 조건이 연기를 격렬한 환상형(루프형)으로 움직이게 할 때 생긴다. 즉, 햇볕이 지표의 온도를 증가시키면 지표 부근의 역전은 제거되면서 온도경사가 (−)인 지역에서 혼합이 일어난다. 불안정한 공기가 연기 높이에 도달할 때 하부방향의 혼합이 급속히 일어나면서 지표의 오염물농도가 높게 된다. 이러한 훈증형은 지표역전이 파괴되면서 발생하며 30분 정도 이상은 지속하지 않는다. 그러나 훈증형이 해안에서의 해풍에 의하여 일어난다면 몇 시간 정도는 지속한다. 대기오염물질의 착지농도가 높아지는 원인이 되지만, 그 지속 기간은 비교적 짧다.

대들보형(lofting)은 역전이 연기의 아래에 존재해서 하향방향으로의 혼합이 안 되는 경우에 일어난다. 이러한 상태는 방사형 지표역전이 생기는 지역에서 발생하기 쉽다. 즉, 배출원 상부에서의 체감률이 과단열이고 배출원 하부는 역전 조건이 존재할 때 발생한다. 대들보형 플룸은 하향 혼합이 최소가 되어, 오염물이 아래쪽으로 분산되더라도 지면에서의 농도는 별로 심각하지 않다. 굴뚝의 높이가 역전층보다 높게 위치하면 이 상태는 장기간 지속한다. 그러나 역전이 굴뚝 높이보다 더 높은 곳까지 도달하면 상승형은 부채형(팬형)으로 변한다.

함정형(trapping, 트랩형)은 연기가 역전층의 중간에 끼어서 수직의 제한된 공간 내에서만 확산할 경우를 뜻한다. 이때는 역전층이 배출점 상부 및 하부에서 모두 다 형성하게 된다. 이때 배출원 하부 및 하층 역전 상부에서 플룸은 "원추형"이 된다. 또한, 연기의 확산이 고공역전에 의해서 제한되어 연기가 굴뚝의 하류방향 먼 거리까지 미치는 경우도 뜻한다. 따라서 연기의 상부가 안정층에 도달했을 때에는 이 상태를 고려해야 한다. 이 상태는 훈증형과 비슷하지만, 연기가 역전층에 도달하기 전에 큰 폭에서 분산되므로 오염물의 농도가 대단히 낮다.

특정한 굴뚝의 연기 모양은 굴뚝이 어디에 위치하는가에 따라서 달라진다. 고온건조한 기후에서 연기는 오후에 환상형(루프형)을 나타내고, 이른 아침에는 굴뚝의 높이에 따라 대들보형(lofting)이나 부채형(fanning)이 될 수도 있다. 구름이 끼고 습한 기상상태에서는 환상형보다는 원추형이 더 자주 생기며, 구름이 많은 기상 조건하에서는 강한 지표역전은 잘 생기지 않는다. 굴뚝 주위의 지세와 건물의 위치 및 특성에 따라 연기의 분산형태가 크게 영향을 받을 수 있다.

대기의 안정도는 굴뚝으로 배출되는 연기의 형태로도 분간할 수 있다. 가장 심각한 연기의 형태는 훈증형(fumigation)인데, 즉 햇빛이 지표의 온도를 증가시키면 지표부근의 역전은 제거되면서 온도경사가 (−)인 지역에서 혼합이 일어난다. 환상형(looping, 루프형)은 수직온도 경사가 과단열적이고 난류가 심할 때 일어나며, 굴뚝연기 전체를 지표면으로 이동시킬 수 있어 지표농도가 높게 될 위험이 있다.

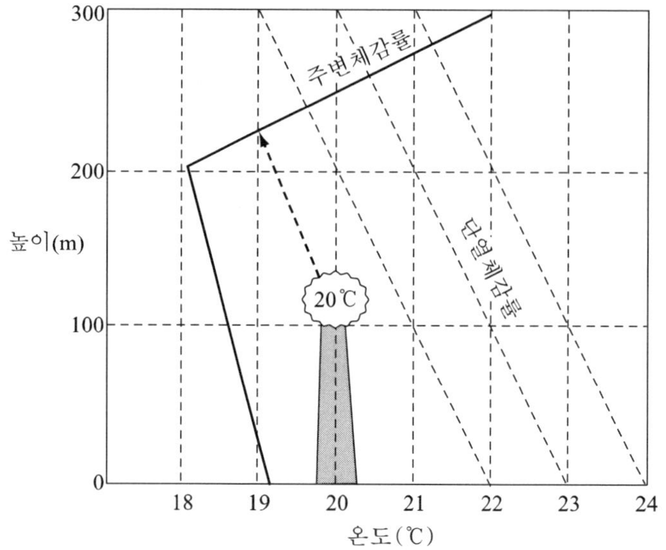

그림 10-12 배출온도 20℃에서의 대기조건

Example 10-1

실제체감률이 <그림 10-12>에 나타나 있다. 100 m 높이의 굴뚝에서 20℃의 연기가 배출되고 있을 때, 연기는 몇 m 높이까지 상승하며(완전건조단열 상태라 가정) 연기의 형태는 어떻게 될 것인가?

풀이

200 m까지는 미단열상태이고 200 m 이상에서 역전층이 존재한다. 20℃에서 연기는 주위에 찬 공기가 있기 때문에 상승한다. 상승함에 따라 온도가 떨어져 200 m에서 19℃가 된다. 약 220 m에서 연기는 주위의 대기와 같은 온도가 되어 더 이상 상승하지 않고 머물게 된다. 220 m 이하에서는 연기는 안정하며, 연기 형태는 원추형이 된다. 그러나 220 m 상공에서는 원추형이 깨지고 대기는 극히 안정하여 이동하지 않는다.

10.5 최대혼합깊이(maximum mixing depth, MMD)

지상에서의 오염물의 분산은 대류에 의한 혼합이나 난류에 의한 혼합에 의해서 일어나게 된다. 이 경우 혼합이 일어나는 수직거리는 밤낮으로 또는 계절에 따라서 변하며 또한 지형에 의하여 영향을 받는다. 수직거리가 크면 클수록 오염물을 희석시키는데 가용한 대기의 부피도 커진다. 이런 경우 열부상효과에 의한 대류에 의하여 혼합층의 깊이가 결정되며, 이를 최대혼합깊이(maximum mixing depth, MMD)라고 한다. 통상 자료가 1개월의 평균치로서 사용하므로 MMD값은 평균최대혼합깊이(mean maximum mixing depth)이다.

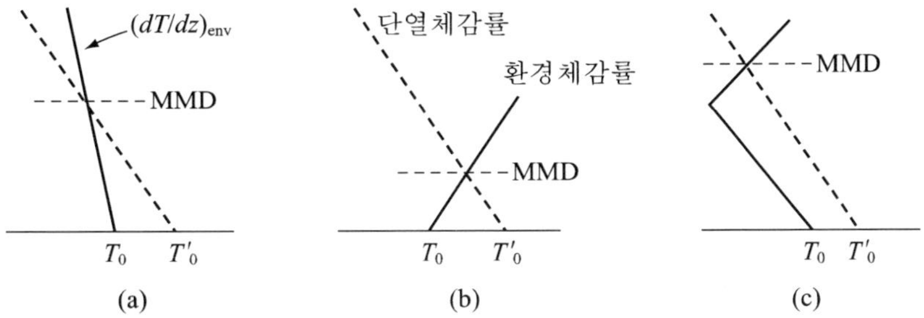

그림 10-13 여러 가지 대기상태에서의 평균혼합깊이(MMD)

10.6 굴뚝의 유효높이(effective height)

굴뚝으로부터 방출되는 연기는 바람이 강하지 않는 경우 바로 수평으로 이동하는 것이 아니고, 상당한 높이까지 상승한다. 이 연기의 상승으로 인하여 굴뚝의 높이는 ΔH만큼 증가되는데, 이 경우 $H_s + \Delta H$를 굴뚝의 유효높이(effective height)라고 하며, 오염물의 분산을 나타내는 공식에 이용된다.

$$H_e = H_s + \Delta H \tag{10-2}$$

위 식에서, H_e : 굴뚝의 유효높이

H_s : 실제 굴뚝의 높이

ΔH : 연기의 상승높이

굴뚝 높이의 증가량 ΔH는 근본적으로 굴뚝의 특성, 기상상태, 오염물의 물리적 및 화학적 특성 등 여러 종류의 매개변수에 의하여 연기의 상승이 통제된다. 그러므로 연기의 상승을 다음의 세 가지로 분류하여 해석해야 한다.

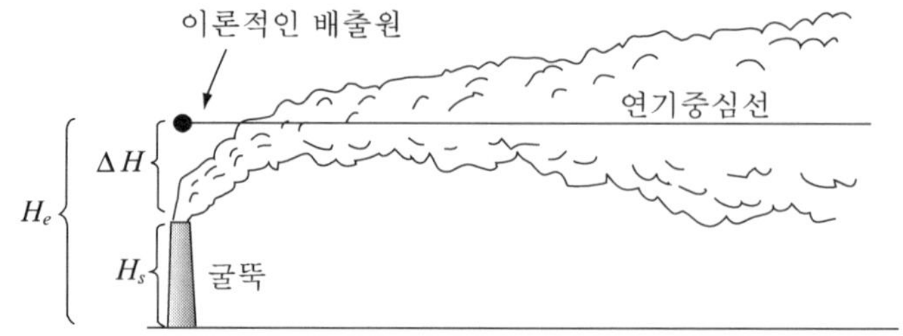

그림 10-14 굴뚝의 유효높이

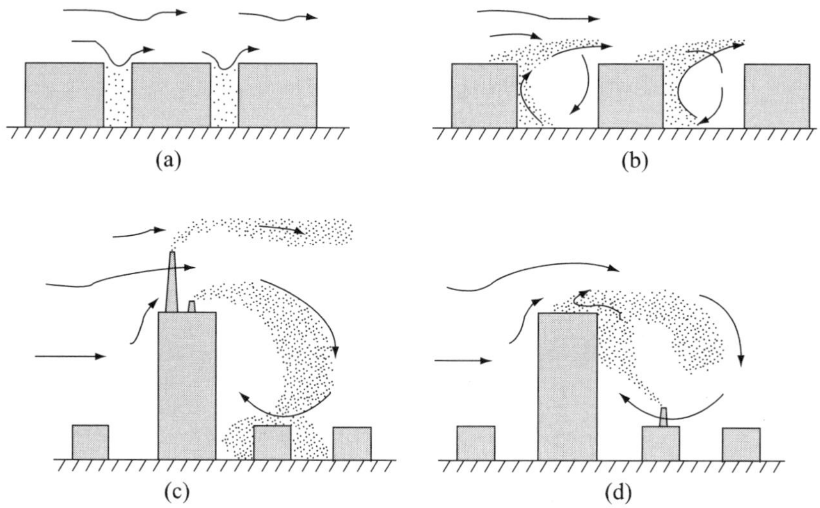

그림 10-15 오염공기의 흐름에 대한 건물의 영향

① 연기방향에 직각되게 바람이 불고 대기가 거의 중립이나 안정한 상태여서 연기의 상승이 제한된 경우

② 연기방향에 직각되게 바람이 불고 대기가 불안정한 상태여서 연기의 상승이 제한을 받지 않으나 오염물의 최대지표농도와 그 발생위치를 알 필요가 있는 경우

③ 바람이 거의 없어서 연기가 수평으로 굽히지 않고 계속 상승해서 분산하는 경우

도시에서 건물간의 간격이 좁은 <그림 10-15>의 (a)에서 상층 및 하층의 대기의 교환은 넓은 간격인 (b)의 경우보다 일어나기 어렵다. (c)의 경우처럼 고층건물 위의 낮은 굴뚝은 건물의 영향으로 생기는 풍하쪽의 공동(空洞)으로 down wash가 생겨서 건물의 풍

하쪽으로 오염을 일으킬 수 있다. (d)의 경우처럼 높은 건물의 풍하쪽의 낮은 건물위에 굴뚝이 있어도 down wash 현상이 일어난다. Down wash 현상을 방지할 수 있는 최소의 굴뚝 높이는 주변 건물 높이의 약 2.5배가 적당하다. 또 굴뚝부근에 건물이 있을 때도 그 배후에서 생기는 공동(空洞)으로 연기가 끌려 들어가 지상의 오염농도가 커지는 경우가 있는데 이것을 down draught라 한다.

배출원에서 발생하는 대기오염 중 down wash, down draught 및 타의 영향을 받지 않은 원래의 자연농도를 back ground 농도라 한다.

그림 10-16 down draught와 지상농도

(1) 열섬효과(heat island effect)

대기로 열을 방출시키면 열오염(thermal pollution)을 일으켜 기후를 변화시킬 수 있기 때문에 이것도 하나의 대기오염이다. 도시에서는 건물의 벽이나 도로가 열을 흡수, 저장하며, 불규칙적인 지표 때문에 공기의 이동이 적어 바람이 적은 대신 공장, 화력발전소, 주택 등에서의 연료소모가 크기 때문에 열방출량이 크고 태양복사열도 도로나 지붕 등에서 반사되는 율이 크므로 주위의 시골보다 기온이 높고 비가 많이 오며, 안개가 자주 생기게 된다. 이러한 현상을 나타내는 도시지역을 열섬(heat island)이라고 하며, 특히 직경 10km 이상의 도시에서 잘 나타나는 현상이다.

열섬현상은 지표를 덮고 있는 대기의 성질과 그 윗부분에 존재하는 오염층 그리고 도시의 주택이나 건물로부터의 복사열과 냉·난방에서 인공적으로 발생되는 열이 원인이 된다. 도시화에 따른 인구증가와 급속히 늘어나는 자동차로 인하여 대기오염이 심해지면서 대도시가 매연의 모자를 쓴 형태로 나타나기 때문에 이를 먼지지붕효과(dust dome effect)라고도 한다. 이런 경우 강한 바람이 불지 않으면 오염물은 도시 상공에 머물게 된다.

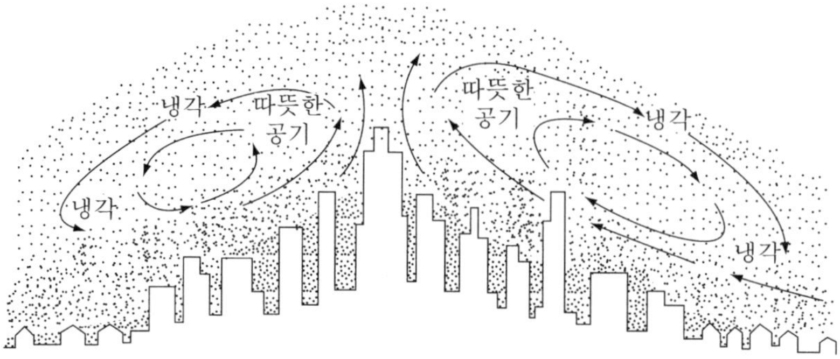

그림 10-17 도시에서의 heat island의 형성

도시에서는 대량의 분진이 대기로 방출되며 이들 입자들은 도시상공에 머물면서 지표면에 도달하는 태양복사열을 감소시켜서 결국 공기의 수직운동을 방지한다. 그 결과 바람이 없는 날 먼지지붕(dust dome) 밑에 위치하는 도시의 공기는 계속 오염이 증가하게 된다.

열섬현상은 도시의 주택이나 건물로부터의 복사열과 난방에서 발생되는 열이 주요한 요인이므로, 발생되는 시기는 일 년 중 일교차가 심한 봄, 가을이나 추운 겨울에 낮보다 밤에 주로 발생된다. 도시지역에서도 공원이나 호수지역에서는 열섬현상이 나타나지 않는다. 도시 열대야도 대부분 열섬현상에서 나타나며 여름밤의 열대야가 발생되는 최저기온은 약 25℃이다.

10.7 자연의 오염물질 정화

수백년에 걸쳐 대기 중에 광대한 양의 오염물질이 배출되었음에도 불구하고, 현재의 우리가 존재하는 것을 보면 분명히 자연계에는 일련의 자정과정이 있다는 것을 알 수 있다.

1) 중력(gravity)

충분한 크기의 입상물질(particulates)은 중력에 의한 단순 침강에 의해 대기 중에서 제거될 수 있다. 그러나 입상물질의 침전속도는 일반적으로 극히 작다. 예를 들면, 1μm 크기의 분진은 이상적인 조건 하에서 1 cm/sec의 침전속도를 가지지만, 실질적으로 대기 중에는 난류가 존재하기 때문에 20μm보다 작은 분진은 침강될 수 없다. 기체는 분진에 흡착하게 되면 중력에 의해 제거될 수 있다. SO_2와 같은 기체는 분진에 쉽게 흡착되어 중력에 의해 대기 중에서 제거된다.

2) 지표면 침강(surface sink)

많은 기체상오염물질은 지표면의 바위나 식물체와 다른 물질에 의해 제거될 수 있다. SO_2와 같은 기상물질은 지표수에 쉽게 녹는다.

3) 강우(precipitation)

오염물질은 강우에 의해서도 제거된다. 첫 번째 단계로써 구름에서 오염물질이 응결핵의 역할을 하여 강우로서 대기 중에서 제거되는 과정이고, 두 번째 단계로는 강우에 의해 대기 중에 존재하는 오염물질이 씻겨 내려가는 과정으로 강우에 의한 오염물질 제거과정이다. 연구 결과에 의하면 약 60%의 SO_2가 표면흡수에 의해 제거되고, 약15%는 강우에 의해 제거되며, 약 25%는 대기 중에 존재한다고 한다.

10.8 배출인자 및 배출명세

배출인자(emmission factor)는 각 배출원에서 취급, 가공 또는 소각하는 물질의 단위량당 배출되는 오염물의 통계적 평균 질량이다.

배출명세(emmission inventory)의 목적은 주어진 지역에서의 공기오염 배출원의 위치를 정하고, 이러한 배출원에서 생성될 오염의 종류와 정도, 오염물의 예정 배출량 그리고 각 배출원에서의 오염물 배출빈도, 지속시간 및 상대적 기여도 등을 정하고자 하는 것이다. 배출명세는 (1) 도시 지역의 개발 계획, (2) 시료 채취 프로그램의 설정 및 시료 채취 활동 결과의 해석, (3) 배출기준의 설정, (4) 모사 모델에 관한 기본도입량 제공, (5) 기상조건에 따른 공기 오염물 농도의 추산, (6) 공기 오염물 농도의 기준 수준의 설정 및 미래 경향과의 연관, (7) 조사 지역에서의 공기 오염물의 계절적, 지리적 분포의 명시, (8) 조절 프로그램의 우선순위 설정·보조 등에 이용된다.

배출명세 조사를 수행할 때는 지역 사회에 배출되는 오염물을 분류하고, 이러한 오염물의 배출원을 분류하며, 취급, 가공 또는 소각하는 물질의 질과 양을 정하고, 이러한 물질에 대한 배출인자를 정하며, 각 오염물이 배출되는 속도를 계산한다.

전통적으로, 배출명세 조사에서 대개 다섯 가지 기본 오염물(① 일산화탄소, ② 탄화수소, ③ 질소산화물, ④ 입상물질, ⑤ 황산화물)이 포함된다. 그러나 오염물기준지수(pollutant standard index, PSI) 및 여러 배출명세 조사에서는 광화학 옥시던트(즉, 오존)를 탄화수소 대신에 측정한다. 배출원은 일반적으로 네 가지 (① 수송 또는 이동 연소 배출원, ② 고정 연소 배출원, ③ 공업 공정, ④ 고형폐기물 처분 및 기타 활동)로 구분된다. 이 네 부류의 배출원에서 취급, 가공, 또는 연소시키는 물질의 질과 양은 설문조사, 관리자와의 직접 면담, 협회 또는 연구기관을 통하거나, 정기 간행물, 주 기관에서 얻을 수 있는 등록 정보로부터 또는 추산에 의하여 결정할 수 있다. 이렇게 자료가 모아지면 이러한 정보를 배출인자와 연관시켜서 주어진 지역 사회의 각 활동의 오염 잠재력을 결정하고 각 오염물의 배출 속도를 계산한다.

연 습 문 제

01. 건물 가까이 위치한 굴뚝에서 연기가 건물의 영향을 받지 않고 분산하려면 굴뚝의 높이는? ③

① 1.5배 이상 ② 2배 이상 ③ 2.5배 이상 ④ 4.5배 이상

02. 다음 그림은 기온 기울기를 나타낸 것이다. AB에서 BD선으로 역전현상을 일으킬 때는 어느 경우인가? ④

① 정오에서 오후까지
② 저녁에서 밤까지
③ 오후에서 저녁까지
④ 밤에서 새벽까지

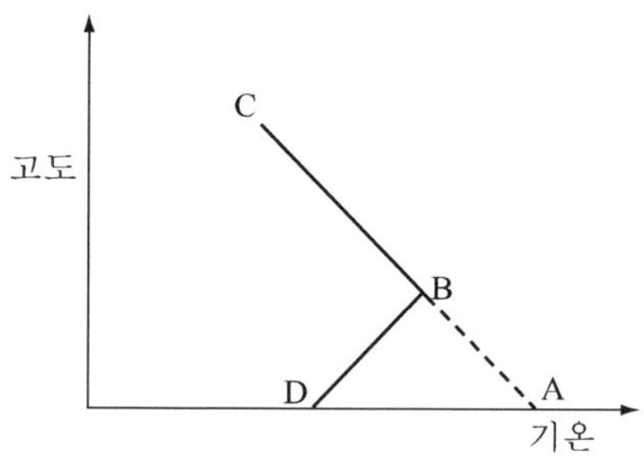

03. Heat island가 생기는 주된 원인은? ①

① 도시에서 열배출이 크기 때문
② 도시의 대기오염 때문에
③ 도시의 많은 건물이 열을 보존하기 때문
④ 도시에서 대기열 흡수가 제한되기 때문

04. Down wash와 Down draught를 설명하라.

05. 두 가지 열 역전의 이름을 들고 정의하여라. 안개 생성을 촉진하는 것은 어떤 것인가?

06. 최대 혼합 깊이(MMD)를 어떻게 정의하는가? 공기 오염 제어에서 MMD의 중요성은 무엇인가?

07. 풍속이 1 m/sec, 공기 오염물의 배출량이 0.7 g/m^2 · sec라 가정하고, 플룸 중의 오염물질의 농도를 구하여라. 오염물질 배출량은 같고 풍속이 8 m/sec가 될 때의 플룸 중의 오염물질 농도는 어떻게 되겠는가?

08. 연기의 배출온도가 65°F이고 굴뚝의 높이가 다음과 같을 때 연기의 형태는 어떻게 되겠는가?

① 굴뚝의 높이가 50 ft일 때

② 굴뚝의 높이가 150 ft일 때

③ 굴뚝의 높이가 250 ft일 때

고도(ft)	온도 (°F)
0	70
50	65
100	60
150	65
200	70
250	65
300	60

CHAPTER 11

대기오염 방지기술

대기는 강이나 하천과 마찬가지로, 그 본래의 자연 정화과정이 있다. 대기 오염 방지기구는 고정 및 이동 배출원에 관한 것인데 그 대부분이 자연의 대기정화과정에 관련되는 원리를 활용한 것이다.

11.1 자연의 대기정화 과정

오염물질의 분산, 중력침강, 플럭형성, 흡수(세출 및 세정 포함), 레인아웃, 흡착 등은 대기 중에서 작용하는 가장 중요한 자연의 제거메커니즘에 속하는 것들이다. 바람의 흐름에 의한 오염물의 분산(dispersion)은 어떤 한 지역에서의 오염물의 농도를 감소시킨다.

여러 가지 대기오염 피해를 방지하려면, 방지 방법을 설정하거나 방지 설비를 설치하여야 한다. 그러나 이용할 수 있는 최선의 기술을 응용하더라도, 낮은 농도일지라도 대기 중에 계속 배출되는 것을 피할 수 없으므로, 궁극적으로는 이 배출량이 자연의 대기정화 과정에 의하여 제거되어야 하는 것이다.

(1) 중력침강(gravitational settling)

중력침강(gravitational settling)은 대기 중에서 입상물질(특히 20μm 물질) 제거에 가장 중요한 자연 메커니즘 중의 하나이다. 중력침강은 자연의 대기정화과정(natural atmospheric cleansing process)에서도 중요한 역할을 한다. 가령, 플럭형성(flocculation)을 통하여 0.1μm 이하의 입자를 침강·분리할 수 있다. 이 현상에서는 큰 입자가 작은 입자의 수용체(receptor)작용을 한다. 두 입자가 서로 부딪쳐서 하나가 되고, 이러한 과정이 반복되어 작은 플럭(floc)이 뭉쳐서 큰 입자가 되면, 그 크기와 무게가 침강 분리되기에 충분한 것이 된다.

(2) 흡수(absorption)

자연의 흡수(absorption)과정에서는 입상 또는 기상오염물이 비나 미스트 중에 포집되어, 이 수분과 함께 침강 분리된다. 이러한 현상을 세출(washout) 또는 세정(scavengion)이라 하는데, 구름높이 이하에서 일어난다. 보통 상황에서는 빗방울이 떨어지는 경로에 있는 입자만이 포집되며, 대부분의 작은 입자는 떨어지는 빗방울 주위의 공기 중에 남아있게 된다. 기체의 화학적 변화 없이 흡수되기도 하고, 어떤 경우에는 빗물과 화학 반응을 일으키기도 한다. 가령 SO_2가스는 단순히 빗물에 녹아서 SO_2로서 빗방울과 함께 떨어지기도 한다. 그러나 SO_2는 빗물과 반응하여 H_2SO_3 (아황산)이나 H_2SO_4 (황산)미스트를 생성하기도 하는데, 이 미스트를 "산성비(acid rain)"라 한다. 산성비는 특정물질(특히 석회)을 심하게 침식할 수 있고, 하천 및 강의 pH를 변화시켜서, 이러한 하천의 서식 종에 영향을 미칠 수 있다. 레인아웃(rainout)은 강수와 관계되는 또 다른 자연의 대기정화과정이다. 세출은 구름 아래에서 떨어지는 빗방울이 오염물을 흡수할 때 일어나는 것인데 비하여, 레인아웃은 구름 중에서 미세입자가 응축핵의 역할을 하고 그 주변에 물방울이 생길 때 일어나는 것이다. 이러한 현상 때문에 도시 지역에서 강수량과 안개 생성이 증가하게 된다.

(3) 흡착(adsorption)

흡착(adsorption)은 주로 대기의 마찰층, 즉 지표에 가까운 층에서 일어난다. 이 현상에서는 기상, 액상 또는 고상 오염물이 고체물질의 표면에 끌려가서(주로 정전력에 의하여) 농축 및 흡착된다. 토양, 암석, 나무 및 풀잎과 같은 자연표면은 오염물을 흡착하여 보유할 수 있다. 입자는 중력침강 또는 관성 충돌에 의하여 흡착 표면과 접하게 된다. 이 관성충돌(inertial impaction)은 입상 또는 기상 오염물이 바람흐름에 의하여 표면에 수송되는 과정이다. 입자크기가 10～15μm 정도일 때의 충돌이 특히 효과적이며, 작은 표면이 많이 있으면(가령, 풀잎이나 나뭇잎) 큰 표면보다 이러한 입도 범위의 입상물질 제거에 보다 효과적이다.

11.2 오염물질 조절방법

입상 및 기상오염물질의 조절 방법에는 크게 두 가지, 즉 대기 중의 오염물질의 분산(희석)과 배출원에서의 오염물질의 배출방지 방법이 있다.

(1) 희석(dilution)

높은 굴뚝을 이용하여 대기 중으로 오염 물질을 희석시킬 수 있다. 굴뚝이 높으면 역전층을 뚫고 올라가서 오염물질을 분산시킬 수 있으므로, 일반적으로 착지 농도는 감소한다. 그러나 배출원에서 멀리 떨어지기는 하더라도, 올라간 것은 반드시 다시 내려온다는 사실이다. 가령, 스웨덴에서 산성비의 원인이 되는 SO_2의 15～50%는 다른 나라(주로 영국)에서 배출된 것으로 추산되고 있다. 높은 굴뚝과 같은 희석 설비는, 오히려 공기 오염물질을 전 세계로 분산시키거나, 배출원 근처에서는 그 해로운 효과를 감지하기 어려운 수준으로 희석하는 수단에 지나지 않는 것이다. 이러한 점에서 보면, 희석은 단기적 조절 수단이 되고, 잘못되면 아주 바람직하지 못한 장기적 영향을 초래하게 될 수도 있다.

(2) 배출원 제어

장기적 공기 오염 방지의 관점에서는, 그 배출원에서의 오염물질 제어가 희석보다 바람직하고 효과적인 방법이다. 오염물의 배출원 제어는 여러 가지 방법으로 수행할 수 있다. 첫째로 가장 효과적인 방법은 오염물질이 나오지 않도록 하는 것이다. 연소과정과 관련되는 오염물질의 경우, 대체 동력원(가령, 화석 연료의 대체로서 수력, 지열, 또는 태양 에너지를 사용)을 이용하면 오염물의 생성을 방지할 수 있다. 나머지의 배출원 제어 방법으로는 오염 물질 배출을 감소시킬 수는 있지만, 완전히 제거할 수는 없다. 재래의 화석연료를 공기오염 잠재력이 적은 연료로 대체하거나, 오염물질 함유량이 큰 재래 연료를 변화시켜서 오염잠재력을 줄일 수도 있다. 즉, 석탄이나 천연가스를 탈황 정제하여, 상대적으로 배출량이 적은 제품인 액화 천연가스(LNG)나 액화 석유가스(LPG) 등으로 만들 수 있다. 또 다른 오염물의 배출원 제어 방법으로는 기존 장치의 적절한 운전을 들 수 있다. 특히 연소조작과 관계되는 장치의 경우, 장치의 적절한 조작과 관리에 의하여 오염물질의 배출을 상당히 감소시킬 수 있다. 발전소에서 과잉의 플라이 애쉬 배출은 보일러의 공기 도입량을 조정하여 감소시킬 수 있고, 정유 플레어(flare)에서의 검댕 및 일산화탄소의 배출량은 화염대에 수증기를 주입하여 난류를 증가시켜서 줄일 수 있다. 가스연소 보일러에서의 NO_X 배출량은 연소조건을 개선하여 감소시키고 있다.

입상 및 기상오염 물질을 동시에 조절할 수 있는 효과적 설비는 별로 없으므로, 어느 한 가지만 조절할 수 있도록 설계한다. 오염물 양의 관점에서는 기상오염물의 조절이 1차적으로 중요하다. 1978년의 모든 대기오염물질의 전체 배출양의 93.5%가 기상 배출이었으며, 6.5%만이 입상 배출물이었다. 그러나 실제에 있어서는, 입상물질에 보다 주의를 기울이고 있는데, 이는 입상물질이 쉽게 눈에 띄기 때문일 것이다.

11.3 오염물질 제거장치

대기오염물질은 입상오염물질(분진)과 기상오염물질로 구분된다. 입상오염물질 제거에 유용한 형태로는 건식제거 장치와 습식제거 장치로 나눌 수 있으며, 기상오염물질 제거 공정으로는 물리적 공정인 흡수, 흡착, 응축 장치, 화학적 공정인 연소장치에서의 열전환과 촉매작용전환 설비 등으로 분류할 수 있다.

(1) 입상오염물질 제거장치

1) 건식제거 장치

건식제거 장치에 의하여 포집된 입상오염물질(분진)은 건조상태이기 때문에 분진의 폭발 위험성을 내포하고 있다. 그러므로 분진의 폭발에 대비한 장치가 필요하다. 건식분진 제거 장치는 다음 세 가지 형태로 나뉜다.

① 질량적 분리기 : 중력침강장치, 사이클론
② 점착력 분리기 : 백필터(bag filter), 포켓 필터
③ 전기력 분리기 : 전기집진기

2) 습식제거장치

입상오염물질에 함유된 기체흐름에 주입된 액적(liquid droplet)에 의하여 포획되므로 대기오염문제가 수질오염문제로 전환된다. 그러므로 오염된 물의 부피가 작고 폐수처리 시설이 유용할 때 유리하다. 습식분진제거 장치로는 여러 가지가 있으나 다음 세 가지가 주로 사용된다.

① 분무세정기(spray scrubber)
② 습식 사이클론 세정기(wet cyclone scrubber)
③ 벤투리 스크러버(venturi scrubber)

습식세정기의 장점

① 가연성, 폭발성 먼지를 처리할 수 있다.
② 단일장치에서 가스흡수와 분진포집이 동시에 가능하다.
③ 「미스트」를 처리할 수 있다.
④ 고온가스를 냉각시킬 수 있다.
⑤ 포집효율을 변화시킬 수 있다.
⑥ 부식성 가스와 먼지를 중화시킬 수 있다.

습식세정기의 단점

① 부식 잠재성이 크다.

② 유출수가 수질오염 문제를 일으킬 수 있다.

③ 냉각의 방지 : 배출가스는 가시적인 연기를 피하기 위해 재가열이 필요하다.

④ 포집된 분진은 오염될 수 있고, 회수할 수 없다.

(2) 기상오염물질 제거장치

① 흡착(adsorption) : 오염물질이 기상에서 고체상으로 이전됨

② 흡수(absorption) : 오염물질이 기상에서 액상으로 이전됨

③ 응축(condensation)

④ 연소(combustion)

11.4 입상오염 물질의 제거 설비

입상물질의 배출원은 다양하지만 주로 공업 프로세스이며, 대기 현상, 식물, 재산, 인간 및 동물의 건강에 심각한 영향을 끼친다. 입상물질 제어설비는 중력침강실, 원심집진기, 습식집진기, 전기집진기, 직물 여과기 등으로 나눌 수 있다. 각각의 설비는 그 응용에 따라 적합한 것이 있으므로, 여러 가지 인자를 신중히 고려하여야 적절한 선택을 할 수 있다. 입도 분포, 형상, 밀도, 점착성, 흡착성, 전기적 성질 등의 입자 특성과, 유량 및 입자 농도와 같은 동반기체의 성질을 고려하여야 한다. 연속 또는 간헐적 배출, 총괄 효율, 사용 가능한 공간, 최종 폐기물 처분 방법, 장치 제약(즉 압력, 온도, 부식) 등의 인자들이 설치, 조작 및 유지비 등 경제적 사항과 균형을 이루어야 한다.

11.5 중력침강장치

(1) 원리

중력침강장치는 기체 중에 포함된 입자를 중력에 의하여 포집하는 장치이다. 함진가스가 수평으로 유입되었을 때 입자의 이상적인 중력침강 현상을 <그림 11-1>에 나타내

었다. 기체 중의 입자가 구상일 때 입자는 기체의 점성저항만을 받으며 이를 Stokes 저항이라고 한다. 즉, 입자표면에 작용하는 유체의 점성으로 인한 마찰력에 의한 저항을 의미한다.

기체중의 입자침강력과 이것에 대한 마찰저항력간에는 다음과 같은 관계가 있다.

$$F_g = \frac{\pi}{6} d_p^{\ 3} (\rho_p - \rho) g \tag{11-1}$$

$$F = 3\pi \mu d_p u_t \tag{11-2}$$

여기서, F_g : 입자의 침강력(중력 − 부력)(kg · m/sec^2)
F : 유체의 점성에 의한 마찰저항력(kg · m/sec^2)
d_p : 입자의 직경(m)
ρ_p : 입자의 밀도(kg/m^3)
ρ : 유체의 밀도(kg/m^3)
g : 중력 가속도(9.8m/sec^2)
μ : 유체의 점도(kg/m · sec)
u_t : 입자의 종말속도(m/sec)

식 (11-1), (11-2)로부터 입자의 종말속도(u_t)를 구할 수 있다.

$$u_t = \frac{d_p^{\ 2} (\rho_p - \rho) g}{18\mu} \ \ (\mathrm{m/sec}) \tag{11-3}$$

입경이 작을수록 u_t도 작아지므로 입경이 작은 먼지를 분리하기는 어렵다. 입자가 높이 h에서 침강하기 시작하여 수평거리 L지점에 침강될 때의 경사는 다음 식으로

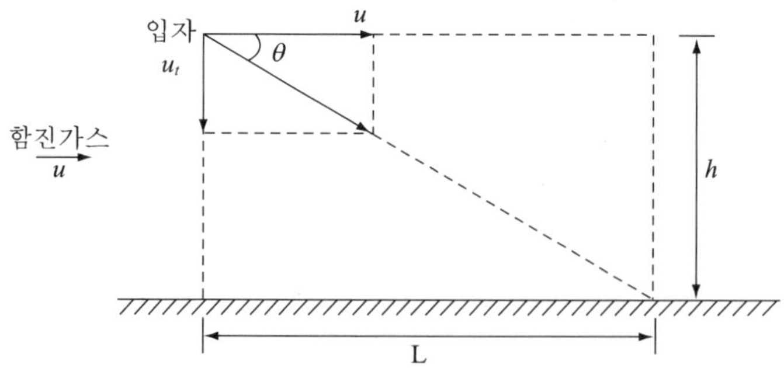

그림 11-1 수평흐름에서의 입자의 이상적인 중력침강

$$\tan\theta = \frac{u_t}{u} = \frac{d_p{}^2(\rho_p - \rho)g}{18\mu u} = \frac{h}{L} \tag{11-4}$$

종말속도(u_t)가 작은 미세한 입자를 분리하기 위해서는 처리가스 유입속도(u :유체의 수평유속)와 h는 작게 하고 길이 L을 길게 하여야 함을 알 수 있다(식 (11-4) 참조)

중력침강실에서 100% 효율로 제거할 수 있는 최소입경은 다음과 같이 이론적으로 구할 수 있다. 침강실에서 직경 d_p인 입자가 제거되기 위해서는 수직거리 h를 침강하는데 걸리는 시간이 수평거리 L을 이동하는데 요구되는 시간보다는 같거나 작아야 한다.

$$t = \frac{h}{u_t} = \frac{L}{u} \tag{11-5}$$

그러므로

$$u_t = \frac{hu}{L} = \frac{Q}{b \times L} \tag{11-6}$$

여기서, b : 침강실의 폭

Q : 가스유량

식 (11-6)에서 구한 u_t를 Stokes 식에 대입시키면 100% 효율로 제거되는 입자의 직경(d_p)를 구할 수 있다(d_p가 50μm 이상이면 Stokes 법칙이 잘 맞지 않음).

$$u_t = \frac{d_p{}^2(\rho_p - \rho)g}{18\mu} \text{이므로}$$

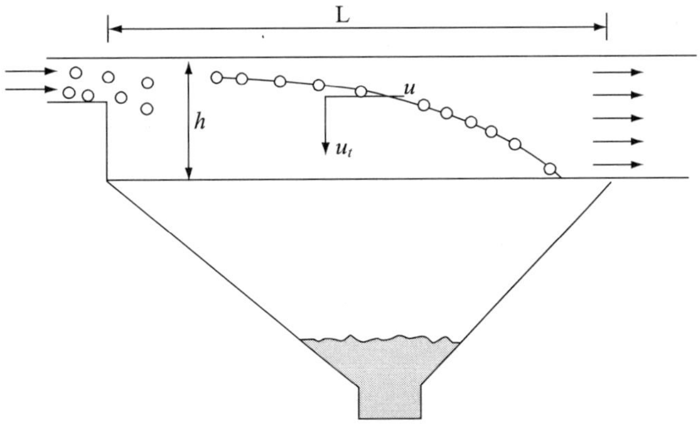

그림 11-2 중력침강실

$$d_p = \left[\frac{18\mu u_t}{\rho_p - \rho)g}\right]^{\frac{1}{2}} \tag{11-7}$$

일반적으로 분진밀도 ρ_p는 공기밀도 ρ보다 월등히 크므로 $(\rho_p - \rho) \fallingdotseq \rho_p$로 쓸 수 있으며 속도 $u_t = \frac{hu}{L} = \frac{Q}{b \times L}$ (여기서 b는 침강실의 폭)이므로, 최소입경 d_p는 아래 식으로 표시된다.

$$d_{p\,\min} = \left[\frac{18\mu hu}{\rho_p L g}\right]^{\frac{1}{2}} \tag{11-8}$$

실제로 침강실에서는 와류에 의하여 입자의 속도와 흐름의 방향에 변화가 생기므로 식 (11-8)의 18 대신에 36을 사용하면 실제에 더 잘 맞는다. 이는 중력침강실의 와류에 의하여 Stokes의 종말속도가 1/2로 감소됨을 의미한다. 식 (11-8)에서 알 수 있듯이 침강실의 설계에 의하여 h/L값을 줄임으로서 최소입경을 감소시킬 수 있다.

일반적으로, 입상오염물질 제거설비의 분진제거효율(η)은 다음과 같이 표현된다.

$$\eta = 1 - \frac{C_0}{C_i} \tag{11-9}$$

여기서, C_0 : 분진제거설비의 출구분진농도

C_i : 분진제거설비의 입구분진농도

식 (11-8)에 주어진 최소 입경보다 더 작은 입경의 분진제거효율(η)은 식 (11-10)에 의하여 추정할 수 있다.

$$\eta = \left[\frac{\rho_p L g}{18\mu hu}\right] d_p^{\,2} = \frac{u_t L}{hu} \tag{11-10}$$

일반적으로 공장에서의 배기가스 유량은 일정하지 않으며, 분진제거효율(η)는 분진부하가 낮으면 증가하고 부하가 증가하면 감소한다.

(2) 중력침강실의 특성

① 에너지 비용이 낮다.

② 유지비가 적다.

③ 시공비가 적다.

④ 신뢰도가 높다.

⑤ 시설 규모가 크다.

⑥ 제진 효율이 낮다.

배기가스가 작은 입경의 분진을 많이 함유할수록 제진효율이 떨어지므로, 주로 굵은 입자를 경제적으로 제거하기 위하여 전처리 시설로서 중력침강실을 사용한다. 전처리시설은 배기가스의 분진농도가 매우 높거나 다음에 연결되어 있는 제진설비에 해를 끼칠 수 있는 큰 입자를 많이 포함하고 있을 때 사용된다.

(3) 효율의 향상조건

① 침강실로의 함진가스 유입속도가 작을수록 더 작은 입자가 포집된다.

② 침강실 내의 함진가스 흐름은 균일하여야 한다.

③ 침강실의 h가 작고 L이 클수록 집진율은 높아진다.

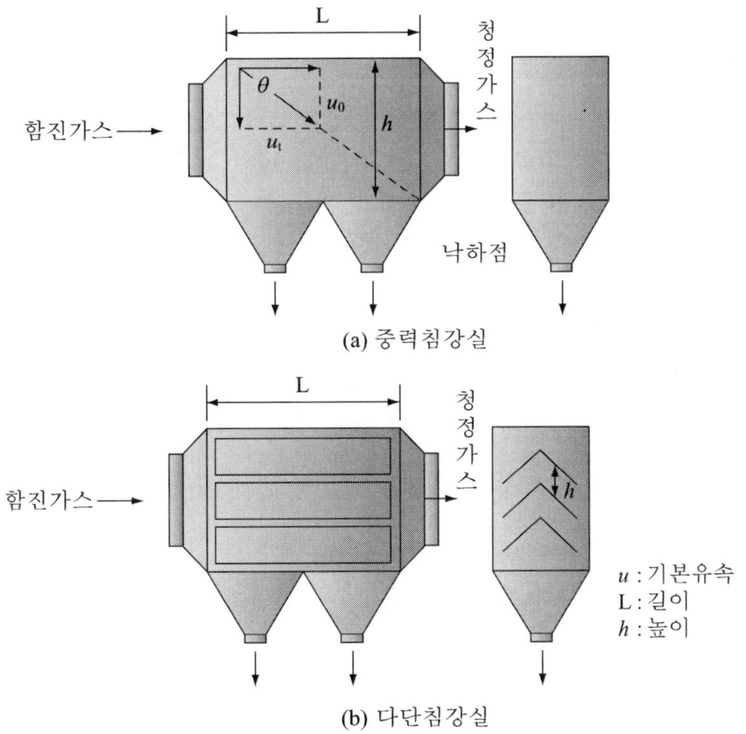

그림 11-3 중력집진장치

Example 11-1

길이 7 m, 높이 1.2 m인 중력침강실을 통하여 배기가스가 30 cm/sec의 속도로 흐르는 경우 100% 제거되는 입자의 직경을 구하라. 단, 배기가스의 온도는 27℃, 분진의 밀도는 2.50 g/cm^3, 27℃에서 공기의 점도는 0.067 kg/m · hr이다.

풀이

식 (11-8)에서 18 대신에 36을 사용하여 계산하면 ;

$$d_{p\cdot \min} = \left[\frac{36(0.067)(1.2)(30)}{9.8(7)(2.5)(36{,}000)}\right]^{\frac{1}{2}} = 3.75 \times 10^{-3}\text{cm} = 37.5\mu\text{m}$$

위의 계산에서 36,000은 단위환산을 위한 값이며, 분진의 밀도가 1 g/cm^{3}이면 $d_{\text{p min}}$은 60μm이 된다.

Example 11-2

침강집진기(길이 10 m × 깊이 0.2 m × 넓이 5 m)에 처리가스를 0.4 m^3/sec로 유입시킨다. 이 처리가스 내에 입경 10μm 분진의 침강집진효율은 얼마인가? (단, $\rho_p = 1.1 \times 10^3$ kg/m^3, $\mu = 1.8 \times 10^{-4}$ g/cm · sec)

풀이

입경이 10μm인 분진의 부분 집진효율을 예측하는 문제임.

처리유량 $Q = hwu$이므로 $hu = \dfrac{Q}{w}$를, 식 (11-10)에 의하면

$$\begin{aligned}
\eta &= \left\{\frac{(9.8\text{m/sec}^2)(1.1\times10^3\text{kg/m}^3)(5\text{m})(10\text{m})}{(18)(1.8\times10^{-5}\text{kg/m}\cdot\text{sec})(0.4\text{m}^3/\text{sec})}\right\}\times(10\times10^{-6})^2 \\
&= \left\{\frac{539\times10^3}{12.96\times10^{-5}}\right\}(10\times10^{6})^2 \\
&= (41.6\times10^3)\times10^5(10^{-5}\text{m})^2 \\
&= 41.6\%
\end{aligned}$$

11.6 관성력집진장치

(1) 원리

분진을 포함하고 있는 기체를 방해판에 충돌시킴으로써 기류의 방향을 급격히 전환시켜 입자의 관성력에 의하여 입자를 분리시키는 방법이다. 방해판 B_1에 충돌된 입자는 침강력에 의해 분리되지만 방해판 B_1에 충돌되지 않은 기류에 포함된 분집입자는 방해판 B_2에 의하여 방향이 전환된 기류와 함께 배출된다. 이때 입자 d_2의 분리속도(S)는 다음과 같이 표현된다.

$$S = \frac{d_2^2 u_\theta^2}{R_2} \tag{11-11}$$

여기서, R_2 : 회전기류의 반경
u_θ : 그 지점에서의 원주속도

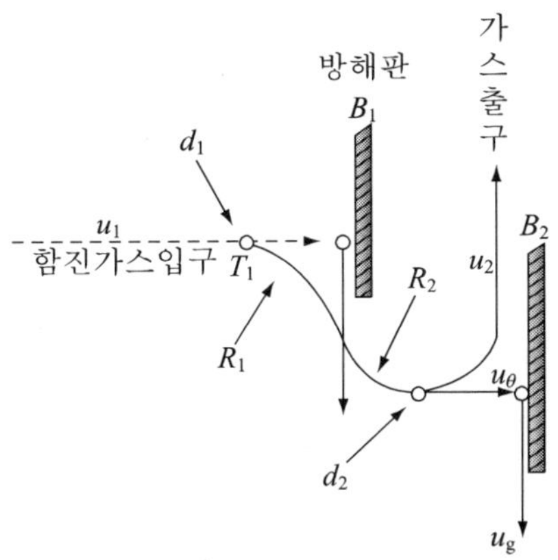

그림 11-4 방해판에 의한 집진

(2) 종류와 기능

관성력집진장치는 <그림 11-5>와 같이 충돌식과 반전식이 있으며, 고온가스 처리가 가능하므로 굴뚝 또는 배관 내에 설치할 수 있다. 관성력집진장치는 일반적으로 10μm 이상의 큰 입자의 포집에 사용된다. 압력손실은 30~70 mmH$_2$O 정도이나, 형태에 따라 많은 차이가 있다. Pocket형, channel형에서는 먼지가 장치 내에 쌓이기 때문에 먼지의 성상에 따라 충격 또는 세정에 의하여 제거할 필요가 있다. 다중방해판(multi-baffle)형은 액체입자를 포집하는 데 사용되며, 1μm 전후의 액적(mist)을 제거할 수 있지만 완전히 제거하기 위해서는 처리가스 출구에 충진층을 설치하는 것이 좋다. 이때의 압력손실은 커서 150 mmH_2O 정도이다.

(3) 효율의 향상조건

① 충돌전의 함진가스 유입속도는 빠를수록, 처리 후의 출구 가스속도는 느릴수록 미세 입자가 포집된다.

② 기류의 방향 전환 각도가 작고 전환 횟수가 많을수록 압력 손실이 커지고, 집진효율은 높아진다. 곡률반경 R_2가 작을수록 작은 입자가 포집된다.

③ 먼지호퍼(dust box)의 모양과 크기도 효율에 영향을 미친다.

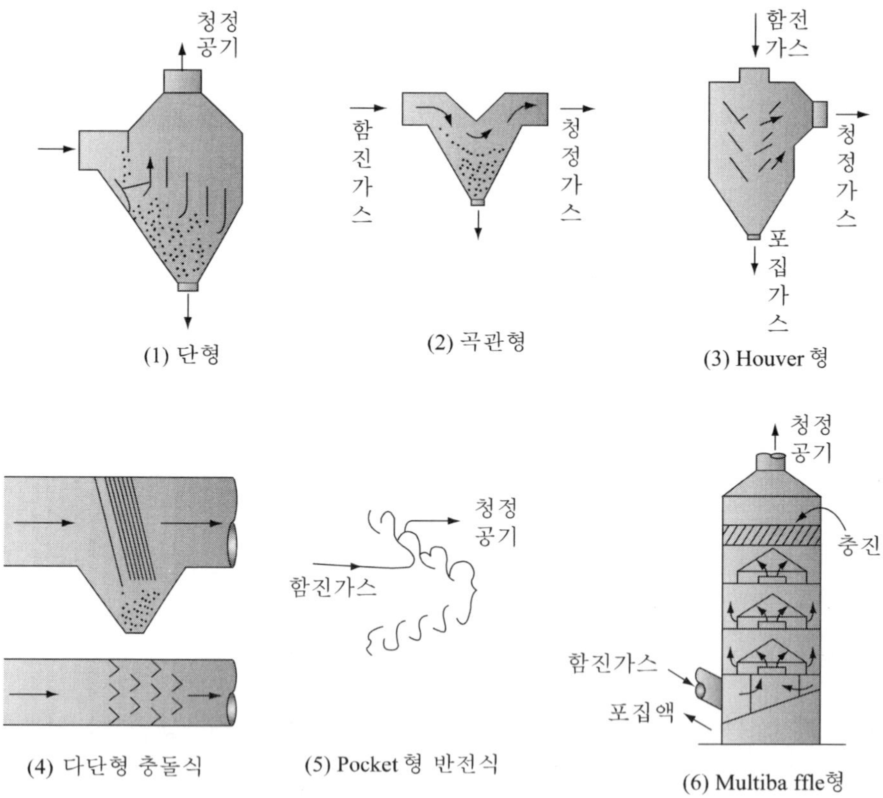

그림 11-5 관성력집진장치의 형식과 구조

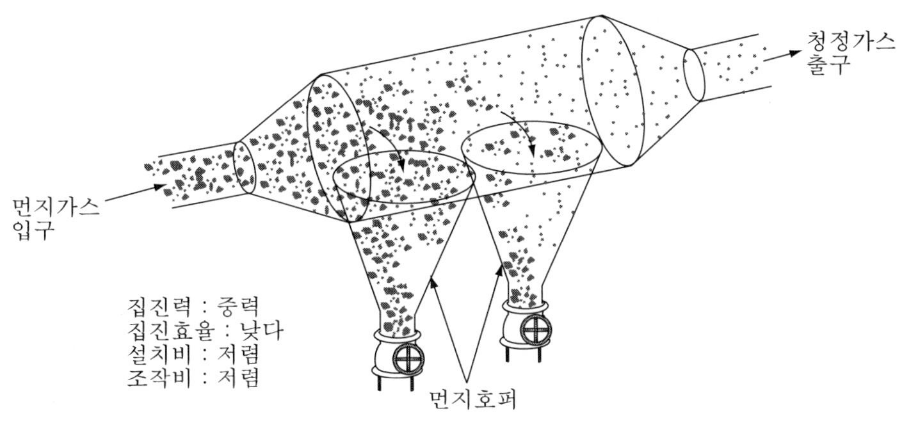

그림 11-6 중력침강실

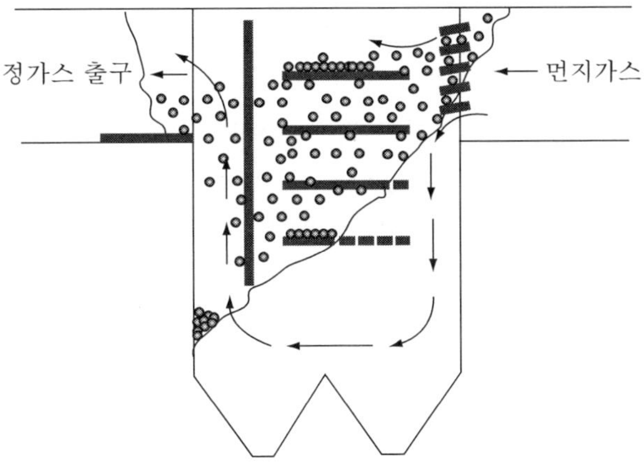

그림 11-7 방해판 설치 중력침강실

11.7 원심집진기(cyclone)

원심집진기(centrifugal collector)에서는 기체 흐름으로부터 입자의 분리에 중력 대신에 원심력을 이용한다. 중력의 몇 배나 큰 원심력이 생기게 할 수 있으므로, 원심집진기에서는 중력침강실에서 제거할 수 있는 것보다 상당히 작은 입자까지 제거할 수 있다. 원심집진기로는 사이클론이 일반적으로 이용된다.

사이클론 집진기(cyclone collector)는 사이클론의 내부까지 연장되어 있는 가스 출구관 몸통(body), 원추형(cone) 와류실, 분진포집실, 분진을 함유한 기체가 접선 방향으로 도입되는 도입구로 되어 있다.

(1) 원리

원심력집진기 입구는 분진을 함유한 기체를 접선 방향으로 유입시켜 몸통 내에서 선회류가 형성되도록 하는 역할을 한다. 몸통에서는 선회류가 형성되며 원심력을 받은 분진이 충돌 낙하한다. 원추부는 아래쪽으로 좁아지므로 하부로 갈수록 선회류의 접선속도가 증가되어 상부에서 제거되지 않은 미세분진 포집에 효과적이다. 원추부의 하부직경(D_d)은 몸통 직경의 1/4 정도가 적절하다. 이 부분의 원추직경이 이보다 커지면 이 부분을 통과하는 선회류가 원추벽을 스치기 때문에 원추 하부로 침강해 내려온 분진이 분진포집실로 가지 않고 재 비산된다. 몸통내벽이 매끄럽지 못하면 선회류의 마찰이 증가하고 선회류 속도가 감소하므로 미세입자의 제거가 어려워진다. 선회류의 속도가 너무 빠르면 분진 입자의 원심력이 너무 커져서 몸통내벽에 충돌한 후 다시 튀어나와 내부 선회류로 재비산 된다.

내부선회류는 외부선회류보다 속도가 빠르므로 외부 선회류보다 정압이 작아지기 때문에 외부 선회류로부터 내부 선회류로 분진이 이동하여 재 비산되기도 한다.

원심력집진기 입구로 유입된 가스는 선회류가 되므로 유입가스 내의 분진은 원심력(F)을 받게 된다.

$$F = \frac{\rho_p {d_p}^3 {u_p}^2}{r} \qquad (11\text{-}12)$$

여기서, ρ_p : 입자의 밀도(kg/m^3)

d_p : 입자의 직경(μm)

u_p : 입자의 접선속도(m/sec)

r : 원운동(선회류) 반경(m)

$\rho_p {d_p}^3$은 입자 질량에 의한 항으로서 입자가 커지면 증가한다. 입자가 클수록 쉽게 선회류를 벗어나 몸통벽에 충돌하여 침강한다. 이들 입자들은 공기에 의하여 원심력과 반대 방향의 항력을 받기 때문에 항력보다 원심력이 큰 입자만 몸통에 충돌한다. 선회류 반경(r)이 작을수록 원심력 F는 증가하므로 효율을 증가시키려면 몸통직경이 작아야 한다. 몸통직경이 작아질수록 더 작은 입자가 집진된다. 즉, 작은 사이클론의 집진효율이 큰

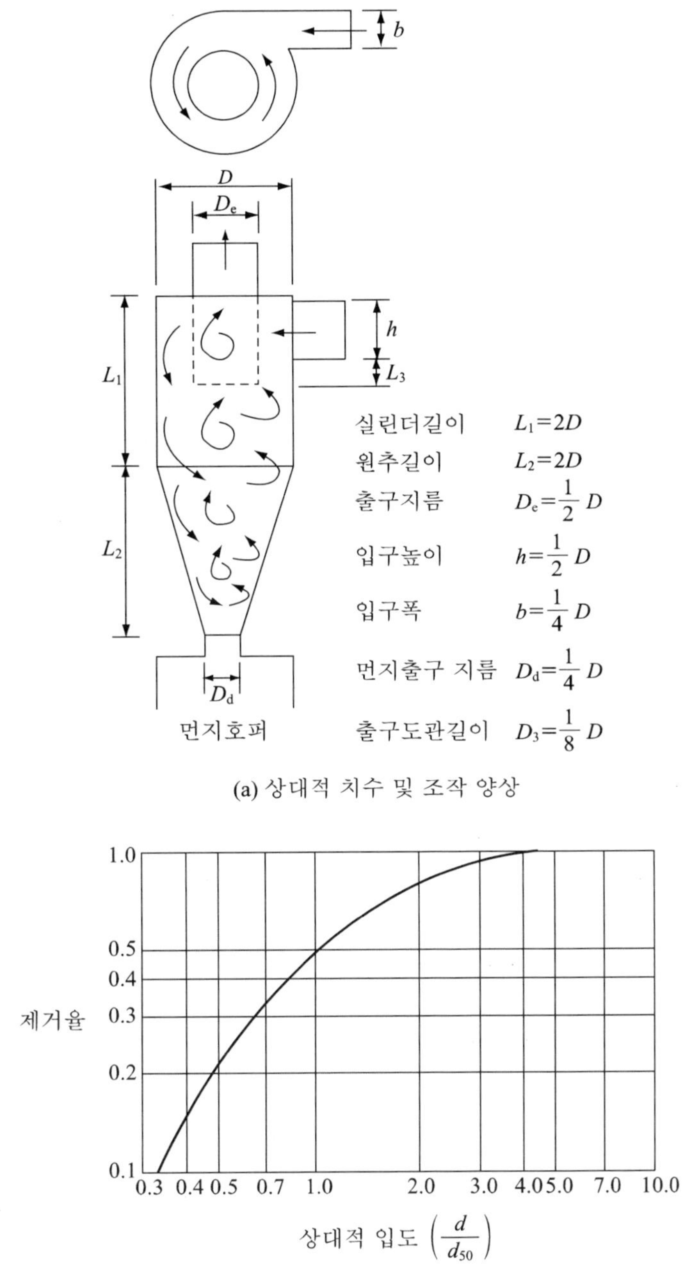

(a) 상대적 치수 및 조작 양상

(b) 표준 사이클론 집진기에서의 실험적 제거율과 상대적 입도의 관계

그림 11-8 사이클론 집진기의 표준 치수

사이클론보다 좋음을 의미한다. 직경이 작은 사이클론을 사용하여 분진함유 기체를 다량 처리하려면 평행(parallel)으로 운전되는 복합사이클론(multicyclone)을 사용한다.

원심력집진기의 성능은 원심력집진기가 분리할 수 있는 최소입경(또는 절단입경), 집진효율, 압력손실로 설명된다.

① 몸통의 직경이 작을수록 압력손실과 집진효율은 증가한다.
② 몸통과 원추부의 길이가 길어지면 선회류수가 증가하므로 집진효운이 증가한다.
③ 원심력집진기 입구의 폭이 작아질수록 유입가스의 속도가 빨라지므로 집진효율과 압력손실이 증가한다.

(2) 집진효율

사이클론의 집진효율에 영향을 미치는 외부선회류(Outer vortex)의 회전수와 최소 입경 크기의 관계를 다음과 같이 나타낼 수 있다. 사이클론으로 유입된 기체의 외부 선회류의 회전수(N)에 대한 근사치는 다음과 같이 표현된다.

$$N = \frac{1}{h}\left(L_1 + \frac{L_2}{2}\right) \qquad (11\text{-}13)$$

여기서, N : 외부 선회류의 회전수
h : 유입구의 높이(m)
L_1 : 사이클론의 몸통 길이(m)
L_2 : 사이클론 원추부의 수직길이(m)

분진이 집진되기 위해서는 기체가 외부 선회류 안에서 운동하는 시간내에 벽면에 충돌하여야 한다. 기체가 외부 선회류에 체류하는 시간(t)은 다음과 같다.

$$t = \frac{2\pi r N}{u_i} \qquad (11\text{-}14)$$

여기서, t : 기체의 체류시간
r : 사이클론 몸통의 반경
u_i : 기체의 유입속도

기체 내의 입자가 운동하는 벽면 방향의 최대거리(radial distance)는 유입구 폭(b)의 길이와 동일하다. 기체 내에 포함되어 있는 입자에 미치는 원심력과 항력이 같은 크기가 될 때 입자는 벽면방향으로의 종말속도(u_t)에 도달된다. 원심력에 의하여 벽면방향(radial direction)으로 운동하는 입자가 짧은 시간 내에 종말속도에 도달한다고 하면, 체류시간(t)내에 집진이 이루어지기 위해서는 종말속도(u_t)는 다음과 같아야 한다.

$$u_t = \frac{b}{t} \tag{11-15}$$

여기서, u_t : 입자의 종말속도(m/sec)

b : 사이클론 유입구의 폭(m)

t : 기체의 외부 선회류에서의 체류시간(sec)

원심력 하에서 Stokes 흐름의 구형입자의 종말속도(u_t)는 입자크기의 함수이다.

$$u_t = \frac{{d_p}^2(\rho_p - \rho){u_i}^2}{18\mu r} \tag{11-16}$$

여기서, u_t : 종말속도(m/sec)

d_p : 입자의 직경(m)

ρ_p : 입자의 밀도(kg/m^3)

μ : 기체의 점도(kg/m · sec)

ρ : 유체의 밀도(kg/m^3)

r : 사이클론 몸통의 반경(m)

u_i : 기체의 유입속도(m/sec)

식 (11-14)를 식 (11-15)에 대입하여 t를 소거한 후 식 (11-16)에 대입하면 입자의 직경에 대한 식 (11-17)을 얻는다.

$$d_p = \left[\frac{9b\mu}{\pi N u_i(\rho_p - \rho)}\right] \tag{11-17}$$

여기서, d_p는 집진되는 최소입자의 직경이며, d_p보다 큰 입자는 100% 집진된다. 100% 집진효율을 얻을 수 있는 최소직경은 기체의 점도(μ), 유입구의 폭(b)과 비례관계가 있으며, 선회류의 회전수(N), 유입기체의 속도(u_i), 입자와 기체의 밀도차($\rho_p - \rho$)와는 반비례 관계가 있다.

(3) 절단입경(cut diameter)

원심력집진기에서 집진효율이 50%에 해당하는 분진의 입경을 절단입경이라 하며, 절단입경 예측에 대한 Lapple의 "d_{pc}, 50% 절단입경"에 대한 계산식은 다음과 같다.

$$d_{pc} = \left[\frac{9b\mu}{2\pi N u_i(\rho_p - \rho)} \right]^{1/2} \tag{11-18}$$

특정한 입경을 갖는 분진의 집진효율은 다음 식에 의하여 구할 수 있다.

$$\eta_j = \frac{1}{1 + (d_{pc}/d_{pj})^2} \tag{11-19}$$

여기서, η_j : j번째 입경범위의 집진효율

d_{pj} : j번째 입경 범위의 직경(m)

사이클론의 총괄효율은 여러 입경에 대한 각각의 집진효율의 가중평균치이다.

$$\eta = \sum \eta_j m_j \tag{11-20}$$

여기서, η : 총괄 집진효율

m_j : j번째 입경 범위의 질량 분율

Example 11-3

몸통의 직경(1.0 m), 유입구 높이(0.5 m), 유입구 폭(0.25 m), 몸통길이(2.0 m), 원추길이(2.0 m) 공기 유속 150 m^3/min(온도 350 K, 1 atm), 입자의 밀도 1,600 kg/m^3이고, 입경분포는 다음과 같다. 총괄 집진효율을 계산하라(μ=0.075 kg/m·hr, ρ=1.0 kg/m^3).

입경범위(μm)	입경별 질량백분율
0～2	1.0
2～4	9.0
4～6	10.0
6～10	30.0
10～18	30.0
18～30	14.0
30～50	5.0
50～100	1.0

풀이

식 (11-18)로부터 d_{pc}를 계산한다.

$$\text{유입속도 } u_i = \frac{150\text{m}^3}{\text{min}} \times \frac{1}{(0.5\text{m})(0.25\text{m})} = \frac{1{,}200\text{m}}{\text{min}}$$

식 (11-13)으로부터, $N = \frac{1}{0.5}\left(2.0 + \frac{2.0}{2}\right) = 6$

$$d_{pc} = \left[\frac{9\left(0.075\frac{\text{kg}}{\text{m}\cdot\ \text{hr}}\right)(0.25)}{2\pi(6)\left(1{,}200\frac{\text{m}}{\text{min}}\right)\left(60\frac{\text{min}}{\text{hr}}\right)\left(1{,}600-1\frac{\text{kg}}{\text{m}^3}\right)}\right]^{1/2}$$

$$d_{pc} = 6.26\times10^{-6}\text{m} = 6.3\mu\text{m}$$

식 (11-19)로부터 각 입경에 대한 집진효율을 결정한다(범위 내에서 산술적 중앙점을 각 입경으로써 사용한다).

$$\eta = \sum_{j=1}^{8} \eta_j m_j = 67.6\%$$

이 사이클론의 총괄 집진효율은 약 68%이다.

j	크기(μm)	d_{pt}(μm)	d_{pt}/d_{pc}	η_j	m_j(%)	집진율(η_j,m_j)%
1	0~2	1	0.159	0.025	1.0	0.02
2	2~4	3	0.476	0.185	9.0	1.66
3	4~6	5	0.794	0.39	10.0	3.9
4	6~10	8	1.27	0.62	30.0	18.6
5	10~18	13	2.06	0.81	30.0	24.3
6	18~30	24	3.81	0.94	14.0	13.2
7	30~50	40	6.35	0.98	5.0	4.9
8	50~100	75	11.9	0.99	1.0	1.0
						Σ67.6

(4) 효율의 향상조건

① 배기관의 직경(내관)이 작을수록 입경이 작은 먼지를 제거할 수 있다.

② 입구유속에는 한계가 있지만 그 한계 내에서는 속도가 빠를수록 효율이 높은 반면에 압력 손실도 높아진다.

③ 사이클론의 직렬단수, 먼지호퍼의 모양과 크기도 효율에 영향을 미친다.

④ 점착성이 있는 먼지의 집진에는 적당치 않으며 딱딱한 입자는 장치를 마모시킨다.

⑤ 고성능의 전기집진장치나 여과 집진장치의 전처리용으로 사용된다.

사이클론은 사료 및 곡물 제분소, 조면기(cotton gin), 시멘트 공장, 비료 공장, 정유 시설, 아스팔트 혼합 공장, 기타 비교적 큰 입자가 들어있는 기체를 다량 다루는 곳에서 널리 이용되고 있다. 사이클론의 장·단점을 요약하면 다음과 같다.

사일클론의 장점

① 적은 설치비 및 조작 비용

② 고온에서도 운전 가능

③ 간단한 구조에 의한 적은 유지·보수 비용

사이클론의 단점

① 낮은 효율(특히 미세입자)

② 비싼 운전비용(고효율 운전을 위해서는 압력 손실이 크기 때문임)

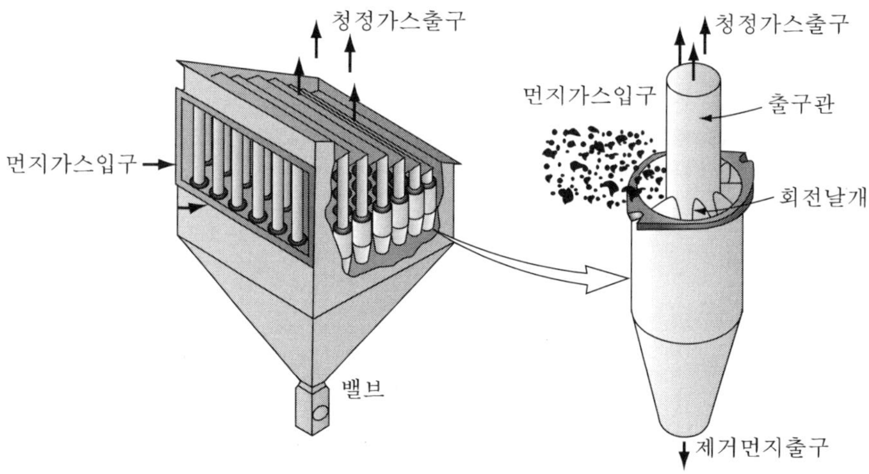

(a) 복합 사이클론 (b) 집진 요소

그림 11-9 병렬 배열 사이클론

11.8 습식집진기

습식집진기(wet collector) 또는 스크러버(scrubber)는 분진 입자가 분산된 액적과 직접 접촉하게 하여 기체 흐름으로부터 입상물질을 제거한다. 접촉 메커니즘은 중력침강 중의 내부 충돌(internal impingement) 또는 차단(interception)으로서 분진입자의 포집은 입자와 세정액 사이의 상대적인 속도에 의하여 현저하게 영향을 받는다.

스크러버에 관하여 유도한 접촉동력(contact power)이론에 따르면, 잘 설계된 모든 종류의 습식집진기의 제거 효율은 공기－물 접촉 과정에서 소비되는 에너지의 함수가 된다. 이 에너지 소비량(동력소모)은 압력 강하에 정비례하므로, 잘 설계된 습식집진기로서 압력 강하가 같거나 비슷하게 조작되면 성능이 비슷하다고 볼 수 있다. 습식집진기의 효율은 압력 강하 뿐 아니라, 집진되는 입상물질의 크기에 따라 변한다. 일반적으로, 아주 낮은 압력 손실로 조작되는 집진기에서는 중간～굵은 입자만이 제거될 것이지만, 압력 손실을 크게 하여(즉, 에너지 출력을 증가시켜서) 조작하면 미세 입자의 제거에 효과적일 것이다.

입도가 작은 입자의 집진효율은 물－공기 접촉에 소비되는 에너지가 많을수록 증가한다. 습식집진기는 실질적으로 입자의 재비산(reentrainment)이 없으므로, 다른 장치로는 대부분 처리하기 어려운, 뜨겁고 습한 가스의 취급을 포함한 여러 가지 대기오염 문제해결에 효과적이고 비교적 저렴한 해결책이 될 수 있다. 장치에 따라서는 압력 강하가 높거나 변동하는 문제가 발생하며, 부식성 물질을 집진할 때는 유지비가 많아진다. 또한, 플룸 상승 높이가 중요한 경우에는 습식집진기의 사용을 권할 수 없다. 습한 플룸은 올라가지 않고 잘 분산되지 않기 때문이다.

습식집진기에서는 어느 것이나 입상물질을 수집한 폐수 처분이 문제가 된다. 이 폐수를 수역에 방출하기에 앞서서 어떤 형태이든 처리(가령, 침강탱크나 침강지 또는 원심장치)하여야 하는 경우가 많다. 용수량이 한정되어 있거나 물값이 비싼 지역에서는 물을 다시 순환시켜야 할 때가 있다.

입상물질의 제어에 일반적으로 많이 사용되는 습식집진기로는 분무탑, 습식 사이클론 스크러버, 벤투리 스크러버 등이 있다.

(1) 습식집진기의 입자포집 원리

① 액적에 입자가 충돌하여 부착된다.
② 미세입자의 확산에 의하여 액적과 접촉한다.
③ 배기가스의 습도가 증가되므로 입자가 서로 응집한다.
④ 입자를 핵으로 한 증기의 응결에 의하여 응집성이 촉진된다.
⑤ 액막, 액적, 기포에 입자가 접촉하여 부착된다.

사용하는 액체는 보통 물이지만 계면활성제를 혼합하는 경우도 있다. 함진기체와의 접촉면적을 높여 포집효과를 증가시키기 위하여 분무시킨 액적의 모양, 크기, 분무압력을 조절한다. 집진효율은 높지만 폐수처리 문제가 있다.

(2) 분무된 액적의 직경

습식집진기에서 분무된 액적의 크기에 따라 먼지포집 효율이 달라진다. 물방울의 크기가 너무 크면 물의 단위부피당 기체와의 접촉면적이 작고, 너무 작은 물방울이 만들어지면 도리어 물방울이 먼지에 포집되기 때문이다. 액적(물방울)은 다음과 같이 생성된다.

① 가스흐름에 의한 액적생성
② 회전판에 의한 액적생성
③ 노즐(nozzle)에 의한 액적생성

가스흐름에 의한 액적생성 :

$$2r = \frac{585}{u}\sqrt{\frac{T}{\rho}} + 597\left(\frac{\mu}{\sqrt{\rho T}}\right)^{0.45} L^{1.5} \quad (11\text{-}21)$$

여기서, r : 물방울의 반경(μm)
u : 가스의 유속(m/sec)
T : 액체의 표면장력(dyne/cm)
ρ : 유체의 밀도(kg/m^3)
μ : 액체의 점도(g/m · sec, poise)
L : 주수율(액체/가스비)

20℃ (상온)에서는 물의 표면장력 $T=72.75$ dyne/cm, 점도 $\mu=0.01$ g/cm · sec, $\rho=1$ g/cm^{3}이므로 식 (11-21)은 다음과 같다.

$$2r = \frac{5{,}000}{u} + 29L^{1.5} \quad (11\text{-}22)$$

회전판에 의한 액적생성 :

회전원판에 의하여 만들어진 물방울의 크기는 원심력과 표면장력의 균형에 의하여 구할 수 있다.

$$2\pi T = \frac{4}{3}\pi r^3 \rho R w^2$$

$$\text{Newton의 운동식} = \frac{mv^2}{R} = \frac{m(wR)^2}{R} = mw^2 R$$

$$2r = \frac{\sqrt{\frac{6T}{\rho R}}}{w} \tag{11-23}$$

여기서, r : 물방울의 반경(cm)

R : 회전원 반경(cm)

w : 원판회전 각속도(rad/sec) ($w = 2\pi N/60$; N = rpm)

상온에서는, 물의 표면장력 $T = 72.75$ dyne/cm, 물의 밀도 $\rho = 1\text{g/cm}^3$이므로,

$$2r = \frac{21}{w\sqrt{R}} = \frac{200}{N\sqrt{R}} \tag{11-24}$$

Example 11-4

20℃에서 $u = 50$ (m/sec)이고, 주수율 $L = 1.0$ (L/m^3)이라면 물방울 r의 반경은 얼마인가?

풀이

$2r = 5{,}000/u + 29L^{1.5} = 5{,}000/50 + \{29(1.0)^{1.5}\} = 100 + 29 = 129(\mu\text{m})$

$\therefore\ r = 64.5\mu\text{m}$

Example 11-5

회전원 반경 $R = 4$ cm, 원판회전수 N=3,600 rpm이다. 이때의 회전판에 의해 생성되는 물방울 직경은 얼마인가?

풀이

식 (11-24)에 대입하면,

$$2r = \frac{21}{w\sqrt{R}} = \frac{200}{N\sqrt{R}} = \frac{200}{3{,}600\sqrt{4}} = 2.78 \times 10^{-2}(\text{cm}) = 278(\mu\text{m})$$

(3) 종류

분무탑 분무탑(spray tower)은 기상 및 입상오염물질의 제거에 다 사용될 수 있다. 이 장치에서는 압력 손실이 적으며 다량의 기체를 처리할 수 있다. 가스가 위로 올라가면, 동반 입자가 흐름 방향에 가로로 분무되는 액적과 충돌하며, 입자가 들어있는 액적은

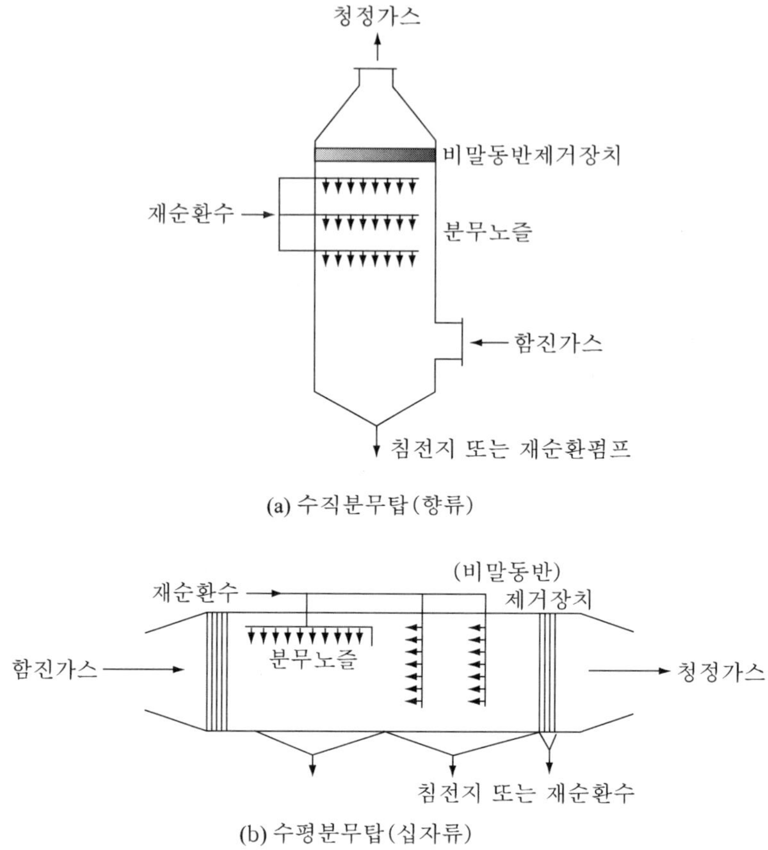

그림 11-10 분무탑 스크러버

중력으로 바닥에 침강하게 된다. 분무탑은 10μm 이상인 입자의 제거에 효과적이며, 개량하여 보다 작은 입자를 제거할 수도 있다.

습식 사이클론 스크러버 습식 사이클론 스크러버(wet cyclone scrubber)에서는 사이클론 실 안의 여러 곳에서 고압 분무 노즐로 미세한 분무를 만들어 접선 방향으로 유입된 기체에 동반된 작은 입자를 차단하게 한다. 입상물질은 원심력에 의하여 벽쪽으로 던져지며, 수집 통으로 배수된다<그림 11-11>. 원심력은 액적분리를 향상시키고, 세정액을 더욱 미세하게 만들 수 있기 때문에 집진효율이 향상된다. 입자 제거율은 액적과의 접촉에 따라 달라지며, 액체 유량, 액적크기 및 입도의 함수가 된다. 일반적으로 분무탑에서 예상할 수 있는 것보다 약간 높은 제거율을 얻을 수 있다.

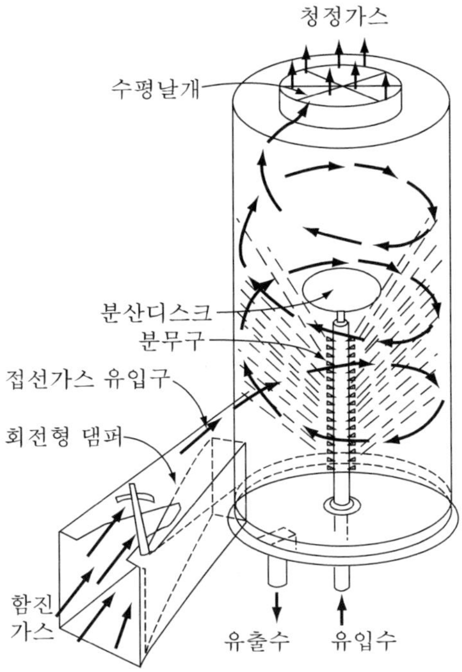

그림 11-11 습식 사이클론 스크러버

벤투리 스크러버 습식세정기의 효율은 세정액적과 분진사이의 상대속도에 따라 달라진다. 벤투리 스크러버(venturi scrubber)에서는 빠른 상대속도가 벤투리 목부(throat)의 낮은 압력에서 얻어지며 입도 0.5～5μm인 입상물질의 제거에 효율적이다. 따라서, 연기 및 연무와 관련되는 미립자의 제거에 효과적이다. 오염된 기체는 벤투리형의 목 부(throat section)가 있는 덕트를 통과하고, 이 목으로 주입되어 분무되는 액체는 처리하고자 하는 오염된 기체 속으로 미립화된다. 이 액적은 기체 흐름 중의 입자와 충돌하며, 이 액체와 입자는 침강하여 제거된다. 입상오염물질뿐 아니라 기상오염물질도 효과적으로 제거된다. 벤투리 스크러버는 미립 에어로졸에 아주 효과적(제거율 90% 이상)이지만, 도입 기체 유속이 크기 때문에 동력비가 비교적 많은 편이다. 제거율은 입도 및 두 손실(head loss)의 함수이다. 벤투리 세정기는 설계가 간단하고 설치와 유지가 쉬운 장점을 가지고 있으나, 압력 손실이 크다는 단점이 있다.

벤투리 스크러버(venturi scrubber)의 목(throat)부에서 생성되는 물방울의 직경은 목(throat)부에서 가스 속도가 크고, 주수율(액체가스비＝사용수량/기체량, L/m^3) L이 작을수록 생성되는 물방울 직경도 작아진다. 벤투리 스크러버의 목부분에서 속도 u(m/sec),

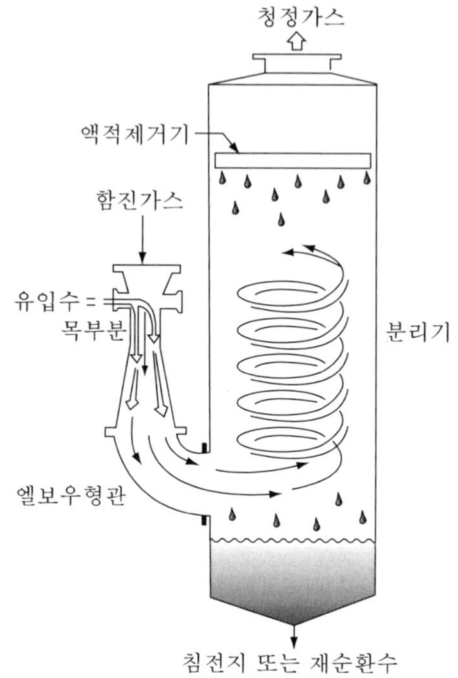

그림 11-12 사이클론 분리기가 부착된 벤투리 세정기

주수율 L (L/m^3), 밀도 ρ (kg/m^3)에 의하여 압력손실(ΔP)을 예측할 수 있다.

i) 내부가 매끈한 경우

$$\Delta P = \frac{(0.25 + 0.8\mathrm{L})\rho u^2}{2\mathrm{g}} \tag{11-25}$$

ii) 내부가 거친 경우

$$\Delta P = \frac{(0.5 + \mathrm{L})\rho u^2}{2\mathrm{g}} \tag{11-26}$$

벤투리 스크러버를 거친 청정가스 중의 액적(mist)을 제거하기 위하여 흔히 사이클론을 액적분리기(demistor)로 사용한다. 이때의 압력손실은 다음과 같다.

$$\Delta P = \frac{(1 + \mathrm{L})\rho u^2}{2\mathrm{g}} \tag{11-27}$$

일반적으로, 벤투리 스크러버와 제트(jet) 스크러버는 가스유속이 클수록 집진율이 좋으나 운전비가 높게 된다.

(4) 습식집진기의 장단점

1) 장점

① 구조가 간단하고 처리 가스량에 비하여 장치가 차지하는 면적이 작다.
② 움직이는 부분이 적고 조작이 간단하다.
③ 분리포집 가능한 입경은 0.5μm 정도이지만, 조건에 따라서는 미립자에 대하여도 포집효과가 좋다.
④ 가스의 냉각조작으로도 사용할 수 있으며, 고온가스의 처리도 가능하다.
⑤ 가스흡수, 증습 등의 조작이 가능하다.
⑥ 포집 먼지의 제거가 용이하고, 큰 동력을 필요로 하지 않는다.
⑦ 먼지의 입도, 습도, 가스의 종류 등에 의한 영향이 적다.

2) 단점

① 상당량의 물이 사용된다.
② 폐수처리 설비를 요한다.
③ 집진수의 회수를 위하여 탈수여과·건조장치 등이 필요하다.
④ 소수성 먼지의 집진효과는 낮다.
⑤ 친수성이 크고, 부착성이 높은 먼지는 폐색 등의 장애를 일으키기 쉬우며, 장기간 운전하거나 운전 재개 시에 장애가 발생하기 쉽다.
⑥ 한냉기의 동결방지가 필요하다.

11.9 직물여과기(백 하우스 여과기)

직물여과기(fabric filter)장치에서는 입상물질을 동반한 기체 흐름을 직물 또는 펠트(felt)를 지나게 하여, 입상물질은 걸러지고 기체는 통과하게 된다. 작은 입자들이 초기에 직접 차단, 관성 충돌, 확산, 정전 인력, 중력 침강 등에 의하여 직물에 걸린다. 직물에 먼지층이 형성되고 나면, 형성된 먼지층에 의하여 미립자가 보다 효과적으로 집진된다(90% 이상). 여과 백(filter bag)은 대개 관 또는 봉투 모양인데, 0.5μm 정도로 작은 입자를 대부분 제거할 수 있으며, 0.1μm 정도의 입자도 상당히 제거한다.

입상물질이 백 내면에 축적되면 압력 강하가 증가한다. 압력 강하가 아주 커지기 전에, 백에서 입상물질 층의 일부를 털어내야 한다. 직물여과기는 간헐적, 주기적, 또는 연속적으로 청소할 수 있다. 간헐적 청소(intermittent cleaning)에서는 원료 가스가 대기 중으로 직접 방출되지 않도록 장치를 정지시켜야 하므로, 이 방법은 별로 이용되지 않는다. 주기적 청소(periodic cleaning)에서는 여과 기구의 일부를 정지시켜서 단시간 동안 청소하는데, 이때 다른 부분은 계속 운전한다. 연속, 자동 청소 조작에서는 항상 여과 기구의 일부분을 청소한다. 어떤 방법이던 간에, 기계적 진동기, 공기 역류(블로우 링, blow ring), 또는 펄스 제트(pulse jet) 등을 먼지 케이크 제거에 이용한다.

직물여과기 사용에는 몇 가지 문제가 있다. 유기성 먼지를 여과하는 백 하우스 부분에서 방전이 일어나면, 폭발 또는 화재의 위험이 있다. 설치 공간의 제약 때문에 큰 부하를 다루기에 충분한 백 하우스를 사용할 수 없을 때도 있다. 입상물질이 동반되는 가스 흐름의 온도가 높아서 직물매체가 견디기 어려울 정도이거나, 함유되어 있는 수분, 산소, 또는 알칼리도 때문에, 파열되거나 나쁜 영향이 생길 가능성이 있다.

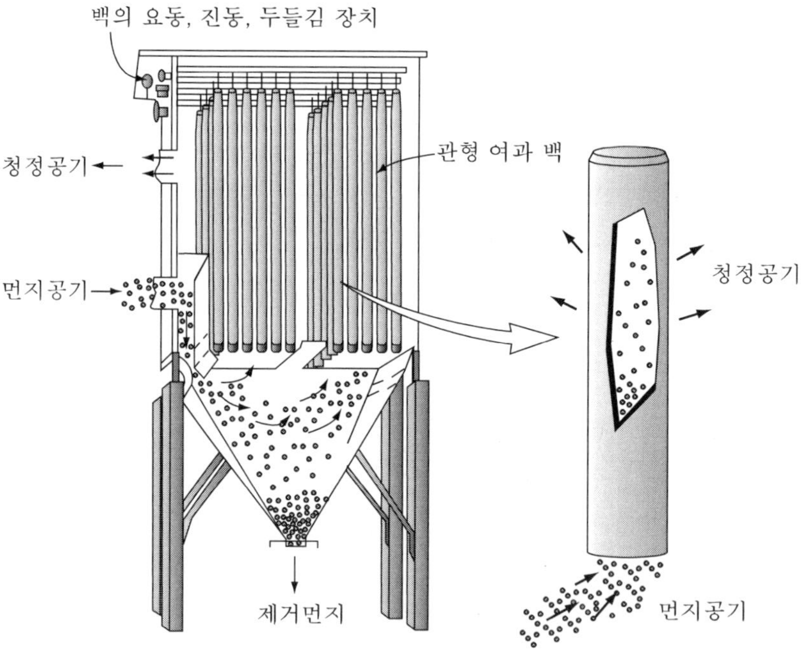

그림 11-13 간단한 전형적 직물여과기 백 하우스 설계

(1) 여과포에 의한 분진포집기구(collection mechanism)

여과섬유사이의 공간으로 분진을 포함한 기체가 통과할 때 이중의 분진은 분진입경(질량), 운동량 등에 따라 여과포를 구성하는 섬유와 관성충돌(impaction), 차단(interception), 확산(diffusion), 중력 및 정전기력에 의하여 섬유에 부착된다. 부착된 분진은 가교형성(bridge) 및 일차층을 형성하여 여과집진 기능을 가진다.

분진입자가 커서 충분한 관성력이 있을 때는 유체흐름선(유선)에 관계없이 관성에 의하여 입자는 섬유에 충돌하여 부착한다. 입자의 크기가 작아지면 관성도 상대적으로 작아지기 때문에 입자가 유선을 따라 섬유에 접근하게 되며, 분진의 중심과 섬유표면과의 거리가 분진 반경보다 짧으면 이 분진은 섬유에 부딪혀 섬유에 부착된다. 이것을 차단(interception)이라 한다. 여과포에 의한 집진의 경우 동력학적 입경이 1μm 이상인 분진의 99%가 관성충돌과 차단에 의하여 포집된다. 분진입경이 0.1μm 이하인 아주 작은 입자는 유선을 따라 움직이는 것이 아니라 브라운 운동을 통한 확산에 의하여 이동한다. 이들 작은 입자는 가스의 이동속도와는 달리 자체적으로 움직이며 여과포를 구성하는 개개의 섬유와 접촉하여 포집된다.

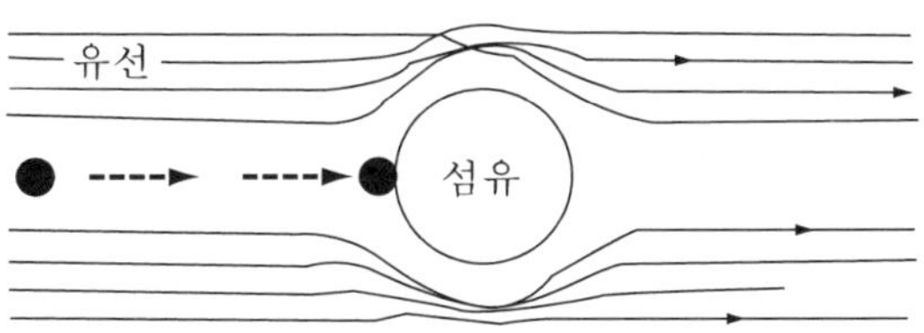

(a) 관성충돌

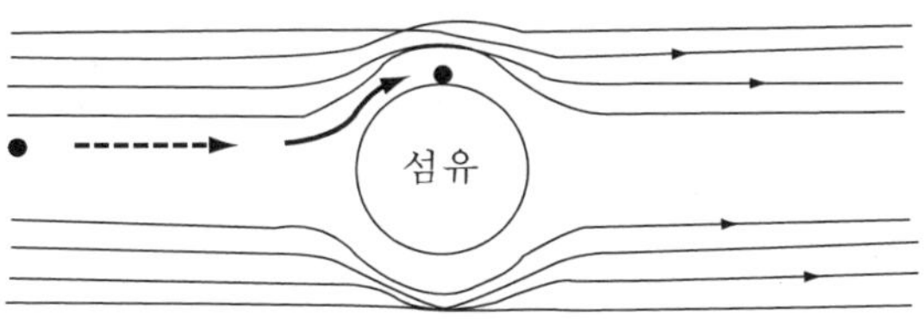

(b) 직접차단

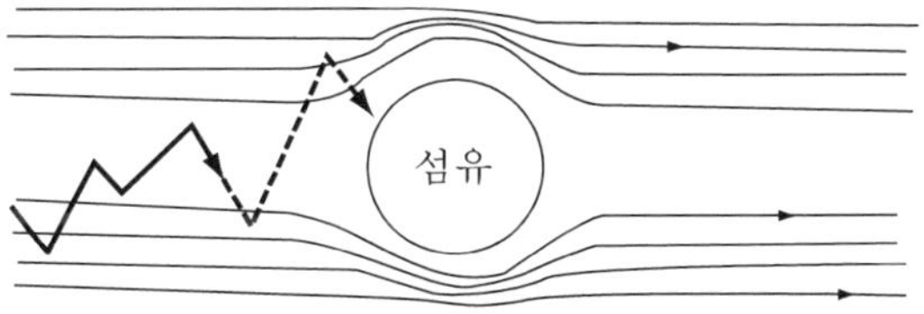

(c) 확산포집

그림 11-14 여과재에 의한 분진포집기능

(2) 표적효율(target efficiency)

분진을 포함한 가스가 직경이 d_f인 원주형 섬유를 향하여 접근할 때, 가스흐름에 직각인 섬유를 향하여 접근한 입자만 섬유에 충돌하게 된다. 이러한 충돌에 의한 제진효율을 표적효율이라 한다. 가스의 흐름에 직각인 섬유의 단면 내에 위치하여 가스를 따라 섬유의 표면에 충돌하는 주어진 크기의 입자의 분율로 정의된다. 분진입자의 일부는 섬유 주위로 확산하여 가스흐름을 따라 흘러가기 때문에 이 효율은 100%가 될 수 없다. 관성은 질량에 따라 변하고 효율도 입경에 따라 변하므로 표적효율은 충돌수(impaction number) 또는 분리수(separation number) N의 함수이다.

$$N = \frac{\rho_p {d_p}^2 u_p}{18\mu d_f} \tag{11-28}$$

여기서, N : 충돌수(또는 분리수)
u_p : 입자의 속도
d_f : 섬유의 직경
μ : 유체의 점도
ρ_p : 입자의 밀도

분진의 입경, 밀도, 가스의 특성이 주어진 경우 여과포 섬유의 직경이 작을수록 표적효율이 높다.

(3) 압력손실

여과포 위에 여과케이크가 축적되면 집진효율이 증가하지만, 가스흐름에 대한 저항도 증가한다. 여과케이크가 형성되지 않은 여과포의 압력손실은 약 1.3 cmH_2O이며, 분진효율은 낮다. 여과케이크가 생성되면 압력손실이 5.9～7.5 cmH_2O 정도가 되며 제진효율은 99% 정도가 된다. 압력손실이 12.5～15.0 cmH_2O가 되면 여과포를 청소하여 압력손실은 감소시켜 주어야 한다. 이는 압력손실에 의한 에너지 소모량이 매우 높아지기 때문이다. 여과포와 여과케이크층에 의한 전체압력손실(ΔP)은 Darcy식으로 표현할 수 있다.

$$\frac{\Delta P}{x} = \frac{\mu u}{K} \tag{11-29}$$

여기서, K : 여과포와 케이크의 투과율(permeability)
u : 가스의 유속(superficial velocity)
x : 여과포나 케이크의 두께

Darcy 식 (11-29)의 u는 가스의 투과 유속으로서 투과가스의 유량을 여과포의면적으로 나눈 값이다. K를 제외한 나머지 변수는 실험으로 정해지는 값이므로 Darcy식으로부터 변수 K를 구할 수 있다. 변수 K는 분진케이크층의 공극률, 공극크기, 공극의 크기분포, 입경분포, 비표면적 등의 함수로서 예측하기가 어렵다.

여과포에서의 전체압력손실(ΔP)은 깨끗한 여과포에 의한 압력손실(ΔP_f)와 분진케이크층에 의한 압력손실(ΔP_c)를 합한 것이며 Darcy식으로 나타내면 다음과 같다.

$$\Delta P = \Delta P_f + \Delta P_c = \frac{x_f \mu u}{K_f} + \frac{x_c \mu u}{K_c} \qquad (11\text{-}30)$$

여과포에 의한 압력손실 ΔP_f는 여과포가 정해지면 일정한 값을 가지므로, 전체압력손실(ΔP)을 분진케이크층에 의한 ΔP_c에 따라 변화한다. 가스의 점도(μ)와 유속(u)이 정해지면 ΔP_c는 분진 케이크층의 투과율(K_c), 분진케이크층의 두께(x_c)의 함수이며, x_c는 운전시간(t)의 함수이다.

운전시간(t)에 따른 ΔP_c의 변화는 여과포에 의하여 제거된 분진의 무게로부터 구할 수 있다. 제거된 분진의 무게는 가스의 유량에다 시간(t)와 분진농도(L_d)를 곱하여 구한다. 또한, 제거된 분진의 무게는 운전시간 동안에 제거된 분진의 부피에 분진케이크의 밀도(ρ_c)를 곱한 것과도 같다.

$$\text{제거된 분진의 무게} = (uA)(t)(L_d) \qquad (11\text{-}31)$$

$$= \rho_c A\, x_c \qquad (11\text{-}32)$$

여기서, A : 여과포의 단면적
u : 여과포에 수직인 가스의 유속
L_d : 분진농도
ρ_c : 분진케이크의 밀도
x_c : 분진케이크층의 두께

그러므로, 분진케이크에 의한 압력손실(ΔP_c)은 다음과 같다.

$$\Delta P_c = \frac{x_c \mu u}{K_c} = \frac{L_d t u}{\rho_c}\left(\frac{\mu u}{K_c}\right) = \frac{\mu u^2 L_d t}{\rho_c K_c} \qquad (11\text{-}33)$$

주어진 가스 및 분진에서 μ, ρ_c 및 K_c는 일정한 값을 갖는 특성치이므로 이들을 하나의 매개변수 K_1으로 표현할 수 있다.

$$K_1 = \frac{\mu}{\rho_c K_c} \tag{11-34}$$

따라서,

$$\Delta P_c = K_1 u^2 L_d t \tag{11-35}$$

여과주기(filter cycle) 동안 가스유속(u)과 분진농도(L_d)를 일정하게 유지한다고 가정할 수 있으며, 가스 특성과 분진케이크의 투과율이 주어지면 매개변수 K_1을 식 (11-34)로부터 구할 수 있다. 그러므로 여과케이크층에 의한 압력손실은 분진농도(L_d)와 시간(t)에 따라 선형으로 비례하며, 가스의 유속(u, superficial velocity)의 제곱에 비례한다.

Example 11-6

80℃의 배기가스를 5.4시간 동안 섬유여과기를 통과시킨 결과 전체 압력손실이 12.04 cmH_2O였다. 여과케이크의 밀도가 1.28 g/cm^{3}이고 실험을 실시하기 전의 깨끗한 여과포의 압력손실이 1.4 cmH_2O이었다. 배기가스의 유속은 1.28 m/min, 분진농도는 31.64 g/m^{3}이다. 여과케이크층의 투과율 K_c를 구하라.

풀이

식 (11-33)에서

$$K_C = \frac{\mu u^2 L_d t}{\rho_c \, \Delta P_c}$$

배기가스를 공기로 가정하면 80℃의 공기의 점성계수는

$$\mu = 2.14 \times 10^{-6} \text{ kg}\cdot\text{sec/m}^2$$

$$\Delta P_c = 12.04 - 1.4 = 10.64 \text{ cm H}_2\text{O} = 106.4 \text{ kg/m}^2$$

$$K_C = \frac{(1.28 \text{ g/min})^2 (31.64 \text{ g/m}^3)(2.14 \times 10^{-6} \text{ kg}\cdot\text{sec/m}^2) \times 5.4 \text{ hr}}{(1.28 \text{ g/cm}^3)(106.4 \text{ kg/m}^2)}$$

$$= 4.4 \times 10^{-12} \text{ m}^2$$

(4) 여과항력(filter drag)

분진 케이크 층에 의한 압력 손실 ΔP_c를 가스의 표면 속도(superficial velocity) u로 나눈 값을 여과 항력 S (cmH$_2$O/m · min)라고 한다. 가스의 흐름 방향에 수직인 단위면적당 시간 t동안 제거된 분진의 양 w로 여과항력 S를 나타낼 수 있다.

$$S = \frac{\Delta P_c}{u} = K_1 u L_d t \tag{11-36}$$

식 (11-36)으로부터,

$$w = \frac{\text{제거된 분진의 무게}}{A} = \frac{(uA)(L_d)(t)}{A} = uL_d t \tag{11-37}$$

여기서, A: 여과포의 면적

식 (11-36), (11-37)로부터 S를 w의 함수로 나타낼 수 있다.

$$S = K_1 w \tag{11-38}$$

식 (11-38)로부터, 여과항력 S는 w에 선형으로 비례함을 알 수 있다. 실제로는 <그림 11-15>와 같이 처음에는 비선형 부분이 나타나며, 이는 깨끗한 여과포위에 새로운 분진 케이크 층이 형성되는 것을 의미한다. 최초의 일정 기간 동안 분진케이크층의 표면이 매우 불규칙적이므로 분진층이 균일하게 채워질 때까지 가스흐름에 대한 저항이 빠르게 증가한다. 여과포를 청소한 후에도 분진의 일부가 남아 있으므로 잔류저항이 존재한다.

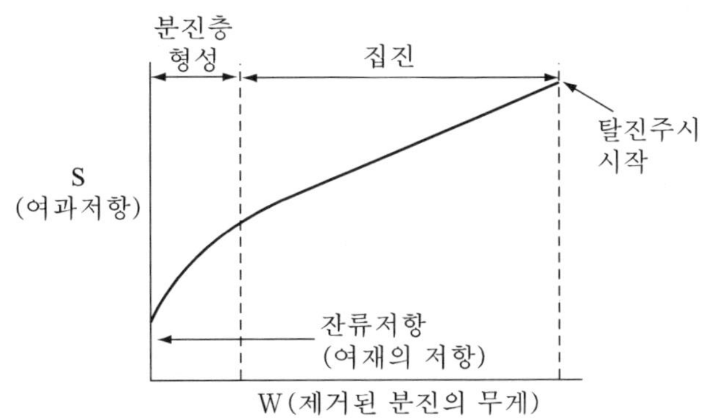

그림 11-15 여과저항과 제거된 분진의 무게로 나타낸 섬유여과기의 성능곡선

(5) 여과속도

처리가스량(Q)을 여과포의 단면적(A)으로 나눈 것을 여과속도(u_f)라고 한다.

$$u_f = \frac{Q}{A} \times 100 \tag{11-39}$$

여기서, u_f : 여과속도(cm/sec)

Q : 기체유량(m^3/sec)

A : 여과포의 면적(m^2)

이 여과속도는 처리하고자 하는 기체의 성상, 집진율에 따라 다르며 0.3～10 cm/sec의 범위로 한다. 그러나 미세한 1μm 전후의 입자를 처리할 때는 보통 1～2 cm/sec 정도로 한다. 다른 집진장치에 비하여 가스유속이 매우 낮다.

(6) 분진부하(dust loading)

백(bag)필터의 단위 여과포 면적당 누적 분진량을 여과포의 분진부하(dust loading)라고 한다.

$$\text{분진부하} = m = \frac{w}{A}\ [\text{kg/m}^2] \tag{11-40}$$

여기서, w : 분진(dust)양(kg)

A : 여과포의 면적(m^2)

분진분하 m값은 보통 0.2～1.0 kg/m^2 정도이다. 부하가 클수록 압력손실이 커지며, 백필터의 청소가 필요하다.

Example 11-7

직경 292 mm, 유효높이 11.6 m의 원통형 백 필터를 사용하여 함진농도 5 g/m^3의 가스를 1,180 m^3/min로 처리한다. 여과속도를 1.3 cm/sec로 할 경우 백 필터의 소요수는 얼마인가?

풀이

처리가스량 : $Q = 1{,}180[\text{m}^3/\text{min}] = 1{,}180/60[\text{m}^3/\text{sec}]$

여과속도 : $u_f = 1.3[\text{cm/sec}] = 0.013[\text{m/s}]$

필요한 여과면적 : $A = \dfrac{Q}{u_f} = \dfrac{1,180}{60 \times 0.013} = 1,513(\mathrm{m}^2)$

백 한 개당 유효여과면적 : $a(\mathrm{m}^2) = 3.14 \times 0.292 \times 11.6 = 10.64(\mathrm{m}^2)$

∴ 백 필터의 개수 $= \dfrac{A}{a} = \dfrac{1,513}{10.64} - 142.19 = 143$개

(7) 압력손실

여과포상에 분진이 누적된 상태에서 전체 압력손실 ΔP는 여과포막의 압력손실 ΔP_f와 분진케이크층에 의한 압력손실 ΔP_c의 합($\Delta P = \Delta P_f + \Delta P_c$ [mmH_2O])이며, 분진케이크층에 의한 압력손실 ΔP_c (mmH_2O)는 다음 식으로 주어진다.

$$\Delta P_c = 180 \frac{\mu u_f x_c}{{d_p}^2} \cdot \frac{(1-\varepsilon)^2}{\varepsilon^3} (\mathrm{mmH_2O}) \tag{11-41}$$

여기서, μ : 기체 점도(kg/m · s)

u_f : 여과속도(m/s)

x_c : 분진케이크층 두께(H)

d_p : 분진입경(m)

ε : 분진층의 공극률

보통 $\Delta P = 100 \sim 200$ (mmH_2O)에 달하면 분진케이크층을 탈락시킨다. 탈락을 행하는 시간간격은 1~2시간 정도이다. 함진농도가 크면 탈락회수가 많아지며 여과포의 수명단축을 초래한다. 유입기체의 함진농도는 0.2~10.0 [g/m^2(STP)]을 표준으로 하고 이상의 경우에는 전처리용 장치를 붙인다.

Example 11-8

백 필터에 있어서 여과면적을 A(m^2), 그의 표면에 누적된 분진케이크의 양을 w(g)라고 하면 w/A(g/m^2)를 분진부하라고 하고, M으로 표시하자. 지금 입구 가스의 함진농도를 C_i (g/m^3), 여과속도를 u (m/s), 여과시간을 t (s)로 하고 집진율을 거의 100%로 하면 $M = C_i u t$가 된다. M값이 360g/m^2에 달할 때 탈락을 시킨다고 하면 $C_i = 10$ (g/m^3), $u = 1$ (cm/s)의 가동상태에서 탈락시간 간격을 구하라.

풀이

$M = 360(\mathrm{g/m^2})$, $C_i = 10(\mathrm{g/m^3})$, $u = 1(\mathrm{cm/s})$로서

$$t = \frac{M}{C_i u} = \frac{360}{10 \times 0.01} = 3,600(s) = 1(h)$$

Example 11-9

분진케이크층의 탈락을 하기 직전에 백필터 압력손실 ΔP의 대부분은 여과표면상에 누적된 분진케이크층에 의한 것이다. 입경 d_p의 분진케이크층의 두께를 x_c라 하고 여기에 점도 μ의 가스가 유속 u_f로 유입될 때 분진케이크층에 의한 기류의 압력손실은 이론식으로 다음 식과 같다.

$$\Delta P = 180 \frac{\mu u_f x_c}{{d_p}^2} \frac{(1-\varepsilon)^2}{\varepsilon^3}$$

이 식에서 ε는 어떤 뜻을 갖는가?

풀이

분진층의 공극률

여과집진기의 장점 :

① 미세입자에 대한 집진효율이 높다.

② 여러 가지 형태의 분진을 포집할 수 있다.

③ 설계는 「모듈」 방식으로 이루어지며, 각 「모듈」은 공장에서 조립될 수 있으므로 다양한 용량을 처리할 수 있다.

④ 비교적 작은 압력강하를 요구한다.

여과집진기의 단점 :

① 넓은 설치공간이 필요하다.

② 여과재는 높은 온도와 부식성 화학물질에 상할 수 있다.

③ 습윤 환경에서는 사용할 수 없다(여과포가 밀폐될 수 있기 때문이다).

④ 화염과 폭발의 위험성이 있다.

직물여과기는 용도가 많다. 넓은 입도범위에 대하여 집진효율이 높고, 설계의 유연성이 좋으며, 또 비교적 고속, 적절한 조작, 압력 강하 및 동력 소요량으로 다량의 가스를 취급할 수 있고, 다양한 고체 물질을 처리할 수 있다. 특히 시멘트 킬른, 주조 공장, 제강로, 곡물 취급 플랜트 등에서 다량 처리할 때에 유용하다.

표 11-1 여과집진장치 설계 시 고려사항

고려사항	내 용
온도와 습도	여과재별로 처리할 수 있는 최대허용온도가 다르다. 한계온도 이상에서의 가동은 여과포를 급속히 퇴화시킨다. 저온은 산성가스를 응축시키고, 습윤 분진에 의해 여과재 표면이 막힐 수 있다. 습윤 분진은 분진퇴적함 위에 가교를 형성한다. 온도가 상승하면, 가스의 점도와 유량이 증가하며, 이로 인해 압력 손실이 증가하게 된다.
기체의 화학적 성질	여과재에 따라 산이나 염기에 대한 내성이 다르다.
화재/폭발	어떤 여과재는 가연성이며, 어떤 먼지는 폭발성이다.
여과포의 배치	여과포의 배치는 여과집진기의 유지보수에 중요한 인자이다. 일직선으로 배치된 여과포는 밀집된 것보다 좋다. 여과포 사이에 걸어 다닐 만한 공간을 확보하는 것도 매우 훌륭한 설계방법이다.
분진취급	분진제거속도(질량과 용적), 운송장치(압축공기 튜브나 나선형 운송장치), 퇴적함의 기울기(분진은 중력에 의해 떨어져야 한다) 등이 고려되어야 한다.
송풍기의 위치	처리된 공기쪽에 위치한 송풍기(흡입 여과집진기)는 안전하게 유지되며, 후형날개형 송풍기는 효율적으로 이용될 수 있다. 그러나 이와 같은 방법은 완전히 밀폐되고 견고한 구조물을 요구한다.

11.10 전기집전기(electrostatic precipitator, ESP)

전기집진 과정은 (1) 입자의 하전 (2) 집진판 표면에로의 하전 입자 이동 (3) 집진판에서 하전의 중화 (4) 집진판에 부착된 입상물질의 제거 및 처분 등의 4단계가 필요하다.

입자가 고전압 직류 코로나를 통하여 지나가면 하전된다. 이 고전압장은 공기 중의 기초 분자를 이온화하고, 이것이 입상물질에 부착하여 (−)전하를 가지게 한다. 일단 (−)로 하전된 입자는 (+)극으로 이동하여 수집된다. 이 전하는 수집 순간에 중화되므로, 두드리거나 씻거나 또는 단순한 중력에 의하여 수집 표면에서 제거할 수 있다. 전기집진기를 사용하여 폐가스 흐름에서 입상물질 분리에 사용되는 에너지는 다른 대부분의 집진 또는 대기오염 방지장치와는 달리 기체 흐름 자체가 아니라 입상물질만에 의하여 소비된다. 이러한 특징으로 전기집진기는 매우 낮은 전력손실로 고효율의 집진능력을 보인다.

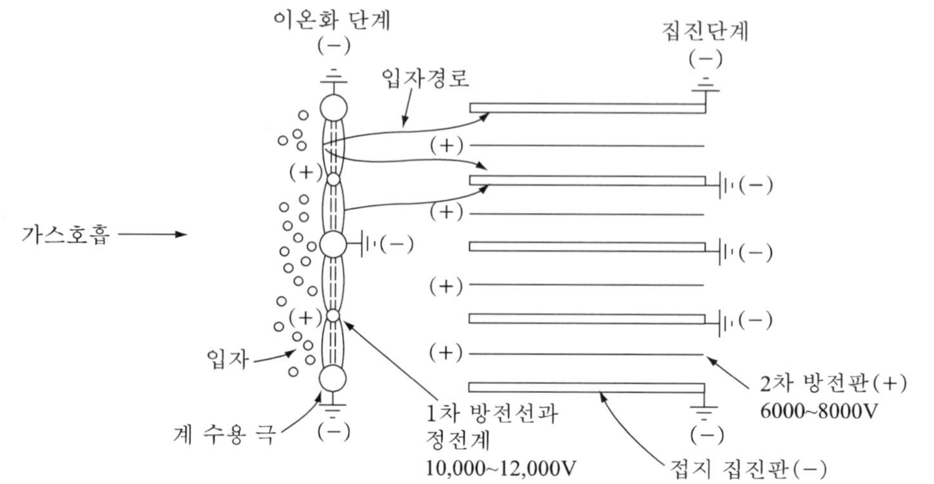

그림 11-16 저전압 2단 전기집진기

전기집진기는 입도범위가 클 때 특히 효과적이며(99% 이상), 미립자도 수집된다. 다량의 가스를 취급할 수 있으며, 압력 강하가 적고, 별 손질 없이 연속 조작할 수 있다. 산, 타르, 미스트 등의 수집에도 사용할 수 있지만, 폭발성 물질에는 사용할 수 없다.

전기집진기는 설치비가 비싸며, 일반적으로 큰 설치 공간이 필요하다. 표면적을 증가시켜서 효율을 높일 수 있지만, 이 때 면적이 상당히 증가한다. 전기집진기는 제한된 온도 범위 안에서 첨두 효율이 되도록 조작하며, 수집 물질이 축적되어 "spark over (불꽃 연락)"을 일으키면 과잉의 동력을 소비하게 된다. 또한 축적된 수집물질이 (−) 전극에서의 코로나 방전을 억제하여도 효율이 낮아진다.

(1) 원리

분진의 대부분은 고전압직류 코로나 방전영역을 통과할 때 전하를 띠게 된다. 대전입자의 coulomb력과 가스유체의 저항력은 Stokes의 법칙이 적용되는 1~100μm 범위 내에서 다음 식으로 표시한다.

$$F_e = n\,e_o E \tag{11-42}$$

$$F = 3\pi\mu d_p u_p / \mathrm{K_m} \tag{11-43}$$

여기서, F : 가스 저항력(g · cm/sec^2)

F_e : 입자가 받는 coulomb력(g · cm/sec^2)

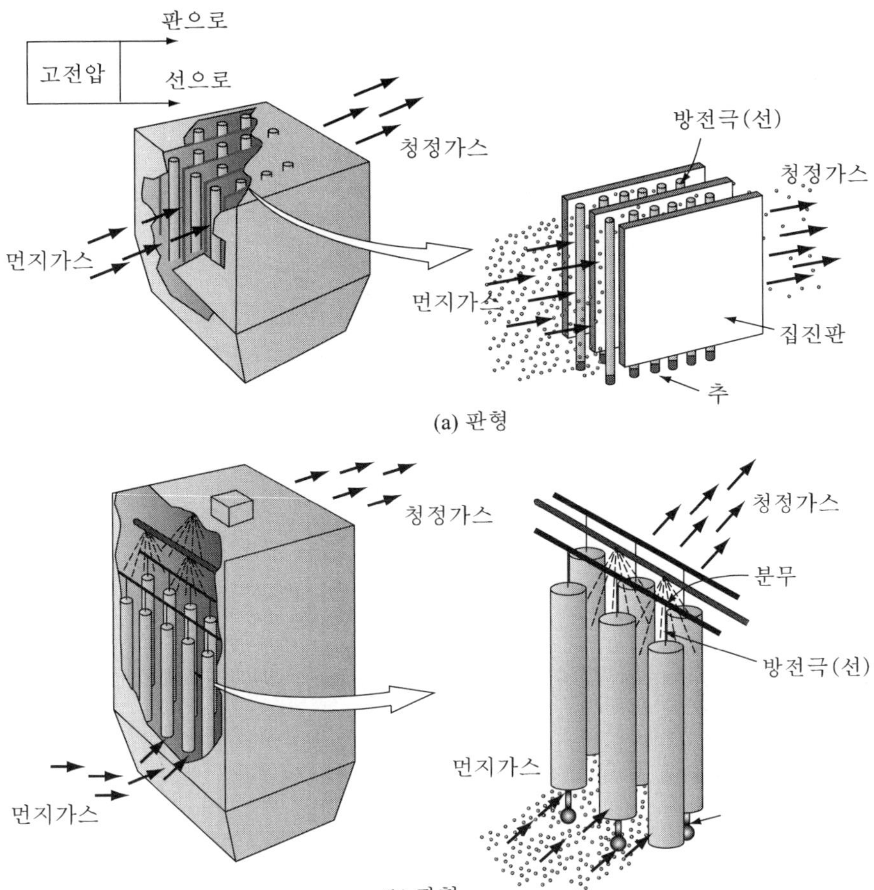

(a) 판형

(b) 관형

그림 11-17 고전압 전기집진기

e_o : 하전(4.8×10^{-8} e·s·u)

n : 하전수

E : 전계의 세기(e.s.u)

μ : 가스 점도(g/cm·sec)

d_p : 입자 직경(cm)

u_p : 입자 이동속도(cm/sec)

K_m: Stokes-Cunningham계수의 보정계수

$K_m = 1 + \dfrac{0.172}{d_p}$(입자경이 작을수록 이 값이 커짐 ; d_p는 분진의 입경, μm)

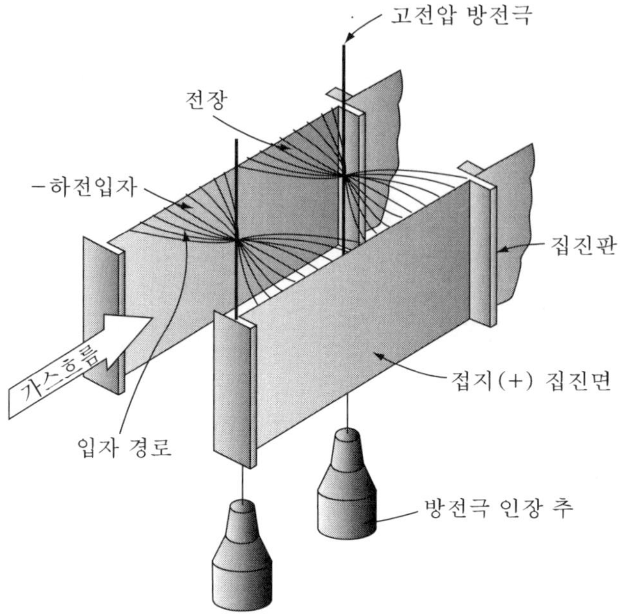

그림 11-18 판형 전기집진기 개요

식 (11-42), (11-43)에 의해 입자 이동속도는 다음과 같다.

$$u_p = \frac{ne_0E}{3\pi\mu d_p}K_m \tag{11-44}$$

전계의 세기(E)가 일정하면 입자 이동속도 u_p는 n/d_p에 비례하며, 입자의 하전수는 입자경에 따라 <표 11-2>와 같다. 따라서 전기집진에서의 입자 이동속도는 입경이 1μm 이상에서는 입경에 비례하여 커지며 1μm 이하에서는 $n/d_p = 100$이 되므로 입자의 이동속도는 거의 일정하게 된다.

표 11-2 미립자의 하전수

d_p(μm)	n	n/d_p
0.1	10	100
0.5	50	100
1	105	105
2.5	655	266
5	2,620	524
10	10,470	1,047

입자경이 미세해질수록 가스의 점성저항이 작아지므로 또 K_m은 커져서 입자이동속도는 오히려 커진다. 따라서 전기집진기에서는 분진의 입경이 작아도 집진율은 저하하지 않고 높은 집진율을 유지하는 것이 특징이다.

전기집진기에서 코로나가 발생되는 전압－전류의 관계(voltage-current relationship)를 좌우하는 주요인자 중의 하나는 가스 성분이다. 이 구성성분의 특성에 따라 코로나가 발생되는 전압－전류의 관계가 결정된다.

전기집진기에서 가장 중요한 것은 코로나 방전에 의해 발생된 자유전자가 가스분자에 흡착되어 음이온을 형성하는 것이다. 음이온 형성의 난이도는 가스의 종류에 따라 다르다. 수소, 질소, 이산화탄소, 알코올, 수분 등은 전자친화성이 없기 때문에 자유전자가 충돌하여도 음이온 가스가 형성되지 않는다. 그러나 산소, 아황산가스는 전자친화성이 매우 커서 쉽게 음이온이 된다.

가스조성과 코로나 발생 관계는 혼합가스 중 개개 성분 가스의 전자포획 가능성과 이동도의 차에 기인한다.

(2) 집진효율(η)

전기집진장치의 집진효율 η는 집진극의 형태에 따라 다르다.

i) 평판형 : $\eta = 1 - \exp[(-u_p \cdot L \cdot K)/(u_0 \cdot b)]$ (11-45)

ii) 원통형 : $\eta = 1 - \exp[(-4u_p \cdot L \cdot K)/(u_0 \cdot D)]$ (11-46)

여기서, u_p : 입자 이동속도(cm/sec)
L : 집진극의 가스기류 방향의 전 유효길이(cm)
u_0 : 처리가스 평균속도(cm/sec)
b : 집진극과 방전극과의 거리(cm)
D : 관형집진극의 직경(cm)
K : 전극의 기하학적 형태, 응집, 재비산 등에 의한 보정계수

원통형(관형)의 경우 집진효율은 다음과 같이 구하기도 한다.

$$\eta = 1 - \exp[(-2u_p L)/(Ru_0)] \quad (11\text{-}47)$$

$$\eta = 1 - \exp[(-Au_p)/Q] \text{ (Deutsch식)} \quad (11\text{-}48)$$

여기서, L : 원통길이(cm)
R : 원통반경(cm)

u_p : 분진입자 이동속도(cm/sec)

u_0 : 가스유속(cm/sec)

A : 원통형면적(cm^2)

Q : 유량(cm^3/sec)

Example 11-10

평판형의 전기집진 장치에서 처리가스량을 Q (m^3/s), 집진극의 유효면적을 A (m^2) 대전된 분진입자의 집진극으로 향한 평균속도를 u_p (m/s)로 하면 집진효율 η는 어떻게 표시되는가?

풀이

식 (11-45)에서 접진극판의 가스류 방향과 수직한 변의 길이를 L로 하고, 이것을 지수 $\frac{u_p LK}{u_0 b}$ 분자 분모에 곱하면 $\frac{u_p LK\mathrm{L}}{u_0 b\,\mathrm{L}}$이 된다.

따라서 $u_0 b\mathrm{L}$은 처리가스유량 Q를 나타내며, L은 집진극판의 면적 A를 나타낸다.

그러므로, $\eta = 1 - \exp\left(-A\frac{u_p}{Q}\right)$

Example 11-11

건식 전기집진장치의 집진율(η)은 집진극의 표면적을 A (m^2), 처리가스량을 Q (m^3/s)로 하면 일반적으로 다음 식으로 표현된다.

$$\eta = 1 - \exp\left(-A\frac{u_p}{Q}\right)$$

여기서, u_p는 분진입자의 겉보기 이동속도이다. 이 장치가 $\frac{A}{Q}$= 100 (s/m)인 상태로 운전되며 그 입구의 분진농도가 C_i = 50 [g/m^3(STP)], 출구분진농도가 C_0 = 0.214 [g/m^3(STP)]이다. 운동상태에 있는 u_p의 값은 얼마나 되겠는가?

풀이

$$\eta = 1 - \frac{C_0}{C_i}$$

$$= 1 - \frac{0.214}{50} \text{ 이므로}$$

$$1 - \frac{0.214}{50} = 1 - \exp(-100u_p)$$

$$\therefore \quad \frac{0.214}{50} = \exp(-100u_p)$$

양변에 자연대수를 취하면, $\log 0.214 - \log 50 = -100u_p$

$$u_p = 0.0537(\text{m/s}) = 5.4(\text{cm/s})$$

(3) 분진의 전기저항과 집진효율

분진(먼지, dust)의 전기저항이 건식 전기집진장치의 성능에 큰 영향을 미친다. 분진의 전기저항(Ω · cm), 집진율(η), 충전전류(I)와의 관계는 <그림 11-19>와 같다. 분진의 전기저항, (−)대전입자, (+)집진극에 생긴 대전입자의 중화현상을 <그림 11-20>에 나타내었다. 전기집진기에서 입자의 전기저항(resistivity)에 따른 특성은 다음과 같다.

① $10^4 \Omega$ · cm 이하(A영역 : 재비산)

집진극에 흡착된 대전입자의 중화가 빠르고 포집된 분진의 재비산이 일어난다. 이것을 방지하기 위하여 습식 또는 반습식의 백(bag)필터를 이용하는 것이 필요하다. 카본블랙(carbon black)이 전기저항도가 낮은 예이다.

② $10^4 \sim 10^{10} \Omega \cdot \text{cm}$ (B영역 : 정상)

포집된 분진의 중화속도가 적절하므로 이상적인 전기집진이 이루어질 수 있다.

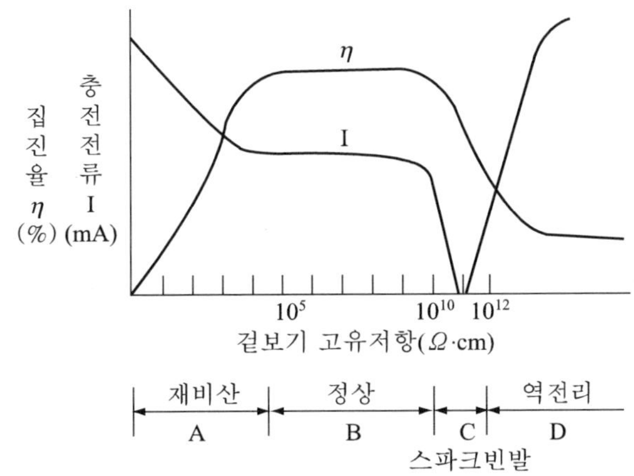

그림 11-19 전기집진장치의 먼지의 고유전기저항과 집진율

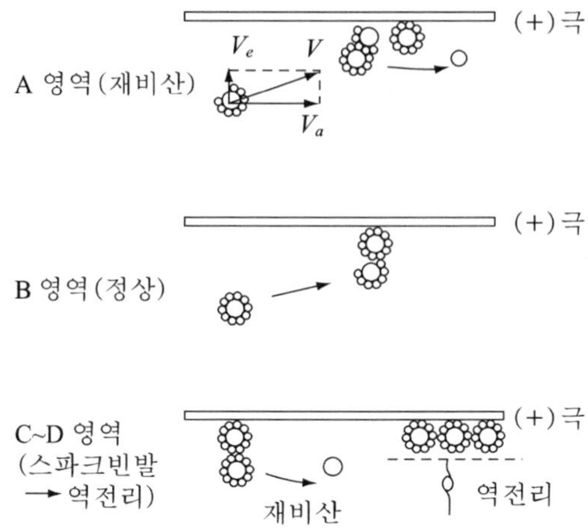

그림 11-20 대전입자의 중화

③ $10^{11} \sim 10^{12} \Omega \cdot cm$(C ~ D영역 : 스파크빈발, 역전리)

집진극면에서의 분진층의 양단 사이에 전위차가 높게 되고 이 부분에서 절연파괴를 일으키므로, 집진극측에서 (+)코로나가 발생한다. 이 현상을 역전리라고 한다. 이 (+)코로나는 스파크를 자주 일으키고 스파크 전압이 떨어져 집진율이 저하된다.

④ $10^{12} \sim 10^{13} \Omega \cdot cm$

스파크 발생은 없으나 포집분진층의 전면에서 절연파괴를 일으킨다. 인광을 일으키고 큰 (+)코로나 전류가 흐르며, 집진에 필요한 (−)코로나는 없다. 이러한 역전리를 방지하기 위해서 처리 가스에 물 또는 수증기를 주입하여 습도를 올리거나 온도를 내리는 것이 좋다.

Example 11-12

전기집진장치에서 집진극상에 누적된 분진층 중의 전계강도를 E_d(V/cm), 전류밀도를 i (A/cm^2), 분진층 중의 전기저항을 $\rho_d(\Omega \cdot cm)$라 할 때

$$E_d = i \times \rho_d (V/m)$$

i는 분진층 표면부근의 이온전류 밀도와 같으며 양호한 집진작용을 하는 값이 2×10^{-8} (A/cm^2)이라 하고, 분진층 중의 절연파괴 전계강도가 5×10^3 (V/cm)이면 분진층의 겉보기 전기저항이 얼마 이상이면 역전리가 일어나겠는가?

풀이

$i=2\times10^{-8}A/cm^2$, $E_d=5\times10^3(V/cm)$이기 때문에

$$\rho_d=\frac{E_d}{i}=5\times10^3/(2\times10^{-8})=2.5\times10^{11}(\Omega\cdot cm)$$

(4) 설계 변수(design parameters)

전기집진기를 설계할 때 고려하여야 할 사항으로 다음과 같다.

① 분진의 비저항(resistivity)

② 비집진면적(specific collection area)

③ 집진기의 형상비(aspect ratio)

④ 집진극의 길이

1) 비저항(resistivity)

입자의 비저항은 포집된 분진층의 전류에 대한 전기저항을 말한다. 포집분진 단위량(두께 1 cm, 단위면적 1 cm^2 내의 포집분진)이 갖는 전기저항으로서, 단위길이당 저항(Ω/cm)으로 나타낸다. 비저항은 분진 내 전하이동에 대한 저항으로 생각할 수 있다.

비저항	비저항 정도
$10^4\sim10^7\Omega\cdot cm$	저 비저항(low resistivity)
$10^7\sim10^{10}\Omega\cdot cm$	정상 비저항(normal resistivity)
$10^{10}\Omega\cdot cm$ 이상	고 비저항(high resistivity)

저 비저항(low resistivity) 비저항이 낮은 입자는 쉽게 대전된다. 그러나 집진극에 도달하면 저항이 낮기 때문에 대전된 전하를 집진극에 쉽게 빼앗겨 전기적으로 중성이 되므로 더 이상 집진극에 붙어 있지 못하고 재비산 된다. 이와 같이 전기 전도도가 높은 입자는 사이클론으로 예비처리하는 것이 좋다. 플라이 애쉬, 카본 블랙 등은 비저항이 낮다.

비저항이 낮은 입자의 재비산을 방지하기 위하여 집진극에 배플(baffle)을 설치하기도 하고, 암모니아(NH_3) 증기를 가하여 정상 비저항으로 만들기도 한다. 이는 암모니아가 황산(H_2SO_4)과 반응하여 황산암모늄을 형성하고 이 황산암모늄이 저항을 증가시키는 역할을 하기 때문이다. 처리가스 온도가 낮은 석탄용 보일러의 배가스에 포함된 플라이 애쉬의 비저항을 높이는 데도 사용된다.

정상 비저항(normal resistivity) 정상 비저항을 갖는 분진은 집진극에 도달하여도 대전전하를 쉽게 잃어버리지 않으므로 분자간 인력 및 응집에 의하여 집진층을 형성한다.

고 비저항(high resistivity) 고 비저항 분진은 자유전자에 의한 대전이 어렵고, 일단 대전되면 집진극에 포집되어도 쉽게 전자를 집진극에 주지(방전) 못한다. 그러므로 집진극에 포집된 분진은 계속 누적되어 분진층을 형성한다. 포집층 표면은 전자 밀도가 증가하여 높은 음전하를 띤다(충전). 포집층의 내부는 전기적으로 중성이며, 집진극은 접지(상대적으로 양전압)되어 있으므로 역코로나(back corona)를 일으킨다. 코로나 방전으로 인하여 포집분진층은 전기적으로 파괴되고 역코로나가 발생한 곳은 작은 구멍이 생긴다. 이때 분진 포집층에서 양이온이 발생하며, 이 양이온은 음극(방전극)을 향하여 가속되므로 방전극의 이온 생성이 감소하게 되어 집진효율이 낮아진다.

분진의 고비저항은 처리 가스의 수분함유량이나 온도에 의하여 조절할 수 있다. 처리가스 내의 수분 함유량이 증가하면 비저항은 감소된다. 온도를 조절하거나 수분을 가하여 비저항을 조절할 경우는 처리가스의 노점 이상으로 유지하지 않으면 부식이 일어난다. 고비저항 개선재로서 SO_3 외에도 황산, 암모니아, 소금, 소다회 등이 사용된다. SO_3나 NH_3가 퇴적된 분진에 흡착되어 전해질로 작용하므로 비저항이 감소한다.

2) 비집진극 면적(specific collection area, SCA)

비집진극 면적(SCA)은 집진기로 유입되는 처리가스량과 집진면적과의 비로 정의된다.

$$\text{SCA} = \frac{\text{총집진면적}(\text{m}^2)}{\text{유리처리가스}(1{,}000\text{m}^3/\text{hr})} \tag{11-49}$$

일반적으로 전기집진기에서 비집진극 면적(SCA)을 증가시키면 집진효율이 증가한다. 보통 전기집진기의 비집진극 면적은 20～25 $m^2/(1{,}000\ m^3/hr)$이며, 이때 집진효율은 99.5%에 달한다.

3) 형상비(aspect ratio, A.R.)

형상비(形狀比)는 집진기(collector surface)의 높이와 길이의 비이다.

$$A.R. = \frac{\text{실효길이}}{\text{실효높이}} \tag{11-50}$$

전기집진실에서는 높이보다 길이를 크게 해주는 것이 바람직하다. 99.5%의 집진효율을 목표로 하는 전기집진기 설계에서의 형상비는 보통 0.5～2.0 범위이다. 실제로 전기집진기 설계 시 형상비는 1보다는 커야 한다.

4) 집진극의 길이

전기집진기에서 일정한 크기의 분진을 제거하기 위한 가스통로의 길이는 이동속도에 의하여 추정될 수 있다. 대전되는 시간을 제외하면 입자가 집진극으로 이동하는 데 소요되는 시간이 입자가 가스에 섞여서 전기집진기를 통과하는 데 걸리는 시간보다 짧아야 한다. 이들 두 시간이 같으면 주어진 크기의 분진제거 효율은 100%가 되며, 이때 요구되는 가스통로의 길이, 즉 집진극의 길이 L은 다음 식에 의하여 계산할 수 있다.

$$L = \frac{Sv_g}{u_p} \tag{11-51}$$

여기서, L : 집진극의 길이
u_p : 분진입자의 이동속도
S : 방전극과 집진극간의 거리
v_g : 집진극 사이에서의 가스속도(대략 0.6～2.4 m/sec임)

실제로는 식 (11-51)에 의하여 계산된 길이 외에 가스통로 입구에서 분진이 대전되는 데 요구되는 길이를 가산해 주어야 한다.

5) 동력 소비량

전기집진기의 주동력 소비원은 가스의 압력강하와 코로나 방전이다. 그 중에서 동력소비의 주원인이 코로나 방전이다. 가스의 압력강하는 낮지만(보통 2 cmH_2O 미만), 처리가스의 유량이 매우 크므로 전기집진기에 가스를 불어 넣는데 필요한 송풍력의 비용을 고려하여야 한다. 코로나 방전에 소비되는 동력은 아래 식으로 계산된다.

$$P_c = I_c V_{avg} \tag{11-52}$$

여기서, P_c : 코로나 동력(W)
I_c : 코로나 전류(A)
V_{avg} : 평균 전압(V)

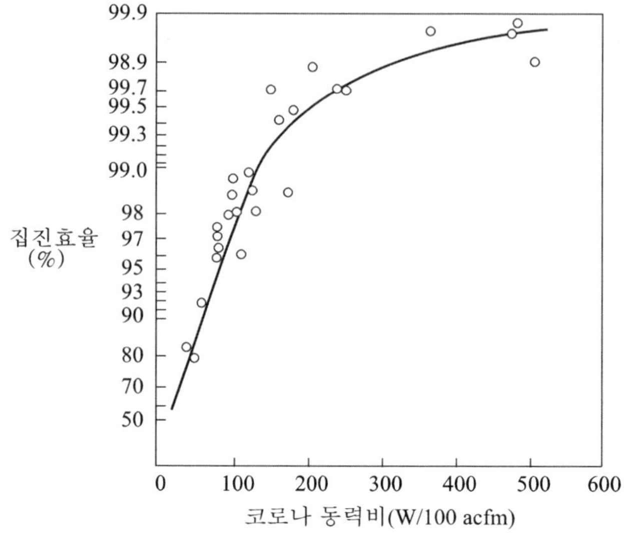

그림 11-21 코로나 동력비에 의한 집진효율

전기집진기에는 고전압이 걸리지만, 가스이온의 이동에 필요한 전류는 매우 낮아, 동력소비량은 그리 크지 않다. 코로나 동력과 입자 이동속도(u_p)간의 관계는 다음과 같다.

$$u_p = \frac{kP_c}{A} \tag{11-53}$$

k는 보정상수이며, u_p(cm/sec)와 P_c/A(W/cm^2)일 때 k는 0.5～0.7이다. 식 (11-53)을 식 (11-48) (Deutsch식)에 대입하면, 코로나 동력은 집진효율과 관련된다.

$$\eta = 1 - \exp(-kP_c/Q) \tag{11-54}$$

98.5% 이상의 효율에서는, <그림 11-21>에 나타난 것과 같이 코로나에 의한 동력소비는 효율증가에 따라 급속히 증가한다.

(5) 전기집진기의 장단점

장점

① 미세한 입자에 대해서도 집진효율이 매우 높다.

② 낮은 압력손실(10～20 mmH$_2$O)로 대량의 가스를 처리할 수 있다.

③ 먼지의 포집은 건식, 습식(훈연이나 연무) 모두 가능
④ 광범위한 온도 범위에서 설계가 가능하다.
⑤ 매우 높은 효율이 요구될 때를 제외하고는 운전비용이 적다.
⑥ 부식성 가스가 함유된 먼지도 처리가능

단점

① 설치비용이 많이 든다.
② 가스상 오염물질을 제어할 수 없다.
③ 일단 설치되면, 운전변화에 따른 유연성이 작다.
④ 넓은 설치면적이 필요하다.
⑤ 비저항이 큰 입자(분진)는 제거하기 어렵다.

11.11 집진시설의 선택

분진제거 시설을 선택하기 위하여 고려하여야 할 요소들은 다음과 같다.

① 처리해야 할 가스의 최대유량
② 입자의 모양, 밀도, 입경분포 등 분진의 물리적 특성
③ 분진의 화학적 특성
④ 요구되는 효율
⑤ 유량에 따른 허용 압력손실
⑥ 분진부하(분진부하가 매우 큰 경우에는 전처리시설이 필요하다)
⑦ 투자비와 운영비
⑧ 처리가스의 특성(온도, 습도 등)
⑨ 제거된 분진의 처분
⑩ 운전 및 유지의 용이성과 신빙성

여러 가지 제진 시설 중에서 가장 많이 이용되는 사이클론, 습식세정기, 섬유여과기, 전기집진기를 선택하는 일반적인 기준은 다음과 같다.

1) 사이클론(cyclone)

① 분진입자가 큰 경우
② 분진의 농도가 비교적 높은 경우(> $2.3\ g/m^3$)
③ 분진의 분류가 요구되는 경우
④ 높은 제진효율이 요구되지 않는 경우

2) 습식세정기

① 미세한 분진을 비교적 고효율로 제거하여야 할 경우
② 가스의 냉각이 요구되나 습도가 문제되지 않는 경우
③ 가스가 연소성인 경우
④ 분진과 기체상태의 오염물을 동시에 제거하여야 하는 경우

3) 직물여과기

① 높은 제진효율이 요구되는 경우
② 가치 있는 물질을 건조한 상태로 회수할 경우
③ 가스가 항상 노점 이상인 경우
④ 가스의 부피가 비교적 작은 경우
⑤ 가스의 온도가 비교적 낮은 경우

4) 전기집진기

① 미세한 분진을 고효율로 제거해야 하는 경우
② 대량의 가스를 처리해야 하는 경우
③ 가치 있는 물질을 회수하여야 하는 경우

11.12 기상오염물질의 제거장치

공기오염 제어에서 주로 관심의 대상이 되는 가스는 황산화물(SO_X), 탄소산화물(특히 CO_2), 질소산화물(NO_X), 유기 및 무기 산가스, 탄화수소(HC) 등이다. 이러한 가스와 기타 기상 배출물 제어에 사용되는 처리법에는 흡착, 흡수, 응축 및 연소 등이 있다.

기상오염물은 여러 가지 방법으로 제어할 수 있어서 가장 경제적이고 가장 효율적인 장치를 선택하려면, 사용하고자 하는 특정 조작을 신중하게 고려하여야 한다. 최선의 제어기술로 보이는 것을 선정한 다음에도 예상되는 배출량이 배출기준에 부합되는가를 확인하여야 한다.

11.13 흡착(adsorption)

흡착에 의한 기상오염물 제거 공정에서는 흡착층에 들어있는 다공성 고체물질(흡착제, adsorbent)에 배출가스를 통과시킨다. 이 다공성 고체물질 표면에 물리 또는 화학흡착으로 가스(흡착질, adsorbate)가 붙게 된다. 흡착은 기체분자가 흡착제 표면에 부착되어 운동에너지를 잃게 되므로 발열과정이다.

물리흡착(physical adsorption)은 이슬점 이상의 온도에서 가스나 증기가 고체에 응축하는 것인데, van der Waals힘(분자간 인력)에 좌우된다. 흡착된 가스의 양은 기체의 응축과 관계가 있으며, 끓는점이 높을수록 흡착량이 증가한다. 물리흡착은 대개 유효 고체 표면적에 정비례하지만, 단분자층으로 한정되지 않는다. 여러 분자층이 표면에 형성될 수 있기 때문이다. 물리흡착에서는 세공 안에서의 모세관 응축현상이 동반되는데, 이로 인하여 흡착될 수 있는 가스의 양이 상당히 많아진다. 물리 흡착 중에는 소량의 열이 방출되며, 이 과정은 비교적 빠르고 가역적이다. 압력을 낮추거나 온도를 높이면 흡착된 기체가 탈착(desorption)된다.

화학흡착(chemical adsorption, chemisorption)에서는 오염가스가 흡착제와 화학결합을 이루어, 원자가 힘(valence force)에 의하여 고체 표면에 강하게 붙는다. 화학 흡착제에서는 분자 중에서의 원자의 전위 때문에 물리 흡착보다 상당히 느리지만, 흡착과정 중에 보다 많은 열을 방출하므로 보다 많은 에너지를 필요로 한다. 실제로 저온에서는 화학흡착이 너무 천천히 진행되어 측정하기가 어렵다.

화학 흡착에서는 고체 표면에 단일 분자층을 형성하며, 이 과정은 대개 비가역적이다. 이는 흡착 과정에서 흡착질의 화학적 성질이 바뀌기 때문이다. 화학 흡착 과정에서 흡착되는 가스의 양은 압력과 온도에 좌우된다.

(1) 흡착제

흡착 특성을 가지는 물질은 상당히 많은데, 이 중 몇 가지와 그 용도를 <표 11-3>에 나타내었다. 특정 화합물에 대한 선택적 친화성과 표면－부피 비(surface-to-volume ratio)는 고체 흡착질의 핵심적 특성이다. 흡착제마다 극성 또는 비극성 증기에 대한 특이한 친화성이 있다. 알루미나, 보크사이트, 실리카겔 등은 유기 오염물에 대한 것보다 극성 증기의 하나인 물에 대한 친화성이 커서, 건조제로서 유용하다. 반대로 활성탄은 저급 파라핀 탄화수소와 같은 비극성 유기화합물을 선택적으로 흡착한다. 합성 규산염, 즉 제올라이트 분자체(zeolite molecular sieve)에서는 선택성 또는 친화성을 상당히 조절할 수 있다. 그 결정 구조를 바꾸어서 특정 분자를 특정양만 흡착하도록 만들 수 있기 때문이다.

특정 물질에 대한 선택적 친화성이 흡착제의 중요한 매개변수인 것처럼 표면－부피비도 마찬가지이다. 단위 질량당의 큰 표면적이 필수적인데, 이 표면적은 고체의 내부 세공에서 생기는 것이다. 흡착제에 따라서는 활성화시켜서 표면－부피 비를 증가시킬 수도 있다. 가장 일반적인 흡착제인 활성탄은 나무, 과일씨, 야자 껍질 등을 아주 고온에서 탄화하고, 이물질을 수증기로 처리하여 탄소 물질의 일부를 태워 없애서 많은 내부 세공 구조가 생기게 한 것이다.

표 11-3 흡착제의 종류

종류	주요용도
활성탄	냄새제거, 가스정제, 용매회수
알루미나	공기, 기체 및 액체의 건조
보크사이트	석유 유분의 처리, 기체 및 액체의 건조
골탄	설탕 용액의 탈색
탈색탄소	유지 및 왁스의 탈색, 상수의 탈취
산성백토	동물유, 윤활유, 식물유, 지방, 왁스의 정제
마그네시아	가솔린 및 용매의 처리, 용액으로부터 금속 불순물의 제거
분자체	Hg, SO_2, NO_2, 배출의 제어 및 회수
실리카겔	기체의 건조 및 정제
황산스트론튬	가성 용액으로부터 철의 제거

(2) 등온흡착곡선(adsorption isotherm)

평형상태에서 흡착제의 단위 질량당 흡착된 양(x)을 기상에 있는 용질의 분압(P)에 대하여 나타낸 평형곡선을 등온흡착곡선(adsorption isotherm)이라 한다. 일정 온도에서 용질의 분압이 증가하면 흡착되는 양이 증가하고, 일정한 용질의 분압 하에서는 온도가 증가하면 흡착되는 양은 감소한다.

1) Freundlich 흡착식

$$x = kp^{\frac{1}{n}}$$

여기서, x : 흡착량

p : 분압

k, n : 실험 상수

흡착곡선이 <그림 11-22(a)>의 형태를 갖는 흡착제는 용질의 분압이 감소하더라도 흡착되는 양이 별로 변하지 않으므로 흡착제로서 바람직하다. 그러나 <그림 11-22(b)>와 같은 특성은 실제로 응용하기에 좋지 않다. 가스의 농도가 낮을 때 흡착된 양이 매우 적기 때문이다. <그림 11-22(c)>는 곡선상의 변곡점을 가지고 있다. 이러한 흡착곡선은 흡착이 가역과정인 경우 흡착제의 재생 시에 그대로 적용된다.

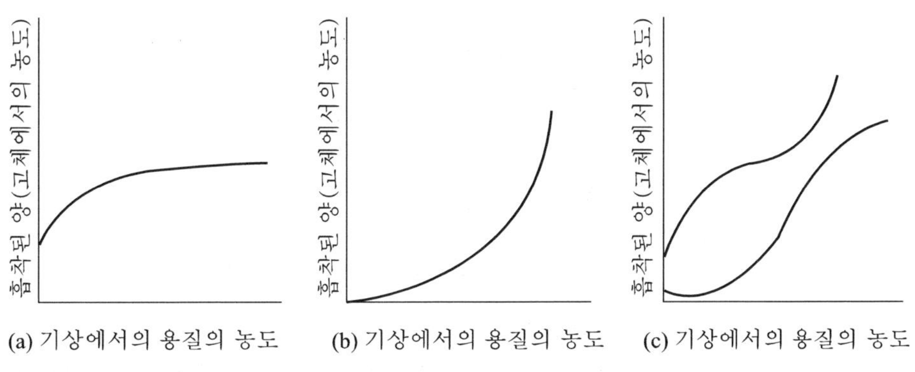

그림 11-22 등온흡착곡선의 여러 가지 형태

2) B. E. T 흡착식

물리적 흡착은 Brunauer-Emmett-Teller (B. E. T) 식이 자주 사용된다.

$$\frac{V}{V_m} = \frac{CP}{(P_0 - P)[1 + (C-1)(P/P_0)]} \tag{11-55}$$

여기서, V : 주어진 압력 및 온도에서 흡착된 부피 또는 무게

V_m : 흡착제의 표면에 단일분자의 두께로 흡착된 물질의 부피 또는 무게

P_0 : 흡착이 일어나는 온도에서 용질의 증기압

P : 기체 중의 용질의 분압

C : 보조변수

V_m과 C는 실험치로부터 구할 수 있다. 즉, 식 (11-55)를 다시 정리하면

$$\frac{1}{CV_m} + \frac{C-1}{CV_m}\left(\frac{P}{P_0}\right) = \frac{P}{V(P_0 - P)} \tag{11-56}$$

위 식을 $P/[(V)(P_0 - P)]$ 대 P/P_0로 그래프를 그리면, 절편이 $1/CV_m$이고 기울기가 $(C-1)/CV_m$인 직선이 된다.

(3) 흡착장치

흡착장치, 즉 흡착제를 넣고 배출가스가 이를 통하여 지나가도록 하는 장치는 고정층, 이동층 또는 유동층으로 만들 수 있다. 흡착장치는 대부분, 흡착제가 흡착질로 포화되어 파과점(breakpoint)에 도달하기 전까지는 흡착기능을 가진다. 파과점에서는 배출 가스 흐름 중의 오염물 농도가 갑자기 증가하므로, 흡착제를 재생하거나 새로운 것으로 대체하여야 한다. 흡착된 가스가 쉽게 탈착되어 흡착제를 재사용할 수 있는가에 따라서, 흡착제를 재생성(regenerative) 및 비재생성(nonregenerative)으로 분류한다. 비재생성 흡착제는 흡착능이 소진되면 폐기하고 새로운 것으로 대체하여야 하므로, 이 공정은 비용이 많이 든다. 이미 언급한 바와 같이, 물리 흡착에서는 흡착제와 흡착질이 화학적으로 변화하지 않기 때문에 과열 수증기나 뜨거운 순환공기를 사용하여 흡착제를 재생할 수 있다(산소와 함께 공기를 사용할 때는 온도를 탄소의 인화점 이하로 유지하여야 한다). 소각, 감압, 화학 처리 등의 다른 방법도 흡착된 가스를 제거하거나 탈착시키는 방법으로 이용된다. 가스는 배출 흐름으로부터 제거한 뒤에 폐기하기도 하지만, 흡착제뿐만 아니라 이 가스 자체를 회수하는 것이 경제적 가치가 있을 때가 있다.

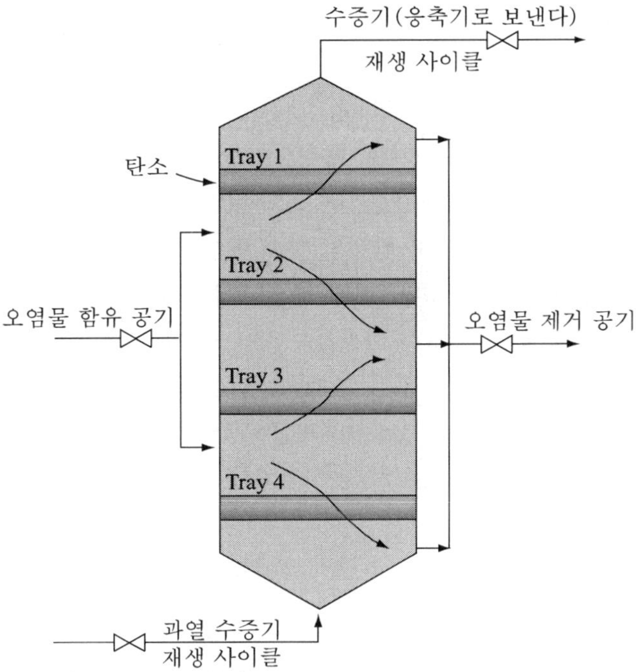

그림 11-23 다중 고정층 흡착장치의 구조

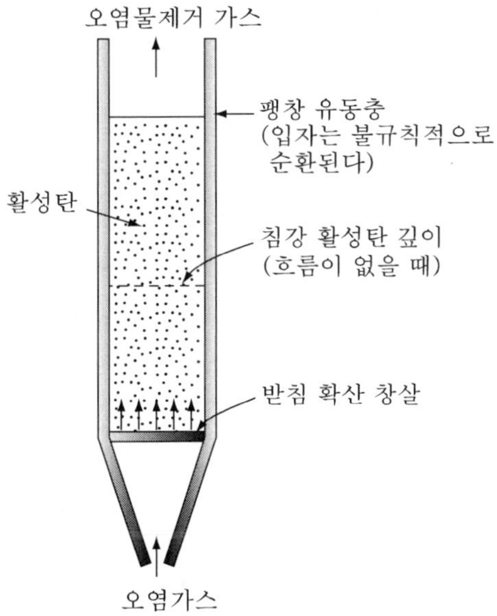

그림 11-24 유동층 흡착장치의 개요

11.14 흡수(absorption)

흡수(absorption)또는 스크러빙(scrubbing, 세정)에서는 오염된 배출 가스(흡수질 또는 용질)를 액상 흡수제(용매)와 접촉시켜서, 배출 가스 중의 한 가지 또는 그 이상의 성분을 제거, 처리, 또는 변화시킨다. 액상 흡수제는 화학적(반응성) 변화 또는 물리적(비반응성) 변화를 이용하여 오염물을 제거한다. 반응성 액상 흡수제(물과 석회)를 사용하여 굴뚝 가스로부터 이산화황을 제거할 수 있다. 이때 물은 석회와 반응하여 수산화칼슘[$Ca(OH)_2$]을 생성하며, 이것은 SO_2와 반응하여 황산칼슘염을 형성하며, 가스 흐름으로부터 제거된다. 비반응성 흡수제를 사용하면 가스는 화학반응 없이 용해된다. 물은 대개 비반응성 용매로 사용하지만, 경우에 따라서 반응성 및 비반응성이 될 수 있다. 흡수는 주로 이산화황, 질소산화물, 황화수소, 염화수소, 염소, 암모니아 및 경질탄화수소와 같은 가스의 처리에 사용되어 왔다.

(1) 흡수제(용매)

흡수에 의하여 일반적으로 제거되는 가스상 대기오염물질은 이산화황, 황화수소, 염화수소, 염소, 암모니아, 불화수소, 질소산화물 등이다. 흡수제(세정액)를 선택하는데 고려해야 할 점들은 다음과 같다.

① 흡수제에 대한 가스의 용해도가 높아야 한다(흡수속도를 크게 하고, 흡수제 소요량을 감소). 흡수되는 물질(용질)과 화학적으로 유사한 흡수제는 일반적으로 우수한 용해도를 가진다.
② 흡수제의 휘발성이 낮아야 한다(흡수제 손실을 줄이기 위함).
③ 흡수제는 부식성이 없어야 한다(장치비를 저감).
④ 흡수제는 화학적으로 안정하고, 취급이 용이하여야 한다.
⑤ 흡수제는 점도가 낮아야 한다[흡수를 증대시키고 플러딩(flooding) 방지].
⑤ 흡수제는 독성이나 인화성이 없고, 응고점이 낮아야 한다.

발전소 중에는 습식 스크러빙 장치를 설치하여 SO_2 배출을 조절하는 곳이 많으며, 여러 가지 SO_2 흡수공정에서 쓰이는 주된 흡수제는 알칼리(나트륨 및 암모니아) 및 알칼리토류 (칼슘 및 마그네슘) 수용액이다. 선도적인 알칼리 흡수제는 나트륨과 암모니아이다. 나트륨을 사용하는 용액은 암모니아 용액보다 장점이 있는데, 휘발성이 없어서 연무 문제가 없기 때문이다. 암모니아 용액시스템은 한 가지 중요한 장점이 있는데, 부산물인 황산암모늄이 황산나트륨보다 바람직하다는 것이다. SO_2의 흡수에 암모니아를 사용하는 방법은 오래된 방법으로서 이미 비료 공업에서 널리 사용되어 온 것이다. 용매로 사용되는 알칼리토류 화합물은, 산화마그네슘(MgO), 산화칼슘(CaO), 탄산칼슘($CaCO_3$) 등이다. 마그네시아법은, $Mg(OH)_2$슬러리 세정, 생성$Mg(OH)_2$의 분리, 하소(calcination)에 의한 SO_2 방출 및 마그네시아(MgO)재생 등으로 이루어진다. 여기서 농축된 SO_2는 H_2SO_4생산에 이용할 수 있다.

(2) 흡수장치

기체 흡수장치는 기체와 액체를 밀접하게 접촉시켜서 용액쪽으로 기체의 최적확산이 이루어지도록 설계하여야 하며 분무탑, 단탑, 충전탑, 벤투리 스크러버 등이 있다. 최적 스크러버 시스템을 선정하려면 사용하는 스크러버의 수를 고려하여야 한다(한 장치로서 입상 및 기상오염물질을 동시에 제거하거나, 별도의 두 장치를 사용하여 하나로는 입상물질을, 다른 하나로서는 기상물질을 제거한다).

분무탑 분무탑은 기상오염 물질의 농도가 낮다면, 압력 강하가 비교적 적고 제거율이 적절하게 높으면서도 다량의 가스를 처리할 수 있다. 분무탑은 또한 입상 및 기상오염물질의 이중제거에도 효과적인데, 막힘이 없이 입상물질 농도가 상당히 큰 가스를 다를 수 있기 때문이다<그림 11-25>. 일반적으로 액적이 작고 난류가 클수록, 가스의 흡수 기회가 많다. 미세한 액적을 생성시키려면 고압 분무노즐을 사용할 필요가 있는데, 이것은 저압 노즐보다 많은 에너지가 소비된다. 분무탑은 다른 대부분의 흡수장치에 비하여 기－액 계면 면적이 적으므로, 일반적으로 기상오염물질의 제거에는 효과가 적으나, 설치비 및 조작비가 비교적 저렴하다는 이점이 있다.

단탑 단탑은 수평 단(tray) 또는 판(plate)을 설치하여 기－액 계면 면적을 크게 한 것이다. 다공판탑(perforated-plate tower), 포종단탑(bubble-cap tray column) 등이 많이 사용된다.

충전탑 충전탑에서는 증기와 액체의 접촉을 증가시키기 위하여 충전물(packing)을 사용한다. 충전물은 표면－부피비가 크며 공극비(void ratio)가 커서 기체흐름 저항이 최소가 되게 한다. 가볍고 부서지지 않는 Berl saddle, Pall ring, Intalox saddle, Tellerette 등이 이러한 장치의 충전물로서 적절하다<그림 11-27>. 충전탑은 기상오염물질의 제거에는 아주 효과적이지만, 입상물질 부하가 가 큰 가스를 도입하면 쉽게 막힌다. 따라서, 대개는 가스에 동반되는 입상물질의 대부분을 제거할 수 있는 장치를 일단 통과시킨 가스를 처리한다.

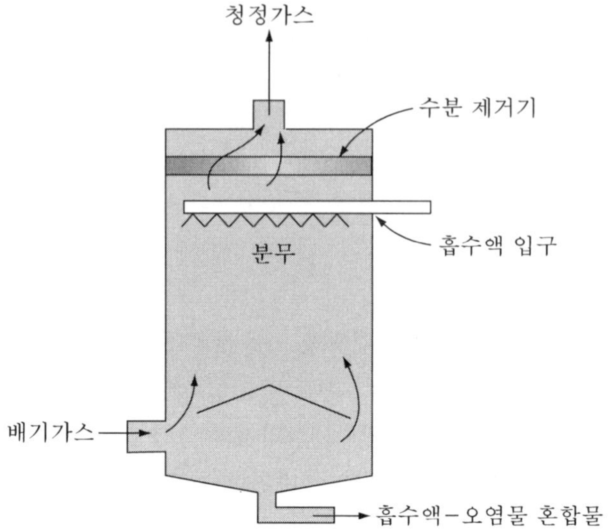

그림 11-25 분무탑

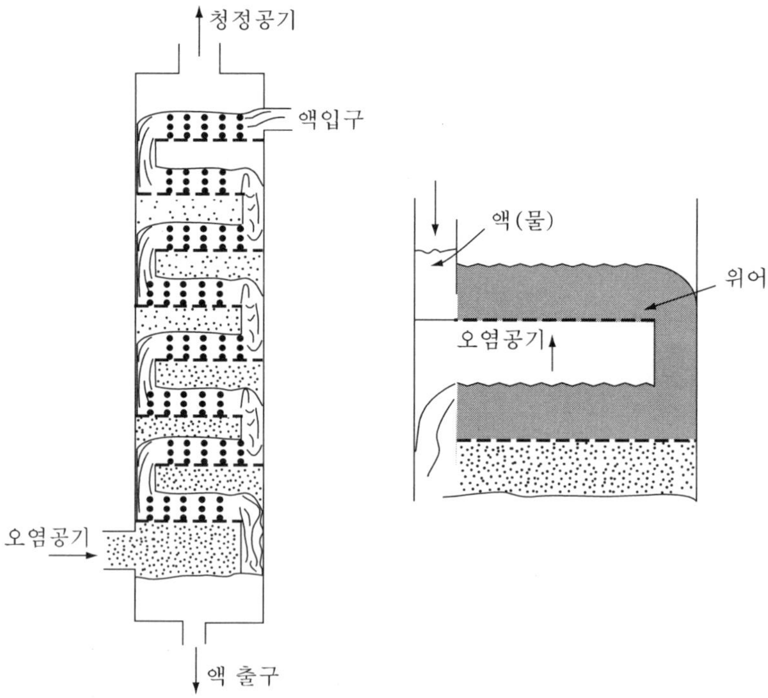

그림 11-26 다공판 탑

벤투리 스크러버 가스와 흡수 용액이 벤투리 목(throat)안이나 그 근처에서 접촉하여 함께 비말 제거기(entrainment separator)로 흐른다. 이 기－액 혼합물은 액적의 원심력에 의하여 분리되며, 깨끗한 가스 흐름은 출구로 이동한다. 벤투리 스크러버는 입상물질도 제거할 수 있다.

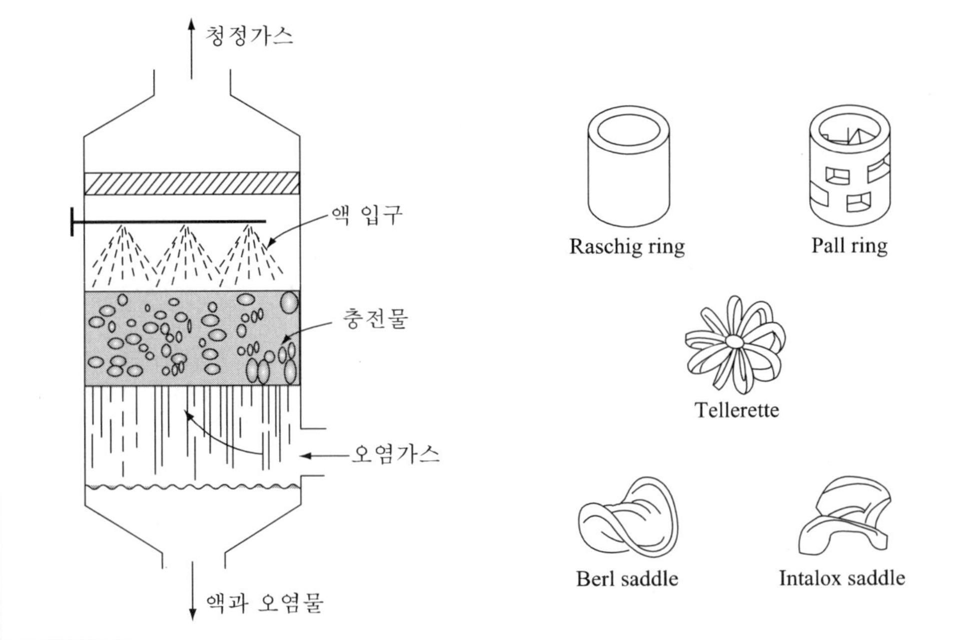

그림 11-27 향류 충전탑

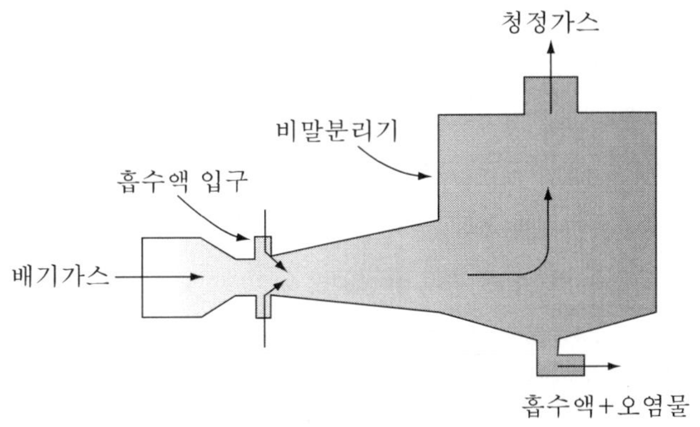

그림 11-28 벤투리 스크러버

표 11-4 흡수장치의 장단점

명칭	특성	장점	단점
충전탑	· 가스겉보기속도 : 0.3~1.0 m/s · 액가스비 : 1~10 L/m^3 · 탑높이 : 2~5 m · 압력손실 : 50 mmH_2O · 액탑 : 탑단면당 15~20 t/m^2·h	· 급수량이 적당하면 처리가 확실 · 가스량 변동에도 적응성이 있다. · 압력손실이 크지 않다.	· 가스 유속이 너무 크면 flooding 상태로 된다. · 흡수액에 고형분이 함유된 경우, 흡수에 의한 침전물이 생성된다. · 충전물이 고가이다.
분무탑	· 가스겉보기속도 : 0.2~1.0 m/s · 액가스비 : 0.1~1.2 L/m^3 · 압력손실 : 2~20 mmH_2O	· 구조가 간단하다. · 충전탑보다 싸다. · 압력손실이 작다. · 침전물을 발생하는 흡수에 적당 · 분진함유가스 처리에도 적합	· 분무동력 소비가 크다. · 분무노즐이 막힐 수 있다. · 편류가 일어나기 쉽다. (분무액과 가스의 균일한 접촉이 어렵다.) · 효율이 낮다. · 액이 비말가스에 동반될 수도 있다.
사이클론 스크러버	· 입구가스속도 : 15~35 m/s · 가스겉보기속도 : 1~2 m/s · 액가스비 : 0.5 L/m^3 · 압력손실 : 50~300 mmH_2O	· 대용량의 가스 처리 가능 · 비말 동반량이 적다. · 구조가 간단하다.	· 사이클론경을 크게 하면 효율이 저하된다. · 분무노즐이 막힐 수 있다. · 높은 수압이 필요
벤투리 스크러버	· 목부 가스속도 : 30~80 m/s · 액가스비 : 0.3~1.5 L/m^3 · 압력손실 : 20~800 mmH_2O	· 소형으로 대용량의 가스 처리가 가능 · 흡수효율이 매우 높다(평형상태까지 도달한다.) · 흡수저항이 가스지배인 가스처리에 적당	· 가스 압력손실이 크므로 동력비가 크다. · 비말 동반이 심하다.
제트 스크러버	· 입구가스속도 : 10~20 m/s · 목부 가스속도 : 20~50 m/s · 액가스비 : 10~100 L/m^3 · 압력손실 : 20~200 mmH_2O	· 가스 저항이 작다. · 수압으로 가스를 흡인할 수 있고, 송풍기 사용이 불가능한 공정에 적합 · 흡수효율이 크다.	· 수량이 많아 동력비 소요가 크다. · 가스량이 많을 때는 불리하다.
단탑	· 가스겉보기속도 : 0.3~1.0 m/s · 단간격 : 40 cm · 액가스비 : 0.3~5 L/m^3 · 압력손실 : 100~200 mmH_2O	· 비교적 소량의 액량으로 조작 · 단수를 증가시키면 진한 가스라도 1기로 처리가능	· 가스량 변동이 심한 경우는 조업할 수 없다. · 구조가 복잡하고 대형이며 고가이다. · 단의 흡수효율(10% 정도)이 낮다.
기포교반	· 가스속도(다빙날개부착 : 100 m/h) (조개형 날개부착 : 20 m/h)	· 고체입자의 현탁액을 흡수액으로 할 때 적절 · 흡수율이 높다	· 압력손실이 크다. · 가스속도가 어떤 값 이상이 되면 효율이 낮아진다.

11.15 응축(condensation)

임의의 온도에서 화합물의 분압을 그 증기압과 같거나 크게 하면 그 온도에서 응축하게 된다. 기상 혼합물의 온도를 감소시켜서 포화 온도가 되게 하면, 그 증기압이 분압과 같아져서 응축이 일어난다. 또 압력을 증가시켜도 응축이 일어나게 할 수 있지만, 이 방법은 공기오염 방지에서는 별로 이용되지 않는다.

응축장치에는 표면 및 접촉 응축기의 두 가지가 있다. 표면 응축기(surface condenser)에서는 기상 화합물이 응축할 때 오염물질이 표면에 흡착된다. 표면 응축기로서 공기나 물을 냉매로 사용하는 것을 <그림 11-29>에 나타내었다. 관안에서 냉매가 흐르면 이 관 표면에 증기가 응축하고, 응축된 증기는 모여서 액체막이 형성되어, 저장 탱크로 배출된다. 접촉 응축기(contact condenser)에서는 증기와 냉매를 직접 접촉시킨다. 냉수를 분무시켜서 오염된 공기흐름과 직접 접촉하게 하는 응축기를 <그림 11-30>에 나타내었다. 냉각된 증기는 응축되며, 이 물질과 응축액의 혼합물을 제거하여 처분한다. 접촉 응축기는 표면 응축기보다 덜 비싸고 운전에 유연성이 있으며, 또 유기화합물의 제거에 보다 효과적 이다. 그러나 접촉 응축기를 사용하면 수질오염문제를 야기할 수 있다는 사실 때문에

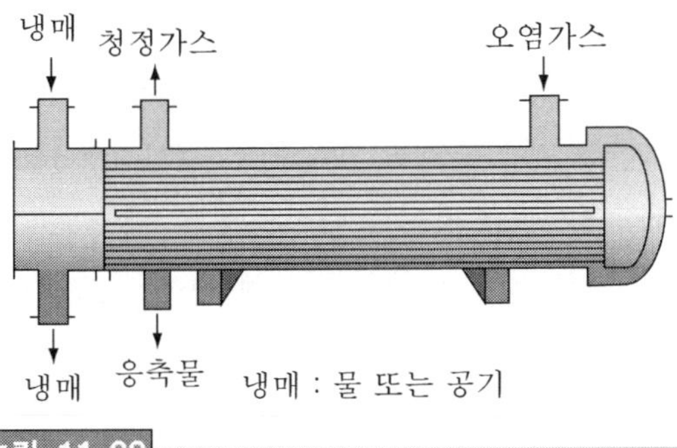

그림 11-29 표면 응축기오염

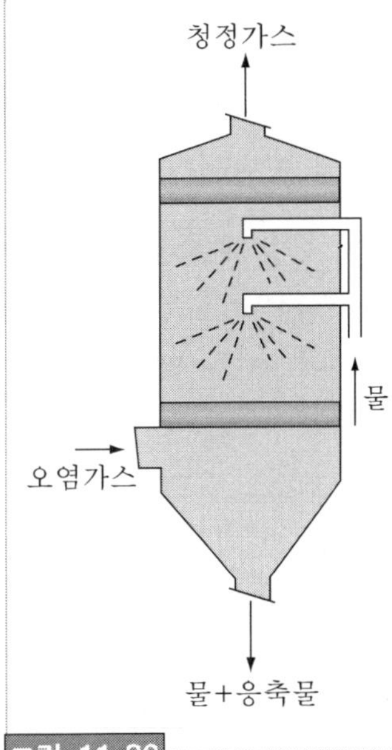

그림 11-30 접촉 응축기

때로는 그 이용이 제약을 받는다. 특정 응축 공정의 이용은 사용하여야 하는 냉매의 종류와 양, 결과적으로 생기는 폐액 처분문제, 회수하고자 하는 화합물의 양 등에 좌우된다. 응축기는 일반적으로 공기오염 방지의 예비처리 장치로 사용되며, 아프터버너, 흡수탑 또는 흡착장치와 함께 사용된다.

11.16 연소(combustion)

연소 또는 소각은 중요 대기 오염 배출원이지만, 동시에 대기오염 제거공정의 기초가 된다. 이때 연소나 소각의 목적은 대기 오염물질(대개 탄화수소나 일산화탄소)을 무해한 이산화탄소와 물로 전환시키는 것이다. 오염된 기체에 포함되어 있는 가연성의 가스·증기 또는 악취를 연소(산화)시켜 제거하는 것이다. 정유공장에서는 대량의 가연성 유기가스가 방출되므로 굴뚝(stack flare)에서 태우거나 연소장치에서 소각시켜 처리한다. 이 방법은 배기의 양이 많고 오염가스가 비교적 적을 때에 많이 사용되며, 다음과 같은 이유를 근거로 하고 있다.

① 대부분의 악취가 심한 오염물질은 가연성이다.
② 산소의 존재 하에서 충분히 가열하면 냄새가 적은 물질로 변화한다.
③ 연무질(aerosol)은 재연소시키면 효과적으로 파괴된다.
④ 연무(smog)를 생성하는 유기가스나 증기는 불꽃으로 태우면 파괴된다.

공기 오염 배출 조절에 사용되는 연소장치는, 산화반응이 완결에 가깝게 진행되어 미연소 화합물이 최소가 되게 설계한다. 연소가 효과적으로 일어나려면 네 가지 중요요소, 즉 산소, 온도, 난류 및 시간의 적절한 조합이 필요하다. 연소 중에 유효산소 공급량에 따라서 최종생성물이 정해진다. 검댕과 일산화탄소는 산화율이 낮을 때의 연소 부산물이지만, 이산화탄소는 충분한 산소가 존재할 때의 연소 생성물이다. 화합물이 점화점(kindling point)에 이르면 연소는 곧 일어날 수 있지만, 대기오염 방지를 목적으로 할 때는 온도를 발화점(ignition point), 즉 주변으로 손실되는 열보다 많은 열이 반응에 의하여 생성되는 온도로 유지하여야 한다. 일산화탄소의 경우, 이 온도는 610~657℃ 정도이다. 산화되는 오염물질에 따라서 직화 연소, 열 연소(아프터버너) 또는 촉매 연소법 등을 공기 오염물 제거에서 이용할 수 있다.

(1) 직화 연소

직화 연소(direct-flame combustion)에서는 폐가스를 연소기에서 직접 태우는데 이때 보조연료를 첨가하기도 한다. 경우에 따라서는 폐가스의 열량과 산소 함유량이 충분하여 그 자체만으로 타기도 한다. 때로는 공기를 도입하거나 소량의 보조 연료를 첨가하여야 기체 혼합물이 그 연소점에 도달하기도 한다.

(2) 열 연소

가연성 기상 오염물의 농도가 너무 낮아서 직화 연소시키기에 충분하지 못하면, 열 연소장치(thermal incinerator) 또는 아프터버너(afterburner)를 선택할 수 있다. 일반적으로 폐가스를 예열하는데, 이때 열 연소장치 자체에서 생성되는 열을 이용하는 열 교환기 같은 환열기(recuperator) 또는 축열기(regenerator)를 사용하는 것이 보통이다.

Chapter 8
Chapter 9
Chapter 10
Chapter 11

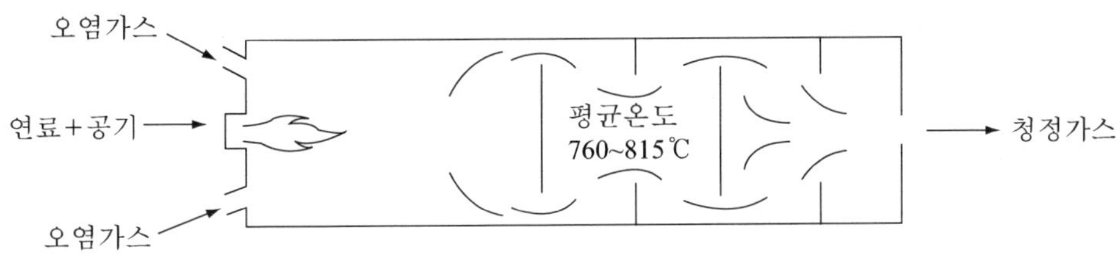

그림 11-31 열 소각 장치

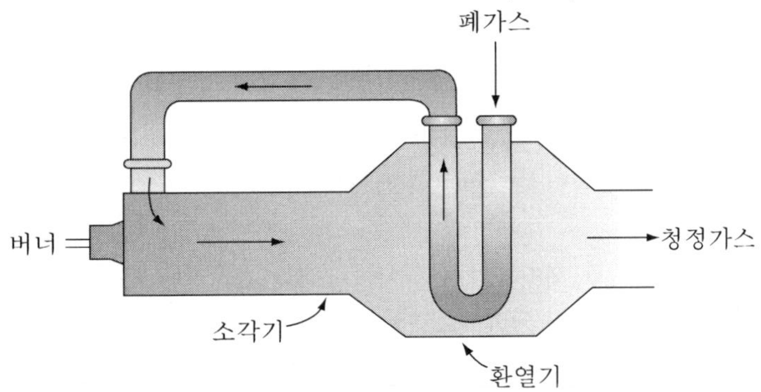

그림 11-32 환열기가 있는 열 소각 장치

(3) 촉매 연소

촉매 소각(catalytic incineration)은 폐가스 중의 가연성 물질이 너무 적어서 직화 소각하기 어려울 때 이용할 수 있는 방법이다. 촉매는 그 자신은 화학변화를 하지 않으면서 산화속도를 촉진할 수 있으므로, 소각에 필요한 체류시간을 줄일 수 있다. 열 소각에서는 촉매 소각에서보다 20～50배의 긴 시간이 필요하다. 촉매 소각장치의 효율은 오염물질 농도, 가스흐름의 온도, 산소농도, 접촉시간, 촉매의 종류 등 여러 인자에 좌우된다. 촉매 연소법은 SO_2, NO_X, 탄화수소, 일산화탄소(CO)의 조절에 사용되었으나 비싼 설치비, 촉매 피독 가능성 등의 단점이 있다. 가스 연소로 및 자동차 배기 배출량 제어에 대한 새로운 촉매의 응용이 연구되어 왔다.

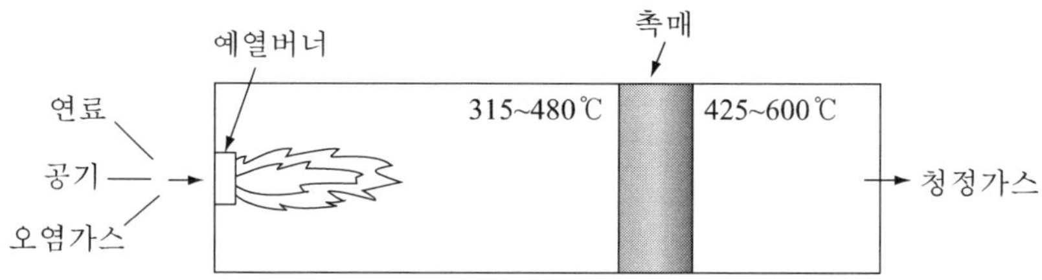

그림 11-33 촉매 소각 장치

| 연 | 습 | 문 | 제 |

01. 평행하게 설치된 높이 3.3 m, 폭 4.8 m인 두 판 사이의 중간에 방전극이 위치하고 있다. 이 집진기에서 처리공기가 0.99 m^3/sec로 통과할 때 집진효율이 95%가 되려면 충전입자의 이동속도(migration velocity)는 얼마인가?

02. 시멘트 공장에서 분진을 제거하기 위하여 1단 전기집진기를 사용한다. 이 집진기는 폭 4.2 m, 높이 4.8 m인 판 두 개가 간격 23 cm 떨어진 평형판으로서 농도가 11.4 g/m^3인 처리가스 60 m^3/min을 처리한다. 이 전기집진기 내에서의 입자의 이동속도는 0.058 m/sec로 가정한다.

1) 집진효율은 얼마인가?

2) 하나의 평형관의 집진분진량은 하루에 얼마인가?

03. 원심력집진기에서 유입구폭 12.0 cm, 유효선회수 4, 유입가스속도는 15.0 m/s, 분진밀도 1.7 g/cm^2, 온도 350 K라면 절단입경은 얼마인가? (공기의 점성은 0.0748 kg/m · hr)

04. 집진장치의 입구먼지농도가 2.5 g/m^3, 출구먼지농도가 0.3 g/m^{3}이다. 집진율은 얼마인가? (단, 집진장치는 입구가스량의 10%의 공기가 새어 들어간다.)

05. 함진가스가 1 m/sec의 속도로 수평으로 흐르고 있을 때 입경 80μm, 밀도 2 g/m^{3}의 입자가 2 m 높이에서 침강하였다면 입자의 착지점까지 수평거리(m)는? (단, 가스의 침강속도는 그림과 같다.)

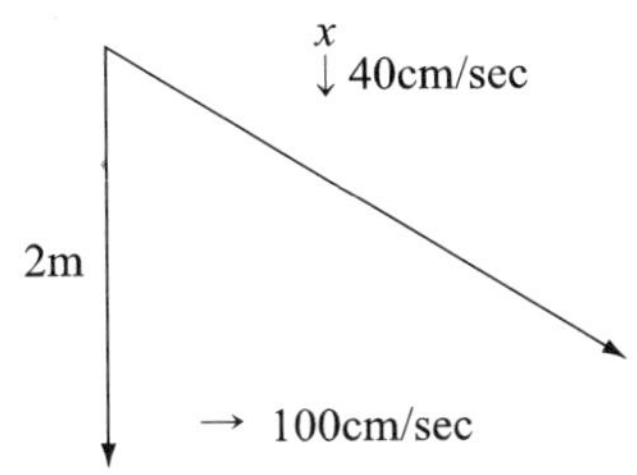

06. 관성력집진장치에 관한 서술 중 집진율을 높이는 방법으로 틀린 것은? ①

① 충돌후의 출구가스속도는 클수록 좋다.
② 기류의 방향전환의 횟수가 많을수록 좋다.
③ 충돌직전의 가스속도는 클수록 좋다.
④ 기류의 방향전환 각도가 작을수록 좋다.

07. 그림과 같이 제진할 때 다음의 조건에서 가장 적당한 것은? ②

여기서, S_t : 입자의 분리속도, d_2 : 충돌된 입자의 직경
U_θ : 원주속도, R_2 : 회전기류의 반경

① 곡률반경 R_2가 크고 입경 d_2가 클 때
② R_2가 작고 d_2가 클 때
③ R_2가 크고 d_2가 작을 때
④ R_2가 작고 d_2가 작을 때

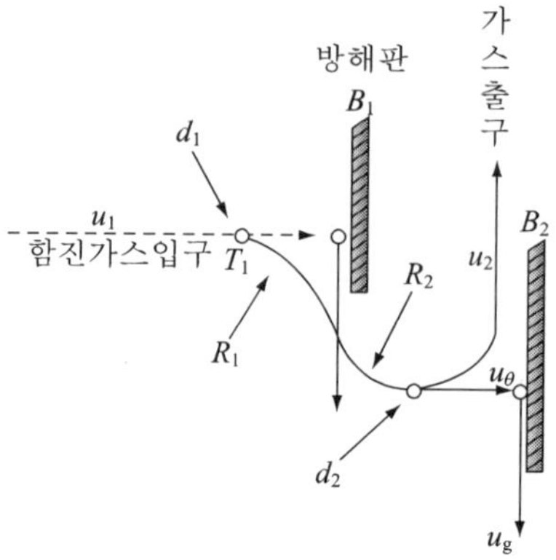

08. 처리 배기량이 9.6 m^3/min인 황화광 배소로가 있다. Cyclone 입구의 속도를 10m/sec, 입구장변 a와 b의 비를 2 : 1로 할 때, 단변 b의 길이(cm)는 얼마인가?

09. Cyclone의 제진장치의 유입구 폭이 12 cm, 내부유효 회전수는 4, 유입속도 15 m/sec, 먼지밀도 1.7 g/cm^3이다 이 cyclone으로 제진효율이 50%되는 이론적인 입자의 직경을 계산하라. (단, 점성도는 0.0748 kg/m · hr이다.)

10. 전기집진장치에 있어서 입경 1μm 이상의 입자의 이동속도(분리속도)에 관한 사항 중 틀린 것은 무엇인가? ①

① 입자경에 비례한다. ② 유전(誘電)계수에 비례
③ 전계강도에 비례 ④ 가스의 점도에 반비례

11. 전기집진장치에서 입자의 이동속도가 커지는 조건으로서 틀린 것은 무엇인가? ①

① 입자의 전하량이 적다. ② 가스의 점도가 적다.
③ 하전공간의 전계강도가 크다. ④ 입자경 1μm 이상은 입자경이 크다.

12. 전기집진장치의 먼지제거율을 90%에서 99%로 증가시키자면 집진극의 면적을 얼마로 증가해야 하는가?

13. 전기집진장치에서 처리가스량 Q m/sec, 집진극 면적을 A m^2, 먼지의 이동속도를 W m/sec, 집진율이 $\eta = 1 - \exp(-AW/Q)$라고 한다. 지금 360,00 m^3/hr의 함진가스를 처리하는 경우, 집진극 면적을 얼마로 하면 되겠는가? (단, 입구농도 10 g/m^3, 출구농도 0.1 g/m^3, 이동속도는 10 cm/sec이다.)

14. 어떤 집진장치의 입구·출구에서 배기 중 분진의 농도를 측정했더니 각각 15 g/m^3와 0.15 g/m^3이었다. 또한 입구·출구에서 채취한 분진시료 중에 포함된 0~5μm의 입경분포의 것의 중량 백분율은 각각 10% 및 60%이었다.

1) 집진장치의 집진율은 얼마인가?

2) 이 집진장치의 0~5μm의 입경범위의 시료분진에 대한 부분집진율은 얼마인가?

15. 입경범위가 넓고 함진 농도가 큰 분진을 multicyclone 집진장치와 전기집진장치를 조합해서 경제적인 집진장치를 하려한다. 이때 multicyclone 집진장치의 집진율이 70%, 전기집진 장치의 집진율이 96%일 때 총괄집진율은 얼마나 되겠는가?

16. 함진농도가 10 g/m^3인 분진을 처리하는 집진장치의 집진율이 90%의 경우, 집진율 ( )%의 2차 집진장치를 직렬로 사용하면 출구 함진농도를 0.2 g/m^3로 할 수가 있다.

17. 어떤 집진장치의 입구 및 출구에서 가스 중 집진농도를 측정하였더니 각각 14.6 g/m^3 및 0.073 g/m^3이었다. 이 경우 집진율은 얼마인가?

18. 습식세정장치로는 충전탑을 많이 이용한다. 충전탑에서 일어나지 않는 현상은? ④

① flooding ② loading

③ channeling ④ weeping

(해설) weeping은 plate tower조작에서 일어나는 현상

19. 다음 가운데 압력손실이 가장 큰 세정장치는 어느 것인가? ③

① spray ② packed tower

③ venturi scrubber ④ jet scrubber

(해설) venturi scrubber는 압력손실이 300~800 mmH_2O로 가장 크다.

Environmental Engineering

폐기물 처리

Part 4

CHAPTER 12

폐기물

폐기물은 인간 및 동물의 활동에서 발생되며, 인간의 생산활동과 소비활동의 모든 단계에서 발생되고 있다. 폐기물은 원료물질의 취급과 저장에서부터 제조, 가공, 소비, 최종처분, 그리고 재회수와 재생과정에서도 발생된다. 폐기물학의 측면에서 볼 때 인간의 생활은 "쓰레기를 발생시키는 하나의 과정"이라 할 수 있다.

"원치 않아서 내버리는 물질"도 폐기물이므로 주관적인 성격이 강하며 현대사회에서는 특히 이러한 주관적인 판단에 의해서 발생되는 폐기물이 급속히 증가하고 있다.

12.1 폐기물의 정의 및 구분

우리나라 폐기물관리법(2007년 개정)에서는 "폐기물이라 함은 쓰레기, 연소재, 오니, 폐유, 폐산, 폐알칼리, 동물의 사체 등으로서 사람의 생활이나 사업활동에 필요하지 아니하게 된 물질을 말한다"라고 정의하고 있다.

폐기물관리법에 의하면, 폐기물을 "생활폐기물"과 "사업장폐기물"로 구분하고 있다. "생활폐기물"이란 사업장폐기물 외에 폐기물을 말한다. "사업장폐기물"이란 「대기환경보전법」, 「수질 및 수생태계 보전에 관한 법률」 또는 「소음·진동 규제법」에 따라 배출시설을 설치·운영하는 사업장이나 그 밖에 대통령령으로 정하는 사업장에서 발생하는 폐기물을 말한다.

"지정폐기물"이란 사업장폐기물 중 폐유·폐산 등 주변 환경을 오염시킬 수 있거나 의료폐기물 등 인체에 위해를 줄 수 있는 해로운 물질로서 대통령령으로 정하는 폐기물을 말한다. "의료 폐기물"이란 보건·의료기관, 동물병원, 시험·검사기관 등에서 배출되는 폐기물 중 인체에 감염 등 위해를 줄 우려가 있는 폐기물과 인체조직 등 적출물, 실험동물의 사채 등 보건·환경 보호상 특별한 관리가 필요하다고 인정되는 폐기물로서 대통령령으로 정하는 폐기물을 말한다.

표 12-1 지정폐기물의 종류

1. 특정시설에서 발생하는 폐기물	1) 폐합성 고분자 화합물 - 폐합성 수지(고체상태의 것은 제외) - 폐합성 고무(고체상태의 것을 제외) 2) 오니류(수분함량 < 95%, 고형물함량 > 5%) - 폐수처리 오니 - 공정오니 3) 폐농약

2. 부식성 폐기물	1) 폐산(액상, pH < 2.0) 2) 폐알칼리(액상, pH > 12.5)
3. 유해물질함유 폐기물	1) 광재 2) 분진(대기오염 방지시설에서 포집된 것) 3) 폐주물사, 샌드블라스트 폐사 4) 폐내화물, 유약을 바른 도자기 조각 5) 소각재 6) 안정화 또는 고형화 처리물 7) 폐촉매 8) 폐흡착제, 폐흡수제
4. 폐유기용제	1) 할로겐족 2) 그 밖의 폐유기용제
5. 폐페인트, 폐락카	
6. 폐유	- 기름성분 > 5%
7. 폐석면	- 석면함량 > 1% - 석면제거 작업에 사용된 방진마스크, 작업복 등
8. 폴리클로리네이티드비페닐 함유 폐기물	- 액체상태(>2 mg/L) - 액체상태 이외의 것(용출액 1 L당 0.003 mg 이상)
9. 폐유독물	
10. 의료성 폐기물	
11. 주변환경을 오염시킬 수 있는 유해물질(환경부장관 고시)	

12.2 폐기물의 지정방법

사업장폐기물 중에서 “지정폐기물”로의 지정방법은 목록작성(listing)에 의한 방법과 폐기물 특성(characteristics)에 의하여 결정하는 방법 등이 있다. 목록작성에 의한 방법의 장·단점은 다음과 같다.

장점 ① 시행이 용이하다.
② 시험이 불필요하다.
③ 비용이 적게 든다.

단점 ① 새로운 폐기물에는 적용시킬 수 없다.
② 혼합폐기물에 대한 규정에 문제가 있다.

폐기물 특성에 의해 지정폐기물 여부를 평가하는 방법의 장점으로는 새로운 폐기물에도 적용이 가능하다는 점이다. 그러나 시험에 따른 비용이나 시간이 많이 소요되는 단점도 있다.

폐기물의 "처리"라고 함은 폐기물을 물리적, 화학적, 생물학적인 방법, 고화(solidification), 매립, 생물학적 토양처리들에 의해 부피를 줄이고 유해성을 줄임으로써 처분 시 사람이나 자연환경에 해를 주지 않도록 하는 방법을 말한다.

12.3 폐기물의 성상

쓰레기의 성질은 수분함량, 겉보기 비중, 조성, 원소분석치, 발열량 등의 물리화학적 성질에 따라 그 특성이 규정된다. 쓰레기의 분석에는 많은 노력과 시간을 요하며, 그 지역의 쓰레기 성상을 파악하는 데는 적어도 연 4회(춘하추동의 각 계절마다 1회)의 측정이 필요하다. 그리고 수분의 평균치를 알기 위해서는 비오는 날은 수집을 피하는 것이 좋다. 쓰레기 채취는 될 수 있는 한 신속하게 작업해야 하며 1회의 채취는 적어도 쓰레기 축소 작업 개시부터 30분 이내에 완료하는 것이 바람직하다. 쓰레기의 성상분석은 물리적 성상과 화학적 성상으로 크게 구분된다.

(1) 물리적 성상

쓰레기의 물리적 성상은 가연성과 비가연성 물질의 구분뿐만이 아니라 가연성 물질의 종류 및 발열량 계산 등의 폐기물 특성을 추정할 수 있는 가장 중요한 자료로서 쓰레기의 자원화 및 에너지 회수와 처리계통에 절대적으로 요구되는 자료이다. 고형폐기물의 물리적 조성에 관한 정보 및 자료로서는 ① 고형폐기물을 이루는 각 성분의 조성, ② 수분 함유량, ③ 고형폐기물의 밀도, ④ 회분(ash), ⑤ 가연분 함량 등이 있다.

1) 겉보기 비중(단위용적당 중량)

부피를 알고 있는 용기에 시료를 넣고 30 cm 높이의 위치에서 3회 낙하시키고 눈금이 감소하면 감소된 분량만큼 시료를 추가하며, 이 작업을 눈금이 감소하지 않을 때까지 반복한다. 겉보기 비중 또는 단위용적당 중량은 다음의 식으로 산출된다.

$$\text{겉보기 비중}(\text{kg/m}^3 \text{ 또는 } \text{ton/m}^3) = \frac{\text{시료의 중량(kg 또는 ton)}}{\text{용기의 부피}(\text{m}^3)} \qquad (12\text{-}1)$$

2) 종류별 성상

시료 전량을 비닐시트위에서 종류별로 손선별(hand sorting)하고 각 조성별로 무게를 측정하여 습량기준으로 중량비(P_{wi})를 구한다. 습량기준의 중량비를 구할 때에는 쓰레기 중에 함유되어 있는 수분이 발산되어 소실되지 않도록 하여야 하며, 가급적 분별한 즉시 무게를 측정하는 것이 바람직하다.

$$\sum_{l=1}^{n} P_{wi} = 100(\%) \tag{12-2}$$

수분량을 제외시킨 건량기준 중량비는 다음 식으로 산출한다.

$$P_{di} = \frac{P_{wi} \times (100 - W_i)}{\Sigma P_{wi} \times (100 - W_i)} \times 100 \tag{12-3}$$

여기서, P_{di} : 조성 i의 건량기준 중량비(%)
P_{wi} : 조성 i의 습량기준 중량비(%)
W_i : 조성 i의 수분함량(%)

3) 수분함량

종류별 성상 측정에 사용한 시료의 무게를 측정한 후 수분을 거의 날려 보내고 건조기를 이용하여 105±5℃에서 시료의 중량이 인정하게 될 때까지 약 4시간 건조시킨다. 중량이 일정하게 유지되는 시점에서 시료의 무게를 측정하여, 각 시료의 수분함량은 다음 식에 의하여 산출한다.

$$W_i(\%) = \frac{\text{건조 전 시료 } i\text{의 중량(kg)} - \text{건조 후 시료 } i\text{의 중량(kg)}}{\text{건조 전 시료 } i\text{ 중량(kg)}} \times 100 \tag{12-4}$$

전체 쓰레기의 수분함량을 결과적으로 다음의 식으로 산출된다.

$$W(\%) = \frac{\sum P_{wi} \times W_1}{\sum P_{wi}} \tag{12-5}$$

쓰레기의 수분은 장마철을 포함한 여름철의 비가 많을 때와 김장철 등의 채소류가 많을 때에는 높은 값을 나타내며 겨울에는 비교적 마른 쓰레기가 발생되기 때문에 적다.

4) 회분(ash)

수분 측정 후 건조시료를 분쇄기로써 2 mm 이하로 분쇄한 후 105±5℃에서 2시간 가열 건조한 다음 일정량을 채취하여 무게를 측정하고, 전기로 내에서 600±25℃로 강열한다. 강열한 시료를 방냉한 후 105±5℃에서 2시간 건조한 후 약 30분간 데시케이터에서 방냉하고 무게를 측정한다. 각 조성의 회분은 다음 식으로 산출한다.

$$A_i = \frac{\text{강열 후 시료 } i\text{의 중량(kg)}}{\text{강열 전 시료 } i\text{의 중량(kg)}} \times 100 \qquad (12\text{-}6)$$

전체 쓰레기의 건량기준 회분함량은 다음 식으로 나타낼 수 있다

$$A_d(\%) = \frac{\sum P_{di} \times A_i}{\sum P_{di}} \qquad (12\text{-}7)$$

또한, 습량기준의 회분은 다음 식으로 계산할 수 있다.

$$A(\%) = A_d \times \frac{100 - W}{100} \qquad (12\text{-}8)$$

5) 가연분 함량

습량기준의 가연분은 다음과 같이 구할 수 있다. 가연성 물질은 종이류, 목재류, 음식쓰레기, 플라스틱류, 섬유류, 고무류 등으로 구성되고 불연성 물질은 연탄재, 금속류, 유리, 도자기류 등으로 구성된다. 혼합 쓰레기가 가연성인가 또는 불연성인가를 판정하는 기준은 다음과 같다. 즉, 가연분이 25% 이상, 회분이 60% 이하, 수분함량이 50% 이하일 때 이를 가연성으로 판정한다.

가연분(C,%) = 100 − 수분(W,%) − 습량기준의 회분(A,%) (12-9)

6) 개략분석(proximate analysis)

도시 폐기물의 개략분석은 다음 4가지로 구성된다.

① 수분함량(105±5℃)에서 약 4시간 건조 후 수분 손실량
② 휘발성 고형물(600±5℃)에서 강열한 후 손실된 양(미국에서는 950℃의 폐쇄로에서 강열한다.
③ 고정탄소(fixed carbon) : 휘발성 고형물이 증발된 후 남는 물질[보통 재(ash)와 동의어로 보면 된다.]
④ 불연성 물질 : 흙, 돌, 철금속 등 연소되지 않는 불순물

(2) 화학적 성상

쓰레기 가연분의 화학적 성분분석 항목은 대개 탄소(C), 수소(H), 질소(N), 산소(O) 및 황(S)으로서, 이러한 원소들의 분석은 자동원소분석기에 의한 방법과 재래식 방법에 의하여 분석될 수 있다. 이 때 C, H, N은 동시분석이 가능하나. O와 S는 연소관, 환원관 및 흡수관의 충전물을 교환함으로써 분석이 가능하다. 황성분(S)은 별도로 황분석장치(sulfur analyzer)를 이용하여 분석할 수 있다.

고형폐기물의 화학조성에 관한 정보는 처리 및 에너지 회수 방안을 평가하고자 할 때 중요하다. 고형폐기물의 에너지 함유량은 에너지 가치(energy value)를 건량기준으로 환산할 수 있다.

kJ/kg (건량기준) = (kJ/kg 폐기상태)(100) / (100 − %수분) (12-10)

회분제거 건량기준(ash free dry basis)으로 나타내면,

kJ/kg (회분제거 건량기준) = (kJ/kg 폐기상태)(100) / (100 − %재 − %수분) (12-11)

Example 12-1

고형폐기물 시료의 에너지 함유량 추산

폐기물 시료의 에너지 함유량을 추산하여라. 건량기준 및 회분제거 건량기준으로 나타내어라. 이 폐기물의 수분 함유량은 21.0%, 회분함유량은 5.0%이다.

(자료) 고형폐기물 시료의 폐기 상태 에너지 함유량

성분	질량(%)	에너지*(kJ/kg)	총괄 에너지*(kJ)
식품 폐기물	15	4,650	69,750
종이	45	16,750	753,750
판지	10	16,300	163,000
플라스틱	10	32,600	326,000
정원 쓰레기	10	6,500	65,000
나무	5	18,600	93,000
양철 깡통	5	700	3,500
			1,474,000

*폐기물 시료 100 kg

풀이

① 단위 에너지 함유량 :

$$\text{에너지 함유량} = \frac{1,474,000\ \text{kJ}}{100\ \text{kg}} = 14,740\ \text{kJ/kg}$$

② 건량기준의 에너지 :

이 폐기물의 수분 함유량은 21.0%이므로 건량기준의 에너지를 구하면,

$$\text{kJ/kg(건량기준)} = 14,740\frac{100}{100-21.0} = 18,658$$

③ 회분제거 건량기준의 에너지 함유량 :

$$\text{kJ/kg(회분제거 건량기준)} = 14,740\frac{100}{100-5-21} = 19,919$$

12.4 고형폐기물의 발열량 추정

고형폐기물의 발열량은 소각로를 설계할 때 가장 기본이 되는 쓰레기의 질적 특성으로, 쓰레기 1 kg을 완전히 연소할 때 발생하는 열량(kcal)을 말한다. 쓰레기(연료)를 연소했을 때에는 쓰레기(연료) 속의 수분은 수증기로 되어 연소가스 속에 포함되게 된다. 열량계로 발열량을 측정할 때는 쓰레기(연료) 속의 수분 및 연소에 의해 생성된 수분의 응축열을 포함한 열량으로 측정된다. 즉, 생성물 중의 H_2O가 액체이면 고위발열량(high heating value, H_h)이라 한다. 그러나 실제의 연소 시설에서는 연소 배기가스 속의 수분은 통상 수증기 그대로 배출되기 때문에 응축열은 이용되지 않으므로 고위 발열량에서 응축열을 빼고 남은 열량이 유효하게 이용되는 열량이므로, 생성물 중의 H_2O가 수증기일 때 이 값을 저위발열량(H_c)이라 한다. 소각에 대한 타당성 조사 시에 저위발열량에 대한 자료가 필요하다.

셀룰로오스계 물질의 저위발열량은 일반적으로 4,500 ~ 4,600 (kcal/kg)이며 플라스틱류는 6,000 ~ 10,000 (kcal/kg)이다. 따라서 쓰레기 조성에서 발열량을 추정할 수 있다. 고위발열량 H_h와 저위발열량 H_l과의 사이에는 다음의 관계가 있다.

① 고위발열량(high heating value, Hh)

연료가 연소될 때 생성되는 총발열량으로서 연소가스 중의 수증기 응축잠열까지 포함한 발열량이다. 원소분석에서 C, H, O, S, W(물) 성분(%)이 있다면 고위발열량은 다음과

같이 구한다.

$$H_h = 81C + 342.5\left(H - \frac{O}{8}\right) + 22.55S \ (kcal/kg) \quad (12\text{-}12)$$

연료 중에 산소가 포함되어 있으면, 이 산소는 연료 중의 수소와 H_2O형태로 결합한 상태로 존재하는 것으로 간주한다.

$$H_2 + \frac{1}{2}O_2 \rightarrow H_2O$$

중량비 2 : 16 = (1 : 8)

⇒ 연료 중에 함유되어 있는 산소가 소비하는 수소의 양 $\left(\frac{O}{8}\right)$

즉, 수소와 산소는 1 : 8의 중량비로 결합하므로, 연료 중의 수소 중에서 산소와 결합하는 수소량$\left(\frac{O}{8}\right)$을 제외한 $\left[H - \left(\frac{O}{8}\right)\right]$의 수소가 연소한다. 이것을 유효수소(available hydrogen) 또는 자유수소(free hydrogen)라고 한다.

② 저위발열량(low heating value, Hl)

$$H_l = H_h - 6(9H + W) \ (kcal/kg) \quad (12\text{-}13)$$

물 1 kg에 대하여 기화열은 0℃에서 597 (≒600) kcal/kg, 즉 연료 1 kg당 (9H＋W)(kg)의 H_2O가 발생하므로 이 열을 빼준다.

$$H_2 + \frac{1}{2}O_2 \rightarrow H_2O$$

중량비 2 : 18 = (1 : 9)

고위발열량(H_h)와 저위발열량(H_l)은 다음의 관계가 있다.

$$H_h = H_{ho}(1 - W/100) \ (kcal/kg) \quad (12\text{-}14)$$

$$H_l = H_h - 6(9H + W) \ (kcal/kg) \quad (12\text{-}15)$$

여기서, H_{ho} : 열량계에서 측정한 건조쓰레기 고위발열량(kcal/kg)
H : 수소(%)
O : 산소(%)
S : 황(%)
W : 수분(%)

Example 12-2

메탄(CH_4)의 고위발열량이 212,800 kcal/kmol일 때, 저위발열량은 몇 kcal/kmol인가? (단, 물의 증발열은 10,800 kcal/kmol임)

풀이

$$CH_4 + \frac{3}{2}O_2 \rightarrow CO_2 + 2H_2O$$

물이 2 mol 생성되므로, 212,800 − 10,800×2 = 191,200 kcal/kmol

Example 12-3

수소 12.0%, 수분 0.3%를 함유하는 중유의 고위발열량이 10,600 kcal/kg일 때, 이 중유의 저위발열량은 몇 kcal/kg인가? (단, 물의 증발열은 600 kcal/kg임)

풀이

$$H_l = H_h - 6(9H + W)$$
$$= 10{,}600 - 6(9 \times 12 + 0.3) = 9{,}950(\text{kcal/kg})$$

[별해] $H_2 + \frac{1}{2}O_2 \rightarrow H_2O$

중유 1 kg에 함유된 수소는 0.12 kg이므로 연소에 의하여 생성되는 수분의 량

$= 0.12\,\text{kg} \times \frac{18}{2} = 1.08\,\text{kg}$

총수분의 량 $= 1.08\,\text{kg} + 0.003\,\text{kg} = 1.083\,\text{kg}$

이 수분의 증발열 $= 1.083\,\text{kg} \times 600 = 650\,\text{kcal/kg}$

$\therefore\ H_l = 10{,}600 - 650 = 9{,}950(\text{kcal/kg})$

(1) 3성분의 조성비에 의한 방법

쓰레기의 저위발열량은 소위 쓰레기의 3성분(가연분, 수분, 회분)의 조성비를 바탕으로 다음 식에 의하여 추정할 수 있다.

쓰레기의 저위발열량(LHV, H_l)(kcal/kg)

$$= 45 \times V - 6 \times W \qquad (12\text{-}16)$$

여기서, V : 쓰레기 중 가연분의 조성비(%)

W : 쓰레기 중 수분의 조성비(%)

이 식은 저위발열량의 간이식으로서 가연분, 수분 및 회분의 분석치를 이용함으로써 시간이나 인력을 절약할 수 있는 방식이다. 그러나 쓰레기 자체가 불균일성 물질이고 수분이 50% 이상 함유하고 있는 경우에는 상당한 오차가 발생할 수 있다.

$$H_l = 45\,V - 6\,W \text{ (kcal/kg)} \tag{12-17}$$

또는

$$H_l = (45\,V_1 + 80\,V_2) - 6\,W \text{ (kcal/kg)} \tag{12-18}$$

여기서, V : 가연분(건조기준)(%)

V_1 : 플라스틱류 이외의 가연분(건조기준)(%)

V_2 : 플라스틱류(건조기준)(%)

(2) 물리적 조성 분석치로부터 구하는 방법

물리적 조성 분석치로부터 발열량을 구하는 방법은 보통 다음의 추정식을 쓴다.

$$H_l = 88.2R + 40.5(G + P) - 6\,W \text{ (kcal/kg)} \tag{12-19}$$

여기서, R : 플라스틱 함유율(건조기준)(%)

G : 쓰레기(건조기준)(%)

P : 종이(건조기준)(%)

W : 수분(%)

저위발열량 데이터를 기준으로 한 실험식으로, 본 식을 이용하는 경우 각 성분비율(%)은 각 성분의 수분량을 구하여 건조무게로 환산해야 한다.

(3) 단열열량계에 의한 방법

건조된 쓰레기를 2 mm 이하로 분쇄한 후 일정량을 취하여 열량계로써 발열량을 측정한다. 이때 분쇄하는 과정에서 약간의 수분이 다시 흡수·함유(약 1~4%)되므로 측정된 발열량은 건조공기기준(air dry base)이 된다. 따라서 측정할 시료의 수분함량을 다시 측정하여 보정하여 줌으로써 정확한 건식 기준(dry base)의 발열량을 얻는다. 이렇게 하여 각 조성별 건조기준발열량을 구하고 건조쓰레기의 발열량과 생쓰레기의 발열량을 다음과 같이 계산한다.

$$\text{건조쓰레기의 발열량(kcal/kg)} = \frac{\sum C_i E_i}{\sum C_i} \quad (12\text{-}20)$$

여기서, C_i : 조성 i의 가연분 조성(%)

E_i : 조성 i의 열량계 발열량(kcal/kg)

$$\text{생쓰레기의 발열량(kcal/kg)} = \frac{\sum A_i F_i}{\sum A_i} \quad (12\text{-}21)$$

여기서, A_i : 조성 i의 회분조성(%)

F_i : 조성 i의 습기준 발열량(kcal/kg)

= (건조쓰레기 발열량) × (100 − 수분%)/100

이상과 같은 측정법은 쓰레기를 조성별로 분류한 단일 성분 시료를 열량계로 측정하여 생쓰레기의 발열량을 추산한 것이며, 분류하기 전의 쓰레기를 건조하여 열량계를 이용하여 직접 측정할 수 있다.

(4) 원소분석에 의한 방법

① Dulong의 식

$$H_h = 81C + 342.5\left(H - \frac{O}{8}\right) + 22.5S \quad (\text{kcal/kg}) \quad (12\text{-}22)$$

$$H_l = 81C + 342.5\left(H - \frac{O}{8}\right) + 22.5S - 6(9H + W)$$

$$= H_h - 6(9H + W) \quad (12\text{-}23)$$

여기서, C : 탄소(%)

H : 수소(%)

O : 산소(%)

S : 황(%)

W : 수분(%)

H를 (H − O/8)로 한 것은 이미 H_2O로서 연료 속의 결합수분으로 되어 연소에 사용되지 않는다고 생각하기 때문이다. 목재나 쓰레기와 같은 셀룰로오스질의 연료에서는 발열량이 낮게 추정되는 경향이 있다.

② Steuer의 식

$$H_l = 81\left(C - 3 \times \frac{O}{8}\right) + 57\left(3 \times \frac{O}{8}\right) + 345\left(H - \frac{O}{15}\right) + 25S - 6(9H + W) \quad \text{(kcal/kg)} \qquad (12\text{-}24)$$

O의 절반이 H_2O의 형, 나머지 절반이 CO_2의 형이라고 가정한 경우이다.

③ Scheurer-Kestner의 식

$$H_l = 81\left(C - 3 \times \frac{O}{4}\right) + 342.5H + 22.5S + 57 \times 3 \times \frac{O}{4} - 6(9H + W) \quad \text{(kcal/kg)} \qquad (12\text{-}25)$$

O의 모든 것이 CO_2의 형이라고 가정한 경우이다.

④ Dulong의 보정식

$$H_l = (\alpha D + \beta)B - 6W \quad \text{(kcal/kg)} \qquad (12\text{-}26)$$

여기서, αD : Dulong의 식으로 구한 가연분 저위 발열량(kcal/kg)

β : Boub 열량계로 구한 가연분 발열량(α)과 αD의 차(kcal/kg)

이 식은 Dulong의 식으로 구한 발열량을 Bomb 열량계로 구한 발열량에 근사시키기 위해 사용한다.

Example 12-4

어느 도시의 1주일 쓰레기 수거상황이 다음과 같을 때 1인 1일 쓰레기 발생량은?
수거대상인구 : 150,000명, 수거용적 : 3,500 m^3, 적재 시 밀도 : 500 kg/m^3

풀이

$$1\text{인 } 1\text{일 쓰레기 발생량} = \frac{3{,}500\text{m}^3 \times 500\text{kg/m}^3}{150{,}000\text{명} \times 7\text{일}} \fallingdotseq 1.7\text{kg/인/일}$$

Example 12-5

폐기물의 화학적 조성분석 시 절단 크기 및 측정항목은?

풀이

1～2 mm로 절단한 후 회분, 가연분(휘발성 고형분). 화학적 조성, 발열량 등을 측정한다.

Example 12-6

수분함량이 30%인 쓰레기의 수분함량을 10%로 감소시키면 전체중량은 처음 중량의 몇 %인가?

풀이

10%의 수분함량을 가지는 쓰레기의 초기 중량에 대한 중량비 $= 70\% \times \dfrac{1.0}{1.0-0.1} = 77.8\%$

Example 12-7

고형분이 45%인 음식쓰레기 10톤을 소각하기 위해 수분함량을 20%가 되도록 건조시켰다. 이 건조쓰레기의 중량은?

풀이

건조쓰레기 중의 고형분 함량 : 10 ton × 0.45 = 4.5 ton

건조쓰레기의 중량 : $4.5\text{ ton} \times \dfrac{1.0}{1.0-0.2} = 5.625\text{ ton}$

Example 12-8

쓰레기의 성분 중 비가연성 부분이 중량비로 약 60% 차지하였다. 지금 밀도가 400 kg/m^3인 쓰레기 8 m^3가 있을 때 가연성 물질의 양은 얼마인가?

풀이

$400\text{ kg/m}^3 \times 8\text{m}^3 = 3.2\text{ ton}$

가연성분 = 100 − 60 = 40% 이므로 3.2 ton × 0.4 = 1.28 ton

| 연 | 습 | 문 | 제 |

01. 폐기물의 발열량 H, 불완전연소에 의한 열손실을 Q, 연소 후 재의 열손실을 R이라고 할 때 연소효율은 얼마인가?

02. 다음과 같은 중량조성의 고체연료의 고위발열량(H_h)은 얼마인가?
C = 75%, H = 5%, S = 2%, O = 8%, 수분 = 4%, 나머지는 회분이다. (단, 각 원소의 단위질량당 열량은 C는 8,100 kcal/kg, H는 34,000 kcal/kg, S는 2,200 kcal/kg이다.)

03. 폐기물 중의 가연분 함량을 구하는 식은?

04. 어느 시료의 분석결과 수분 10%, 회분 44%, 고정탄소 36%, 휘발분 10%이고 원소분석결과 휘발분 중 수소 20%, 황 10%, 산소 30%, 탄소 40%일 때 저위발열량은 얼마인가? (단, 고위발열량 = 8,100C + 34,000(H − O/8) + 2,500S)

05. 단열열량계(bomb calorimeter)로 측정한 것은 무엇인가? ②

① 수분함량　　　② 고위발열량
③ 저위발열량　　④ 온도

(해설) 연소 시 생성된 모든 수분이 응축하였을 경우의 발열량으로 고위발열량이라 한다.

06. 수분 38%, 유기물 46%인 도시쓰레기를 소각하여 열을 회수하려고 한다. 소각용량은 단위시간당 10 ton을 처리하고 건조유기물의 연소열은 4,500 kcal/kg이다. 유기물이 연소할 때 약 50%에 해당하는 물이 발생한다. 이때 복사열손실이 약 5%, 미연소에 의한 손실이 10%라면 연소가스로 나가는 열량은 얼마나 되겠는가?

07. 수소 12.0%, 수분 0.3%인 중유의 고위발열량이 10,600 kcal/kg일 때, 저위발열량을 구하시오.

08. 고위발열량이 16,000 J/g인 폐기물이 있다. 폐기물 1kg당 0.2 kg의 물이 증발될 경우 저위발열량을 구하여라. (단, 1cal = 4.18J, 물의 증발열은 600 kcal/kg임)

CHAPTER 13

폐기물의 관리 및 처리

13.1 폐기물의 관리요소

폐기물의 발생원에서부터 최종처분까지는 6가지의 기능적 요소로 구성되어 있다. 즉, ① 쓰레기의 발생, ② 현지취급, 저장 및 가공, ③ 수집, ④ 운반 및 수송, ⑤ 처리 및 회수, ⑥ 처분 등이다. 그러므로 폐기물 관리는 이 여섯 가지의 구성요소들을 어떻게 합리적으로 관리하느냐 하는 것이다.

폐기물의 관리에 있어서 중점을 두어야 할 우선순위는 다음과 같다.

① 감량화
② 재회수 및 재활용(재이용 포함)
③ 처리
④ 최종처분

폐기물의 관리에서 첫 번째 우선순위가 주어져야 할 것은 발생원에서 감량화를 도모하여 폐기물을 원천적으로 적게 발생시키는 것이다. 폐기물에 있어서 감량화는 ① 포장용기의 사용억제, ② 1회용품의 사용억제, ③ 음식물 남기지 않기, ④ 불필요한 물품의 구매억제 등의 방법이 있다.

다음 단계는 재회수 및 재활용을 통하여 일단 발생된 폐기물 중에서 재활용품을 회수함으로써 폐기되는 양을 줄이는 것이다. 다음에는 처리단계에서 소각열을 이용하거나 유기물을 퇴비화하여 일종의 가공을 통한 재활용이다. 마지막 단계는 단순소각(폐열을 회수하지 않는 연소)이나 매립 등 최종처분을 하게 된다.

쓰레기의 관리에서는 감량화 다음으로 분리수거가 중요한 사항이다. 먼저 유해물질을 분리해야 하며, 음식쓰레기는 곧바로 부패하여 악취를 풍기고 다른 재활용품을 오염시키므로 우선적으로 분리수거해야 한다. 분리수거된 음식쓰레기는 퇴비화, 메탄발효 등을 통하여 에너지 및 유용한 물질로 회수하는 것이 바람직하다.

종이류 등의 가연성은 소각 처리하여 부수적으로 발생되는 폐열을 회수하고 소각재는 완전매립한다. 그리고 소각 시에 유해가스를 배출하거나 소각로에 손상을 줄 수 있는 고무류, 비닐, 플라스틱류는 열분해 등을 이용하여 처리함으로써 에너지 또는 물질을 회수한다.

폐기물 관리법에 의하면, "폐기물 감량화시설"이란 생산공정에서 발생하는 폐기물의 양을 줄이고, 사업장 내 재활용을 통하여 폐기물 배출을 최소화하는 시설을 말한다. 이러한 시설로서 소각시설, 매립시설, 멸균분쇄시설, 음식물류 폐기물 처리시설로 정의한다. "재활용"이란 폐기물을 재사용·재생이용하거나 재사용·재생이용할 수 있는 상태로 만드는 활동 또는 폐기물로부터 에너지를 회수하는 활동을 말한다. "처리"란 폐기물의 소각, 중화, 파쇄, 고형화 등의 최종 처리를 말한다.

13.2 폐기물의 물리·화학·생물학적 처리

폐기물은 인간의 관여 또는 자연현상에 의해 처리될 수 있다. 이러한 처리는 물리·화학·생물학적 처리로 구분될 수 있다.

표 13-1 고형폐기물의 처리방법

처리유형	처리방법	결과
(1) 물리적 처리		
성분의 분리	손분리 또는 기계적 분리	개별 성분의 분리
부피의 감소화	압축 등 에너지 투입	원 폐기물의 부피감소
크기 감소화	쇄설, 마쇄, 분쇄 등의 형태로 에너지 투입	원 폐기물의 형태가 변하고 크기가 감소된다.
쓰레기 연료화 (refuse-derived fuel)	압축과 건조에 의해 일정한 크기의 pellet형으로 만든다.	폐기물은 수분과 재의 함량이 조절되어 취급과 수송이 간편한 일종의 소형쓰레기 연료가 된다.
(2) 화학적 처리		
연소	열에 의한 산화	CO_2, SO_2 기타 산화물, 재 등으로 변화
열 분해	공기를 공급하지 않은 상태에서 가열	가스, 오일 타르, 숯(char)으로 3상 분리
가스화	공기결핍연소(공기를 양으로 공급)	낮은 열량가의 가스가 다량 생성되고 오일과 숯이 부산물로 생성된다.
(3) 생물학적 처리		
호기성 퇴비화	호기성 퇴비화 미생물에 의한 분해	퇴비의 생산
혐기성 소화	혐기성 미생물에 의한 액상 폐기물의 분해	CH_4, CO_2, 소화된 슬러지 및 부식(humus) 생성
혐기성 퇴비화	혐기성 미생물에 의한 고상폐기물의 분해	CH_4, CO_2, 소화된 폐기물

**혐기성 퇴비화는 매립지에서 일어난다.

13.3 폐기물의 미생물학적 처리

미생물학적 처리방법은 일반적으로 용존유기물과 콜로이드성 유기물질을 함유하고 있는 액상폐기물을 처리하는 기술로서, 다양한 폐기물을 full scale로 처리하는데 적합하다. 다만 이 처리방법에 이용되는 미생물은 충격부하나 공정으로 유입되는 독성물질의 급속한 증가에 의해 쉽게 손상될 수 있기 때문에 미생물이 액상폐기물에 순응할 수 있는 적응기간이 필요하다. 이 처리방법은 크게 호기성 처리와 혐기성 처리로 나눌 수 있다. 대표적인 호기성 처리방법은 활성슬러지법, 살수여상법, 회전원판법 및 산화지법 등이 있으며 혐기성 처리방법으로는 혐기성소화 방법이 있다.

일반적으로 미생물학적 처리방법을 이용하기에 부적합한 난분해성 유기물질은 다음과 같다.

① 농약(pesticides)

② PCBs

③ PAHs (poly-aromatic-hydrocarbons)

④ CDDs (chloro-dibenzo-dioxine)

⑤ 고도로 염소화된 탄화수소(highly chlorinated hydrocarbon)

13.4 폐기물의 물리·화학적 처리

유해폐기물의 물리·화학적 처리 방법으로는 활성탄, 화학적 침전, 스트리핑, 용매수추출, 오존처리 등을 들 수 있다.

(1) 활성탄(activated carbon)

활성탄 흡착법은 액상폐기물의 난분해성 유기물질 제거에 좋은 처리방법이다. 이 처리방법에 사용되는 활성탄은 입상 활성탄(granulated activated carbon, GAC)과 분말 활성탄(particulate activated carbon, PAC)으로 나눌 수 있다. 분말 활성탄의 경우 활성탄의 재생문제 때문에 입상 활성탄 방법에 비하면 덜 바람직한 방법이다. 사용한 활성탄은 재생하는 것이 가장 바람직하고 때로는 소각 시키거나 매립하기도 한다.

활성탄 흡착으로 처리가 잘 되는 **화학물질(chemical)의 특성**은 다음과 같다.

① 분자량이 큰 물질(high molecular weight)
② 용해도가 낮은 물질(low water solubility)
③ 극성이 낮은 물질(low polarity)

활성탄 흡착 적용에 타당성이 높은 화학 물질의 종류

① halogenated organics
② PCBs
③ phthalates
④ PAHs
⑤ pesticides
⑥ phenols

활성탄 흡착법의 처리 한계

① 농도 : 10,000 mg/L (실제로 5,000 mg/L 미만)
② SS 농도 : 50 mg/L
③ Oil & Grease : 10 mg/L

화학구조에 따른 **흡착 정도**는 다음과 같이 판단할 수 있다.

① branched chain을 가진 화학물질이 straight chain을 가진 화학 물질보다 흡착이 잘 된다.
② 불포화유기물(unsaturated)이 포화유기물(saturated)보다 흡착이 잘 된다.
③ 수산기(hydroxyl)가 있으면 흡착률이 낮아진다.
④ 할로겐족(halogens)이 포함되어 있으면 일반적으로 증가한다.
⑤ 방향족의 고리수(aromatic ring)가 증가하면 일반적으로 증가한다.

아래 식은 흡착칼럼 설계 시 흔히 사용되는 식이다.

$$\ln \cdot (C_0/C) = (k_1 \cdot q_0 \cdot M/Q) - (k_1 \cdot C_0 \cdot V/Q) \quad (13\text{-}1)$$

여기서, C : 유출수 농도
C_0 : 유입수 농도
k_1 : 비례상수
q_0 : 고체상의 최고 농도(g/g)
M : 흡착제의 양(g)
V : 처리량(L)
Q : 유량(L/hr)

(2) 화학적 침전(chemical precipitation)

침전 공정은 오랜 기간 동안 중금속처리에 full scall로 운영되어 온 공정으로서 침전가능한 유해물질을 포함하고 있는 어떠한 액상 폐기물에도 적용이 가능하다. 시설설치 비용은 상대적으로 낮으나, 운영비는 비싼 편이며 많은 양의 액상폐기물에 적용가능하다. 에너지 소비가 낮다. 침전 공정은 wet sludge가 생산되므로 슬러지의 최종처분이라는 문제를 남긴다. 운영상의 주의점은 반응기의 부식문제 등에 대비하여야 한다.

(3) 스트리핑(stripping)

휘발성 물질을 포함하는 유해 액상폐기물의 처리에 이용되는 방법이다. 스트리핑은 유기물질의 제거에 의해 흡착제의 수명이 줄어드는 것을 방지하기 위하여 흡착공정과 전처리공정으로 흔히 쓰인다. 그러나 휘발성 화합물의 스트리핑은 대기오염의 결과를 초래하여 대기오염방지에 대한 시설을 첨가해야 하므로 비경제적이 될 가능성도 있다. 증기 스트리핑(steam stripping)은 휘발성물질이 고농도로 농축된 폐기물에 적당하고 공기 스트리핑(air stripping)은 농도가 낮은 액상 폐기물처리에 적합하다.

(4) 용매추출(solvent extraction)

용매추출방법은 활성탄 흡착방법에서 오염물질을 활성탄에 흡착시키는 것과 마찬가지로 액상폐기물로부터 제거하고자 하는 성분을 용매쪽으로 흡수시키는 방법이다. 용매추출 시 가장 중요한 사항은 용매의 용량이다. 즉, 적은 양의 용매를 사용하여 높은 처리효율을 얻을 수 있어야 하며, 사용된 용매는 증류 등에 의하여 회수가 가능한 것이 바람직하다. 용매추출에 이용 가능성이 높은 폐기물의 특성은 다음과 같다.

① 미생물에 의해 분해가 힘든 물질
② 활성탄을 이용하기에는 농도가 너무 높은 물질
③ 낮은 휘발성으로 인해 스트리핑 하기가 곤란한 물질

이러한 특성을 만족하는 대표적인 폐기물로는 50,000 mg/L 이상의 페놀 폐수이다. 대개 유기물 농도가 100,000 mg/L (10%) 이상이면 경제적 타당성이 높아진다.

용매추출에 사용하는 용매의 선택기준은 다음과 같다.

① 선택성이 클 것 : 높은 분배계수(distribution coefficient, K)를 가지는 것
② 회수성이 높을 것(끓는점이 낮을 것)
③ 물에 대한 용해도가 낮을 것

④ 밀도가 물과 다를 것

분배계수 K는 다음과 같이 정의된다.

$$K = \frac{C_s}{C_w} \qquad (13\text{-}2)$$

여기서, C_s : 용매(solvent) 내의 폐기물의 농도

C_w : 물(water) 또는 폐기물 내의 폐기물성분 농도

용매추출에서 n회 추출 후 용액에 남아있는 용질의 질량을 구하는 식은 분배계수에 의해 다음 식으로 구할 수 있다. 공식전개에 사용되는 기호는 아래와 같다.

W_0 : 추출 전 물에 있는 용질의 질량

W_1 : 1회 추출 후 물에 있는 용질의 질량

W_n : n회 추출 후 물에 있는 용질의 질량

V_s : 용매(solvent)의 부피

V_w : 물의 부피

이때, 분배계수의 정의로부터 아래 식을 유도할 수 있다.

$$K = \frac{C_s}{C_w} = \frac{(W_0 - W_1)/V_s}{W_1/V_w} \qquad (13\text{-}3)$$

$$K \cdot \frac{W_1}{V_w} = \frac{(W_0 - W_1)}{V_s}$$

$$K \cdot W_1 \cdot V_s = V_w \cdot W_0 - V_w \cdot W_1$$

$$(Kcdot V_s + V_w) \cdot W_1 = V_w \cdot W_0$$

$$W_1 = W_0 \cdot \frac{V_w}{K \cdot V_s + V_w} \qquad (13\text{-}4)$$

위와 동일한 과정을 거치면,

$$W_2 = W_0 \cdot \left[\frac{V_w}{K \cdot V_s + V_w}\right]^2 \qquad (13\text{-}5)$$

n번 반복 추출할 경우에는 아래의 공식을 얻는다.

$$W_n = W_0 \cdot \left[\frac{V_w}{K \cdot V_s + V_w}\right]^2 \qquad (13\text{-}6)$$

(5) 오존처리(ozonation)

오존처리는 난분해성 유기물질의 분해를 위한 전 처리과정에 흔히 사용되어 왔다. 약 100 ppm 미만의 저농도 유기물 산화에 적합하며, 최대한 10,000 ppm을 넘으면 타당성이 없는 것으로 알려져 있다. 오존처리 방법이 적용될 수 있는 화학물질은 아래와 같다.

① 시안화물
② 페놀류
③ PAHs (poly-aromatic-hydrocarbons)
④ chlorinated hydrocarbon
⑤ pesticides

오존처리 공정의 단점 중의 하나는 운영비가 비싸다는 점이다. CDDs와 PCBs에 대한 오존처리기술의 적용도 상당히 유망하며, CDDs와 PCB에 대한 오존처리의 부가적인 이점은 생성되는 부산물들이 해롭지 않다는 점이다.

13.5 폐기물의 열분해

공기가 부족한 상태에서 폐기물을 연소시켜 가스, 액체 및 고체상태의 연료를 생산하는 공정을 열분해(pyrolysis)라고 부른다. 열분해 방법에는 저온법과 고온법이 있으며, 저온에서는 tar, char 및 액체상태의 연료가 보다 많이 생성되며, 고온에서는 가스상태의 연료가 많이 생성된다. 따라서 저온법을 열분해(pyrolysis)라고 부르고 고온법을 가스화라고 부르기도 하나, 저온이나 고온 모두를 열분해법이라고 총칭하는 것이 상례이다. 여기서 저온은 500～900℃를 말하며, 고온은 1,100～1,500℃를 말한다. 만약온도를 1,700℃까지 증가시켜 고온의 열분해 장치를 운전시키면 생산되는 모든 재는 slag로 방출된다.

도시폐기물을 열분해할 경우에 있어서는 투입되는 원료가 물리적, 화학적으로 복잡하고 그 조성이 지역적, 계절적, 연도별로 변화하기 때문에 그 생성물을 자원으로 이용하는데 있어서의 안정한 질과 양을 확보하여야 하는 어려움이 있다. 예를 들면, 열분해반응의 촉진과 안정화를 위한 전처리로서 원료를 미분화할 경우 복잡한 파쇄분리공정과 막대한 동력을 필요로 하므로 열분해의 단위조작만으로는 평가할 수 없다.

1) 연소(화학적 처리)

연소는 산소가 유기물질과 화학적으로 반응하여 빛과 열을 내는 현상이다. 충분한 공기가 공급되면 도시 폐기물 중의 유기성분은 다음과 같이 반응한다.

$$\text{유기물} + \text{충분한 공기} \rightarrow N_2 + CO_2 + H_2O + O_2 + \text{재} + \text{열} \tag{13-7}$$

이외에도 소량의 NH_3와 SO_2, NO_x가 생성된다.

2) 열분해

유기물질을 산소의 공급 없이 가열하여 가스, 액체 및 고체의 3성분으로 분리하는 것이다. 연소가 고도의 발열반응(exothermic)임에 비하여 열분해는 고도의 흡열반응(endothermic)이다. 생성되는 물질은 다음과 같다.

① 기체 : H_2, CO_4, CO, CO_2 및 기타 가스의 혼합체
② 액체 : 타르와 오일(식초산, 아세톤, 메탄올 등)
③ 고체 : 숯(char) 및 불활성 물질

셀룰로오스($C_6H_{10}O_5$)의 열분해는 다음과 같은 반응식으로 표시될 수 있다.

$$3(C_6H_{10}O_5) \rightarrow 8H_2O + C_6H_8O + 2CO + 2CO_2 + CH_4 + H_2 + 7C \tag{13-8}$$

3) 가스화

가스화는 유기물질을 공기결핍 상태 하에서 부분 연소시킴으로써 CO, H_2, 포화탄화수소(주로 CH_4) 등 가연성 가스를 생성하는 것이다. 생성된 가스는 내연기관이나 보일러에 사용될 수 있다. 가스화의 최종산물은 다음과 같다.

① CO_2, CO, H_2, N_2 등을 함유하는 저열량가스
② 탄소를 함유하는 숯(char) 및 불활성 물질
③ 열분해에서 생성되는 오일 비슷한 응축성 액체

13.6 소각처리에 의한 공해물질의 생성과 제어

소각로는 소각을 통하여 폐기물을 제거하는 것이 주목적이지만 이 과정에서 2차 공해가 유발된다. 소각로 내에서 생성되는 2차 오염물질은 입자상 물질과 기체상 물질로 분류되고, 배출되는 양은 폐기물의 조성, 소각방법, 연소장치의 구조, 그리고 소각로의 종류에

따라 다르다. 이들 공해 물질의 생성은 연소과정에 필수적으로 동반되는 것이기도 하지만 연소조절에 의한 제어가 가능하며 이미 발생한 물질도 후처리에 의해 제거가 가능하다. 고형폐기물의 소각 설비에서 방출되는 다이옥신류의 발생과 이들의 인체에 대한 유해정도 및 배출을 억제하기 위한 방안이 필요하다.

(1) 소각처리에 의한 2차 오염물질

모든 연료와 같이 쓰레기는 소각에 의해 이산화탄소와 물을 생성하여 연소 기체의 형태로 배출한다. 그러나 이때 부수적으로 발생하는 물질 중에는 공해물질의 대상으로 분류되는 것은 독성 유기물(PCDD, PCDF 등의 다쇄형 유기물), 입자(부유분진), 질소산화물, 희귀금속 그리고 산성가스 등을 들 수 있다. 이중에서도 특별히 관심을 끌고 있는 것은 배기가스의 고형 잔류폐기물 등에서 검출되는 다이옥신(dioxin)과 퓨란(furan)이다.

오염물질을 규제치 이하로 효과적으로 감소시켜 대기 중에 배출하기 위해서는 다음과 같은 공해물질의 생성 및 배출을 최소화하기 위한 3단계 소각개념의 도입이 필요하다.

① 소각로 내에서 연소에 의한 생성제어
② 연도에서 재생 억제
③ 굴뚝으로 배출 전·후 처리 설비에 의한 제거

(2) 독성유기물의 배출특성

1) 다이옥신과 퓨란(dioxin & furan)

소각로에서 배출되는 유기물 중 최근 관심이 집중되고 있는 것은 다이옥신(dioxin)과 퓨란(furan)이다. 이 물질들은 PVC 또는 플라스틱류 등을 포함하고 있는 합성물질을 연소시킬 때 발생하는 독성물질로 알려져 있다.

다이옥신류란 polychlorinated dibenzo-p-dioxins (PCDD)와 Polychlorinated dibenzofurans (PCDF)를 총체적으로 말한다. 다이옥신과 퓨란은 하나 또는 두 개의 산소원자와 1～8개의 염소원자가 결합된 두 개의 벤젠고리를 포함하고 있다.

2) 유기물 배출의 원인

소각로에서 유기물이 배출되는 것은 이상적인 연소상태에 도달하지 못한 불완전연소의 산물이다. 도시폐기물 소각로에서의 유기물 배출은 다음 4가지 경로가 있다.

① 투입쓰레기에 존재하던 PCDD/PCDF가 연소 시 파괴되지 않고 배기가스 중으로 배출
② PCDD/PCDF의 전구물질(precursors)이 전환되어 생성. CP (chlorophenols)와 PCB (polychlorinated biphenyls) 등이 반응을 통하여 PCDD/PCDF로 전환
③ 여러 가지 유기물과 염소공여체(chlorine donor)로부터 형성
④ 저온에서 촉매화 반응에 의해 분진과 결합하여 형성

3) 다이옥신(dioxine) 억제기술

소각로에서 발생되어 배출되는 다이옥신류를 억제하는 기술은 이들 독성물질의 생성 및 파괴 메커니즘의 이해를 바탕으로 이루어져야 한다. 이들 방법은 사전방지 등의 1차적 방법, 로 내 생성억제 및 파괴 등의 2차적 방법, 그리고 후처리제거에 의한 3차적 방법으로 구분된다.

13.7 악취의 발생

폐기물을 오랫동안 저장하거나 수집, 운반 또는 매립과정에서 시간이 경과하면 악취가 발생한다. 악취는 대체로 유기성 폐기물 중 쉽게 분해할 수 있는 부분이 혐기성 분해를 일으켜 발생한다. 예를 들면, 혐기성(환원성) 조건에서 황산염은 황화수소염(S^{2-})으로 환원되며 수소와 결합하여 H_2O를 형성한다. H_2S의 형성은 다음과 같은 일련의 반응으로 나타낼 수 있다.

$$\underset{\text{젖산}}{2CH_3CHOHCOOH} + \underset{\text{황산염}}{SO_4^{2-}} \rightarrow \underset{\text{식초산}}{2CH_3COOH} + \underset{\text{황화수소염 이온}}{S^{2-}} + H_2O + CO_2 \quad (13\text{-}9)$$

$$4H_2 + SO_4^{2-} \rightarrow S^{2-} + 4H_2O \quad (13\text{-}10)$$

$$S^{2-} + 2H^+ \rightarrow H_2S \quad (13.11)$$

황화수소염 이온은 철 등의 금속염과 결합하여 황화수소의 금속화합물을 만든다.

$$S^{2-} + Fe^{2+} \rightarrow FeS$$

매립지에서 혐기성 분해가 진행될 때 폐기물의 색깔이 검게 변하는 것은 황화수소의 금속화합물이 생성되기 때문이다. 이렇게 되면 냄새문제가 저감된다.

유황을 함유하고 있는 유기화합물이 생물화학적으로 환원되면 메틸머캡탄이나 아미노부티릭산과 같은 악취성 물질을 생성할 수 있다. 아미노산의 일종인 메티오닌의 환원이

그 한 가지 예가 될 것이다.

$$\underset{\text{메티오닌}}{CH_3SCH_2CH_2CH(NH_2)COOH} \xrightarrow{+2H} \underset{\text{메틸머캡탄}}{CH_3SH} + \underset{\text{아미노부티릭산}}{CH_3CH_2CH_2(NH_2)COOH} \quad (13\text{-}12)$$

메틸머캡탄은 다시 생물화학적으로 가수분해하여 메틸알코올과 황화수소로 변환될 수 있다.

13.8 퇴비화

유기 물질을 고형폐기물로부터 분리하고, 박테리아에 의하여 분해되게 하였을 때, 박테리아의 이화 및 동화 작용 후에 남는 최종생성물을 퇴비(compost) 또는 휴머스(humus)라 한다. 유기 고형물의 분리 및 박테리아 전화를 포함하는 전체 공정을 퇴비화(composting)라고 한다. 유기성 폐기물은 거의 대부분이 토양에서 분해될 수 있는 것으로 산업폐수와 도시 하수처리 슬러지, 축산분뇨처리 슬러지, 생활쓰레기 및 제지, 식품공장 등에서 발생하는 유기물질이 주를 이루고 있다.

퇴비화(composting)는 미생물의 호기적 유기물 분해를 이용한 유기성 폐기물 처리 방법 중의 하나로 폐기물을 바로 토양에 매립할 때 발생되는 악취, 침출수에 의한 지하수 오염, 동물, 인체 병원균 전파 등의 문제를 상당히 감소시킬 수 있고, 퇴비화 과정 중 유기탄소가 미생물 호흡에 의해 이산화탄소로 소실되므로 전체적인 폐기물의 분량이 감소된다. 또 소각처리 시 발생되는 대기오염 문제 등이 없다.

(1) 퇴비화의 특징

퇴비화는 호기성 조건 하에서 생물학적으로 유기물을 안정화시키는 고형폐기물의 자원화 방법 중의 일종이다. 즉, 도시폐기물 중의 음식찌꺼기, 축산폐기물, 낙엽 또는 하수처리장 슬러지와 같은 유기물을 안정한 상태의 부식질(humus)로 변환시키는 생물학적 공정이다.

부산물인 퇴비는 100% 안정화된 유기물은 아니며 퇴비 내의 유기물질은 매우 느린 속도로 계속 분해될 것이다. 퇴비화의 장점 중의 하나는 퇴비화 기간 동안 발생된 열에 의해 다른 처리방법에서는 살아남을 가능성이 있는 많은 병원균을 파괴시킬 수 있다는 점이다. 퇴비화 반응은 다음과 같이 요약될 수 있다.

$$\text{복잡한 유기물} + O_2 \rightarrow \text{보다 덜 복잡한 유기물(humus)} + CO_2 + H_2O + NH_3 + \text{열} \quad (13\text{-}13)$$

Humus의 특징은 아래와 같다.

① 악취가 없는 안정한 유기물이다(흙냄새).
② 병원균이 사멸되어 거의 없다.
③ 뛰어난 토양 개량제이다.
④ 물 보유력과 양이온교환능력이 좋다.
⑤ 탄소/질소(C/N) 비율이 낮다(10～20).
⑥ 짙은 갈색(검은 색)이다.

퇴비화 과정은 일반적으로 3～4주 정도 소요된다. 퇴비화 과정은 호기성이기 때문에 그 기간 동안 혼합에 의해 공기가 공급되어야 하며 생물학적 과정에 의해 분해가 일어나면서 병원균을 파괴시킬 수 있는 고온(55℃ 이상)이 발생된다. 보통의 경우 70℃를 넘는 경우도 많다. 이 과정에서 산소 요구량을 만족시키기 위해 다음과 같은 방법으로 공기를 공급한다.

① 폐기물을 교반시킴으로써 대기 중의 산소에 노출시킨다.
② 공기 주입 장치의 사용으로 공기를 공급한다.

퇴비화 과정이 완료된 후에 대략 20일 정도 안정화(stabilization)기간이 필요하다. 이 기간 동안 유기물의 안정화 등이 좀 더 진행되는 것을 예상할 수 있다.

1) 퇴비화의 장점

① 유기성 폐기물을 재활용함으로써 폐기물을 감량화할 수 있다.
② 퇴비는 토양의 이화학성질을 개선시키는 토양개량제로 사용할 수 있다.
③ 운영 시에 소요되는 에너지가 낮다.
④ 초기의 시설투자비가 적다.
⑤ 다른 폐기물처리 기술에 비해 고도의 기술수준이 요구되지 않는다.

2) 퇴비화의 단점

① 생산된 퇴비는 비료가치가 낮다.
② 다양한 재료를 이용하므로 퇴비제품의 품질 표준화가 어렵다.
③ 부지가 많이 필요하고 부지선정이 어렵다.

④ 퇴비가 완성되어도 부피가 크게(50% 이하) 감소되지는 않는다.

⑤ 악취발생의 가능성이 있다.

(2) 퇴비화 과정

1) 퇴비화의 전체적 과정

퇴비화는 유기물의 호기성 분해가 주된 과정으로 여러 종류의 많은 중온성(mesophilic), 고온성(thermophilic) 미생물들이 관여한다. 이들에 의한 분해과정은 크게 3부분으로 나누어지는데, 첫 번째는 유기물 중에 있는 분해가 쉬운 물질들, 즉 당류, 아미노산 등이 빨리 흡수 이용되는 1～2일간으로 퇴비더미의 온도가 오르기 시작하는 단계이다. 두 번째는 고온성 분해과정으로 주로 유기성 폐기물 중의 cellulose, pectin 등의 분해가 이루어지며, 보통 수 주간 계속된다. 세 번째는 숙성(curing or stabilization) 단계로 온도가 떨어지고 분해속도가 느려지며 다시 중온성 미생물 등이 정착한다. 이상의 과정은 폐기물의 종류와 퇴비화의 환경 조건에 따라 그 기간이 달라질 수는 있지만 3단계로 이루어지는 것이 일반적이다. 마지막 단계를 다시 냉각(cooling) 단계와 숙성(maturation) 단계로 나누는 경우도 있다.

2) 단계별 변화

초기단계 퇴비화 과정의 초기에는 중온성 진균(fungi)과 세균(bacteria)들이 주로 유기물을 분해하고, 이들의 작용에 의해 퇴비더미의 온도가 40℃ 이상으로 상승됨에 따라 고온성 세균과 방선균(actinomycetes)으로 대체되기 시작한다. 중온성 미생물들은 폐기물의 종류에 따라 그 종류가 다양하다.

고온단계 초기단계의 중온성 미생물에 의한 폐기물의 분해로 열이 발생되고 퇴비더미에 열이 축적되면 온도가 상승하고 동시에 중온성 미생물들의 밀도와 분해활동이 급격히 감소한다. 그러나 고온성 미생물의 밀도는 증가되는데, 고온 상태에서의 퇴비화 진행은 이들 고온성 미생물에 의해 수행되며 주로 *Bacillus* sp., *Thyermoactionomyces* sp.와 cellulose 분해 미생물이 주요 역할을 한다. 소형반응 장치 실험결과에 의하면 고온단계(50～70℃)의 퇴비에서 분리된 미생물의 87%가 *Bacillus* sp.이었고, 그 외에도 *Streptomyces* sp., *Thermoactionomyces* sp., *Aspergillus fumigatus*가 있다. 특히 퇴비화 중 고온단계의 전반기에는 Bacillus가, 후반기에는 Thermoactinomyces와 진균이 주된 역할을 하는 것으로 알려져 있다.

고온단계에서 퇴비온도는 일반적으로 50～60℃가 계속적으로 유지되지만 60～65℃에서는 퇴비 중의 고온성 세균 및 방선균 등의 미생물들이 모두 사멸하여 미생물의 다양성이 급격히 감소하고 열에 견딜 수 있는 포자형성 세균만 남게 되어 퇴비화 효율이 급격히 떨어진다.

숙성단계 고온성 미생물의 작용에 의한 분해가 끝나면 대부분의 분해 가능한 유기물이 분해되었기 때문에 분해속도가 훨씬 느려지고 퇴비온도도 40℃ 이하로 떨어진다. 이때 다시 중온성 미생물이 재정착을 하는데 초기단계의 미생물 종류와 밀도와는 약간의 차이가 있다. 왜냐하면 숙성단계의 유기물들은 상당부분이 더 이상 분해가 쉽게 되지 않는 부식질(humus)로 변하기 때문이다. 부식질은 lignin 함량이 높고 가용 영양분의 함량이 낮기 때문에 이러한 환경에 적합한 방선균이 많아진다. 가축분뇨의 퇴비화 과정 중 고온단계가 끝난 뒤의 중온성 미생물 중 초기단계에 있던 Micromonospora chaleae, Streptomyces thermoviolaceus 등 일부방선균과 세균이 재정착한다.

(3) 퇴비화 과정을 통제하기 위한 주요인자

1) 온도

퇴비화 과정에서 온도는 퇴비여부를 나타내는 지표로서 활용될 만큼 중요한 인자이다. 즉, 생물학적으로 안정화 되려면 퇴비물질내의 분해가능한 물질이 분해되어야 하는데, 이 분해는 발열반응이므로 온도상승은 분해작용이 일어나는지의 여부를 판정하는 기준이 된다. 또한 악취는 혐기성 상태 하에서 발생하는데, 고온발열반응은 곧 호기성 조건에서 퇴비화가 진행되고 있음을 나타내는 지표이다. 일반적으로 최적온도는 50～60℃이나 실제 퇴비단의 온도는 70℃를 넘는 경우가 흔하다. 이때는 공기공급량을 증가시킴으로써 온도를 조절할 수 있다. 60℃ 이상의 온도에서는 미생물의 활동도가 저하되어 분해효율이 떨어지기 때문이다.

2) 수분

퇴비 중의 수분함량은 처리 폐기물의 종류에 따라 다른데 미생물의 활동에 결정적 영향을 미치는 환경요인이다. 퇴비화에 적당한 수분함량은 50～60%로 40% 이하가 되면 분해율이 감소하고, 60% 이상이 되어도 산소확산이 잘 되지 않아 혐기적 생물작용에 의해 악취가 발생되거나 퇴비화 효율이 떨어진다.

3) 탄소/질소비(C/N ratio)

유기성 폐기물의 탄질비는 미생물의 분해 대상인 기질(유기물)의 특성으로, 효과적으로 퇴비화를 진행시키기 위한 가장 직접적인 중요인자이다. 탄소는 미생물들이 생장하기 위한 에너지원으로, 질소는 생장에 필요한 단백질 합성에 주로 쓰이는데, 보통 미생물 세포의 탄질비가 5～15로 미생물에 의한 유기물의 분해는 탄질비(탄소/질소비)가 미생물 세포의 그것과 비슷해질 때까지 이루어진다. 처음에는 높으나 분해가 진행될수록 점차 낮아져 최종적으로는 5 정도가 된다. 일반적으로 퇴비화에 적합한 폐기물의 초기 탄질비가 25～35이다. 탄질비가 높으면 질소 부족현상으로 미생물의 증식이 억제되고 따라서 퇴비화 속도가 늦어진다. 동시에 탄소가 많으면 이것에 의해 생긴 유기산 등이 퇴비의 pH를 낮추고 역시 미생물의 생장과 활동도 억제된다. 반대로 탄질비가 너무 낮으면(20 이하) 질산성 질소가 되고 암모니아로 변하여 pH를 증가시키고, 이것으로 인하여 암모니아 가스가 발생되어 퇴비화 과정 중 좋지 않은 냄새가 생기게 된다.

종이류나 나무 등이 있을 경우는 셀룰로오스에 의해 탄질비가 아주 높아진다. 이러한 경우에는 초기의 퇴비화 진행이 극히 느려지기 때문에 적절한 질소원의 첨가로 탄질비를 조절해야 한다. 또한, 도시하수 슬러지의 경우 탄질비가 낮기 때문에 역시 탄질비가 높은 폐기물과 섞어 적당한 범위로 조절하면 퇴비화 효율을 높일 수 있다.

4) 공기

퇴비화 과정은 주로 유기물의 호기성 산화 분해로 산소의 존재가 필수적이며, 이 결과 탄수화물이 CO_2, 물, 미생물세포, 열 그리고 분해 뒤 부식질로 바뀐다. 공기가 충분히 공급되지 않는 경우에는 혐기상태가 되어 혐기성 생물작용(anaerobiosis)이 일어나 CO_2 외에 CO_4, H_2, 유기산 등이 형성되고 퇴비화 중에 악취가 발생된다. 퇴비화 과정에서 공급되는 공기는 몇 가지의 기능을 가지고 있다. ① 미생물이 호기성대사를 할 수 있도록 하고 ② 온도를 조절하며 ③ 수분과 CO_2와 다른 gas들을 제거하는 역할을 한다. 과도하게 많은 공기를 공급하면 수분의 제거와 퇴비온도 저하로(겨울철의 경우) 퇴비화가 늦어질 수도 있다. 퇴비화에 적합한 산소함량은 5～15%의 범위에 있어야 한다.

5) pH

퇴비화를 위한 폐기물의 pH 범위는 미생물의 생장이 활발한 5.5～8.0 범위이다. 폐기물의 종류에 따라 pH가 퇴비화에 적절하지 못한 산성 또는 알칼리성인 것이 있기 때문에 초기 pH 조절을 위해 탄산칼슘, 생석회 또는 수산화칼슘 등을 첨가하기도 하지만 퇴비화 진행에는 그다지 큰 영향을 끼치지 못한다.

6) 숙성도(compost maturity)

퇴비화의 진행정도는 폐기물의 종류, 환경조건 등에 따라 다르며, 어느 시점 또는 어떤 상태에서 퇴비화가 완료되었는지를 정확히 결정하는 것은 퇴비화 시스템의 효과적 운영과 완료된 퇴비의 사용 측면에서 볼 때 아주 중요한 요인이다. 숙성된 퇴비(mature compost)는 유기물이 미생물작용으로 분해되어 최종적으로 토양에 투입되었을 때 식물생장에 나쁜 영향을 미치지 않고 비료 또는 토양개량제로서의 역할을 할 수 있는 정도까지 안정화된 것으로 정의할 수 있다. 유기성 폐기물이 퇴비화 과정을 거쳐 퇴비가 거쳐 퇴비가 되었을 때 마지막으로 처리될 곳은 결국 토양이기 때문에 토양처리 시 농작물에 아무런 나쁜 영향을 미치지 말아야 하기 때문이다.

13.9 폐기물의 최종처분

발생된 폐기물은 분리수거하여 재활용성 폐기물(refuse derived fuel, RDF)을 회수하고 나머지 폐기물은 각각의 특성에 맞게 처리하여 자원회수, 에너지회수 등의 필요한 과정을 거친다. 선별되고 남은 폐기물과 각 처리과정을 통하여 발생된 부산물은 최종적으로 처분된다.

- 처분
  - 대지(Land)
    - 단순매립(Open Dumping)
    - 위생매립(Sanitary Landfill) - 일반폐기물
    - 안전매립(Secure Landfill) - 유해폐기물
  - 해양(Ocean)
  - 대기(Air)
  - 우주(Space)

폐기물처분 방법은 대지와 해양 그리고 대기와 우주로의 처분으로 나누어 볼 수 있으며 그중 매립과 해양처분이 가장 보편적으로 이용되고 있다. 대기로의 처분은 폐기물을 소각하여 기체화하는 것을 의미한다. 해양처분은 주로 유해하지 않은 폐기물이나 하수슬러지 처분에 이용되어온 방법이다.

표토(earth's mantle) 위나 내부에 처분하는 방법은, ① 수집하여 더 이상 사용하지 않는 고형폐기물 ② 고형폐기물 처리 뒤에 남는 물질 ③ 전화 생성물과 에너지 회수 뒤에 남는 물질의 장기적 취급 방법으로서 매립법(landfilling)은 도시 폐기물에 대하여 가장 일반적으로 사용되는 처분 방법이다.

(1) 폐기물 매립의 종류

매립의 종류는 매립방법, 매립의 위치, 매립의 구조 및 매립공법에 따라 다음과 같이 분류할 수 있다.

① 매립방법에 의한 분류
- 단순매립
- 위생매립
- 안전매립

② 매립구조에 의한 분류
- 혐기성 매립
- 혐기성 위생매립
- 개량혐기성 위생매립
- 준호기성 매립
- 호기성 매립

③ 매립공법에 의한 분류
- 내륙매립 : 샌드위치공법, 셀공법, 압축매립 공법, 도량형 공법
- 해안매립 : 내수배제 또는 수중투기공법, 순차투입공법, 박층뿌림 공법

매립의 종류는 매립방법에 따라 단순매립, 위생매립, 안전매립으로 구분한다. 단순매립(open dumping)은 비위생적 매립형태이고, 위생매립(sanitary landfill)은 폐기물 처분에 흔히 사용되는 방법으로 알려져 있다. 매립(secure landfill)은 유해폐기물의 최종처분 방법으로서 환경오염을 위하여 유해폐기물을 자연계와 완전 차단하는 방법이다.

(2) 매립지 내의 반응

유해폐기물 매립지의 경우 반응은 매우 미미한 경우가 보통이나 도시 폐기물 등 일반 폐기물 매립지의 경우는 분해가능한 유기물이 폐기물 내 다량 함유되어 있기 때문에 상당히 활발한 반응이 일어난다. 결과적으로 매립층을 통과하는 침출수는 매우 오염도가 높으며 가스발생량도 상당히 높은 편이다.

매립지 내의 반응은 크게 생물학적, 물리적, 화학적 변화로 나누어 세분화 하면

① 미생물학적 반응 : 부패하기 쉬운 유기물질의 호기성, 혐기성 분해
② 화학적 산화
③ 매립지 내 가스의 이동 및 방출

④ 침출수의 발생 및 이동
⑤ 침출수에 의한 유기물질과 무기물질의 용출
⑥ 공극사이로의 물질의 침투에 의한 불규칙적인 매립층 침하

매립 후 폐기물의 분해와 안정화는 폐기물의 성분, 압축정도, 수분함량, 방해물질의 존재와 온도 등에 영향을 받는다. 이러한 요인들간의 영향으로 일어나는 매립지 내 반응은 일반적으로 분해, 가스와 침출수의 발생, 매립지 침하 등의 구조적 변화로 나누어 볼 수 있다.

1) 매립지 내 분해

고형폐기물 내의 생물분해 가능한 유기성분은 매립과 동시에 분해가 시작된다. 초기에는 호기성 상태 하에서 분해가 시작되어 매립지 내 산소가 거의 소비되면 혐기성 상태의 오랜 분해반응으로 이어진다. 유기물질의 분해율은 물질의 특성과 수분함량에 의해 달라진다. 일반적으로 폐기물 내 유기물질은 아래의 세 가지로 분류할 수 있다.

① 섬유질(cellulose)과 그 화합물을 포함한 유기물
② 탄수화물, 지방, 단백질 등 분해가 용이한 유기물
③ 플라스틱, 고무, 가죽류

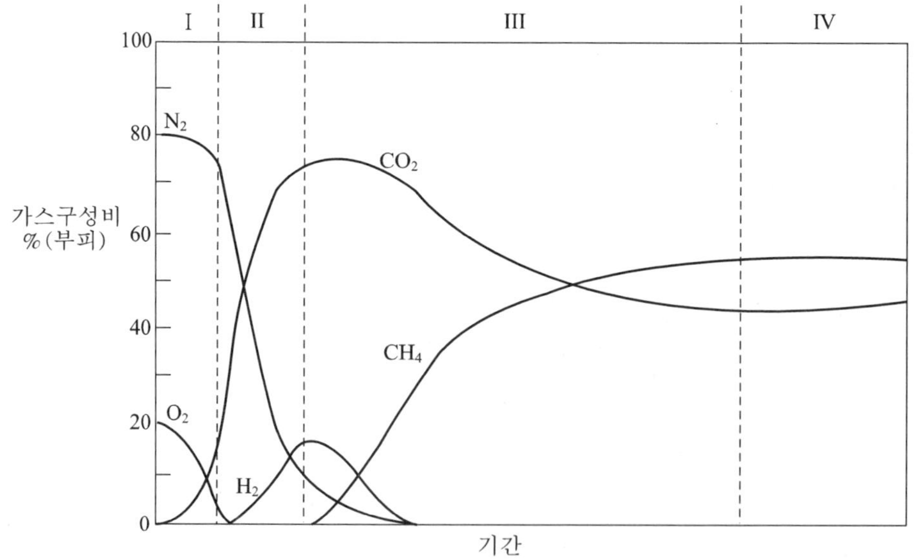

그림 13-1 매립 후 경과기간에 따르는 가스의 구성성분의 변화

섬유질(cellulose)은 종이, 목재, 자연섬유류가 주 구성물질로서 분해속도가 비교적 느리며 단백질, 탄수화물, 지방 등은 분해속도가 매우 빠른 유기물이다. 소량의 무기염류와 수분은 위의 물질과 결합되어 존재한다.

위의 폐기물성분으로부터 혐기성 분해에 의한 주요 최종산물은 부분적으로 안정화된 유기물, 중간대사물질인 유기산 그리고 다양한 성분을 함유한 가스(CO_2, CH_4, NO_2, H_2, H_2S …)이다. 보통조건에서 분해율을 가스발생으로 측정하면 초기 2년 내에 최고에 다다라서 10년 이상 다량의 가스가 발생된 후 25년 이상 미량이나마 지속적으로 가스가 발생된다. 만약 매립지 내에 수분공급이 이루어지지 않는다면 유기물질의 분해는 이루어지기 어려울 것이다. 이는 수분함량이 매립지 내 가스발생량에 커다란 영향을 주고 있음을 의미한다.

2) 매립지 내 가스의 발생

매립지에서 발생하는 가스는 메탄, 탄산가스, 질소가 주된 성분이고 그 외에 공기, 암모니아, 일산화탄소, 수소, 황화수소, 산소 등으로 시간의 경과에 따라서 조성이 달라진다. 매립 초기에는 탄산가스의 함량이 많으나 2년 후부터는 탄산가스와 메탄가스의 비율이 거의 비슷하게 된다.

1단계 : (호기성 단계) 폐기물 매립 후, 며칠 또는 몇 개월가량 지속되는데, 폐기물 내에 수분이 많은 경우에는 반응이 가속화되어 용존산소가 쉽게 고갈되어 2단계 반응에 빨리 도달하게 된다.

2단계 : (혐기성 단계) CH_4가 형성되지 않는 단계로 임의성 미생물에 의하여 SO_4^{2-}와 NO_3^-가 환원되는 단계이다. 이 반응에 의해 CO_2가 생산되며, 수분이 충분한 경우에는 3단계로 빨리 넘어간다.

3단계 : (혐기성 단계) CH_4가 생성된다. 즉, 가스 내의 CH_4 함량이 증가하기 시작하며, 온도가 약 55℃까지 증가한다.

4단계 : (혐기성 안정화 단계) 가스내의 CH_4와 CO_2의 함량이 거의 일정한 정상상태(steady state)의 단계이다.

매립지 내에서는 혐기성 분해가 주요 반응이 되며 매립 2년 후가 되면 대체로 메탄가스가 55%, 탄산가스가 45% 정도를 차지한다. 초기에 탄산가스의 함량이 높은 것은 호기성 분해의 결과이다. 산소가 소비되고 나면 혐기성 분해로 이어진다. 일정한 기간이 지나면 가스의 조성이 비교적 일정해지고 메탄의 양이 탄산가스의 양보다 다소 높아지는데 이는 시간이 지남에 따라 메탄의 발생이 증가하고 이산화탄소는 매립지 아래층으로 확산되기 때문이다.

3) 매립지 내 침출수 발생

침출수란 폐기물로부터 용해되거나 부유되어 있는 물질이 추출된 액체이다. 매립지의 침출수는 강수에 의해 외부로부터 유입된 물이 대부분이며 폐기물의 분해로 생성된 액체도 포함된다. 침출수에는 분해를 통해 추출된 생물학적 물질과 화학성분이 포함되어 있다.

일반적으로 침출수의 양은 매립지로 유입되는 외부유입에 직접적인 영향을 받으므로 매립지가 공학적으로 설계되었다면 침출수 발생량을 예측할 수 있으며 발생된 침출수는 집수 및 제거시설을 통하여 처리된다.

(3) 매립지의 설계

매립지의 설치운영으로 인한 주변의 환경오염은 지하수의 오염 이외에도 직·간접적인 지표수의 오염도 우려가 되며 특히 유해폐기물 매립의 경우 유독한 휘발성 가스의 방출에 따른 대기오염 가능성도 높다. 도시폐기물의 경우 분진 및 악취 발생, 파리, 모기 등의 해충, 쥐나 까마귀 등의 동물서식에 의한 병원균전파 등의 환경오염 가능성이 높다.

폐기물성분의 방출에 의한 주변 환경오염가능성을 최소한으로 줄이도록 매립지 구조물의 시공, 운영 및 사후관리 시 제반사항이 고려되어야 한다. 매립지 위치 자체가 주원인인 전망, 소음, 교통체증, 매립지바닥 및 사면붕괴, 홍수범람 등의 문제는 매립지 위치를 적절하게 계획하거나 완충지대설치, 수림대 조성 등을 통하여 해결될 수 있다.

매립지 구조를 고려하여 환경오염을 최소화하기 위한 주요 시설물은,

① 차수설비(liner system)
② 침출수 집배수설비(leachate collection and removal system)
③ 덮개설비(cover systems)
④ 우수 집·배수설비
⑤ 발생가스대책설비
⑥ 지하수 검사공 등 사후관리설비 등으로 구분된다.

13.10 유해폐기물의 매립처분

(1) 유해폐기물의 매립

매립은 폐기물을 땅 내부나 땅 위에 처리하는 처분시설로서 폐기물에 의하여 야기되는 유해성을 감소시키거나 소멸시키는 대책이다. 즉, 환경이나 인간건강에 위해를 주지 않도록 폐기물을 매몰하는 것이다. 이때 토양 복토는 토지의 활용을 위하여 묻힌 폐기물이 표출되지 않도록 경작층(plow zone)의 깊이보다 깊어야 한다.

유해폐기물의 매립은 유해폐기물의 처리를 위하여 사용된 안전한 매립지가 되도록 설계하고 조작되어야 한다. 이들 매립장은 매립내용물과 주위 환경사이의 접촉을 막도록 설계 건설되어야 한다. 누설이나 기체방출은 그 속도나 내용물이 인간이나 환경에 유해하지 않다는 것을 증명할 수 있을 때만 허용되며, 그 매립장은 구조적으로 튼튼하고 홍수나 내외 변화에 대하여 영향을 받지 않아야 한다.

매립장에서의 일차 관심이 지하수 오염을 막는 것이므로 설계나 관리상 주위에 침출수의 생성이나 이동을 막도록 조치하여야 한다. 이와 같은 조치에는 매립에 앞서 탈수하거나 고형화하여 유리액체(free liquid)의 제거, 우수의 배제, 강수량의 투입을 최소화하기 위한 불투과성의 일일복토나 최종 복토재 사용, 폐기물의 압착 등에서부터 침출수의 처리, 지하수 감시 등이 있다.

이상적인 유해폐기물 매립은 수십 m의 불투성 점토층으로 포설하여야 하고 절대로 음용수 수맥상에 설치하여서는 안 된다. 조립된 매립지에 대하여는 그 위치, 크기가 각 셀(cell)의 매립된 내용 등에 관한 충분한 기록이 유지·보존되어야 한다.

(2) 유해폐기물 매립지 선정

유해폐기물의 관리를 위한 매립지의 가능성은 그 폐기물의 형태, 용량, 폐기물의 특성과 관련법규, 사회적 인식 및 수용자세, 토지의 성질 등과 같은 여러 인자들에 의하여 정해진다. 매립지나 토양공법의 목적은 폐기물을 보관하거나 탈독성화 시키는데 있으므로 이를 위한 대상지역이나 토양은 다음 조건을 갖추어야 한다.

① 지역에서부터 유해한 오염물질들이 표면수, 지하수 및 대기로의 이동을 최소화하여야 한다.

② 폐기물이 취급되고, 저장되고, 토지로 이용될 때 작업자나 인근 주민들에게 위해를 최소화하여야 한다.

③ 매립완료 후 쉽게 폐쇄할 뿐만 아니라 연속적으로 토지의 이용이 허용되어야 한다.
④ 잡충이나 야생동물들이 인근 주민에게 직접 미치는 영향을 최소화하여야 한다.

많은 요소들이 매립지 선정에 고려되어야 하지마는 명백히 수용할 수 없는 몇 가지 지역은 다음과 같다.

① 토지이용 측면
- 이미 매립지로 사용된 지역
- 과거 화학물 누출이나 폐기물 처리공정으로부터 잔류 유해물질로 이미 오염된 지역

② 수리학 측면
- 대수층(aquifer) 수맥 지역
- 상습 홍수지역
- 습지
- 계절적으로 높은 지하수층
- 인근 정수장이나 취수장이 있는 지역

③ 지질학 측면
- 지반암 노출지역
- 지하수 상부에 균열이나 단층이 생성된 지역

④ 토양성질 측면
- 지하수 상부의 얕은 토양층
- 염분이 포함된 토양
- 높은 투과성인 토양
- 풍화 가능성이 큰 토양

⑤ 지형학 측면
- 급경사 지역
- 협곡

⑥ 기후 측면
- 비가 아주 많은 곳
- 기온이 아주 낮은 곳

유해폐기물의 최종처분은 원칙적으로 더 이상 분해될 수 없거나, 소각 등의 방법이 부적절한 경우에만 고려되어야 한다. 유해폐기물은 일단 매립지에서 누출되면 주변 자연환경과 인간에 심각한 영향을 줄 수 있으므로, 최종처분장에 처분되는 유해폐기물은 부피 및 무게의 감량화, 독성의 최소화 및 무해화 등이 사전에 이루어져야 한다. 따라서 매립

지의 관리에는 유해폐기물의 전처리, 안전매립지 조성 및 운영, 모니터링 시스템을 실시하여 완전한 처분지가 조성되어야 하고 만약 불량 처분지가 있을 경우에는 불량 처분지 교정을 통하여 안전하게 처리하여야 한다.

13.11 방사성 폐기물

방사성 폐기물은 일반적으로 고준위(10 rem 이상)와 저준위(10 rem 이하)로 나누어져 있다. 고준위 방사성 폐기물로서는 ① 사용이 끝난 핵연료에서 분리된 핵분열생성물의 농축폐액 ② 연료피복관의 폐재가 주가 되는 것이며 ③ Pu, Am, Cm 등의 초우라늄 원소를 많이 포함하는 폐기물도 처분의 조건을 ①, ② 이상으로 엄하게 할 필요가 있으므로 이 범주에 넣는다. ①의 고준위 농축폐액은 주로 퓨렉스법이라 부르는 용매 추출법에 의한 핵연료 재처리 공정의 제1추출공정에서 생성된다. ②의 폐재는 질산에 용해되지 않는 Zr합금 피복재를 압축한 것이며 ③의 초우라늄원소 함유폐기물은 재처리공정 외에 Pu계 연료의 가공공정에서도 발생한다.

저준위 폐기물로서는 이것들 이외의 방사성 폐기물이 해당되고 수백 년 격리하면 비방사능량이 1000분의 1 이하로 감소되어 위해도가 천연의 방사성 광물 정도까지 내려가는 것으로 되어 있다.

저준위 방사성 폐기물은

① 우라늄의 채굴·제련
② 우라늄 연료의 제조가공(전환, 압축을 포함)
③ 원자로 운전
④ 사용이 끝난 핵연료의 재처리
⑤ 플루토늄의 재순환
⑥ 원자력시설의 폐쇄 해체
⑦ 방사성 동위원소의 이용 등이 있다.

국내에서는 ②, ③, ⑦ 분야와 이것에 관한 연구개발 활동에서 생긴 것이 주된 발생원이다.

(1) 방사성 폐기물 관리와 규제

방사성 폐기물 관리의 개념은 발생량을 적게 하려는 발생원 대책도 포함하고 있으며,

처리단계에서는 감용농축과 고화포장의 두 가지가 있다. 주로 감용농축의 과정에서 발생하는 기체 및 액체는 자연계로 방출하여 감용농축하고 고화포장된 것은 격리된다. 격리는 인간생태계, 자연생태계에서의 격리를 의미하며 격리의 수단으로서 저장과 처분이 있다.

방사성 폐기물은 "핵연료 물질 및 핵연료 물질에 의해 오염되어 있어 처리 또는 계속적인 감시가 필요한 기체, 액체, 고체상태의 물질로서 폐기하려는 것"이라 정의하며 핵연료주기를 형성하는 핵연료의 가공, 실용발전로의 운전, 사용이 끝난 연료의 재처리 사업소 및 이것들에 관한 연구개발 활동을 하는 자에 대해서는 방사성 폐기물의 폐기에 있어서 필요한 조치를 강구하는 것을 의무화하며 이러한 조치에 대해서는 사업소의 구분에 따라 법령으로 정하는 것으로 되어 있다.

(2) 방사성 폐기물의 처분법

저준위 폐기물의 처분방식에는

① 해양투기
② 육지보관
③ 심층지중이설
④ 지중압입
⑤ 심지층공동처분 등이 있다.

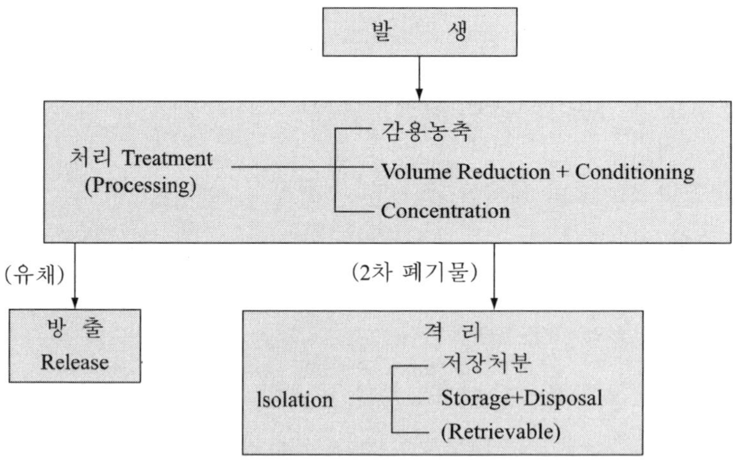

그림 13-2 방사성 폐기물 관리의 개념

연 습 문 제

01. 원래의 무게 및 함수율(%)이 W 및 P이고, 함수율이 P_1일 때 무게가 W_1이었다면 W_1은 어떻게 표시되는가?

02. 압축기에 쓰레기를 넣고 압축시킨 결과 용적 감소율이 80%였다. 이때, 압축비는 얼마인가? **(답)** 압축비 = 0.5

03. 폐기물 처리방법 중 열적 처리방법이 아닌 것은? ①

① 탈수　② 소각　③ 열분해　④ 건류

(해설) 탈수는 물리적 처리방법이다.

04. 다음 조건의 분뇨와 볏짚을 무게비 1 : 2로 혼합 시 C/N비를 산출하시오.

구분	함수율	총고형물 중 유기탄소량	총질소량
분뇨	95%	30%	15%
볏짚	25%	85%	3%

05. 건조된 고형분(dry solid)의 비중이 1.42이고, 건조이전의 dry solid 함량이 38%, 건조중량이 400kg이라고 할 때, 슬러지 케이크의 비중과 슬러지의 부피는 얼마인가?

06. 부패된 슬러지의 흑변요인이 되는 물질은? ②

① CH_4, H_2S　② Fe, H_2S
③ CO_2, Fe　④ Ph, H_2S

(해설) 소화가스중의 H_2S와 Fe의 결합으로 흑변한다.

$Fe + H_2S \rightarrow FeS + H_2$

07. 고형물의 비중이 1.42, 이 고형물의 슬러지 중의 함량은 38%, 고형물의 건조중량이 400 kg이라면, 이 슬러지 cake비중은?

08. 소화조로 유입되는 생슬러지량이 400 m^3/day, TS가 5%, 유기물이 60%이다. 소화조에서 20일 소화시킨 후 가스화, 액화된 양이 50%이고 함수율 85%인 소화슬러지를 얻었

다면 이 소화조의 용량은 얼마인가?

09. 혐기성소화의 각 단계를 설명하고 장·단점을 기술하라.

10. 다음 폐기물의 퇴비화법에 관한 설명 중 거리가 먼 것은? ②

① 퇴비화는 폐기물 내에 존재하는 유기물을 미생물에 의해 분해시키는 것이다.
② 퇴비화 방법으로는 혐기성 방법만이 적용된다.
③ 가장 효과적인 퇴비화 운전기간은 2～6일이다.
④ 퇴비화시킨 폐기물은 C/N비가 낮다.

11. 도시폐기물 매립 후 대개 며칠이 경과한 후부터 CH_4 생성물이 증가하고 CO_2와 H_2의 비율이 낮아지게 되는가? ①

① 180～400일 ② 120～180일
③ 80～150일 ④ 50～180일

(해설) LFG(landfill gas) 생성은 매립 후 1~2년이 경과한 후에 일어난다. 특히 정상상태라면 가스조성은 CH_4 50～70%, CO_2 35～50%, N_2 50%이다.

12. 지하수 오염 여부를 조사하기 위한 정기적인 오염지표의 조사항목이 아닌 것은? ④

① TOC ② TOX ③ pH ④ 전도도

(해설) 1차적 지하수 오염지표 pH, TOX, TOC, 비전도도

13. 위생적 매립을 할 경우 경사식으로 매립하고 흙을 덮을 때 최종적인 흙의 두께는 어느 정도가 좋은가? ②

① 15 cm 정도 ② 50 cm 정도 ③ 90 cm 정도 ④ 30 cm 정도

(해설) 일일복도는 15 cm, 중간복도는 30 cm, 최종복도는 50 cm 이상의 두께로 덮는다.

14. 차수막의 사용목적과 재료를 쓰시오.

15. 매립장 입지선정 시 상수도원과는 얼마정도 떨어져 있는 지역이어야 하는가? ③

① 60 m 이상 ② 100 m 이상 ③ 150 m 이상 ④ 200 m 이상

(해설) 단층지역으로부터는 60 m 이상이어야 한다.

소음 및 진동공해

Part 5

CHAPTER 14

소음공해

소음이란 일반적으로 생활환경을 그르치게 할 우려가 있고, 생존에 바람직하지 못한 소리의 총칭이다. 인간의 주관적 내지 심리적 관점에서 "좋지 못한 소리", "바람직하지 못한 소리(noise, undesirable sound)"라고 하겠다. 소음은 잠행성 오염물(insidious pollutant)로서, 이로 인한 손상은 대개 장기적이고 영구적이다.

14.1 음의 성질

소리(sound)란 질량과 탄성이 있는 매질을 통하여 전파되므로 기체, 액체, 고체를 통하여 전파될 수 있으나 진공은 통과할 수 없다. 매질의 진동속도를 입자속도(particle velocity)라고 하며, 음파는 입자운동에 의하여 매질의 밀도가 변화하면서 진행하기 때문에 소밀파(compressional wave)라고도 한다.

소리를 느끼게 하는 인자로서는 소리의 크기, 소리의 높이(주파수의 대소), 음색(음파의 모양) 및 소리의 단속(단속음 또는 간헐음) 등이 있다. 환경도 큰 인자의 하나이다. 예로서 암소음(어느 장소에서 특정의 소리를 대상으로 할 경우 대상음이 없을 때의 그 장소에서의 소음)과의 차, 또한 소리를 듣는 쪽에 있어서도 건강, 기분, 정서, 기호, 직업, 환경, 연령 및 그 당시에 하고 있는 일 등에 따라서 상당한 개인차가 있다.

(1) 음의 전파

음파는 탄성파로서 진동체 및 공기의 교란에 의해 발생하며 에너지의 전달(transfer of energy)로서 공기와 같은 매질(medium)을 통하여 질량의 전달 없이 이동된다.

대기 중에서 공기분자가 조금 이동하면 압력파(pressure wave)가 생기는데, <그림 14-1>은 피스톤에 의해 발생된 단순진동이 음파로 전파되는 형상을 보여준다. 피스톤이 오른쪽으로 움직일 때 피스톤에 근접한 공기분자들의 압력은 증가하고 다시 피스톤이 왼쪽으로 움직일 때 이 분자들의 압력은 저하된다. 매질의 탄성 때문에 인접 공기분자들은 잠시 후에 평형상태로 되며, 이런 파를 평면파(plane wave)라고 한다.

1) 음속과 진동수

소리의 이동속도는 매질에 따라 다르며, 매질의 탄성(elasticity)에 좌우된다. 정현파에서 그 최대치를 진폭(amplitude)이라고 하며, $\sqrt{2}$로 나눈 값을 실효치, 최대치와 최소치의 차는 peak-to-peak치라고 한다.

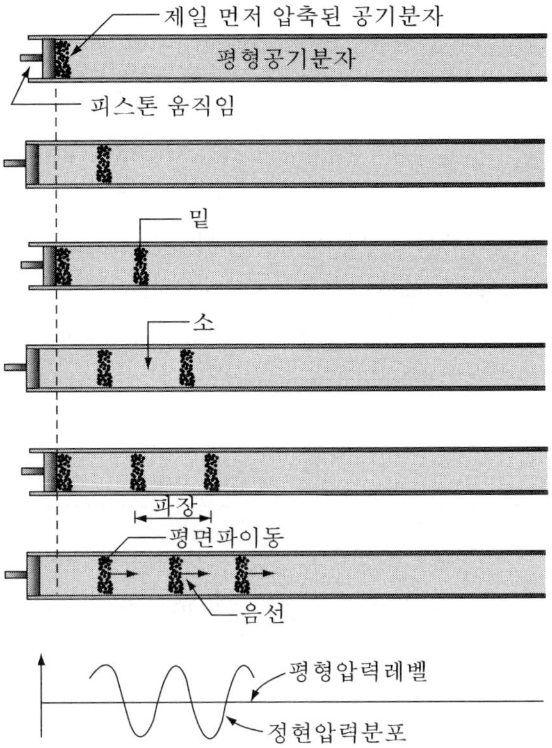

그림 14-1 단진동하는 피스톤에 의해 발생한 평면파의 전파

음속(sound velocity)은 음파의 탄성매질을 통한 전파속도(c)를 말하며, 공기의 경우 0℃, 1기압일 때 $c = 331.5$m/s이나 온도에 따라서 변한다. 온도가 t℃일 때의 음속 c는 다음과 같다.

$$c = 331.5\sqrt{1 + \frac{t}{273}} \tag{14-1}$$

상온에서의 음속은 15℃에서의 음속인 340m/s로 보며, 온도 1℃ 상승에 의하여 음속은 약 0.6m/s 증가한다. 물속에서의 음속은 물의 온도와 염분의 농도에 영향을 받으며 상온의 담수에서 음속은 1,481m/s이다.

만일 피스톤을 진동시킨다면, 일련의 압력파가 관 안에 생길 것이다. 이 관계를 나타내면 다음과 같다.

$$\lambda = \frac{c}{f} \tag{14-2}$$

여기에서, λ : 파장(wave length), m

c : 주어진 매질 중에서의 음속(velocity of sound), m/s

f : 진동수(주파수, frequency), cycle/s

음향학(acoustics)에서는 진동수(주파수)의 단위 cycle/sec를 hertz라 하며, Hz로 나타낸다[독일의 물리학자 Heinlich Hertz (1877～1894)의 이름에서 딴 것임]. 인간의 가청영역(audible range)은 20～20,000 Hz이다. 진동수(주파수)는 음을 기술하는 두 기본 매개변수 중의 하나이다. 순음(pure sound, 단일 진동수의 소리)의 압력파 진폭(amplitude)을 시간에 대하여 그리면, 음의 파동이 사인 곡선이 된다. 불규칙적이 아닌 기타의 모든 잡음(dirty sound)은 복합 사인파(sinusoidal wave)로 이루어지는데, 이를 처음 입증한 사람은 Fourier이다.

Example 14-1

주철 중에서 음파(sound wave)의 이동속도는 3,440 m/sec이다. 기차가 50 cycle/sec로 소리를 내며 달리고 있을 때 철로에 한귀를 대고 듣는다고 하자. 기차 소리의 파장은 얼마인가?

풀이

$$\lambda = \frac{c}{f} = \frac{3,440}{50} \cong 69\text{m}$$

2) 음원(sound source)

소리란 교란에 의해 만들어진 파동에 의한 에너지의 전달현상이다. 그러므로, 소리를 일으키는 근원은 매질에 교란을 가하는 것이다. 음원의 종류로는 교란이 고체의 진동에 의한 경우를 고체음, 유체의 흐름에 의한 것을 유체음으로 분류한다. 음원의 형상에 따라 점음원, 선음원 및 면음원으로 나눌 수 있다.

① 점음원(point source)과 역자승법칙

작은 음원으로부터 구면파를 이루면서 방사되는 음의 음원을 점음원(pointsource)이라고 한다. 점음원으로부터 나오는 음파는 구면상을 이루면서 퍼져 나가므로 구면파라 한다. 점음원으로부터 나오는 구면파의 세기는 음원으로부터의 거리의 제곱에 반비례해서 감소한다. 즉, 거리가 2배 멀어지면 음압레벨은 6dB씩 감소한다. 이것을 역자승법칙(inverse square law)이라 한다.

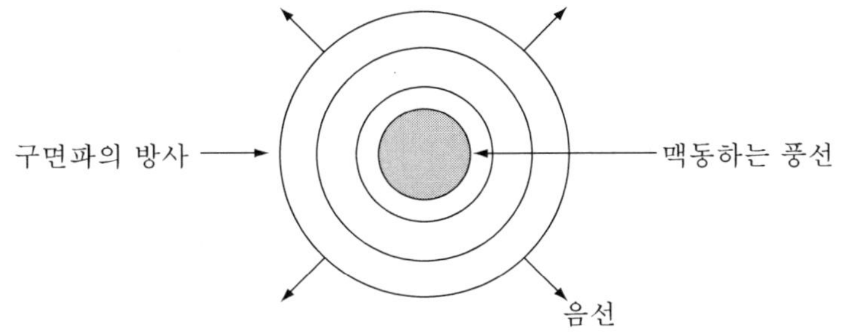

그림 14-2 맥동하는 풍선에 의하여 발생한 구면파의 전파

② 선음원(line source)

많은 점음원이 길게 늘어서서 소리를 내고 있을 때 이것을 선음원(line source)이라 한다. 선음원을 이루는 점음원의 밀도와 위상이 같으면 방사음의 파면은 원주면을 이루므로 이것을 원주파(cylindrical wave)라고 한다.

③ 면음원(plane source)

상당히 넓은 면적으로부터 소리가 방사되는 경우 그것을 면음원이라 하고 점음원이 무수히 연속되어 분포하고 있는 것으로 볼 수 있다. 점음원의 밀도가 균일하고 위상이 같으면 방사음의 파면은 평면파(plane wave)를 이루게 된다.

풍선의 맥동은 풍선의 둥근 표면에서 방사적으로 발진되고 인접 분자들은 풍선의 맥동과 동일 주파수로 진동하기 시작한다. 음파가 공기분자들에 도착하면 분자들은 대기압보다 높은 압력으로 압축되고 그 후에 그곳에는 공기압의 저하가 일어난다. 이러한 파를 구면파(spherical wave)라 한다.

(2) 음파의 반사, 회절, 굴절, 흡수, 투과

1) 반사, 흡수, 투과

음파가 장애물에 입사되면 일부는 반사되고, 일부는 장애물을 통과하면서 흡수(장애물의 섬유소 등에 진동을 야기해 이들의 마찰작용에 의해 열에너지로 변환)되고, 나머지는 장애물을 투과하게 된다. 평평한 장애물이 있을 경우, 입사파와 반사파는 동일 매질 내에 있고 입사각과 반사각이 동일한 것을 반사법칙이라 한다. 또한 입사파가 벽체에 부딪히면 반사파와 벽체를 통과하면서 에너지가 감소하는 투과파가 발생한다. 이 에너지 감소는 입사하는 음에너지 일부가 벽 표면의 섬유소에서 진동을 야기하기 때문에 일어나며, 이 진동에너지는 재질의 마찰작용에 의해 열에너지로 변환된다. 이 같은 에너지 저감양상 때문에 직물, 방음타일 및 가구들에 의해 부분적으로 음에너지를 흡수하는 효과가 있다.

벽에 강도 I(intensity)의 음파가 입사할 때 그 에너지의 일부 R이 반사하고 일부 A가 벽체 속에 흡수되며 나머지의 T가 투과한다고 생각할 수 있으므로,

$$I = R + A + T \tag{14-3}$$

여기서, $\beta = R/I$: 에너지 반사율 (14-4)

$\tau = T/I$: 투과율 (14-5)

$\alpha = 1 - (R + I)$: 흡음률 (14-6)

$= (I - R)/I$ (14-7)

$= (A + T)/I$ (14-8)

여기서, 기호는 모두 음향에너지의 비이다.

2) 회절

소음은 파동에 의해 전파되므로 장애물 뒤쪽(shadow zone)에도 음에너지가 전달되는데, 이러한 현상을 회절(diffraction)이라 한다. 이것은 Huygens 원리에 의하여 정성적으로 설명할 수 있다. 소음의 파장이 긴 저주파일수록 회절현상은 잘 나타난다.

3) 굴절

음파는 공기의 상하 온도차에 의해 굴절현상을 나타낸다. 낮에는 지표 근처의 공기온도가 상층공기보다 높기 때문에 음속이 빠르게 되어 위로 향하고, 밤에는 이와 반대가 되므로 아래로 향한다. 이와 같이 음파가 구부러지는 현상을 굴절이라 한다.

(3) 기상조건과 음파

소리가 대기 중에서 전파될 때 공기가 균일하지 않기 때문에 기상조건에 따라 감쇄 정도가 달라진다.

① 강수

안개나 비가 올 때는 날씨가 좋은 때보다 음파는 멀리까지 전해진다. 이것은 지표상의 대기의 온도구배가 작고 풍속분포 범위가 좁기 때문이다. 눈이 쌓인 지표면은 흡음성이 있기 때문에 지표면 근처 전파음은 감쇠되어 작게 들린다.

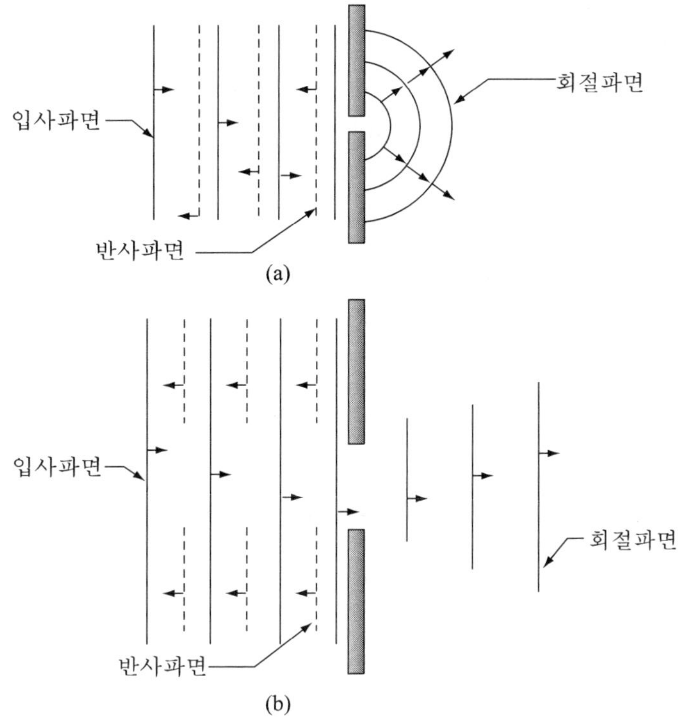

그림 14-3 틈 사이의 평면파 회절

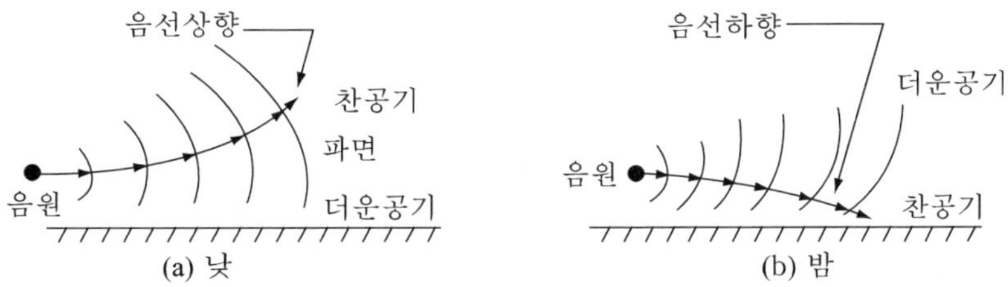

그림 14-4 온도에 의한 음파의 굴절

② 기온구배

낮에는 태양의 복사열로 인하여 지표면이 뜨거워져서 기온이 상승하므로 대류현상이 활발해진다. 밤에는 지표면에서 복사열이 방출되므로 냉각되어 기온이 내려간다. 따라서, 공기는 무거워져서 대류현상이 중지되며 지표면보다 고공의 기온이 높게 되고, 음선은 아래로 향한다. 온도가 높을수록 소리의 전파속도는 빠르기 때문에 음파의 전파방향을 나타내는 음선은 <그림 14-5>와 같다. 낮에는 고공의 기온이 지표면보다 낮으므로 음선이 위로 향하여 굴절하고, 음원에서 일정한 거리에 떨어져 있는 곳에서는 그늘(shadow zone)이 형성되어 소리를 들을 수 없다. 그러나 밤에는 고공의 기온이 높으므로 음선이 아래쪽으로 굴절하게 되므로 낮에는 들을 수 없던 지점에서도 들을 수 있게 된다.

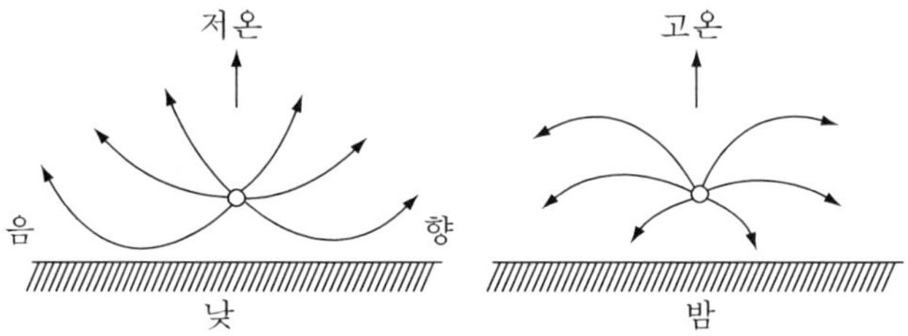

그림 14-5 기온구배에 의한 음의 굴절

③ 바람

지표면 가까이에서는 지표면의 마찰저항으로 인하여 풍속은 감소하므로 지표면으로부터의 높이에 따라 풍속구배가 나타난다. 소리의 전파속도는 풍속과의 벡터(vector)의 합으로 나타나기 때문에 음원에서 풍향쪽은 음선이 위로 향하여 굴절하고, 바람 부는 반대쪽은 풍속구배 때문에 지표면을 향하여 굴절한다. 그러므로 음원을 중심으로 같은 거리라 할지라도 풍향쪽은 들리지 않지만 풍향 반대쪽은 멀리까지 들린다.

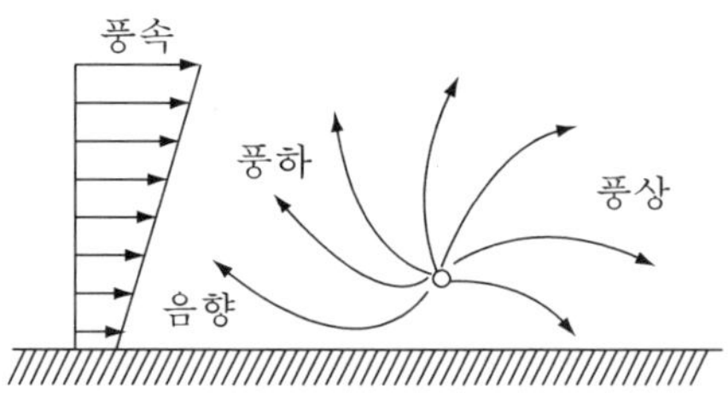

그림 14-6 바람에 의한 음의 굴절

④ 대기중의 이상(異常) 전파

지상 수 km에 걸친 풍속이나 풍향의 변화에 의하여 음원에서 발생된 소리가 복잡한 굴절을 거쳐 지상에서 들리지 않는 곳을 넘어서 의외로 먼 지점에서 잘 들릴 때가 있다.

이것을 대기 중의 이상전파라고 하며 어떤 높이에서 풍속이 갑자기 변하였기 때문에 생긴다. 바람뿐만 아니라 기온의 변화가 가중된 대기기류의 변화에 의하여 음원에서 멀리 떨어질수록 음선은 복잡하게 굴절하게 된다. 공항, 공장, 화력발전소 등의 소음원을 배치할 때는 그 지역의 기상상태를 자세히 조사하여야 한다.

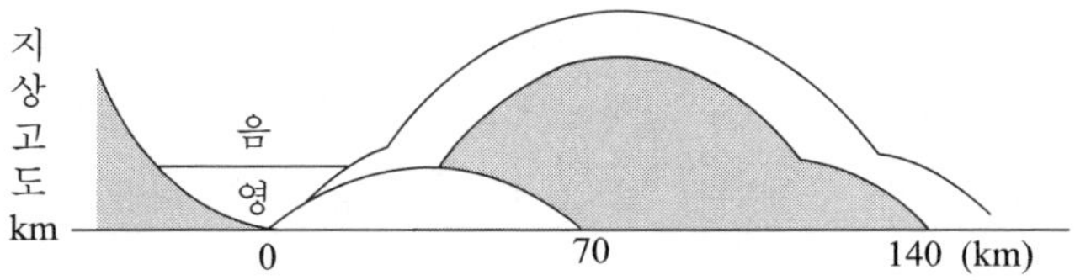

그림 14-7 대기기류의 변화에 의하여 생긴 음의 이상전파

14.2 소리의 기초사항

(1) 음압과 입자속도

소밀파인 음파는 매질이 밀할 때는 압축되고 소할 때는 팽창하므로 매질의 압력에 변화를 일으키게 된다. 압력의 평균치(대기의 경우 대기압)로부터의 변화량을 음압(acoustic or sound pressure)이라고 하며 보통 그 실효치로 표시한다. 음압(p)는 압력단위인 N/m^2인 Pa, 또는 $dyne/cm^2$인 μbar [1 Pa = 10μbar]를 사용한다. 입자속도(particle velocity)는 음파를 전달하는 매질의 진동속도를 말한다. 일반적으로 음압과 입자속도의 관계는 같은 매질이라도 경우에 따라 다르다. 그러나 반사가 없는 평면파의 경우 음압과 입자속도는 위상이 같으며 다음 관계가 있다.

$$u = \frac{p}{\rho c} \tag{14-9}$$

여기서, u : 입자속도
c : 음속
p : 음압
ρ : 매질의 밀도

밀도와 음속의 곱인 ρc를 매질의 고유음향저항이라고 하며, 20℃ 공기의 경우 ρc는

415 $N \cdot s/m^3$이다.

(2) 음의 세기와 출력

① 음의 에너지 밀도(e)

음에너지는 입자의 질량과 운동에 의한 운동에너지와 탄성과 압축 팽창에 따른 저장에너지인 위치에너지의 합이며, 음파는 음에너지의 전파현상이라고 할 수 있다. 음에너지 밀도(acoustic energy density)는 한 지점에서의 단위 부피당의 음에너지를 뜻한다. 음압이 p인 평면진행파의 경우 음에너지 밀도(e)의 시간평균치는 다음과 같다.

$$e = \frac{p^2}{\rho c^2} \tag{14-10}$$

② 음의 세기(I)

음의 세기(acoustic intensity, I)는 단위시간에 단위면적을 통과하는 음에너지이며, 단위는 W/m^2를 사용한다. 음의 세기(I)는 음압(p)과 입자속도(u)의 곱이며, 다음 식으로 표현할 수 있다.

$$I = pu\cos\theta \tag{14-11}$$

여기서, θ : 음압과 입자속도의 위상차

평면진행파의 경우 음압과 입자속도의 위상은 같으므로 위상차는 0이 된다. 따라서, 평면진행파의 경우 음의 강도는 다음 식으로 표현된다.

$$\begin{aligned} I &= pu\cos\theta = \frac{p^2}{\rho c} = c\frac{p^2}{\rho c^2} = ce \\ &= \rho c\frac{p^2}{(\rho c)^2} = \rho c u^2 \end{aligned} \tag{14-12}$$

즉, 음의 세기는 단위시간당 이동한 음파의 거리 c와 음에너지의 밀도(e)와의 곱과 같다. 위 식은 반사가 없는 경우에서만 적용되며 반사음이 존재하는 공간내부에서는 적용할 수 없다.

③ 음향 출력(acoustic power)

음향 출력(acoustic power)은 음원에서 단위 시간당 방사하는 음향 에너지(P)를 뜻하며, 단위는 W 또는 μW를 사용한다. 음원을 둘러싸는 가상의 구면에서 수직방향으로 음의 세기 분포를 구할 수 있으면 음원의 출력은 음향강도의 면적분으로 구분할 수 있다

(즉, $W = \oint I ds$).

음원의 특성길이가 파장보다 충분히 작은 점음원인 경우에는 사방으로 균일한 구면파를 형성하므로 음원에서 거리 γ_0인 곳의 음향강도(I)와 음원의 출력(P) 사이에는 다음 관계가 성립하게 된다.

$$I = \frac{P}{4\pi\gamma_o^2} \tag{14-13}$$

(3) 순음, 복합음 및 음의 간섭

① 순음(pure tone)과 복합음

하나의 주파수를 갖는 정현파음을 순음(pure tone)이라고 하며 그 외의 음을 복합음이라 한다. 복합음은 여러 개의 정현파음의 합성으로 나타낼 수 있으며 합성음을 구성하는 정현파음들을 부분음이라고 한다.

② 기본음과 배음(fundamental and harmonic tone)

복합음을 구성하는 일련의 부분음 중 주파수가 가장 낮은 음을 기본음(fundamental tone)이라고 하며 이 보다 높은 주파수의 부분음들은 상음(over tone)이라고 한다. 특히 상음이 기본음의 정수배로 될 때 배음(harmonic)이라고 하며 기본음의 2배, 3배의 주파수를 갖는 상음을 2배음(second harmonic), 3배음(third harmonic)이라고 한다.

③ 음의 간섭(interference)

몇 개의 음파가 동시에 존재하는 경우 한 점에서 각 음파의 진폭을 더한 것이 그 점에서의 음의 진폭이 된다. 각 음파들의 주파수가 같은 경우 위상차가 $\pi/2$보다 작은 경우에는 서로 보강되나 $\pi/2$보다 큰 경우에는 서로 상쇄되기 때문에 위상차에 따라서 공간적으로 복잡한 간섭패턴(interference pattern)을 만든다.

(4) 맥놀이(beat)

맥놀이(beat)는 주파수가 비슷한(즉, 조금 다른) 두 소리가 간섭을 일으켜 보강간섭과 소멸간섭을 교대로 일으켜서 주기적으로 소리의 강약이 반복되는 현상이다. 간섭주파수를 맥놀이수라고 하며 두 소리의 주파수의 차와 같다. 진동수가 440, 445cycle/sec인 두 소리에 의한 맥놀이 수는 매초당 5개로 들린다.

(5) 지향성, 지향계수, 지향지수(directivity index)

음원으로부터 방사된 소리의 특정방향에 대한 방향성을 지향성(directivity)이라 한다. 스피커에서의 소리는 앞쪽이 뒤쪽보다 크므로 지향성은 스피커 앞이 크게 된다. 지향성은 음원을 점음원으로 볼 수 있을 정도로 충분한 거리에서 측정해야 한다. 지향성은 음원의 형상, 크기와 주파수에 의해 변화하므로 복잡하다. 그러나 소음원의 지향성을 파악해 그것을 이용하는 것은 소음대책상 소음제어의 중요한 수단이 될 수 있다.

① 지향계수(directivity factor, Q) : 특정방향에 대한 음의 지향도를 나타낸 것이다.

$$Q = \log^{-1}\left(\frac{SPL - \overline{SPL}}{10}\right) \tag{14-14}$$

여기서, $\overline{SPL}$: 음원에서 반경 r(m) 떨어진 구형면상의 SPL 평균치

SPL : 동일한 거리에서의 어떤 특정방향의 SPL

② 지향지수(directivity index, DI) : 특정방향의 음압레벨 SPL_i와 평균음압레벨 $\overline{SPL}$의 차이로 정의한다.

$$\begin{aligned} DI &= SPL_i - \overline{SPL} \\ &= 10\log_{10} Q \ (\text{dB}) \end{aligned} \tag{14-15}$$

무지향성 점음원이라도 음원의 위치에 따라 지향성을 갖게 된다.

i) 음원이 자유공간에 있을 때 : $Q=1$, $DI=0$ dB

ii) 반자유공간(바닥 위)에 음원이 있을 때 : $Q=2$, $DI=+3$ dB

iii) 두면이 접하는 구석에 음원이 있을 때 : $Q=4$, $DI=+6$ dB

iv) 세면이 접하는 구석에 음원이 있을 때 : $Q=8$, $DI=+9$ dB

Example 14-2

음원으로부터 10m 지점의 평균음압레벨은 102 dB이고, 동일거리에서 특정지향 음향레벨은 104 dB일 때 지향계수(Q)는 얼마인가?

풀이

지향지수 $DI = SPL_i - \overline{SPL} = 104 - 102 = 2\text{dB}$

$= 10\log_{10} Q$

$\therefore Q = 10^{(DI/10)} = 10^{(2/10)} = 1.58$

(6) 도플러(Doppler) 효과

소리의 진동수는 음원과 청취자 사이의 상대적인 운동에 의하여 변화하는 효과를 "Doppler" 효과라 한다. 움직이는 음원이 음파를 발생하면, 이 파는 음원의 진행방향으로 향하려 한다. 이때 음파의 파장은 평상시보다 작고 진동수는 높아진다. 음원이 반대방향으로 움직이면 파장은 길어지고 진동수는 적어진다.

(7) 소리의 높이

소리의 음높이를 표현하는 방법으로는 주파수(frequency)와 피치가 있다. 피치는 소리의 파형(waveform)이 반복되는 율에 관계하는 것으로서 인간의 주관적 피치는 mel이라는 단위로 표현한다. 일반 성인의 가청범위인 20 Hz ~ 20 kHz 사이의 주파수 범위는 0 ~ 5,400 mels로 다시 나타낼 수 있다. 소리의 음높이를 나타내는 피치는 주파수에 대한 의존성뿐만 아니라, 소리의 세기와도 밀접한 관계가 있다.

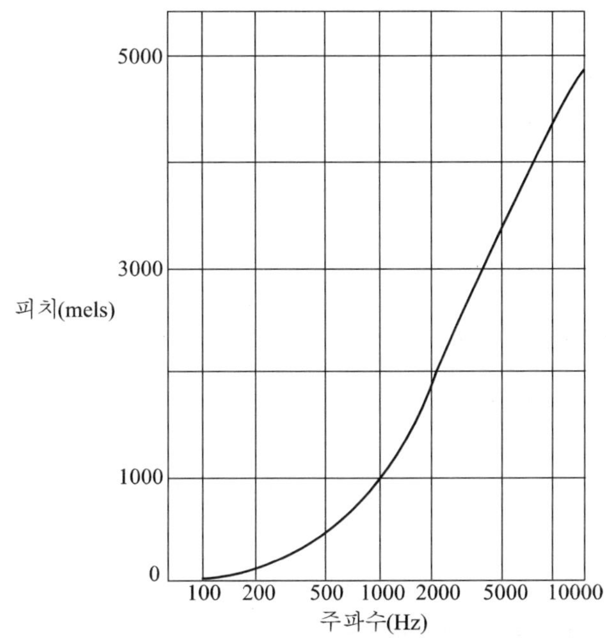

그림 14-8 주파수와 피치와의 관계도

(8) 마스킹 효과(음폐효과, masking effect)

두 개의 크고 작은 소리를 동시에 들을 경우에 음파의 간섭으로 인하여 작은 소리는 듣지 못하게 된다. 이와 같이 어떤 소리가 다른 소리를 들을 수 있는 능력을 감소시키는 현상을 마스킹 효과(masking effect)라고 한다. 일반적으로 소리는 그 소리보다 주파수가 높은 소리에 크게 영향을 미친다. 이러한 마스킹 효과의 특성은 다음과 같다.

① 두 가지 음의 주파수가 비슷할수록 마스킹 효과가 커진다.
② 두 음의 주파수가 거의 같을 때는 파동이 생겨 마스킹 효과가 감소한다.
③ 마스킹 소음의 레벨이 높을수록 마스킹되는 주파수범위가 점점 늘어난다.
④ 저음(주파수가 낮은음)은 고음을 잘 마스킹한다.
⑤ 고음은 저음을 잘 마스킹하지 못한다.

마스킹레벨(음폐레벨, masking level)은 다음과 같이 표현된다.

$$\text{마스킹레벨(masking level)} = 20\log\frac{p_1}{p_2}\ \text{(dB)} \tag{14-16}$$

여기서, p_1 : 단독으로 있을 때 간신히 들리는 음압
p_2 : 마스킹하는 다른 소리가 있을 때 간신히 들리는 음압

이러한 마스킹 효과의 예로서 암소음(background noise)이 존재할 때, 그 레벨에 따라 사람들 사이에서의 대화를 어느 정도의 크기로 하여야 하는지가 결정된다.

(9) 가청범위(audible field)

인간의 가청범위는 주파수와 소리의 크기에 따라 매우 비선형적으로 분포한다. 가장 민감하게 소리를 듣게 되는 주파수는 대략 3,900 Hz 부근이다. 20대 초반의 건강한 청력을 지닌 남성의 경우 인간은 약 20 Hz에서 20,000 Hz의 넓은 범위의 소리를 감지할 수 있으나, 이것도 소리의 크기에 따라 달라진다. 일반적으로 20 Hz 이하의 음을 초저주파음(infrasound), 100 Hz 이하의 음을 저주파음, 20,000 Hz 이상의 음을 초음파(ultrasound), 20 Hz에서 20,000 Hz 사이의 범위에 있는 음을 가청음(audible sound)이라고 부른다.

(10) 최소가청역(minimum audible field ; MAF)

최소가청역(minimum audible field ; MAF)이란 인간이 들을 수 있는 최소한의 크기를 갖는 소리의 한계치(threshold)를 나타낸다. 1,000Hz의 순음을 대부분 기준 주파수로 삼는데, 이 주파수에서의 MAF값은 압력으로는 약 2×10^{-5} N/m^2, 파워로는 10^{-12} watt에 해당되며, 소리의 크기를 지수단위(dB)로 나타낼 때의 기준값이 된다.

14.3 음의 단위 및 제량

(1) 음의 세기(sound intensity, 음의 강도)

진동체에 의해 전파되는 음파가 탄성매질을 통할 때 에너지로 변화되며, 이때 매질 중의 분자들은 진동하기 시작한다. 단위시간에 단위면적을 통과하는 에너지량을 음의 세기(sound intensity, I)로 정의한다. 음의 세기(강도)의 단위는 [W/m^2, 단위 시간당의 일/m^2]이며, 단위시간에 대한 에너지(일/단위시간)는 음향파워(soundpower ; 즉, 단위시간당의 일) W와 같다.

$$세기 = 파워/면적 \ (즉,\ I = W/S) \tag{14-17}$$

여기서, 세기나 파워는 실효치이다.

점음원의 경우 구형파로 전파된다고 가정하자. 점음원으로부터 떨어진 거리가 r이면 구형파의 표면적은 $4\pi r^2$이 되며, 이 점음원에 의한 소리의 세기 I는,

$$I = W/4\pi r^2 \tag{14-18}$$

즉, 음의 세기는 일정량의 음향파워를 발생하는 점음원으로부터의 거리의 2승에 반비례하여 감쇠하는데, 이를 음의 세기에 대한 역2승법칙이라 한다.

(2) 음의 변화량과 감각량의 관계

사람의 감각량은 자극량에 대수적으로 변하므로,

$$\Delta s \propto \Delta I/I \tag{14-19}$$

여기에서, Δs : 감각량의 변화량
ΔI : 자극량의 변화량

위 식을 적분하면

$$S = K \log I \tag{14-20}$$

(3) 음의 세기(강도)레벨(sound intensity level, *SIL*)

음의 세기를 최소 가청음의 세기(10^{-12}W/m^2)에 대한 비교 단위로 나타낸 것을 음의 세기레벨이라 한다. 사람의 감각량(S)과 자극량(I)에 대한 관계가 $S = K \log I$ (식 14-24)이므로, 최소 가청음의 세기(10^{-12}W/m^2)를 I_0라 하고, 그 때의 레벨을 SIL_0라 하면,

$$SIL - SIL_0 = K \log (I/I_0)$$

여기서, SIL_0은 기준음의 세기레벨(최소 가청음의 세기레벨)이므로 0이 되고, K는 비례상수이므로,

$$SIL = K \log (I/I_0) \tag{14-21}$$

$K = 1$일 때의 단위는 B(bell)로 사람이 가청할 수 있는 최소가청음의 세기(10^{-12} W/m^2)부터 최대 가청음의 세기(10W/m^2)까지를 B(bell)의 단위를 사용하여 나타내면 0 ~13까지 14단계에 지나지 않는다. 따라서 이를 좀 더 세분하여 나타내기 위하여 $K = 10$으로 한 dB (decibell) 단위를 쓰면 0~130까지 140단계로 표시할 수 있으므로 이 단위를 쓴다. 그러므로, 음의 세기 레벨 SIL (sound intensity level)은

$$\begin{aligned} SIL &= 10 \log (I/I_0) \qquad (14\text{-}22) \\ &= 10 \log (I/10^{-12}) \\ &= 10 \log I + 120 \text{ (dB)} \end{aligned}$$

여기서, I : 음의 세기(W/m^2)

I_0 : 기준음의 세기(10^{-12}W/m^2)

일반적으로 음의 세기가 2배로 되면 음의 세기레벨은 3dB 증가하고, 그 세기가 1/2로 되면 그 레벨은 3dB 감소한다.

임의의 점에서 n개의 소리의 세기(또는 음향출력)의 평균($\overline{I}$)은 다음과 같다.

$$\overline{I} = \frac{1}{n}(I_1 + I_2 + \cdots + I_n) \tag{14-23}$$

그러므로, 합성음의 세기레벨 $\overline{SIL} = 10\log_{10}\frac{\overline{I}}{I_0}$

$$= 10\log_{10}\frac{1}{n}\frac{(I_1 + I_2 + \cdots + I_n)}{I_0}$$

$$= SIL - 10\log_{10}n \qquad (14\text{-}24)$$

여기서, $\overline{SIL}$: 합성음의 세기레벨

SIL : n개 음의 합음의 세기레벨

$$SIL = 10\log_{10}\frac{I_1 + \cdots + I_n}{I_0}$$

(4) 음의 세기(강도)와 음압과의 관계

음의 세기(강도)를 I(W/m^2), 음압실효치를 P(N/m^2)라고 하면 다음과 같은 관계가 성립된다. 즉, 음의 세기는 음압실효치의 2제곱에 비례한다.

$$I = \frac{P^2}{\rho c} \qquad (14\text{-}25)$$

여기서, ρ : 공기의 밀도(1기압, 온도 15℃의 건조공기인 경우, 약 1.226 kg/m^3)

c : 공기 중의 음속(m/s)

P : 음압실효치(N/m^2)

ρc는 상온에서 온도에 의하여 그다지 변하지 않으며 약 400 N·s/m^{3}이다. 음압과 음의 세기(강도)가 식 (14-25)와 같은 관계가 있으므로 기본적인 음의 물리량으로서 음압 또는 음의 세기(강도) 중 어느 것을 사용하여도 마찬가지이다.

(5) 음압레벨(sound pressure level, *SPL*)

음압실효치를 P(N/m^2), 음압의 기준치를 P_o(N/m^2)라고 하면 음압레벨 SPL은 식 (14-26)으로 정의된다.

$$SPL = 20\log_{10}\frac{P}{P_0} \qquad (14\text{-}26)$$

여기서, P : 음압실효치(N/m^2 = Pa)

P_0 : 기준음압의 실효치(2 × 10^{-5}N/m^2 ; 가청한계치)

가청 음압의 범위가 0.00002～200,000 N/m² (2×10^{-5}～ 2×10^{5} N/m²)이므로 음압의기준치 P_0는 0.00002 N/m² (2×10^{-5} N/m²)을 사용한다. 그러므로,

$$SPL = 20\log\frac{P}{P_0} \tag{14-27}$$

$$= 20\log\frac{P}{2\times10^{-5}}$$

$$= 20\log P + 94 \quad (\text{dB}) \tag{14-28}$$

음의 강도레벨과 마찬가지로 음압레벨도 음의 강약의 척도이며, 음압레벨이 큰 음은 강음, 작은 음은 약음이다. 음압은 단위면적당의 힘이므로 2개의 음압 P_1과 P_2가 합쳐지면 산술적인 합이 되는 것이 아니라 벡터(vector)의 합으로 표시된다.

$$P = \sqrt{P_1^{\,2} + P_2^{\,2}} \tag{14-29}$$

Example 14-3

음압레벨이 80 dB인 2개의 점음원에서 발생하는 음압의 합을 구하시오.

풀이

$$SPL = 80\text{ dB} = 20\log\frac{P}{P_0} = 20\log\frac{P}{2\times10^{-5}}$$

$$\therefore\quad 20\log\frac{P}{2\times10^{-5}} = 80$$

$$\therefore\quad \frac{P}{2\times10^{-5}} = 10^4$$

$$\therefore\quad P = 2\times10^{-1}\text{ N/m}^2 = 0.2\text{ N/m}^2$$

$$\therefore\quad SPL = 20\log\frac{\sqrt{0.2^2+0.2^2}}{2\times10^{-5}} = 83\text{ dB}$$

(비고) 동일한 음압의 합은 3 dB만 증가한다.

Example 14-4

74 dB과 75 dB의 음압의 합을 구하시오.

풀이

$$74 = 20\log\frac{P_1}{2\times10^{-5}} \quad \therefore \log\frac{P_1}{2\times10^{-5}} = 3.7 \quad \therefore \frac{P_1}{2\times10^{-5}} = 5{,}010$$

$$75 = 20\log\frac{P_2}{2\times10^{-5}} \quad \therefore \log\frac{P_2}{2\times10^{-5}} = 3.75 \quad \therefore \frac{P_2}{2\times10^{-5}} = 5{,}620$$

$$\therefore \quad P = \sqrt{(P_1{}^2 + P_2{}^2)} = 0.15058$$

$$\therefore \quad \log(P/P_0) = \log\left(\frac{0.15058}{2\times10^{-5}}\right) = 3.8767$$

$$\therefore \quad SPL = 20\log(P/P_0) = (20)(3.8767) = 77.6\ \text{dB}$$

표 14-1 음압크기와 음압레벨과의 관계

음압(W)	음압레벨(dB)	음원
6.32	110	오르막길 열차근처
2.00	100	공장
0.632	90	완전한 심포니
0.200	80	자동차 내
0.0632	70	도시도로의 모퉁이
0.0200	60	대화
0.00632	50	일반 사무실
0.00200	40	거실
0.000632	30	야간의 침실

<표 14-1>은 일상생활에 밀접한 음들의 음압크기와 음압레벨의 관계를 보이고 있다. 표에서 보는 바와 같이 음압이 10의 배수로 증가할 때마다 음압레벨은 20dB씩 증가한다.

(6) 음의 세기(강도)레벨(*SIL*)과 음압레벨(*SPL*)과의 관계

음의 세기와 음압간에는 다음과 같은 관계가 있으므로,

$$I = \frac{P^2}{\rho c} \tag{14-30}$$

음의 세기레벨(*SIL*)과 음압레벨(*SPL*)은 다음과 같은 관계가 성립한다.

$$SIL = SPL + [12 - 5\log(273 + t) - 10\log H]\ (\text{dB}) \tag{14-31}$$

여기서, t : 온도(℃)

H : 기압

실제로는 $H \fallingdotseq 1$ 기압, $t = 0 \sim 40$℃ 이므로 우변의 두 번째 항 이하는 일반적으로 무시할 수 있으므로 $SIL \fallingdotseq SPL$ 이다.

(7) 음향파워레벨(sound power level, *PWL*)

음향파워는 1초 동안에 음원으로부터 방출되는 음의 에너지이다. 음원(sound source)의 강도는 음향출력(sound power)으로 나타내며 watt수로 표시한다. 그러나 음향파워레벨은 wattt수를 그대로 사용하지 않고 dB로 표시한다. 음원의 출력 W(watt)를 기준출력 ($W_0 = 10^{-12}$ watt)에 대한 dB로 표시한 것을 음원의 음향파워레벨(음향출력레벨, sound power level, PWL)이라 한다. 음향파워레벨(sound power level, PWL)은

$$PWL = 10\log(W/W_0) \tag{14-32}$$

여기서, W : 주어진 음향파워(watt)

W_0 : 기준음향파워(10^{-12} watt)

<표 14-2>에서 보는 바와 같이 파워가 10의 배수로 증가함에 따라 파워레벨은 l0dB씩 증가한다.

표 14-2 음향파워와 음향파워레벨과의 관계

음향파워(W)	음향파워레벨(dB)	음원
1,000	150	
100	140	75인조 오케스트라
10	130	
1	120	
0.1	110	고속도로상의 자동차
0.01	100	
0.001	90	외치는 소리

음원의 음향출력레벨(음향파워레벨, PWL)과 음원에서 r m 떨어진 지점의 음압레벨(SPL)과의 관계는 다음과 같다.

i) 자유공간(free sound field) : 주위에 반사하는 물체가 없는 상태의 공간

$$SPL = PWL - 20\log_{10} r - 11 \tag{14-33}$$

ii) 반자유공간 : 음원 부근에 한 면만 반사하는 물체가 있을 때의 공간(즉, 가령 지면이나 마루가 있을 때)

$$SPL = PWL - 20\log_{10} r - 8 \tag{14-34}$$

순음이든 잡음이든 간에 음파의 진폭은 압력 단위(가령 N/m^2)로 측정한다. 그러나 사람이 분간할 수 있는 가청음(audible sound)의 범위는 1,000 Hz (1 kHz)에서 0.00002 ~ 200,000 N/m^2로서, 그 범위가 넓어 표현하기가 불편하다. 따라서, 음압을 decibel (dB, Alexander Graham Bell에서 딴 것임)로 나타낸다. 실제로 decibel은 측정 단위라기보다는 음압의 대수비(ratio)를 나타내는 것이다.

음의 진폭, 즉 크기(loudness)는 어떤 기준 압력을 정하여 서로 비교한다. 진폭은 음압수준(sound pressure level, SPL)으로 나타내는데, 음의 진폭은 두 개의 압력비이며, 그 중 하나는 기준압력(reference pressure)이다. 기준압력은 대개 가청한계치(threshold of hearing)인 0.00002 N/m^2로 한다. 2×10^{-5} [N/m^2] 또는 2×10^{-4} [$dyne/cm^2$]을 기준치로 하여 임의의 소리의 음압(실효치) P가 몇 배인가를 대수(logarithm)로서 표시한 것이다. 따라서, 음압이 10배가 되면 음압수준(SPL)은 20이 증가한다. 이때 가청한계를 기준음압으로 선택하는데, 정상인의 경우 이 값은 2×10^{-5} [N/m^2]이다. 사람의 가청범위를 SPL로 나타내면 0 ~ 130 dB이다.

dB은 두 개의 음압의 대수비(logarithmic ratio)이기 때문에, 두 음원으로부터 발생하는 소음의 음압수준(SPL)을 산술적으로 더할 수 없다. 가령 어떤 음원에서 80 dB과 60 dB을 함께 방출한다고 할 때, 전체 음이 140 dB이 되는 것은 아니다. 이와는 반대로, 80 dB의 소음이 60 dB을 안 들리게 하여, 복합 효과는 80 dB보다 약간 큰 정도가 될 것이다. dB의 값을 더하는 방법은 좀 복잡하다. 여기서 <그림 14-9>를 이용하면 간단해진다. 같은 음들을 더하면 SPL은 3 dB만큼 커진다. 만일 한 음이 다른 음보다 10 dB만큼 크다면, 작은 음은 무시할 수 있다. 소음을 측정할 때는 배경소음(주변 소음, 암소음, background noise)을 빼고 나타내어야 한다. 즉, 암소음에 대한 보정을 하여야 한다.

특정한 octave band의 음이 단독으로 발생되고 있을 때를 순음(pure sound)이라 하며, 모든 octave의 음이 동일한 음압레벨로서 발생되어 혼합된 음으로 나타내는 음을 백색잡음(white noise)이라고 한다. 또한 일반음과 같이 전주파수영역에서 음압레벨은 다르지만 고르게 발생하는 혼합음을 광대소음(over all noise)이라 한다.

큰 소리가 작은 소리를 안 들리게 하는 것을 음폐(지움, masking)라고 한다. 말소리는 공장 소음으로 지워질 수 있다. 공장 안의 소음이 80 dB *SPL*이면, 음성이 들리지 않게 된다. 전화 통화도 마찬가지로서, 주변 소음이 65 dB이면 말이 잘 들리지 않고, 주변 소음이 80 dB이면 통화가 불가능하다 때로는 진동수가 넓은 백색잡음(white noise)을 이용하여, 보다 듣기 싫은 소리를 음폐시킬 수도 있다. 또는, 음폐효과(masking effect)를 이용하여 소음을 음악으로 음폐(masking)할 수 있다.

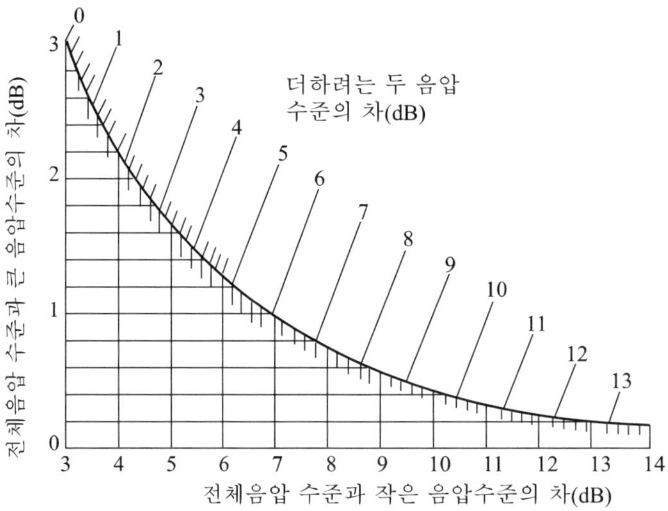

그림 14-9 복합 음압 계산 도표

80 dB과 75 dB의 음이 있다면, 그 차는 5 dB이다. 그림에서 5 dB선이 곡선과 만나는 점은 1.2 dB이다. 따라서 이 두 음의 복합음은 81.2 dB가 된다.

표 14-3 암소음의 영향에 대한 지시치의 보정(단위 : dB(A))

대상음이 있을 때(a)와 없을 때(b)의 레벨차 = a−b	3	4	5	6	7	8	9	0
보정치(c)	−3	−2		−1				0

$L_A = a + c$

Example 14-5

어떤 공장 내에서 어느 기계의 소음을 측정하였더니 소음레벨이 92dB이었다. 이 기계를 멈추었을 때는 87.5 dB이었다면 이 기계의 소음레벨은 얼마인가?

풀이

$\Delta L = 92 - 87.5 = 4.5$ dB

암소음에 대한 보정치는 -2이므로

$L_A = 92 - 2 = 90$ dB

Example 14-6

공장동에 음압레벨이 70 dB인 기계와 58 dB인 기계가 있었다. 음압레벨이 70dB인 기계를 한대 더 들여놓으면 이 공장동의 음압레벨은 얼마가 되겠는가?

풀이

새로운 기계가 들어오기 전에는 두 기계의 음압레벨의 차이가 10 dB보다 크므로 58 dB의 소음은 무시할 만하다. 따라서, 70 dB이었다. 70d B의 새로운 기계가 들어옴으로써 70 dB 소음이 2개 있는 것과 같으므로, 3 dB이 증가한다. 따라서 음압레벨은 73 dB이다.

(8) 음향파워, 음의 세기 및 음압레벨과의 관계

만약 음파가 자유진행파와 같이 전파되면 식 (14-35)가 성립한다. 즉,

$$I = p^2 / \rho c \tag{14-35}$$

식 (14-22)에 식 (14-35)를 대입하면

$$SIL = 10 \log (p^2 / \rho c I_0) \tag{14-36}$$

표준대기에서 $\rho c = 400\ \mathrm{kg/m^2 \cdot s}$이고, $I_0 = 10^{-12}\mathrm{W/m^2}$, $P_0 = \sqrt{\rho c I_0} = (2\times 10^{-5}\ \mathrm{N/m^2})$ 이므로 식 (14-36)은 다음 식과 같다.

그러므로, $SIL = SPL$ (14-37)

위의 조건에서 음의 세기레벨과 음압레벨이 실제 의미상 그 크기가 같다고 할 수 있다. 한편 음향파워레벨을 식 (14-32)와 같이 정의할 때, 식 (14-17)을 사용하여 다음과 같

이 나타낼 수 있다.

$$\begin{aligned} PWL &= 10\log(W/W_0) \\ &= 10\log(IS/I_0S_0) \\ &= 10\log(I/I_0) + 10\log(S/S_0) \end{aligned}$$

여기서, S : 구의 표면적(m^2)

S_0 : 기준면적($1\ m^2$)

따라서, $PWL = SIL + 10\log S$ (14-38)

이 관계식으로부터 음의 세기레벨(음압레벨)과 구의 반경을 알고 있다면 음원으로부터 방사되는 자유진행 구형파의 음향파워레벨을 계산할 수 있다.

Example 14-7

점음원이 자유진행파를 발생한다고 가정할 때 음원으로부터 6 m 떨어진 지점의 음압레벨이 80 dB이다. 그 음원의 음향파워레벨은 얼마인가?

풀이

식 (14-37)에서 $SIL = SPL = 80\ \text{dB}$, 반경 6 m인 구의 표면적 S는

$$S = 4\pi r^2 = 4 \times 3.14 \times 6^2 = 452\ \text{m}^2$$

이들을 식 (14-38)에 대입하면

$$PWL = 80 + 10\log 452 = 106.6\ \text{dB}$$

14.4 소음의 거리감쇠

(1) 점음원의 경우

음은 전파과정에서 감쇠된다. 장애물이 없고 매질이 균일한 환경에서 음원으로부터 발생된 음은 거리의 제곱에 반비례하여 약해진다. 즉, 음원에서의 거리가 2배가 되면 6 dB 감소되며, 10배로 되면 20 dB이 줄어든다(식 (14-40) 참조). 음원의 음압도가 80 dB이라고 한다면 <그림 14-10>과 같이 소리는 거리에 따라 감쇠된다.

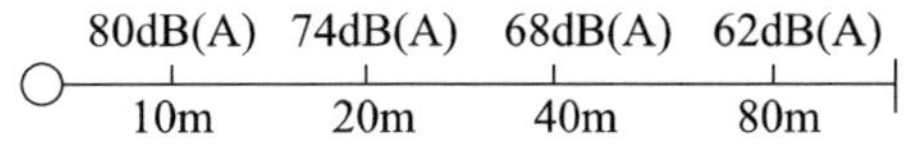

그림 14-10 거리에 대한 음의 감쇠

음원으로부터 r_1(m) 떨어진 지점의 음압레벨을 SPL_1, $r_2(r_2 > r_1)$ 지점의 음압레벨을 SPL_2라 하면, 두 지점 사이의 거리에 따른 거리감쇠치 L_a는 식 (14-38)로부터,

$$
\begin{aligned}
L_a &= SPL_1 - SPL_2 \\
&= (PWL - 10\log S_1) - (PWL - 10\log S_2) \qquad (14\text{-}39)
\end{aligned}
$$

여기에서 S_1 및 S_2는 거리 r_1 및 r_2를 반경으로 한 음선에 수직하는 구의 표면적으로 $4\pi r_1^2$ 및 $4\pi r_2^2$이므로,

$$L_a = 10\log(S_2/S_1) = 10\log(4\pi r_2^2/4\pi r_1^2) = 20\log(r_2/r_1)\ \text{(dB)} \qquad (14\text{-}40)$$

즉, r_2가 r_1의 2배씩 되면 점음원에서는 6 dB씩 감쇠한다.

음원으로부터 거리 r에서의 음압레벨(SPL)은 다음과 같다.

① 자유공간의 경우(음원이 공중 ; 구면파)

$S = 4\pi r^2$ 이므로,

$$
\begin{aligned}
SPL &= PWL - 10\log S \\
&= PWL - 20\log r - 11 \qquad (14\text{-}41)
\end{aligned}
$$

② 반자유공간인 경우(음원이 바닥 위 ; 반구면파)

$S = 2\pi r^2$ 이므로,

$$SPL = PWL - 10\log S$$

$$SPL = PWL - 20\log r - 8 \qquad (14\text{-}42)$$

(2) 선음원의 경우

음원이 측정거리 r_1에 비하여 충분히 긴 음원인 경우에는 측정거리 r_1과 r_2사이의 거리에 따른 거리감쇠 L_a는 다음과 같다.

$$L_a = 10\log(S_2/S_1)\ (\mathrm{dB}) \qquad (14\text{-}43)$$

여기서 S_1 및 S_2는 거리 r_1및 r_2를 반경으로 한 음선에 수직하는 원통의 표면적으로 $2\pi r_1$및 $2\pi r_2$이므로,

$$L_a = 10\log(2\pi r_2/2\pi r_1) = 10\log(r_2/r_1)\ (\mathrm{dB}) \qquad (14\text{-}44)$$

즉, r_2가 r_1의 2배씩 되면 선음원에서는 3 dB씩 감쇠한다.

측정거리 r이 선음원의 길이 L의 1/3보다 작은 경우, 음원으로부터 거리 r에서의 음압레벨(SPL)은 다음과 같다.

① **자유공간의 경우**$(r < \mathrm{L}/3)$

$S = 2\pi r$이므로,

$$SPL = PWL - 10\log S$$
$$SPL = PWL - 10\log r - 8 \qquad (14\text{-}45)$$

② **반자유공간인 경우**$(r < \mathrm{L}/3)$

$S = \pi r$이므로,

$$SPL = PWL - 10\log S$$
$$= PWL - 10\log r - 5 \qquad (14\text{-}46)$$

(3) 면음원의 경우

1) 원형 면음원

$$SPL = PWL + 10\log\{(\ln[1+(a/r)^2\} - 3\mathrm{dB} \qquad (14\text{-}47)$$

여기에서, a : 면음원의 반경(m)

r : 면음원에서 수직하게 떨어진 거리(m)

2) 장방형 면음원

짧은 변의 길이를 a, 긴 변의 길이를 b라 할 때,

① $r < a/3$인 경우

$$L_a = SPL_1 - SPL_2$$
$$= 0 \qquad (14\text{-}48)$$

② $a/3 < r < b/3$인 경우

$$L_a = SPL_1 - SPL_2 \qquad (14\text{-}49)$$
$$= 10\log(3r/a)\ \text{dB}$$

③ $r > b/3$인 경우

$$L_a = SPL_1 - SPL_2 \qquad (14\text{-}50)$$
$$= 20\log(3r/b) + 10\log(b/a)\ \text{dB}$$

Example 14-8

점음원이 자유진행파를 발생한다고 가정할 때 음원으로부터 15 m 떨어진 지점의 파워레벨이 80 dB이다. 이 음원의 50 m 거리에서의 파워레벨은?

풀이

식 (14-40)에 의하여

$$L_{50} = L_{15} - 20\log(r_2/r_1)\ \text{dB}$$
$$= 80 - 20\log(50/15)\ \text{dB}$$
$$= 69.5\ \text{dB}$$

(4) dB의 계산

소음원 $S_1, S_2 \cdots\cdots S_N$의 음향파워레벨을 각각 $L_1, L_2 \cdots\cdots L_N$ (dB) 이라 하고, 그 때의 음향파워를 각각 $W_1, W_2 \ldots\ldots W_N$ 이라 하면,

$$L_1 = 10\log(W_1/W_0)$$
$$L_2 = 10\log(W_2/W_0)$$
$$\cdots\cdots\cdots\cdots$$
$$L_N = 10\log(W_N/W_0)\text{이므로}$$

$$W_1/W_0 = 10^{L_1/10}$$
$$W_2/W_0 = 10^{L_2/10}$$

…………

$W_N / W_0 = 10^{L_n/10}$이 된다.

① dB의 합(power의 합) ;

$$L = 10\log\left(\sum W_i / W_0\right)$$
$$= 10\log(W_1/W_0 + W_2/W_0 + \cdots\cdots + W_N/W_0)$$
$$= 10\log(10^{L_1/10} + 10^{L_2/10} + \ldots\ldots + 10^{L_n/10})\ (\mathrm{dB}) \qquad (14\text{-}51)$$

동일한 소음레벨의 소음이 n개 있으면,

$$L = 10\log(n)(10^{L_1/10})$$
$$= L_1 + 10\log n\ (\mathrm{dB})$$

② dB의 차 ;

$$L' = 10\log(W_1/W_0 - W_2/W_0)$$
$$= 10\log(10^{L_1/10} - 10^{L_2/10})\ (\mathrm{dB}) \qquad (14\text{-}52)$$

③ dB의 평균 (power의 평균) ;

$$\overline{L} = 10\log((10^{L_1/10} + \cdots\cdots + 10^{L_n/10})/n)\ (\mathrm{dB})$$
$$= L - 10\log n\ (\mathrm{dB})$$

여기서, L : 합성음의 레벨

Example 14-9

만약 각 음원이 $A = 90$ dB, $B = 80$ dB, $C = 70$ dB이라면 모든 음원을 동시에 가동할 때, 파워레벨을 구하라.

풀이

dB의 합 : 식 (14-51)에 의하여

$$L = 10\log(10^{90/10} + 10^{80/10} + 10^{70/10})$$
$$= 10\log(111 \times 10^7)$$
$$= 90.5\ \mathrm{dB}$$

Example 14-10

에어컨을 가동하기 전의 실내 음압레벨이 65 dB이고 에어컨을 가동할 때의 음압레벨이 72 dB이라면 음압레벨을 계산하라.

풀이

dB의 차 : 식 (14-52)에 의하여

$$
\begin{aligned}
L &= 10\log(10^{72/10} - 10^{65/10}) \\
&= 10\log(1.269 \times 10^{7}) \\
&= 71.0\ \text{dB}
\end{aligned}
$$

14.5 음향 환경(acoustic environment)

소음은 일반적으로 원치 않는 소리, 즉 견딜 수 없는 소리를 말한다. 전형적인 환경 소음의 세기를 <그림 14-11>에 나타내었다. 작업장에서의 소음 한계를 규정하고는 있으나 1일 8시간 근무일 때의 허용 소음 수준에 대하여는 논란이 많다. 몇 연구자와 보건기관에서는 84 dB 이하를 주장하고 있다. 그러나 85 dB에서 90 dB로 증가한다면 음압은 4배가 커지는 것이므로, 이는 사소한 일이 아니다.

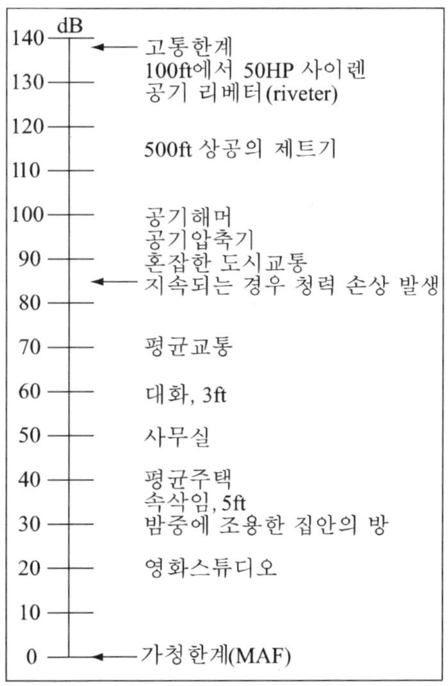

그림 14-11 환경 소음

| 연 | 습 | 문 | 제 |

01. 사무실의 소음수준이 70 dB이다. 여기에 68 dB의 기계를 들여 놓았다. 복합 소음수준은 얼마인가? (답) 72.18 dB

02. (1) 백색 소음이란 무엇인가?
(2) 백색 소음이 건강에 미치는 영향을 검토하여라.

03. 세 가지 음원(68, 78, 72 dB)의 복합 음압수준을 구하여라. (답) 79.3 dB

04. 동물 중에서는 사람보다 더 잘 듣는 것들이 있다. 가령 개는 음압이 2×10^{-6} N/m^{2}에 가까운 소리를 들을 수 있다. 이를 decibel로 나타내어라. (답) -20 dB

05. 가장 희미한 가청음의 10,000배에 해당하는 소리로 노래한다고 할 때, 그 dB 수준을 구하여라. (답) 40 dB

06. 120 dB의 소리는 0 dB의 소리보다 얼마나 강한가? (답) 10^{12}배

07. 가청음의 최저주파수는 얼마인가? (답) 20 Hz

08. 음의 강도가 10^{-6} W/m^{2}일 때 강도레벨은 얼마인가? (답) 60 dB

09. 반자유공간에 점음원과 선음원이 있다. 각각의 음원에서 12 m 떨어진 점에서 음압레벨은 같다. 이 경우에 음원에서 각각 3 m인 위치에서 음압레벨은 어느 쪽이 얼마나 큰가?

10. 바닥면 위에 존재하는 점음원이 반자유공간에 균일하게 음을 내고 있다. 음원에서 4 m인 점의 음압레벨은 88 dB이다. 이 음원의 파워레벨은 얼마인가? (답) 108 dB

11. 어느 음원의 음의 세기(I)는 10^{-10} W/m^{2}이다. 이때의 음압은 얼마인가?(단, 공기밀도 = 1.2 kg/m^3, 음속 = 344 m/s) (답) 2.03×10^{-4} N/m^2

12. 평균음압이 3,450 N/m^2이고, 특정지향음압이 5,450 N/m^2일 때 지향지수는 얼마인가?
(답) 4

13. 반지름 5 m인 반구상(半球狀)의 무지향성 음원이 단단하고 평활한 지상에 있다. 이 음원의 표면에서 15 m 떨어진 점에서 음압레벨을 측정한 결과 76 dB이었다. 이 음원의 음향출력은 대략 얼마인가? **(답)** $P = 0.1$ W

14. 면적 4 m^2의 창을 음압레벨 110 dB의 음파가 통과한다. 이 창을 통과하는 음파의 에너지는 몇 W인가? **(답)** 0.4 W

15. 음의 세기가 2.5×10^{-3} W/m^2인 경우, 음압레벨은 얼마인가? **(답)** $SPL = 94$ dB

16. 지향음수(DI)가 3.5 dB일 때 지향계수(Q)는 얼마인가? **(답)** $Q = 2.24$

17. 마스크되지 않을 때의 최소가청치가 음압으로 10^{-10} N/m^2이고, 마스킹에 의해 최소가청치가 10^{-6} N/m^2 까지 증가했다. 이 때 마스킹의 레벨은 몇 dB이 되는가? **(답)** 80 dB

18. 암소음 65 dB(A)의 장소에서 어떤 기계를 운전하여 70 dB(A)를 얻었다. 이 기계소음레벨은? **(답)** 68 dB(A)

19. 3개의 옥타브대역 음향파워레벨이 $L_{W1} = 100$ dB, $L_{W2} = 103$ dB, $L_{W3} = 106$ dB일 때 총음향파워레벨은 얼마인가? **(답)** $L = 108.4$ dB

20. 측정소음도가 85 dB(A)이고, 암소음도가 82 dB(A)이라면 대상소음도는? **(답)** 82 dB(A)

21. 건설현장의 측정소음도가 86 dB(A)이고, 암소음이 75 dB(A)일 때, 이 사업장의 대상소음도를 구하시오. **(답)** 86 dB(A)

22. 횡파의 에너지는 종파의 약 몇 배인가? **(답)** 약 4배

23. 측정소음도가 91 dB(A)이고, 암소음도가 87 dB(A)이면 대상소음도는 얼마인가?
(답) 89 dB(A)

CHAPTER 15

소음 측정 및 평가

사람의 귀는 미세한 음압을 들을 수 있는 뛰어난 기관으로서 7자리 크기의 음압을 검출할 수 있을 정도로 민감한 음의 수용체이나, 모든 주파수에 민감한 것은 아니므로, 음향적인 에너지의 완전한 수용체라고 할 수는 없다.

음파의 네 가지 특성은 다음과 같다.

① 음압은 소리의 크기, 즉 진폭이다.

② 음의 고저는 압력 변동 즉, 주파수에 의해 결정된다.

③ 음파는 음원으로부터 전파된다.

④ 음압은 음원으로부터 멀어질수록 감소한다.

15.1 음의 크기레벨(loudness level)

사람은 가청주파수인 20 Hz에서 20,000 Hz (20 kHz)까지 들을 수 있다. 가청주파수 영역에서 낮은 주파수 이하(20 Hz)는 초장파음 영역이라고 하며, 20,000 Hz (20 kHz) 이상의 파장이 짧은 주파수 영역을 초단파음 영역 또는 초음파 영역이라고 한다. 가청음압은 주파수에 따라서 다르다. 1,000 Hz를 중심으로 저주파음 쪽으로 갈수록 잘 들리지 않아서 20 Hz에서는 73 dB이 되어야만 겨우 들을 수 있으며, 16,000 Hz의 고주파음에서는 20 dB만 되어도 들을 수 있다. 사람의 귀는 주파수가 낮은 음에 어두운 것이다. 즉, 주파수가 낮은 음에는 더 많은 에너지가 필요하다. 그러므로 물리적인 음향단위인 dB로는 사람의 청력을 표현하는 데 적합하지 않다.

(1) 폰(phon)

폰(phon)은 음의 세기나 음압레벨과 같은 물리적인 단위가 아니고 사람의 청력을 위주로 소리의 크기(loudness)를 나타내는 단위이다. 어떤 주파수의 음이 1,000 Hz 음과 감각적으로 동일한 크기가 될 때 그 주파수의 음압레벨에 관계없이 1,000 Hz 음의 음압레벨을 그 주파수에서의 폰(phon) 값으로 정의한다. 이와 같은 청감각 특성을 음의 크기레벨이라 하며, 1,000 Hz 음을 기준으로 삼는다. 예를 들면, 각 주파수에서 1,000 Hz의 40 dB와 동일한 크기로 들리는 것을 각 주파수의 음압레벨(dB)과 관계없이 연결하였을 때 이것이 40 phon곡선이다. 따라서 1,000 Hz의 40 dB을 통과하는 곡선상의 점들은 이 음과 동일한 크기로 들리는 40 phon 크기의 소리이다. 이 곡선을 음 크기 등감 곡선(average equal loudness contour)이라 하며, 이것이 바로 폰(phon)곡선이다.

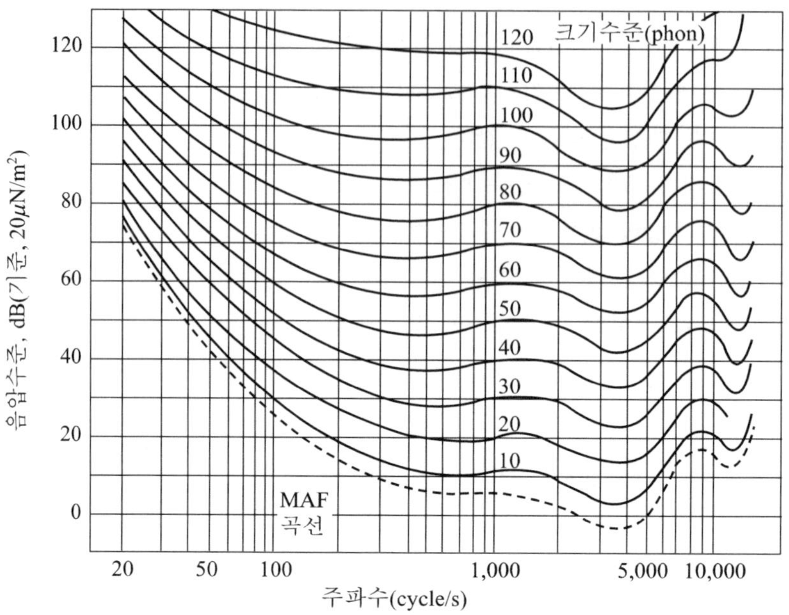

그림 15-1 순음의 음 크기 등감 곡선

<그림 15-1>에 의하면 음압레벨 40 dB, 주파수 1,000 Hz의 음(40 phon의 음)과 청감각적으로 크기가 동일하다고 느껴지는 100 Hz 음의 음압레벨은 약 50 dB이다. 그러므로, 100 Hz의 음은 1,000 Hz의 음보다는 음의 크기가 감각적으로 50 − 40 = 10 dB만큼 작다는 것을 알 수 있다.

음의 크기레벨(phon)은 두 개의 순음과 비교하는 경우에 유용하나, 그 수치는 음의 크기에 대한 사람의 청감각과 직접 대응하지 않는다. 예를 들면, 60 phon의 음은 30 phon의 음의 2배에 해당하지는 않는다. 가청음의 범위에서 음의 크기레벨이 10 phon 커지면 크기에 대한 느낌은 약 2배가 된다.

(2) 음의 감각적 크기(sone)

음의 크기가 2배로 커지면 그 척도 자체의 수치도 2배로 되어야만 그 수치만 보더라도 먼저의 음의 크기보다 어느 정도 크게 느껴지는 음인가를 즉시 판단할 수 있다. 그러나 음의 크기레벨(phon)은 대수척도이기 때문에 80폰은 청감각적으로 40폰의 2배로 되지는 않는다. 음의 크기가 2배 증가하였을 때 phon은 10 phon 증가하므로, 음의 크기가 2배가 되더라도 phon의 수치가 2배가 되지는 않는다. 그러므로 이와 같은 척도를 실험을 통하여 만든 것이 손(sone)이라는 단위로서, 중심주파수 1,000 Hz의 옥타브 밴드레벨 40 dB의 음, 즉 40 phon의 소리를 기준으로 하여 이것을 1손(sone)으로 하며, 50 dB은 2손(sone), 60 dB은 4손(sone), 70 dB은 8손(sone)이 된다. 음의 크기레벨(loudness level) 40 phon이 음크기지수(loudness index) 1 sone에 상당한다. 4 sone의 음은 2 sone의 음보다도 2배의 크기로 들린다.

손(sone)을 음의 감각적 크기(loudness)라고 한다. Sone수(S)와 phon수(P)와의 관계는 다음과 같다.

$$S = 2^{(P-40)/10} \tag{15-1}$$

또는,

$$\log S = 0.03(P-40) \tag{15-2}$$

여기서, P : phon수

S : sone수

Example 15-1

40 phon의 소리와 60 phon의 소리가 합치면 몇 sone의 크기로 들리는가?

풀이

$S_1 = 2^{(p-40)/10} = 1\ \text{sone}$

$S_2 = 2^{(p-40)/10} = 4\ \text{sone}$

$\therefore\ S = S_1 + S_2 = 5\ \text{sone}$

(3) 소음(복합음)의 크기레벨(loudness level, L)

보통 우리가 접하는 소음의 대부분은 순음이 아니라, 순음들로 구성된 복합음이다. 이와 같은 복합음의 크기 레벨은 다음과 같이 구한다. 소음을 주파수 범위별로 주파수밴드로 나누어(옥타브 밴드) 옥타브 분석하여 각 밴드레벨(band level)에 상당하는 음크기지수(loudness index) S_i를 매 밴드마다 구한 후, 전체의 음크기지수(loudness index) S_t를 구한다. 밴드소음(band noise)에 대한 등(等)음크기(loudness) 곡선을 <그림 15-2>에 나타내었다. 이것을 사용하여 복합음의 크기레벨을 구한다. 전체 음의 크기는 각 밴드음의 크기의 합이 아니라, 각 밴드 중의 최대음의 크기와 나머지 음의 합계의 30%를 더한 것이다(masking효과 때문에 각 음의 크기의 산술적인 합이 전체의 음 크기가 되는 것은 아니기 때문이다).

$$S_t = S_{\max} + 0.3\left(\sum_i S_i - S_{\max}\right) \tag{15-3}$$

여기서, S_t : 전체의 음크기지수(loudness index) (sone)

$S_{\max}$: 최대의 음크기지수(loudness index) (sone)

$\sum_i S_i$: 음크기지수(loudness index)의 합 (sone)

1/3옥타브 밴드의 경우,

$$S_t = S_{\max} + 0.15\left(\sum_i S_i - S_{\max}\right) \tag{15-4}$$

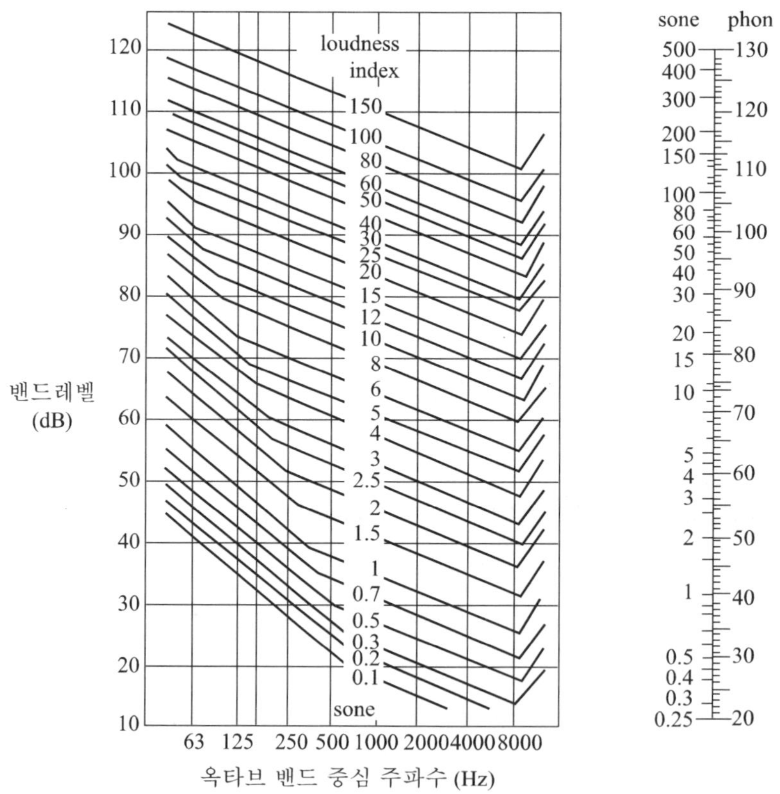

그림 15-2 복합음의 등 loudness 곡선

이 S_t에 상당하는 음의 크기레벨(loudness level) L을 다음 식으로부터 구할 수 있다.

$$L = 40 + 33.3 \log_{10} S_t \quad \text{phon(OD)} \tag{15-5}$$

여기서, L : 복합음의 크기레벨(phon(OD))

(OD) : 옥타브 밴드를 써서 Stevens의 방법으로 음의 크기레벨(loudness level)을 구했다는 것을 의미함

표 15-1 옥타브 밴드(octave band)별로 분석한 음압레벨로서 phon수와 sone수를 구

octave band(Hz)	음압레벨(dB)	Sone 수
62.3	55	0.4
125	57	1.4
250	59	3.3
500	56	3.2
1,000	53	2.6
2,000	49	2.3
4,000	45	2.5
8,000	41	1.9
		17.6

Example 15-2

상기의 <표 15-1>을 이용하여 복합음의 크기레벨 L을 구하시오.

풀이

$\sum S = 17.6$

$S_{max} = 3.3$ (250Hz에 해당되는 sone 수)

$S_t = 3.3 + 0.3(17.6 - 3.3) = 7.59$

그러므로, $L = 40 + 33.3 \log_{10} S_t$이므로,

$= 40 + 33.3 \log_{10} 7.59$

$= 69.3\,\text{phon}$

(4) 소음의 평가(noy)

음의 시끄러움(perceived noise level, PNL)은 물리적인 양인 음의 크기 외에 그 음을

듣는 환경조건 등이 관련된다. 낮 동안에는 시끄럽다고 느껴지지 않는 음도 밤에는 시끄럽게 느껴지는 것과 같이, 동일한 크기의 음이라도 음을 듣는 환경에 의하여 "시끄러움"을 느끼는 정도가 다르다. 음의 "시끄러움"을 다룰 경우에는 소음원의 종류와 그 소음을 듣는 환경을 동시에 고려하여야 한다.

시끄러움의 지수로서 노이(noy)를 사용하고 있다. 이것은 sone의 개념과 같다. 1,000 Hz, 40 phon과 동일한 시끄러움이 1 noy, 2배 시끄러운 것이 2 noy, 5배 시끄러운 것이 5 noy이다. 4 noy의 소음은 2 noy의 소음의 2배의 시끄러움을 나타낸다. 소음의 시끄러움 정도는 소음크기레벨을 구하는 것과 같은 방법으로 구한다. 우선 소음을 옥타브 분석하여 각 밴드레벨에 상당하는 noise index(noy)를 <그림 15-3>으로부터 구한 다음, 전체의 noise index(N_t)를 다음 식으로 구한다.

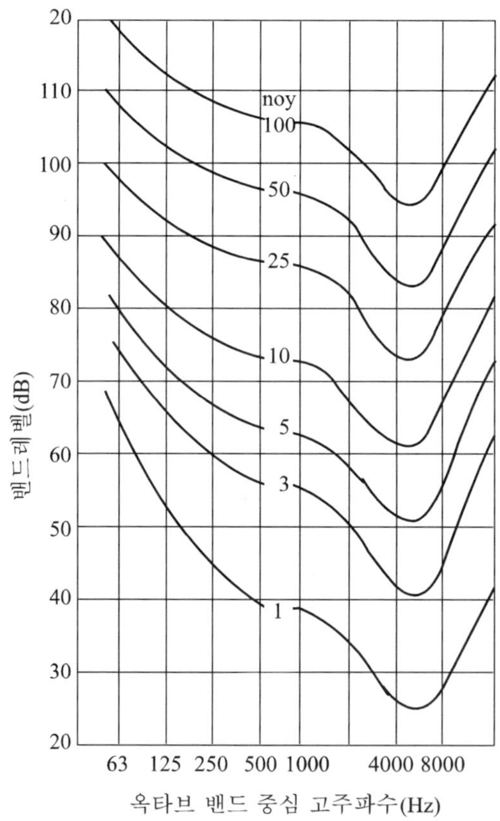

그림 15-3 등(等) noiseness 곡선

$$N_t = N_{\max} + 0.3(\sum_i N_i - N_{\max})\ (\text{noy}) \tag{15-6}$$

여기서, $N_{\max}$: 최대의 noise index(noy)

$\sum_i N_i$: 모든 밴드의 noise index의 합(noy)

0.3 : 옥타브 분석시(0.15 : 1/3 옥타브 분석시)

전체 음의 시끄러움(감각소음레벨 : perceived noise level, PNL)은 각 밴드음의 시끄러움의 합이 아니라, 각 밴드 중에서 최대의 시끄러움과 나머지 음의 시끄러움의 합계의 30%를 가산한 것이다.

$$PNL = 40 + 33.3 \log_{10} N_t \quad (PN\ \text{dB}) \tag{15-7}$$

15.2 음위계(sound level meter, 소음계)

사람이 청각으로 느끼는 음압레벨을 소음도라 한다. 사람의 청각은 저주파일수록 둔하기 때문에 실제의 음압레벨보다 작은 크기로 느끼게 된다. 그러므로 실제의 음압레벨에서 청각이 둔하여 느끼지 못하는 음압레벨만큼을 뺀 값이 소음도가 된다. 청각이 둔하여 느끼지 못하는 음압레벨의 양은 <그림 15-1>의 40 phon 곡선이 지나는 주파수별음압레벨과 음압레벨 40 dB 횡선 사이의 차이로 정의하며, 이 양을 A특성 청각보정량이라 한다. 소음계에 나타나는 값은 이 양을 전기적으로 소거시킨 것이다. 단위는 dB(A)로 나타낸다. SPL(음압레벨, sound pressure level)의 측정기에는 음의 주파수에 따라 편리하게 A, B 및 C회로가 부착되어 있다. A, B 및 C회로의 특성은 다음과 같다.

A회로 : 낮은 SPL(55 dB 이하)에서 매우 민감

B회로 : 55～85 dB 사이에서 민감

C회로 : 40～6,000 Hz의 진동수에 별로 민감하지 못함(<그림 15-5>)

표준 음위계를 사용한 소음측정 값은 dB로 나타나는데, 음위계의 읽음이 곡선 A눈금에서 45 dB였다면, 45 dB(A)로 표현한다. 소음규제 법규는 dB(A)로 되어 있다. 아주 큰 소음일 때는 C눈금이 보다 비슷하지만, 여러 눈금을 사용하면 기계가 복잡하여지므로 대개는 A눈금만으로 되어 있다. A, B, C눈금 외에 최근에 주로 항공기 소음에 대한 인간의 청각에 가까운 D눈금을 도입하였다. 음수준(sound level)이란 이와 같은 주파수 보정회로

를 가진 소음계(음위계)의 지시값을 말하며, 대표값은 A특성에 의한 지시값이고, dB(A)로 나타낸다. 일반적으로 말하는 폰(phon)은 dB(A)를 의미한다.

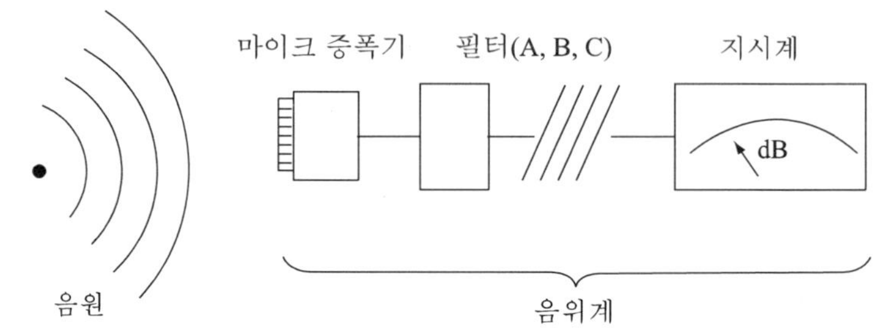

그림 15-4 음수준계(음위계)의 원리

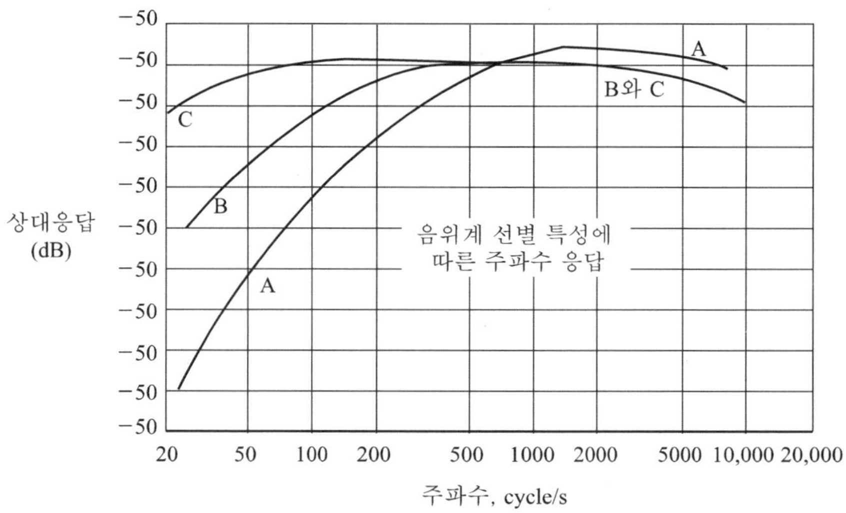

그림 15-5 음위계용 A, B, C 필터 곡선

15.3 소음레벨(L_A)과 음의 크기레벨(L)

(1) 소음레벨(L_A)

소음을 구성하는 각 주파수 밴드의 음압레벨에 청감을 보정해서 얻어지는 레벨을 합성하면 전체 레벨이 얻어지며, 이것을 소음레벨이라고 한다. 소음레벨은 음에 대한 감각을 고려한 레벨로서 소음크기의 척도로 사용된다. A특성을 사용할 경우 청감보정 특성을 명기하여 dB(A) 또는 phon(A)로 표시한다. phon은 일본에서 사용된다. 각 옥타브 밴드레벨 L_i(dB), 청감보정치 l_i(dB)일 경우 보정 후의 밴드레벨은 $L_i - l_i$ 이므로 전체레벨 L_A는 다음과 같다.

$$L_A = 10 \log_{10}\left(\sum_{i=1} 10^{(L_i - l_i)/10}\right) \text{ (dB)} \tag{15-8}$$

표 15-2 A특성 보정치

옥타브 밴드 중심주파수(Hz)	63	125	250	500	1,000	2,000	4,000	8,000
보정치(dB)	−26	−16	−9	−3	0	+1	+1	+1

(2) 소음레벨(L_A)과 음의 크기레벨(L)의 관계

소음의 대부분을 차지하는 복합음의 크기를 나타내는 크기레벨(loudness level, L)이나 항공기 소음을 나타내는 PNL(perceived noise level)은 소음의 주파수분석 결과로부터 얻어진다. 이들 레벨과 청감보정특성을 사용하여 소음레벨 L_A dB(A)와의 상관관계로부터 일정치를 가감하여 소음레벨 L_A dB(A)를 구할 수 있다. 음의 크기레벨(loudness level, L)은 L_A dB(A)의 값에 약 13, PNL은 약 14를 더하여 구할 수 있다(<표 15-3> 참조). 따라서, 소음의 크기를 나타내는 데 소음레벨 L_A dB(A)가 가장 기본적인 것으로 쓰이고 있다.

표 15-3 소음레벨 L_A와 L 및 PNL과의 관계

소음의 종류	$L-L_A$	$PNL-L_A$
선박 내 소음 : 기관실	13	14.5
: 객실	13	15.3
공기기계소음	13	14
화력발전소 기기소음	–	–
항공기 소음	13	13
사무소 내 소음	13	13
한 spectre type	13	12
Noise Control지 등에서 택한 spectre	15	15
흐름의 소음	12±2	–
도시소음(London)	16	16
평균치	13(±3)	14(±2)

Example 15-3

어떤 소음을 옥타브 분석한 결과 다음 표와 같다. 이 소음의 ① SPL, ② 소음레벨(L_A), ③ sone, ④ phon을 구하라.

중심주파수(Hz)	63	250	1,000	4,000
옥타브 밴드레벨	80	70	60	50

풀이

① $SPL = 10\log_{10}[10^{80/10} + 10^{70/10} + 10^{60/10} + 10^{50/10}] \fallingdotseq 80.5[\text{dB}]$

② $L_A = 10\log_{10}[10^{(80-26)/10} + 10^{(70-9)/10} + 10^{(60)/10} + 10^{(50+1.0)/10}] \fallingdotseq 64[\text{dB}]$ (표 15-2 참조)

③ <그림 15-2>에서 문제의 중심주파수와 밴드레벨값으로 각 대역의 음의 크기를 구하면 $S_i = 6.1,\ 6,\ 4.8,\ 3.8$ 로 된다.

$$S_t = S_{\max} + 0.3\left(\sum_{i=1}^{m} S_i - S_m\right) = 6.1 + 0.3\{(6.1+6+4.8+3.8)\} = 10.48[\text{sone}]$$

④ 식 (15.5)로부터 $L = 33.3\log S_t + 40 = 76$ [phon]

15.4 %소음레벨(L_N : percentile noise level)

전체 측정기간 중 그 소음레벨을 초과하는 시간의 총합이 N%가 되는 소음레벨을 말하며, 소음레벨의 누적도수 분포로부터 구할 수 있다. 이 %값이 낮을수록 큰 소음레벨을 나타내며 $L_{10} > L_{50} > L_{90}$ 의 관계가 있다. 일반적으로 L_{10}, L_{50}, L_{90}의 값은 각각 다음 값을 나타낸다.

L_{10} : 침입소음 레벨(전 측정시간의 10%를 초과하는 소음레벨)

L_{50} : 중앙값

L_{90} : 배경소음 레벨(전 측정시간의 90%를 초과하는 소음레벨)

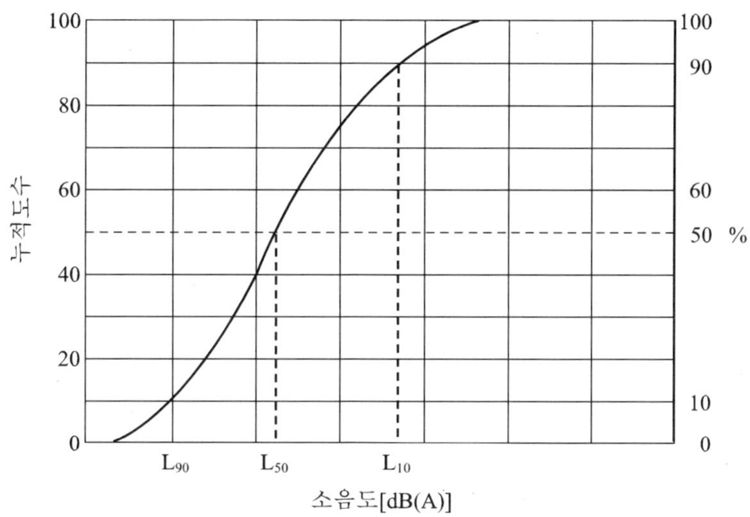

그림 15-6 소음레벨의 누적도 곡선

15.5 전이소음(transient noise)

전이소음(일시적 소음) 역시 음위계로 측정하며 특정소음의 음 수준 초과시간 백분율(percent of time a sound level is exceeded)로서 문자 L에 하첨자를 붙여서 나타낸다. 가령, L_{10} = 70 dB(A)라 하면, A눈금으로 측정한 소음으로 70 dB보다 컸던 시간이 10%라는 뜻이다. 전이소음 자료는 일정시간 마다 음수준(sound level, SL)을 읽어서 수집한다. 이러한 수치에 등급을 정하여 그래프를 그린 다음, 그래프에서 L값을 구한다.

Example 15-4

매 10sec마다 측정하여, 아래 표의 처음 두 열과 같은 교통 소음 자료를 얻었다. L값을 구하는 그림을 그려라.

풀이

측정 자료로부터 등급을 정하여 아래 그림과 같이 나타낸다. 10개의 자료를 얻었으므로, 최저 읽음(등급 번호1)은 같거나 초과한 시간이 90%인 SL에 해당된다. 따라서, 그림에서 70dB(A)를 90%에 대하여 그린다. 마찬가지로 71dB(A)를 초과한 시간은 80%이다.

해설

최저값이 70dB(A)이므로, 이 값을 초과한 시간이 100%인 SL이라 주장할 수 있다. 따라서, 70dB(A)를 100%에 대하여 그릴 수 있다. 그림 값은 71dB(A)이므로, 이 값을 초과한 시간은 90%가 된다. 어떤 방법이나 옳은 것으로서, 자료 점이 많아지면 오차는 사라진다.

자료		등급번호	같거나 초과한 시간의 %	dB(A)
시간(sec)	dB(A)			
10	71	1	90	70
20	75	2	80	71
30	70	3	70	74
40	78	4	60	74
50	80	5	50	75
60	84	6	40	75
70	76	7	30	76
80	74	8	20	78
90	75	9	10	80
100	74	10	0	84

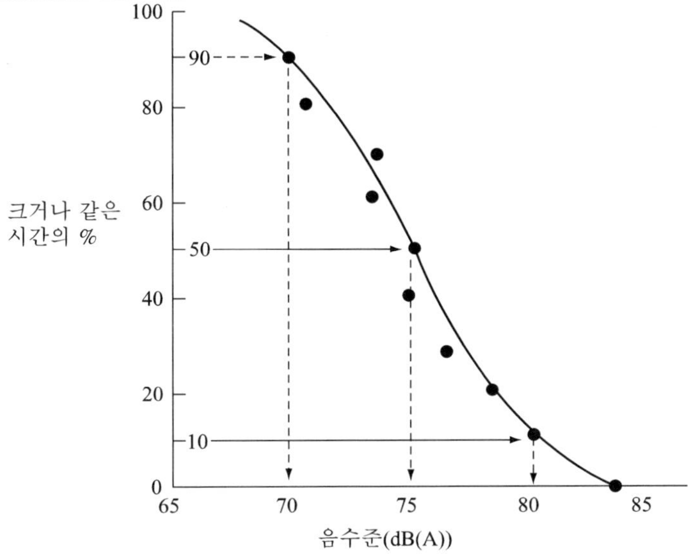

예제 그림 교통 소음 조사 결과 음수준이 초과한 백분율을 그 음수준(dB(A))에 대하여 plot함

15.6 등가소음(equivalent sound)

소음레벨의 표시에 있어서 3가지 항목의 보정, 즉 충격성 보정, 순음성 보정(스펙트럼 특성보정), 발생시간 보정을 행한 소음레벨을 평가소음레벨(rating sound level)이라 한다. 사람을 놀라게 하는 정도의 폭발음 및 자동차의 급정거에 의한 브레이크음, 줄을 사용하여 톱날을 세우는 음의 경우는 각각 5dB(A)를 소음계에 추가하여 표시한다.

하루 동안에 변동이 아주 심한 음, 예를 들어 지역소음과 같은 경우에는 적당한 시간 간격으로 소음레벨을 구하고 5dB(A)의 단계로 분류하여 각 레벨 L_i와 그 시간분율 f_i로부터 다음 식에 의하여 산출한다. 이를 등가소음레벨(equivalent sound level, L_{eq})이라 한다.

$$L_{eq} = 10 \log [\sum (f_i \times 10^{L_i/10})] \text{ dB(A)} \tag{15-9}$$

등가소음레벨(L_{eq})과 %소음레벨(L_N)의 관계는 다음과 같이 표현된다.

$$\begin{aligned} L_{eq} &= L_{50} + (L_{10} - L_{90})^2/60 \\ &\fallingdotseq L_{50} + 5 \end{aligned} \tag{15-9-1}$$

Example 15-5

어떤 지역에서 30 min 연속으로 소음레벨을 측정하여 평가 보정한 결과 65 dB(A)가 14 min, 70 dB(A)가 10 min, 75 dB(A)가 4 min, 그리고 80 dB(A)가 2 min이었다. 등가소음레벨은 얼마 정도인가?

풀이

식 (15-9)로부터 다음과 같이 구할 수 있다.

$$L_{eq} = 10\log\left[\frac{1}{30}(14\times10^{6.5}+10\times10^{7}+4\times10^{7.5}+2\times10^{8})\right]$$

$$= 10\log(14\times3.2\times10^{6}+10\times10^{7}+4\times10^{7.5}+2\times10^{8}) - 10\log(3\times10)$$

$$= 10\log(475\times10^{6}) - 10\log3 - 10\log10$$

$$= 6.8+80-5-10$$

$$≒ 72\text{dB (A)}$$

Example 15-6

실내측정을 소음계의 A 특성에 놓고 25분간 15초 간격으로 하였다. ① L_{90} ② L_{eq}를 구하라.

풀이

① L_{90}은 가장 큰 것부터 90번째 값인 76dB(A)이다.

② $L_{eq} = 10\log(1.683\times10^{8}) = 10\log1.683+80 ≒ 82.3\text{dB (A)}$

측정된 L(dB(A))	빈도	f_i	$10^{L_i/10}(\times10^8)$	$f_i10^{L_i/10}(\times10^8)$
90	×	0.01	10.00	0.100
89				
88	××	0.02	6.31	0.126
87				
86	×××	0.03	3.98	0.119
85	××××××	0.06	3.16	0.190
84	×××××××××	0.09	2.51	0.226
83	××××××××××××	0.12	2.00	0.240
82	×××××××××××××××××××	0.19	1.58	0.300
81	×××××××××××××	0.13	1.26	0.164
80	×××××××××	0.09	1.00	0.090
79	××××××	0.06	0.79	0.047
78	×××××	0.05	0.63	0.032
77	××××	0.04	0.50	0.020
76	××	0.02	0.40	0.008

75	×××	0.03	0.32	0.010
74	××	0.02	0.25	0.005
73	×	0.01	0.20	0.002
72	××	0.02	0.16	0.003
71	×	0.01	0.13	0.001
			$\sum f_i 10^{L_i/10} = 1.683 \times 10^8$	

15.7 소음오염레벨(noise pollution level, *NPL*)

등가소음레벨과 소음레벨의 변동에 의해 발생하는 불만의 증가치를 합하여 표현한 척도이다. 순간소음레벨의 분포가 정규분포에 가까운 경우, %소음레벨과의 관계는 다음과 같다.

$$L_{NPL} = L_{50} + (L_{10} - L_{90}) + (L_{10} - L_{90})^2/60 \qquad (15\text{-}10)$$

여기서, 기호 L은 % 소음레벨(소음이 특정 값과 같거나 큰 시간의 백분율)이다. 이때 백분율은 하첨자로 표시한다. 가령 L_{10}= 70 dB(A)은 70 dB(A)보다 컸던 시간이 10%라는 뜻이다. 위의 예제의 15-4 그림에서 L_{10}, L_{50}, L_{90}은 각각 80, 75, 70 dB(A)이다. 이들 값을 위의 식에 대입하여, NPL을 계산할 수 있다.

Example 15-7

$L_{90} = 52.5$dB(A), $L_{50} = 61.7$dB(A), $L_{10} = 72.5$dB(A) 일 때 소음오염레벨 L_{NPL}를 구하라.

풀이

$$L_{eq} = L_{50} + \frac{(L_{10} - L_{90})^2}{60}$$
$$= 61.7 + [(72.5 - 52.5)^2/60]$$
$$= 61.7 + 6.7 = 68.4\text{dB(A)}$$

따라서, $L_{NPL} = L_{50} + (L_{10} - L_{90}) + (L_{10} - L_{90})^2/60 = L_{eq} + (L_{10} - L_{90})$

이 결과로부터$(L_{10} - L_{90})$이 큰 증가폭을 보이고 있어 L_{NPL}값을 증가시킨다. 이것은 소음환경에서 소란스러움에 대한 주민반응의 지표로 유용할 것임을 암시해 주고 있다.

15.8 주야평균 소음레벨(day-night average sound level, L_{dn})

동일한 소음레벨이라도 인간활동이 활발한 주간보다 야간의 소음레벨이 문제가 크다는 점을 고려하여 매 시간당의 등가소음레벨을 측정한 후 야간(22:00～07:00)의 매시간 측정치(L_{eq})에 보정치 10 dB을 가산하여 구한다.

$$L_{dn} = 10 \log_{10}\left[\frac{1}{24}(15 \times 10^{L_d/10} + 9 \times 10^{(L_n+10)/10}\right] \qquad (15\text{-}11)$$

여기서, L_d : 주간(7:00～22:00)의 L_{eq} [dB(A)]

L_n : 야간(22:00～7:00)의 L_{eq} [dB(A)]

Example 15-8

24시간 동안 1시간 평균 소음레벨 L_{eq}이 아래와 같이 주어질 때 L_{dn}를 구하라.

시간	L_{eq}	조정 L_{eq}	$10^{L_i/10}$ ($\times 10^4$)	시간	L_{eq}	조정 L_{eq}	$10^{L_i/10}$ ($\times 10^4$)	시간	L_{eq}	조정 L_{eq}	$10^{L_i/10}$ ($\times 10^4$)
자정	40	50	10	8	60	60	100	4	60	50	100
1	30	40	1	9	70	70	1000	5	70	70	1000
2	30	40	1	10	60	60	100	6	60	60	100
3	30	40	1	11	60	60	100	7	60	60	100
4	30	40	1	정오	60	60	100	8	50	50	10
5	30	40	1	1	60	60	100	9	50	50	10
6	40	50	10	2	60	60	100	10	40	50	10
7	50	50	10	3	60	60	100	11	40	50	10
								$\sum f_i 10^{L_i/10} = 3075 \times 10^4$			

풀이

22:00～07:00 사이의 1시간 L_{eq}값에 10 dB의 보정치레벨을 가하여 나타낸 것이다.

매시간당 시간율을 계산하면 $f_i = 1/24$

$$\therefore \quad L_{dn} = 10 \log_{10}[30.75 \times (10^6/24)]$$

$$= 10 \log_{10}(1.28 \times 10^6)$$

$$= 61.1 \text{ dB (A)}$$

15.9 평가소음레벨(rating sound level, L_r)

소음에 충격성의 성분과 순음성분이 포함된 경우나 지속시간이 긴 경우에는 더 시끄럽게 느끼게 되므로, 평가소음레벨 L_r은 이러한 원인을 보정하여 주민반응을 잘 예측하기 위해 제안된 방법이다.

정상음과 간헐적인 정상음의 경우 소음계의 A특성 보정회로로 측정한 피크레벨에 충격성, 순음성 및 발생시간을 보정하여 L_r을 구한다.

표 15-4 평가소음레벨을 구하기 위한 보정치

영향인자	발생조건	보정치[dB(A)]
피크인자	충격성(예 : 헴머)	+5
소음의 스펙트럼 특성	순음성분(개 짖는 소리)	+5
주간은 1시간당 지속시간, 저녁야간은 1/2시간당 지속시간	56～100%	0
	18～56%	−5
	6～18%	−10
	1.8～6%	−15
	0.6～1.8%	−20
	0.2～0.5%	−25
	0.2% 이하	−30

변동음의 경우 L_{eq}에 충격성과 순음성을 보정하여 L_r을 구한다. 또한, 이 L_r은 기초적 소음레벨에 시간대별, 지역별 보정을 한 일반기준 소음레벨을 구하여 L_r과의 차이에 따른 사회적 반응을 예측하는 방법도 제시하고 있다.

Example 15-9

교외 주택지에서 어떤 공장으로부터 매시 20분간의 비율로 듣기 좋지 못한 음색의 소음이 발생하며, 그 소음레벨은 60 dB(A)였다. 이 소음의 평가 소음레벨을 구하고 공중의 반응에 관하여 환경영향평가를 하시오.

풀이

평가소음레벨(L_r)은 <표 15-4>로부터,

$L_r = 60 + 5$(스펙트럼특성보정)-5(발생시간율보정) $= 60$ dB (A)

기준치는 <표 15-6>에 의하여 기초적 기준치+지역별 보정= 40dB + 5dB = 45dB(A) 이므로 그 차는 60 − 45 = 15dB(A)이다. 따라서 <표 15-7>에 의하면 주민으로부터 강력한 반응이 예측된다. 한편 이와 같은 이상 음색의 음에 소음기를 부착(순음성분의 소음제거)하여 60 dB(A)를 50 dB(A)로 낮출 수 있다면 평가소음레벨은 $L_r = 50 + 0$(스펙트럼특성보정)-5(발생시간율보정)= 45dB(A)가 되며, 45 − 45 = 0이 되어 <표 15-7>에 따라 공중의 반응은 없어지게 된다.
따라서, 이 소음을 10 dB 정도 감음시킬 필요가 있다.

표 15-5 시간대 보정

시간율	보정량[dB (A)]
주간	0
저녁	−5
야간	−10 ~ −15

표 15-6 지역별 보정치(기초적 기준치 : 40dB(A))

지역	보정량[dB (A)]
주택전용, 병원, 유원지	0
교외주거지, 교통량이 적은 주거지	+5
도시 주택지	+10
상가혼재지역, 큰 도로에 접한 지역	+15
도시 내(업무지역)	+20
공장지대	+25

표 15-7 소음에 대해 예상되는 주민반응

평가소음레벨 L_r이 기준치를 넘는량 [dB (A)]	예상되는 반응	
	정도	내용
0	없음	반응 없음
5	약간	산발적 불만
10	보통	광범위한 불만
15	높음	집단활동 움직임
20	아주 높음	강력한 집단활동 발생

15.10 대화방해레벨(speech interference level, *SIL*)

주변에서 발생되고 있는 소음은 그 정도에 따라 대화에 장애를 준다. 두 음이 같이 있을 때 적은 음은 큰 음에 의하여 장애를 받는 음폐(masking)현상이 발생한다. 소음이 회화음과 비슷하거나 높으면 이 masking현상을 피하기 위하여 큰 목소리로 대화하여야 하며 소음에 대한 불쾌감이 커진다. 회화에 장애를 많이 주는 주파수는 500~5,000 Hz이다. 소음을 각 주파수별(600~1,200, 1,200~2,400, 2,400~4,800 Hz)로 분석하여 dB수를 산술평균한 것을 *SIL*(dB)이라고 한다.

15.11 교통소음지수(traffic noise index, *TNI*)

도로교통 소음과 주변주민에 대한 반응을 소음공해의 입장에서 구한 지수이다. 도로소음을 일정시간 측정하여 그 평균치로서 평가한다는 것은 무리이므로 측정된 소음의 90% 상한치와 90% 하한치를 이용하여 *TNI*를 구한다.

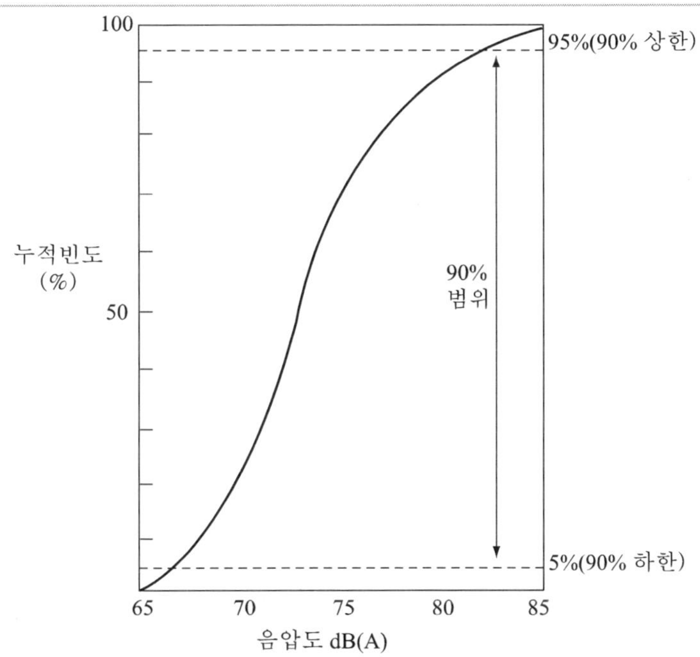

그림 15-7 교통소음지수(*TNI*) 산출을 위한 음압도 dB(A)의 누적빈도(%)

$$TNI = 4(L_{10} - L_{90}) + L_{90} - 30 \qquad (15\text{-}12)$$

이 수치는 주민의 소음에 대한 반응과 상당히 높은 상관관계를 나타낸다. *TNI*값이 74 정도이면 주민의 50%가 불만을 호소하므로 도시에서의 표준치로서 적합하다.

15.12 소음평가지수(Noise Rating Number, *NRN*)

청력보호, 회화방해, 시끄러움의 3가지 관점에서 평가하며, 평가의 신뢰도는 회화방해가 가장 높고, 청력보호, 시끄러움의 순이다. 1,000 Hz 옥타브 밴드레벨이 평가곡선의 *NR*수와 일치하고 있다.

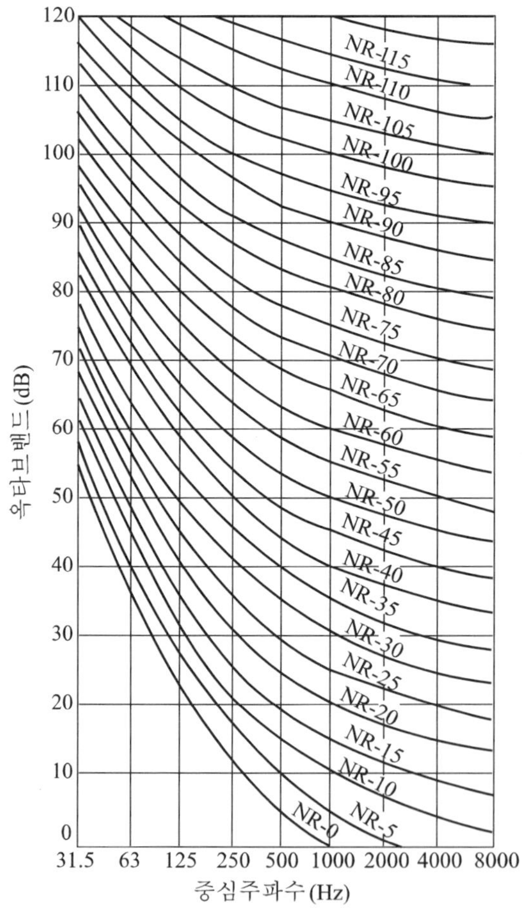

그림 15-8 NR 곡선

주파수의 중심주파수 음압레벨과 *NRN*수의 관계가 다음과 같으므로 이것으로부터 *NRN*수를 계산할 수 있다.

$$L = a + b\,NRN \tag{15-13}$$

$$NRN = \frac{L-a}{b} \tag{15-14}$$

여기서, L : 측정한 dB(옥타브 밴드의 음압레벨)
NRN : 구하고자 하는 소음평가지수
a, b : octave band별 상수(표 15-8 참조)

이 *NRN*에 의하여 소음을 평가하고자 할 때에는 음의 특성, 연속성, 주민의 습관, 시간과 계절, 지역의 이용구분 등을 교정하여 주면 된다. 주민반응과 평가정도 <표 15-9>와 같다.

표 15-8 Octave band 중심주파수에 따른 상수(a, b)

octave band의 중심주파수(cycles/sec)	a(dB)	b(dB)
63	35.5	0.790
125	22.0	0.870
250	12.0	0.930
500	4.8	0.974
1,000	0	1.000
2,000	−3.5	1.015
4,000	−6.1	1.025
8,000	−8.0	1.030

표 15-9 주택지대의 *NRN*치와 주민의 반응도

보정된 *NRN*	반응도
40 이하	반응없음
40～50	산발적인 고통의 호소
45～55	광범위한 고통의 호소
50～60	지역 활동의 영향
60 이상	강력하게 지역활동에 영향

Example 15-10

어떤 소음을 옥타브 분석한 결과 63 Hz, 250 Hz, 1,000 Hz, 4000 Hz의 밴드레벨이 어느 것이나 70 dB를 지시하고, 기타의 주파수 성분은 포함되어 있지 않았다. 이 소음을 ① 음압레벨(SPL), ② 소음레벨(L_A), ③ 소음평가지수(NRN), ④ sone, ⑤ phon, ⑥ 총noy수(N), ⑦ 감각소음레벨(PNL)을 구하라.

풀이

① $SPL = 10\log_{10}[10^{70/10} + 10^{70/10} + 10^{70/10} + 10^{70/10}] = 70 + 10\log_{10}4 = 76$ dB

② $L_A = 10\log_{10}[10^{\frac{(70-26)}{10}} + 10^{\frac{(70-9)}{10}} + 10^{\frac{(70)}{10}} + 10^{\frac{(70+1)}{10}}] = 74$ dB (표 15-2 참조)

③ <그림 15-8>에서 각 밴드별 NR을 구하면, 또는 식 (15-14)와 <표 15-8>로부터
NRN= 43, 62, 70, 74의 최대치 = 74

④ <그림 15-2>에서 각 밴드별 S_i를 구하면 3.0, 6, 8.0, 12

$$S_t = S_m + F\left(\sum_{i=1}^{n} S_i - S_m\right)$$
$$= 12 + 0.3(29 - 12) = 17.1 \text{ sone}$$

⑤ $L = 40 + 33.3\log_{10} S_t = 81$ phon

⑥ <그림 15-3>으로부터 각 밴드별 noy수를 구하면 2.0, 6.5, 8.5, 20.0로 된다.

$$\therefore\quad N_t = N_{\max} + 0.3\left(\sum N - N_{\max}\right)$$
$$= 20 + 0.3(37 - 20.0) = 25.1 \text{ noy}$$

⑦ $PNL = 40 + 33.3\log N_t = 85$ PN dB

15.13 공장소음

공장소음은 두 가지 측면에서 분석 및 평가가 이루어져야 한다.

① 직접적인 피해 : 근로자의 작업 환경소음과 그에 따른 작업환경 기준
② 간접적인 피해 : 인근 주민에게 피해를 주는 환경소음

공장소음의 특징은 주기적인 반복성이 있으며, 기계작동에 의한 충격소음, 불균형에 의한 소음, 마찰에 의한 마찰소음, 유압장치 소음, 공기역학에 의한 소음 등의 여러 가지 메커니즘에 의해 소음이 발생된다. 이러한 각각의 소음은 서로 간섭현상과 합성을 일으키기 때문에 각각의 소음원에 대한 정확한 주파수를 분석하여 주변환경 소음에 대한 방지책을

세워야 한다. 일반적으로 공장소음에 의한 소음노출은 대화장애, 공장 근로자의 난청현상, 주변 주민들의 신경성 반응에 의한 혈관수축 및 혈압상승 등을 유발한다. 공장에서 발생되는 충격소음은 공장 근로자의 작업환경에 영향을 주므로, 환경소음 평가 시에 보정하여 작업시간을 조절하여야 한다.

(1) 공장소음평가

공장소음은 집단 민원이 제기될 수 있으므로 공장소음에 대한 정확한 평가가 이루어져 민원을 해결할 수 있는 방안을 수립하여야 한다. 공장소음을 평가하기 위해서는 소음도가 가장 높은 곳, 부지 경계선 중 소음도가 가장 높은 곳을 선택해서 주변 환경에 미치는 소음 정도를 평가하여야 한다.

1) 등가소음레벨(L_{eq}: equivalent sound level)

불규칙 또는 대폭적으로 변동하는 특징을 가지고 있는 공장소음을 평가하기 위하여, 변동이 심한 소음에 대한 평가량의 하나인 등가소음레벨이 이용되고 있다. 이것은 변동하는 소음의 에너지와 동일한 에너지를 갖는 변동하지 않는 소음의 레벨로 나타내는 것이다. 그림에 표시하는 바와 같이 시각 t_1에서 t_2의 사이 곡선과 같이 소음레벨이 변동하는 소음 A에 대해서 이 사이의 총음향 에너지와 동일한 에너지를 갖고 있는 변동하지 않은 음향 B의 소음레벨을 소음 A의 등가소음레벨(L_{eq} : equivalent sound level)이라고 정의한다. 일반적으로 등가소음은 A특성 보정회로를 사용한다. 실측시간 전체에 걸쳐서 시간간격 Δt 마다 공장의 소음도를 측정하면

$$L_{eq} = 10\ \log_{10}\left\{\frac{1}{n}(10^{L_1/10} + 10^{L_2/10} + \ldots 10^{L_i/10})\right\} \quad \text{dB(A)} \qquad (15\text{-}15)$$

여기서, L_i : 소음도의 측정치

n : 측정 회수

또한, 공장소음은 산발적인 특정 간헐소음이 발생되므로 이런 소음을 포함하는 환경소음 평가는 다음 식으로 구할 수 있다.

$$L_{eq,\ t} = 10\ \log\left[(t_0/t)(10^{L_1/10} + 10^{L_2/10} + \ldots + 10^{L_{ei}/10})\right] \ \text{dB(A)} \qquad (15\text{-}16)$$

여기서, t : 관측시간

t_o : 시간(초)

L_{ei} : 발생할 때마다의 단발소음 노출레벨

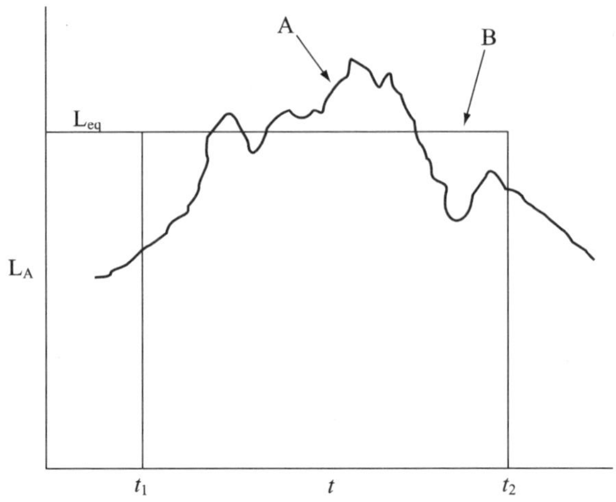

그림 15-9 L_{eq}의 설명도

위 식은 간헐소음의 발생빈도가 적을 경우의 암소음에 의한 오차를 줄이기 위해서 측정된 소음을 측정시간으로 평균하였다. 동일한 레벨의 소음일지라도 주간보다는 야간에 불쾌감이 더욱 민감해지므로 주간(07시~22시)을 기준으로 야간(22시~07시)에 +10 dB를 보정하여 소음을 평가한다.

$$L_{eq,\ t} = 10\log\left\{\frac{15}{24}\left[10^{L_{eq}/10}\right] + \frac{9}{24}\left[10^{(L_{eq}+10)/10}\right]\right\} \quad \text{dB(A)} \tag{15-17}$$

2) 소음레벨률(L_x)

소음레벨률(L_x)의 x는 다음과 같다. 공장소음에서 90%범위의 상단 수치를 L_5, 하단 수치를 L_{95}, 중앙수치를 L_{50}이라고 한다. 소음레벨률을 구하는 방법은 일정시간 간격 Δt마다 소음레벨을 50회 측정하여 소음 기록표 및 누적 도수표를 작성하여 누적도수 곡선을 그린다. 이 곡선도에서 중앙치 L_{50}는 74 dB(A)이며, 90%에서 L_5는 85 dB, L_{95}는 67 dB이다.

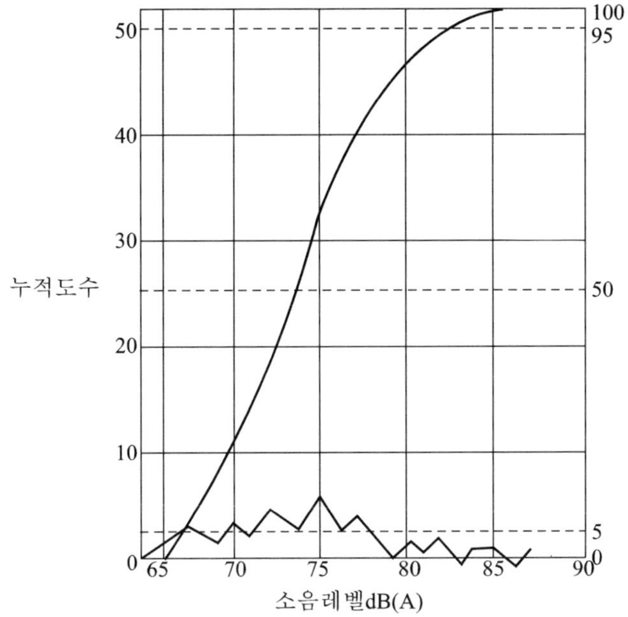

그림 15-10 누적도수 곡선

(2) 공장소음에 의한 청력손실

공장소음에 의하여 근로자에게 미치는 가장 큰 피해는 청력손실이다. 공장소음에 의한 일시적인 청력장애는 시간이 경과하면 다시 회복되지만, 청력장애가 회복되기 전에 다시 공장소음에 노출되는 일이 장기적으로 반복되면 영구적인 청력손실을 가져온다. 청력장애에 의한 난청의 정도를 측정하는 방법은 다양한 주파수의 음을 듣고서 어느 정도까지의 음이 들리는 지를 조사하여 보통 사람의 청력과 비교하여 청력의 손실량을 평가할 수 있다.

$$\text{평균청력손실} = \frac{a+2b+c}{4}\ (\text{dB}) \tag{15-18}$$

여기서, a : 옥타브 밴드 중심주파수 500 Hz의 청력손실(dB)
b : 옥타브 밴드 중심주파수 1,000 Hz의 청력손실(dB)
c : 옥타브 밴드 중심주파수 2,000 Hz의 청력손실(dB)

이 식으로부터 500~2,000 Hz 범위에서 청력손실이 25 dB 이상이 되면 난청임을 의미한다.

| 연 | 습 | 문 | 제 |

01. A 특성 음압레벨을 설명하시오.

02. 명칭과 단위가 잘못 연결된 것은? ②

① 음의 세기 : sone

② 음의 세기레벨 : W/m^2

③ 음압 : Pa

④ 소음레벨 : dB(A)

(해설) 음의 세기레벨 : dB(A)

03. 다음 중 단위로 dB를 사용하지 않는 것은? ②

① 소음레벨 ② 음의 크기의 레벨

③ 음압레벨 ④ 음원의 파워레벨

04. 40 phon의 소리와 60 phon의 소리가 합치면 몇 sone의 크기로 들리는가? **(답)** 5 sone

05. 50 phon의 소리는 40 phon의 소리에 비해 몇 배 크게 들리는가? **(답)** 2배

06. 소음을 1/3옥타브 분석한 결과가 다음과 같다. 500 Hz의 중심주파수 옥타브 밴드레벨 값은 얼마인가?

중심주파수(Hz)	200	250	315	400	500	630	800	1,000	1,750
밴드음압레벨(dB)	62	66	70	67	73	74	76	72	70

07. 소음용어에 관한 다음 조합 중 옳지 않은 것은? ③

① *SIL* : 회화방해레벨 ② *NNI* : 항공기소음의 귀찮음

③ *PN* dB : 소음의 주파수 구성 ④ *TNI* : 교통소음의 귀찮음

(해설) *PN* dB은 항공기소음을 대상으로 한 것으로서, 항공기소음을 1,000~4,000 Hz로 강조하여 평가하도록 한 것이며, 대체로 dB(A)+B가 *PN*−dB에 대응한다.

08. 어느 곳의 옥타브대역 음압도가 $L_{p500}=45\text{dB}$, $L_{p1,000}=56\text{dB}$ 및 $L_{p2,000}=59\text{dB}$일 때 우선 회화방해레벨($PSIL$)은 얼마인가? **(답)** 53.3 dB

09. SIL(Speech Interference Level : 회화방해레벨)을 설명하시오

10. 교통량이 많은 거리에서 소음레벨을 6초 간격으로 얻은 50개의 data는 다음과 같다. 90% 범위의 상한치와 하한치 및 중앙치는 약 얼마인가?

측정치(dB)	66	67	68	69	70	71	72	73	74	75	76	77	78	79	80	81	82
빈도수	1	2	2	3	3	4	4	5	5	6	4	3	2	2	1	2	1

(답) 상한치 : 81 dB(A), 하한치 : 67 dB(A), 중앙치 : 74 dB(A)

11. 자동차 도로에 면한 지역에서 주간과 심야에서 중앙치와 90% 범위 상단치의 관계는 어떠한가?

CHAPTER 16

소음의 영향 및 방지대책

소음이 사람에게 미치는 영향은 직접적인 것과 간접적인 것이 있다.

① 직접적인 영향 : 시끄러운 직장에서 일하는 사람이 난청이 되는 것은 가장 직접적인 영향이다. 처음에는 일시적 난청이 되지만 계속해서 소음에 영향을 받으면 영원히 회복되지 않은 채 직업성 난청이 된다.
② 간접적인 영향 : 불쾌감(annoyance) 등의 정신적 피해, 휴식 및 수면 방해, 작업이나 정신집중의 방해 등이 있고, 소음의 영향이 더 누적되면 두통, 위장장애 등의 신체적인 영향이나 사회적인 문제가 발생하게 된다. 이러한 고통이 처음에는 개인적이고 산발적인 것이지만 이것이 누적되면 집단적인 행동으로 발전하게 된다.

이와 같이 소음의 영향은 상당히 복잡하다. 특히 간접적인 영향은 사회적인 측면을 갖고 있으며, 개인에 의한 차이 혹은 지역에 의한 차이가 상당히 크므로 소음평가는 신중하게 수행되지 않으면 안 된다.

대책의 기본방향은 소음의 발생, 전파와 소멸에 따르는 물리적 현상을 응용하고 있다. 따라서, 현존하는 소음문제 또는 계획 중인 소음원에 대한 방음대책을 수립하기 위해서는 소음과 관련된 물리적 현상, 음향적 이론에 대한 이해, 이를 실제 문제에 적절히 응용할 수 있는 능력 등이 필요하다. 소음대책의 성공여부는 음향학 이론을 효과적으로 적용하여 소음을 감소시키는 것은 물론 경제적 인자(방음처리에 소요되는 경비)에 의해 결정된다.

16.1 소음의 영향

(1) 인간에 미치는 소음의 정도

① 소음레벨이 클수록 영향이 크다.
② 주파수의 특성(고음과 저음의 경우) : 고음일수록 영향이 크다.
③ 지속시간, 충격음 : 연속음보다 간헐적이며 충격적인 음의 영향이 크다.
④ 건강도(건강, 병세, 임신, 출산) : 건강한 사람보다 환자나 임산부가 감수성이 크다.
⑤ 성별·연령 : 남성보다 여성, 노인보다 젊은 사람이 예민하다.

(2) 청력에의 영향

소음과 청력손실 사이에는 직접적인 인과 관계가 있으며 이를 sociocusis라고 한다. 소음에 의한 청력손실은 25세 이상에서 나이가 들어감에 따라 청력이 저하되는 prebycusis 현상이나, 질병에 의한 청력손실을 나타내는 nosocusis와는 구별된다. 강한 레벨의 소음에 과다하게 노출되면 귀 안에 있는 섬모세포가 손상을 입게 되어 몇몇 주파수영 역에서 청력장애를 일으키게 된다.

① 일시적 청력손상 : 소음에 과도하게 노출되더라도 청력이 순식간에 나빠지지는 않는다. 섬모세포는 손상에 대한 자생능력이 있으므로 주요 부분은 24시간 이내에, 전체적으로는 약 72시간 이내에 회복될 수 있다. 이러한 일시적 청력손상은 NITTS (noise-induced temporary threshold shift)라고 한다.

② 영구적 청력손상 : 일시적 청력손상이 소음에 반복적으로 노출되면 다시는 회복되지 않는 영구적 청력손상(NIPTS, noise-induced permanent threshold shift)으로 변하게 된다. 소음에 의한 청력손상은 3,000～6,000 Hz 범위에서 가장 크게 나타나는데, 이를 4,000 Hz 노치(notch)라고 한다(노인성 난청은 6,000 Hz에서 시작함). 특히, 500 Hz～2,500 Hz 영역은 인간의 언어활동 영역(즉, 이해가능 음파영역)으로서, 이 주파수영역에서의 과도한 청력손상은 언어소통의 장애를 가져온다.

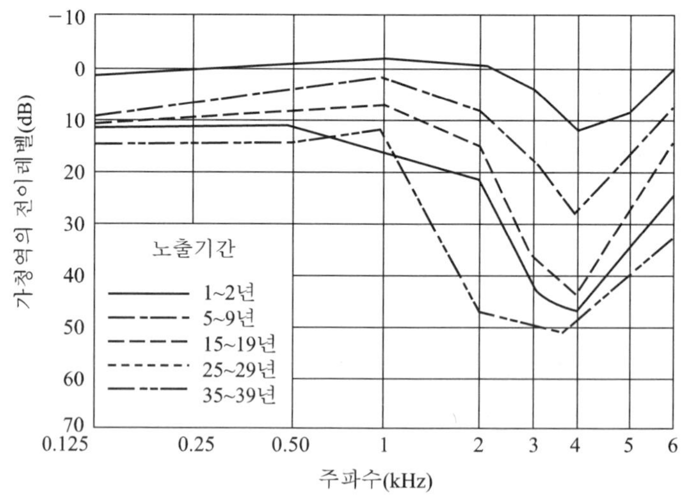

그림 16-1 소음에 대한 노출기간에 따른 주파수별 청력 민감도의 저하특성

(3) 소음과 청력손실

청감손실에 대한 소음노출기간의 영향에 대하여 왈쉬－힐리(Walsh-Healy) 기준이 있으며, 이 기준은 작업장 환경에서의 소음 노출시간을 제한하고 있다. 노출시간이 두 배가 되면 소음레벨을 5 dB 보정하여야 한다. 90 dB의 소음레벨로는 8시간의 노출기간이 허용되는 반면, 95 dB의 소음레벨에는 4시간의 노출기간이 허용된다.

평균 청력손실이 500～2,000 Hz 범위에서 25 dB 이상이면 난청이 됨을 의미한다.

표 16-1 산업소음노출에 대한 Walsh-Healy 기준

일단 지속(시간)	소음레벨 dB(A) 느린 반응
8	90
6	92
4	95
3	97
2	100
1.5	102
1	105
0.5	110
0.25 또는 적다	115 또는 크다

(4) 생리적 영향

소음에 의한 생리적 현상은 자율신경계 기능의 변화 때문이다.

① 순환계 : 혈압상승, 맥박증가, 말초혈관 수축
② 호흡기계 : 호흡회수 증가, 호흡의 깊이 감소
③ 소화기계 : 타액 분비량 증가, 위액산도 저하, 위 수축 운동의 감소
④ 혈액 : 혈당도 상승, 백혈구 수 증가, 혈중 아드레날린 증가

(5) 사회적 영향

지가 하락, 가축에 영향(산란율, 부화율, 우유량 등 저하)

(6) 정신적 영향

① 정서적 영향

② 작업·공부에 대한 방해 : 단순·반복 작업에는 영향이 적고, 복잡한 사고, 기억을 필요로 하는 작업에 방해가 된다. 일반사무실 및 교실은 50 dB(A) 이하, 회의실 및 응접실은 40 dB(A) 이하가 바람직하다.

③ 수면방해 : 낮 55 dB(A), 밤 40 dB(A)일 때도 종종 방해를 받는다. 침실 내는 40 dB(A) 이하가 바람직하다.

16.2 소음방지 대책

소음방지 대책의 기본적 개념은 다음 세 가지로 구분된다.

① 소음의 발생 자체를 줄이는 방법(소음원 대책)

② 음향매질을 통한 소음의 전파경로에 변화를 주거나 흡음성능을 향상시켜 주는 방법(전달경로 대책)

③ 소음에 노출된 사람의 청력보호를 위한 보조기구 등을 사용하는 방법(수음자 대책)

이들 방법은 음향에너지의 발생, 전파 및 소멸, 감지에 관계된 물리현상의 연결고리 중 어느 한 과정 혹은 몇 개의 과정을 인위적으로 변화시키는 것으로서 소음원 대책－전달경로 대책－수음자 대책(source-path-receiver)으로 구분된다.

① 소음원 대책 : 소음원 대책이 가장 효과적이므로 이에 기초한 대책을 우선 고려하여야 한다(저소음 장비사용, 소음발생 패널의 음향방사 효율감소 등). 그러나 소음원 대책으로 주변도로를 통행하는 각종 주행차량 자체의 주행소음을 줄여야 한다는 방안은 주어진 소음문제의 범위를 넘어서는 것이므로 문제해결에 아무런 도움을 주지 못한다.

② 전달경로 대책 : 소음원 대책이 현실성이 없을 경우, 차선책으로 전달경로 대책을 고려해 한다. 전달경로 대책이란 소음원에서 발생한 소음이 최종 수음자에게 전달되는 과정에 흡음·차음 처리를 하는 것이다(예 : 소음원 격리, 방음벽 설치). 이러한 대책은 소음원 대책에 비하여 그 효과가 떨어지지만 모든 소음문제에 대하여 비교적 손쉬운 대책이므로 많이 사용되고 있다.

③ 수음자(수용체) 대책 : 소음수준이 높은 작업장에서 근무하는 작업자의 청력보호를

위해 여타의 방음처리 방법이 곤란할 경우에 귀마개의 착용 혹은 작업시간의 제한 등을 방음대책으로 이용할 수 있다.

소음방지 대책을 종류별로 대별해보면 음원 대책, 전파경로 대책, 수용체측 대책으로 분류된다.

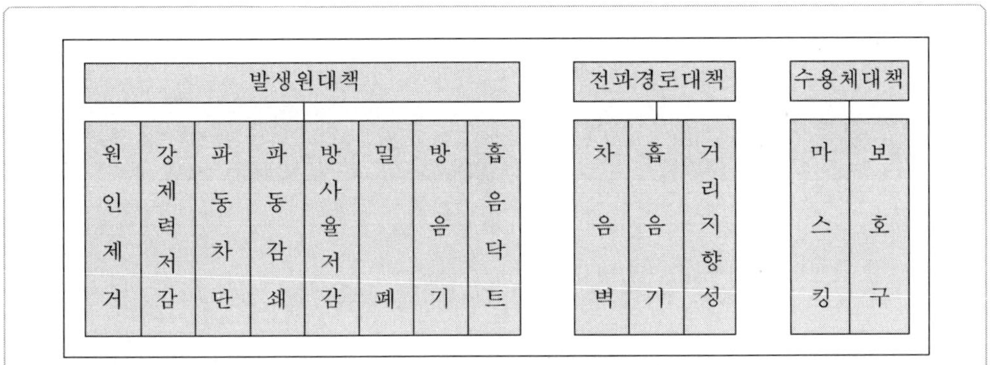

그림 16-2 소음방지 대책의 분류

이 중에서 가장 적절한 방법을 선택하여 조합할 필요가 있다. 이론식으로부터 이것을 고찰해 보면 어느 음원으로부터 음향 출력 W인 음이 발생할 때 거리 r(m) 떨어진 공간의 음압레벨 L(dB)은 다음과 같다.

$$L = 10\log W + 10\log(Q/4\pi r^2 + R_i) + 120 \tag{16-1}$$

여기서 소음방사부에 방음장치를 붙여 음향 출력이 W에서 W'로 변하고 음압레벨도 L에서 L'로 변화하면 위 식은

$$L' = 10\log W - 10\log W/W' + 10\log(Q/4\pi r^2 + R_i) + 120 \tag{16-2}$$

이 식에서 공간의 음압레벨 L을 저감하기 위하여 우변의 각 항을 대책으로 한다.

① W를 작게 한다 : 발생원대책(원인제거, 저감 등)

② W/W'를 크게 한다 : 방음장치(밀폐, 소음기, 흡음 덕트 등)

③ r을 크게 한다 : 거리대책(발생원을 원거리 지점으로 이동)

④ Q를 적게 한다 : 지향성 대책(발생원의 방향을 변경)

⑤ R_i를 적게 한다 : 환경대책(차음, 흡음 등에 의한 대책)

⑥ 기타 - 수용체 대책(마스킹, 귀마개 등)

그리고 투과율이 큰 재료로 차음벽 설치, 작업 시간의 변경 또는 단축 등이 있다.

소음대책의 목표치의 하나는 암소음 즉, 대상 소음을 멈추었을 때의 소음의 크기이다. 사람은 암소음보다 5 dB 더 높은 음은 인식하게 되며, 10 dB 정도 더 큰 음은 고통의 대상이 된다.

연습문제

01. 산업성 난청의 주파수는? **(답)** 4,000Hz

02. 청력평가의 4분법에 대하여 설명하시오.

03. 산재보상에 있어서의 청력평가 6분법은 어떻게 표시하는가?

04. 전파대책에 대한 다음사항 중 적절치 않은 것은? ①

① 마스킹 ② 차음, 칸막이

③ 흡음 ④ 거리, 저항성

(해설) 마스킹은 수용체 대책임

05. 소음대책에 다음사항 중 적절치 않은 것은? ④

① 밀폐 ② 소음기 ③ 흡음 덕트 ④ 흡음

(해설) 흡음은 전파 대책임

CHAPTER 17

진동공해

진동공해는 철도, 자동차 또는 기계 등의 진동이 전파되어 인체의 생리기능 혹은 작업능률에 악영향을 주는 것을 말한다. 일반적으로 기계가 운동부분을 가질 때 그 부분이 운동함으로써 진동력(진동을 일으키는 힘)을 발생시킨다. 이와 같은 진동력 때문에 기계설치의 기초 또는 기계이동의 레일에 진동이 일어나고 이것과 접촉되어 있는 지반이 제2의 진동원으로 된다. 그리고 그 진동은 지반을 매체로 하여 파동의 형태로 인체까지 전파된다.

지반을 전파하는 진동에는 종파, 횡파 및 표면파의 3종이 있다. 예로서 지반내부에 있는 진동원에서 종파가 한꺼번에 사출되었을 때 진동원 근처에서는 종파만이 나타나지만 거리가 먼 곳에서는 종파 외에 표면파도 나타나게 되며, 종파와 횡파의 감쇠는 표면파의 감쇠보다 크다.

17.1 진동의 성질

진동의 성질은 다음과 같은 특색이 있다.

① 지반 내에서 파동이 전파될 때 파동은 구면상으로 퍼질 뿐 아니라 흙의 점성 때문에 거리가 멀어지면 진폭은 작아진다.

② 일반적으로 주파수가 높은 파동일수록 거리적으로는 빨리 감쇠하는 경향이 있다.

③ 지반 내에 두 개의 반사체(구조물의 기초 등)가 있는 경우에는 진동은 중간지반에 공진현상을 나타낼 때가 있다.

④ 지표면에 진동원이 되는 바탕이 있고 지반에 vibration impedance가 매우 다른 불연속 층이 있을 때 지표층이 파동의 중복반사에 따라 현저하게 진동하는 수가 있다.

이러한 공해진동의 진동수 범위는 1～90 Hz이며, 그 레벨은 60 dB까지가 많고 사람이 느끼는 최소진동치는 55 ± 5 dB 정도이며, 진동의 종류는 다음과 같다.

① 폭발, 타격 등에 의한 충격진동

② 산업장 등의 기계 등에서 발생하는 지속적인 정상진동

③ 충격 및 정상진동이 중첩하는 중첩진동

17.2 진동의 전파와 감쇠

(1) 진동의 전파

발생원으로부터 생긴 진동은 지반 등을 매체로 하여 건축물에 전달되어 건물 내에 있는 인간이나 기물에 전파된다. 기차 레일에 귀를 대고 들으면 멀리 있는 기차의 진동을 느낄 수 있다. 이것은 고체를 따라 전파되는 탄성파이며 이것 역시 진동이다. 이런 경우 주파수는 높고 진폭은 작다. 이와 같이 진동은 물체의 체적변화에 의해 전달되는 소밀파(종파)와 물체가 휘어짐으로써 전달되는 횡파 및 땅의 표면으로 전달되는 표면파가 있다.

진동파는 굴절, 반사 및 공진현상이 있으며 주기가 짧은 파는 감쇠되기 쉽고, 진동원으로부터의 거리의 제곱에 비례하여 진폭이 감소한다. 이들 중에 문제되는 것은 공진이다. 임의의 진동체에 주기적으로 외부에서 힘을 가했을 때 외력의 진동수가 진동체의 고유진동수와 다르면 외부에서 가해진 힘만큼의 진동만이 일어나지만, 만약 서로의 진동수가 같으면 진폭이 시간에 따라 증가한다. 일반 진동체는 그 물체내의 내부마찰 등에 의해 진동에너지가 열 또는 소리로 변형되기 때문에 공진현상이 생기더라도 외력에 의해 공급되는 에너지와 손실에너지가 균형을 이루는 상태로서 강제진동이 생긴다. 외부에서 가하는 힘의 진동수가 고유진동수와 완전히 일치하지 않더라도 이로 인하여 생기는 강제진동은 점차 커져 공진현상을 일으키기도 한다.

마찰열 등에 의해 에너지가 소비되는 진동체에서는 그 에너지 소비율이 클수록 공진은 예민하게 된다. 충격에 의해 진동이 일어나면 파장이 10μ ~ 수 10 m 범위의 진동이 전달되지만 그중 고유진동에 가까운 것이 선택되어 그 진폭이 상기한 진동과 같은 이유로 눈에 띄게 나타난다. 이것을 초월동기라 한다. 지진이 일어날 때 연통의 중앙부분에서 부러지는 경우가 있는데, 이것은 이 같은 이유 때문이다. 이러한 초월동기와 지반과의 관계는 경우에 따라 다르지만 일반적으로 견고하지 않은 지반에서 초월동기가 길고(0.6초) 진동이 크지 않지만 여러 가지 주기에 대해 진동하기 쉽다. 견고한 지반에서는 이와는 반대로 초월동기가 짧다(0.2 ~ 0.3초).

건물이 진동하는 경우는 아주 복잡하며 고유주기가 하나가 아니고 각각의 고유주기에 대해 다른 진동형을 갖고 있지만, 일반적으로 목조건물은 콘크리트 건물보다 고유주기가 길다. 진폭은 일반적으로 견고하지 않은 지반의 경우가 크며 순간적인 충격일지라도 진동이 길어져 지속시간이 길게 되나 견고한 지반은 이와 반대이다.

(2) 진동의 감쇠

진동을 감쇠시키려면 그 에너지를 마찰 등에 의해 열로 소모시키든가 소리로 변화시켜 소모시키는 것이 근본적인 대책이다. 일반적으로 진동의 영향은 진동레벨을 작게 함으로써 피할 수 있다. 따라서 발생측과 피해측의 초월동기를 일치시키지 않도록 하고, 가속도가 커지기 쉬운 주기가 짧은 진동을 작게 하는 것이 진동영향을 피하는 방법이다. 실제 교통기관에 부착되어 있는 스프링도 짧은 주기의 진동을 제어하는 것이지만 보통 트럭에 사용되는 판으로 된 스프링의 고유주기는 부드러운 지반의 주기와 동기되어 공해진동 발생의 원인이 된다. 아스팔트 포장은 동기가 안 되도록 하는데 유효하며, 철도궤도의 자갈도 진동제어의 유효한 방법이다. 고정된 장소의 발생원은 그 설치대가 제2의 발생원이 되지 않도록 기초를 충분히 할 필요가 있다. 건물에 대해서는 진동을 받는 구조물의 기초를 깊게 하고 견고한 암반까지 도달하게 하든가 그렇지 않으면 콘크리트 기초를 잘 하여 지표 부근의 견고하지 않은 지반에서 발생하는 진동을 경감시킬 수 있다.

17.3 용어 및 단어

(1) 기초이론

진동에서 시간 t에 대한 변위 ε는 다음과 같이 표현한다.

$$\varepsilon = A_0 \sin \omega t \tag{17-1}$$

여기서, ε : 중심위치로부터의 변위

ω : $2\pi f$로 각 주파수

진동속도 v는 위 식을 미분하여,

$$v = A_0 \omega \cos \omega t \tag{17-2}$$

진동가속도 a는

$$a = -A_0 \omega^2 \sin \omega t \tag{17-3}$$

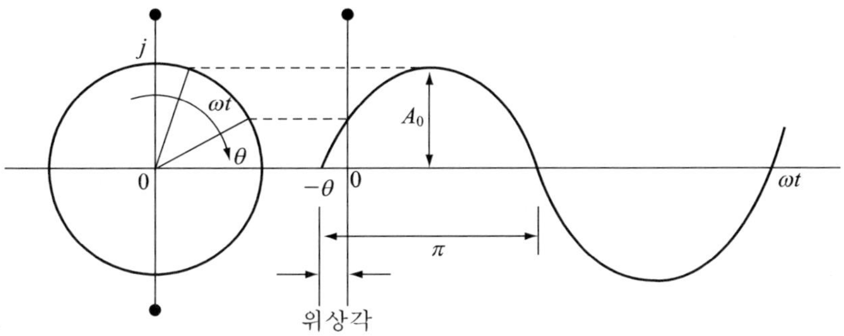

그림 17-1 정현진동

진동을 나타낼 때 최대치로 표시한 경우와 실효치로 표시한 경우가 있으며, 어느 것이나 sin 및 cos의 시간적 변화분을 배제하고 표시하여도 진동의 강약을 알 수 있다. 즉, A를 변위의 최대치 또는 실효치라 하면,

변위 진폭 : $x = A$ (m, cm, μm)

속도 진폭 : $v = A\omega$ (m/s, cm/s)

가속도진폭 : $a = A\,\omega^2$ (m/s^2, cm/s^2)

위와 같이 속도 및 가속도는 변위 A에 ω, ω^2 를 각각 곱한 값이다.
일반적인 진동 표시법은 다음과 같다.

피크치(첨단치, peak level) : A_0

p-p치(peak to peak value) : $2A_0$

실효치(*rms*, root mean square value) : $A_0/\sqrt{2}$

(2) 용어 및 지시단위

① **진동수(주파수**, frequency) f (Hz, cycle/sec)

단위시간(sec)당 반복 횟수이며, 단위는 Hz이다. 즉, 주파수를 f 라 하면 f 는 주기 T의 역수이다.

$f = 1/T = \omega/2\pi$ 이므로

$$\omega = 2\pi f \tag{17-4}$$

② **진폭(변위, displacement),** $A_o(\mu\text{m},\ 10^{-3}\ \text{mm})$

진폭 A_0는 변위의 최대치로 표시되며 진동을 관측하는 경우에, 눈으로 보는 진동의 크기는 $2A_0$다. 이 $2A_0$를 전진폭(全振幅) 혹은 peak to peak라 한다. 전진폭(全振幅)에 대해 A_0를 편진폭(片振幅)이라 하며 통상 진동계의 진폭표시는 전진폭(全振幅)이다.

③ **진동속도(velocity),** v(mm/sec)

단위시간당의 변위량을 나타낸 것으로 $v = A_0\,\omega$이며, v를 진동속도의 최대치(peak)라고 한다.

④ **진동가속도(acceleration),** $a(\text{cm/s}^2,\ \text{Gal},\ \text{m/s}^2)$

단위시간당의 속도변화량으로 $1\text{cm/s}^2 = 1\text{Gal}$이다. 또 중력가속도 g를 기준으로 하면 $1g = 980\ \text{cm/s}^2 = 980\ \text{Gal}$이다. $a = A_0\,\omega^2$로 표시하며, a는 진동가속도의 피크이다. 또 공해진동단위로 진동가속도의 실효치를 사용할 경우에는,

$$a_{rms} = A_0\,\omega^2\sqrt{2} \tag{17-5}$$

⑤ **진동가속도레벨,** VAL(dB) $(0\text{dB} = 10^{-5}\text{m/s}^2\ rms)$

$$VAL = 20\log\left(a_{rms}/a_o\right) \tag{17-6}$$

여기서, a_{rms} : 진동가속도의 실효치

a_o : 진동가속레벨의 기준치$(0\text{dB} = 10^{-5}\text{m/s}^2\ rms)$

VAL의 주파수범위는 1～90 Hz이다.

⑥ **진동레벨(dB)** $(0\ \text{dB} = 10^{-5}\text{m/s}^2\ rms)$

진동가속도레벨에 인체감각보정을 행한 것으로, dB로 표시한다.

$$VL = VAL - W_n\ (\text{dB}) \tag{17-7}$$

여기서, W_n : 인체감각에 대한 주파수별 보정치

17.4 거리감쇠

진동의 거리감쇠는 소음과 같이 역2승법칙으로만 되지 않는 복잡한 특성을 가지고 있다. 일반적으로 사용되는 진동 가속도레벨(vibration acceleration level, VAL) 및 진동레벨(vibration level, VL)의 거리감쇠식은,

$$VL_r = VL_o - 8.7\lambda(r - r_0) - 20n\log(r/r_0)\,(\text{dB}) \tag{17-8}$$

여기서, VL_o : 진동원에서 $r_0(\text{m})$떨어진 지점의 진동레벨(dB)

VL_r : 진동원에서 $r(r > r_0)$ 떨어진 지점에서의 진동레벨(dB)

λ : 지반전파의 감쇠정수($\lambda = 2\pi\ hf/v_s$)

f : 진동수(Hz)

v_s : 횡파의 전파속도(m/s)

h : 지반의 내부감쇠정수

n : 기하감쇠정수, 반무한의 자유표면을 전파하는 실체파의 경우 2, 무한체를 전파하는 실체파의 경우 1, 표면파는 1/2이다(실제로 n은 1/2을 많이 사용한다).

표 17-1 지반의 내부 감쇠정수

지반의 종류	h
바위	0.01
모래, 침적토	0.1
점도, 점포질모양	0.5

Example 17-1

진동원에서 5 m 떨어진 지점의 진동레벨이 80 dB이었다면 25 m 떨어진 지점의 진동레벨은 어느 정도인가?(진동수는 5 Hz, 표면파 전파속도 100 m/s, 지반의 내부감쇠정수 0.05, $n=1/2$을 사용)

풀이

$$VL_r = VL_o - 8.7\lambda(r - r_0) - 20n\log(r/r_0)\ \text{dB}$$

$$VL_{25} = VL_5 - 8.7\times 2\pi hf(r - r_0)/v_s - 20\times(1/2)\log(r/r_0)$$

$$= 80 - 8.7\times 2\pi\times 0.05\times 5/100\times(25-5) - 10\times\log(25/5) = 70.3\ \text{dB}$$

17.5 인체에 미치는 영향

1) 감각적 영향

6 Hz에서 허리, 가슴 및 등 쪽에 심한 통증을 느끼며, 13 Hz에서 머리는 가장 크게 진동을 느끼고 안면에서는 볼, 눈꺼풀이 진동함을 느낀다. 4～14 Hz에서 복통을 느끼고, 9～20 Hz에서는 대소변을 보고 싶게 하고, 무릎에 탄력감이나 땀이 난다거나 열이 나는 느낌을 받고, 수직 및 수평진동이 동시에 가해지면 2배의 자각현상이 나타난다.

2) 생리적 영향

① 후두계 : 12～16 Hz에서 배 속의 음식물이 심하게 오르락내리락함을 느끼고, 발성에 영향을 준다.
② 호흡기 : 1～3 Hz에서 호흡이 힘들고, 산소 소비가 증가한다.
③ 순환기 : 맥박수가 증가한다.

3) 신체적 영향

3～6 Hz 부근에서 심한 공진현상을 보여, 가해진 진동보다 크게 느끼고, 2차적으로 20～30 Hz 부근에서 공진현상이 나타나지만 진동수가 증가함에 따라 급격히 증가한다. 이러한 공진현상은 앉아 있을 때가 서 있을 때보다 심하게 나타난다.

① 전신진동 : 차량과 같은 탈 것을 운전하는 사람이나 공장 근로자들이 받는 진동으로 압박감과 동통감을 느끼며 심하면 공포감과 오한을 느낀다.
② 국소진동 : 광산근로자, 조선공 등과 같이 착암기, 공기해머 및 그라인더(grinder)를 많이 사용하는 사람의 손에 많이 나타난다.

17.6 소음과 진동과의 관계

건설작업에 수반되는 소음, 진동은 동일한 기계에서 동시에 발생하는 경우가 많으며 주민에의 영향은 양자의 상승효과로 고통진정의 발생을 한층 증가시킨다.

1) 소음레벨과 진동레벨의 관계

소음, 진동레벨은 건설기계의 종류, 용량, 작업조건이 동일할지라도 발생 또는 전달상태가 다르며, 그 관계는 다소 차이가 있더라도 아래 식으로 표시한다.

$$[VL] = A \cdot [SL] + B \qquad (17\text{-}9)$$

여기서, VL는 진동레벨, SL은 소음레벨, A, B는 정수이다. 그리고 A, B 값은 소음과 진동의 상관성을 결정하는 요인이다.

2) 소음, 진동의 각 레벨과 고통진정

일반적으로 소음레벨이 65～70 dB(A), 진동레벨이 55～60 dB(A)을 넘을 경우 고통진정 피해가 발생한다.

3) 초저주파음(기주진동)에 의한 공해

초저주파음은 건설 공사에 사용되는 정치식 공기 압축기의 흡입 계통에서 발생하며 목조주택의 유리창, 건구 등을 공진시켜 2차적인 소음을 발생시킨다. 일반적으로 초저주파음의 음압레벨이 75～80 dB 이상이면 문제가 되며, 이때 음압레벨은 0.1～0.2 N/m^2이며, 유리창 면적 1 m^2 당 약 10～20 g의 힘이 가해지는 것과 같다.

17.7 진동공해 대책

진동방지의 기본대책은 발생원, 전달경로, 수진측 대책으로 분류할 수 있다. 진동에 대한 방진대책은 진동원 대책이며, 이것이 충분하지 않을 경우는 전달경로에서

① 진동의 거리감쇠의 특징을 이용하거나
② 방진구, 방진벽을 설계하여 진동을 차단하는 방법이 있다.

1) 거리감쇠에 의한 효과

진동원 대책에서 충분히 방진되지 않을 경우에는 진동원에서 수음점까지의 거리를 크게 한다. 진동의 거리감쇠는 많은 요인에 의해 영향을 받으며 단순히 진동원에서 수진점까지의 거리에 의해서 만으로는 결정할 수 없다.

식 (17-8)에서 감쇠구배는 기하감쇠계수 n에 의하여 변한다. 예를 들면 $n=0.5$의 경우 Rayleigh파에 의해 2배 거리에서는 -3 dB(A)의 거리감쇠를 나타낸다. 또한, $n=1$일 때 실체파에 의한 기하감쇠는 -6 dB(A)의 감쇠구배를 나타낸다.

2) 방진구에 의한 차단 효과

방진구에 의한 차단효과는 방진구의 깊이가 깊을수록 커지며, 차단효과는 전파되는 진동파장의 크기에 현저하게 영향을 받는다. 방진구에서 진동의 진폭을 1/2로 줄이기 위해서는 방진구의 깊이(h)를 전파되는 파장의 1/4 이상으로 해야 한다. 예를 들면, 진동속도 $v=240$(m/sec), 진동수 $f=10$(Hz), 파장이 $\lambda=24$(m)인 경우, 방진구의 깊이는 $h=6$m이다.

토양오염

Part 6

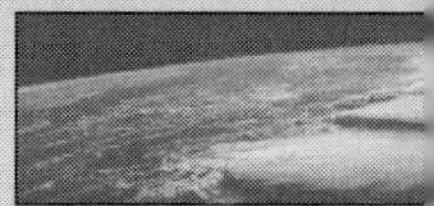

CHAPTER 18

토양오염 및 방지대책

토양오염은 인간활동의 결과에 의하여 어떤 특정한 성분이나 물질이 일정한 한계량 이상으로 토양에 집적됨으로써 토양 본래의 기능이 해를 받게 되는 것을 의미한다. 오염된 용수 및 대기에 의하여 토양이 오염되는 현상으로서, 토양오염은 농경지에 대한 것과 그 이외의 것으로 크게 나눌 수 있다. 여기서 중요한 것은 농경지의 토양오염이며, 이는 일단 토양이 오염되면 그 토양의 위에서 생육되는 농작물에 오염물이 흡수되어 궁극적으로 사람이 섭취함으로써 사람의 건강에 해를 미치기 때문이다.

인구증가로 인한 농업생산력 증대의 필요성과 그에 따른 사람의 활동성은 환경의 구성인자인 토양을 오염시키고 있다. 단위면적당의 생산량을 높이기 위하여 성분함량이 농축되어 있는 화학비료와 합성농약을 더욱 더 많이 사용하게 됨으로써 자연의 물질순환 균형이 깨어지기 시작하였다, 광공업의 발달, 합성화학 및 제조공장의 급증은 중금속 등이 함유된 폐기물 및 유해성 물질을 농축시켜 방출하게 됨으로써 하천 및 바다를 오염시키고, 토양을 오염시켜서 농작물의 생육장애를 초래하며, 생태계의 먹이연쇄(food chain)를 거치는 동안에 결과적으로 사람과 가축에까지 해를 끼치게 된다.

최근에는 비닐멀칭(vinyl mulching) 재배법의 발달로 비닐로 인한 토양오염이 증가하고 있으며, 방사성 동위원소의 이용이 높아짐에 따른 폐기물의 부적절한 처리로 인한 토양오염의 심각성도 예상되고, 우리의 생활 및 산업에 에너지원으로 사용되는 기름의 유출에 의한 오염도 점점 더 확대되고 있다.

모든 육상생물은 토양과 뿌리 사이의 중간층(interface)에 의존하고 있으므로, 토양환경을 보존하는 것은 생명 그 자체를 보존하는 것보다 더 우선하여야 한다는 사실이 중요하게 인식되어야 할 것이다.

18.1 토양의 구성과 특성

(1) 토양의 구성

토양은 고체상태인 무기질입자와 대기권으로부터 기체상태인 공기와 수권으로부터 액체상태인 물의 3가지로 구성되어 있다. 토양의 입자를 형성하는 무기물과 유기물은 고상(solid phase), 토양수는 액상(liquid phase), 그리고 토양공기는 기상(gas phase)을 형성한다. 이 3상이 차지하는 비율은 토양에 따라 일정하지 않을 뿐 아니라 기상조건의 변화에 따라 액상과 기상의 상대적 비율이 달라진다. 토양은 모든 생명체의 생성과 소멸이 이루어지는 생태계의 핵심이라고 할 수 있다.

토양단면(soil profile)이란 토양의 표면으로부터 각 층위를 통하여 풍화가 불충분하게 이루어진 하부의 토양모재 및 기암에 이르기까지의 전체의 층단면을 뜻한다.

토양의 층위는 보통 A, B, C 및 R(D)층으로 표시하는데 A층은 표층토로서 토양을 구성하는 성분중의 점토, 철, 칼슘, 부식 같은 물질의 일부가 하층으로 용탈되어 있는 용탈층이며, B층은 A층에서 용탈된 것이 침전, 흡착되어 있는 집적층을 의미하고 C층 암석이 단순히 풍화되어 있는 무기물만의 층으로서 아직 토양생성작용을 받지 않은 모재층이다. R층은 C층 또는 C층이 없을 경우 B층 밑에 있는 모암을 말하는데 D층이라고도 한다. 산림지 같은 곳에서 A층 위에 부식이 집적되어 있는 O층이 있는 경우도 있다. A층과 B층은 그 특성에 따라 위에서부터 순서대로 A1, A2, A3 및 B1, B2, B3층 구분한다. A층이나 O층을 통하여 식물은 뿌리를 활착시키고 B층과 C층으로 그 생장의 영역을 확장시킨다. 그러므로 토양은 식물의 뿌리를 유지시켜주며, 영양물질과 수분 및 산소를 저장하고 공급시켜주는 역할을 하고 있다.

토양은 크게 무기물질과 유기물질로 구성되어 있으며, 다양한 크기의 직경을 가진 입자들로 이루어져 있다. <표 18-1>에 토양을 구성하는 입자를 직경에 의한 구분으로 나타내었다.

표 18-1 토양의 입자직경에 의한 구분

기계적 구분		입자의 직경
돌덩어리		2 mm 이상
흙	굵은 모래	2 ~ 0.2 mm
	고운 모래	0.2 ~ 0.02 mm
	실트	0.02 ~ 0.002 mm
	점토	0.002 mm 이하

토양의 무기성분 중 대부분은 규산질이며, 알루미나도 상당량 포함되어 있다. 이 밖에 산화철도 포함되어 있으며 이는 물과 결합하여 수산화철 및 규산철수화물로 존재한다. 칼슘 및 마그네슘 성분은 탄산염을 형성하기도 하고 점토광물 및 부식토에 흡착되어 존재하기도 한다. 나트륨 및 칼륨은 콜로이드상 토양에 흡착되어 있다. 또 인산성분과 황산염으로 존재하는 황산 성분도 포함되어 있으며, 이 밖에 염화나트륨, 암모니아, 질산염 성분 등도 함유되어 있다.

토양 중의 유기물질은 동식물 등 생물의 사체가 분해되어 퇴적한 것이다. 이들은 농경지의 토양으로서 갖추어야 할 통기성, 흡습성을 높이는 효과가 있으며, 식물이 필요로 하는 영양분을 토양을 통하여 흡수하는 작용을 돕는다. 식물 중에는 탄소, 수소, 산소 이외의 질소, 염소, 인, 황, 나트륨, 칼륨, 마그네슘, 붕소, 규소, 아연, 구리, 철, 망간, 몰리브덴 등의 원소가 함유되어 있으며, 이들은 공기 및 토양으로부터 섭취되기 때문에 토양의 중요성은 매우 크다고 할 수 있다.

토양 중 점토의 함유량이 25.0～37.5%인 것을 양토라고 하며 이 같은 토양이 농작물의 생육에 적합하다고 할 수 있다. 논에는 점토의 함유량이 약간 높은 편이 좋고, 양토 또는 점토의 함유량이 37.5～50.0% 정도의 토양인 식양토라는 것도 사용되고 있다. 유기질 즉, 부식질 함유량은 일반적으로 많을수록 농경지에 적합하지만 그 중에서도 부식질 함유량이 10.0～18.0%인 것을 부식토라고 하며 농작물의 생육에 적합하다. 따라서 부식질 양토는 매우 훌륭한 농경지용 토양이라 할 수 있다. 이 같은 토양은 식물에 필요한 모든 성분 및 수분을 식물에 적절히 공급하고 배수 및 통기성도 알맞게 유지하여 토양이 건조되어 딱딱해지는 일없이 농경지로서 적당한 성질을 갖추고 있다고 할 수 있다.

(2) 토양의 특성

토양은 토성(soil texture), 토양의 구조(soil structure), 비표면적(specific surface area), 밀도와 공극(density and porosity) 등에 관련된 물리적 특성과 점토와 부식 및 그들의 구조와 구성성분으로부터 유래되는 이온의 흡착 및 치환, 완충능에 관련된 화학적인 특성을 갖는다.

18.2 토양의 오염발생 및 오염물질

토양오염의 원인이 되는 물질은 유기물, 무기염류, 중금속류의 이온 및 농약 등의 형태로 토양에 유입된다. 이 중 유기물은 토양 중의 미생물 등에 의하여 분해되고 또 무기염류도 일반적으로는 물에 용해되기 때문에 그다지 문제가 되지는 않는다. 따라서 중금속류와 잘 분해되지 않는 농약에 의한 오염이 가장 큰 문제라 할 수 있다. 게다가 이들 오염은 쉽게 회복시킬 수 없는 축적성 물질이기 때문에 더욱 심각한 결과를 초래하는 원인이 되고 있다. 토양오염에 대한 오염발생경로 및 오염물질을 분류하면 다음과 같다.

① 관개수에 의한 토양오염
② 영양물질(질소, 인산)에 의한 토양오염
③ 중금속에 의한 토양오염
④ 방사성 물질에 의한 토양오염
⑤ 유류에 의한 토양오염
⑥ 농약에 의한 토양오염
⑦ 중성세제 등 기타 물질에 의한 토양오염

18.3 관개수에 의한 토양오염

관개수의 수질은 직접 작물의 생육뿐만 아니라 토양의 물리적, 화학적 성질 및 토양미생물의 활성에도 크게 영향을 미친다.

자연상태의 물에는 여러 가지 물질이 항상 용해되어 있으므로 농작물에 관개할 때 이들 중의 어떤 물질은 식물의 양분으로 이용되는데, 이러한 경우가 천연적으로 양분을 공급하는 한 가지 예이다. 그러나 지역에 따라서는 관개수에 지나치게 많은 양의 염류가 용해되어 있거나 유기부유물질이 함유되어 있어서 작물의 생육에 직접 간접으로 피해를 줄 수 있다. 관개수의 오염은 자연적인 것과 인위적인 것으로 구분할 수 있으며 전자는 모암의 풍화작용에 의한 무기염류가 자연적으로 많이 섞이는 경우이며, 후자는 공업단지의 내륙 진출, 도시화지역의 확대, 시설축산의 발달, 소비생활수준의 향상 등으로 인한 폐수나 폐기물 및 농작물에 사용한 농약의 일부가 하천을 통하여 관개수에 섞이는 것이다.

근래에는 우리나라도 농업의 집약화와 광공업의 급격한 발달로 하천 및 관개수가 지역에 따라 많이 오염되어 있어서 환경 및 농작물에 대한 피해를 크게 염려하지 않을 수 없게 되었다. 관개수의 오염요인을 구체적으로 분류하면 다음과 같다.

① 유기질의 부유물질에 의한 것
② 유기합성 세제에 의한 것
③ 중금속을 함유하는 무기염류에 의한 것
④ 질소 및 인산화합물의 과잉에 의한 것
⑤ 산성 및 알칼리성 물질에 의한 것
⑥ 유류에 의한 것
⑦ 기타

오염된 관개수는 식물생육에 해를 줄 뿐만 아니라 농작물의 품질을 떨어뜨리거나 오염을 시킨다. 수질의 오염에 의하여 일어나는 현상은 여러 가지로서 그 증세는 오염물질의 종류와 농도에 따라 다르며, 작물의 종류에 따라서도 다르다.

특히 벼를 재배할 때는 담수상태를 오랫동안 유지시켜야 하기 때문에 오염의 영향이 더 심해질 수 있는데, ⓐ 토양 물리성의 불량, ⓑ 토양의 환원상태가 심화, ⓒ 토양의 산성화, ⓓ 토양수의 부영양화, ⓔ 중금속의 과다축적, ⓕ 유해물질의 과다집적이 되는 경우가 발생될 수 있다.

관개수는 그 수질이 검사된 후 일정한 기준에 적합한 것만이 농경지에 관개되어야 한다. 오염된 물이 토양에 유입되는 것을 막아야 하기 때문이다. 오염된 물은 물리, 화학적 방법에 의하여 처리되거나 자정작용에 의하여 기준범위 이내로 정화된 후 사용되어야 하며, 광공업의 폐수는 농업용수로 적합하지 않다.

관개수의 수질은 일반적으로 주로 무기염류의 양과 종류에 의하여 결정된다. 토양의 Na^+ 함유도가 증가하면 알칼리성이 되고, 투수성이 감소되며, 배수가 불량하고, 통기성도 나빠진다. 그러므로 농업용수의 수질을 평가하기 위하여 광범위하게 사용되는 것의 하나가 SAR(sodium absorption ratio)인데 다음과 같이 표현되며, 이 식에서 용액중 각 이온의 농도는 mole/L이다.

$$SAR = [\mathrm{Na^+}] / \sqrt{[\mathrm{Ca^{2+}} + \mathrm{Mg^{2+}}]/2} \tag{18-1}$$

SAR의 값이 0～10 정도이면 Na가 토양에 미치는 영향이 적은 편이나, 10～18은 중간정도, 18～26은 비교적 높은 정도, 26～30 이상이면 매우 높은 것이 된다. 이것으로 볼 때 농업용수로서는 경수가 연수보다 토양에 더 좋은 영향을 미친다.

관개수가 많은 양의 염류를 함유하고 있을 경우 식물의 근권에 축적되어 염해가 발생되는데, 이것은 삼투압이 높아짐으로서 식물이 생육에 필요한 수분을 정상적으로 흡수하는 데 장해를 받기 때문이다. 그러므로 식물은 한해(旱害)를 받은 것처럼 왜소하게 성장하고 잎의 가장자리가 타게 되며 식물에 따라서는 잎의 색깔이 녹색에서 청색으로 변하기도 한다.

(1) 관개에 의한 염류토화

관개의 장점은 대부분의 경우 단기적인 것이며 그 토지는 결국에는 농경지로 이용할 수 없는 땅으로 변한다. 그 이유는 토양이 염분 성분이 많아지는 현상인 염류토화(salinization)라는 과정 때문이다. 전통적인 관개방법에서 표면수는 도수로를 통하여 농경지로 들어간다. 이 물중 많은 양은 지하수까지 스며들어가 지하수위를 상승시킨다. 지하수위가 지표에서 1m 범위에 이르게 되면 모세관작용으로 인하여 지하수가 지표면에까지 이동하여 증발된다. 지하수가 지표에서 증발되면 관개수에 유입되었거나 토양구성성분으로부터 녹아나온 염분이 토양표면에 축적된다. 토양표면이 염류화되면 식물들이 자랄 수 없게 된다. 염류토화는 과잉수를 빼내고 하부방향에 물의 흐름을 유지하거나 개선해주는 배수체계를 설치함으로써 예방 또는 개선할 수 있다. 그러나 이러한 시설의 설치비용은 상당한 액수가 된다. 다른 대안은 중앙에 우물을 설치하여 물을 뽑아내어 그 주위에 스프링클러로 용수를 공급해주는 기술의 도입이다. 이 경우에 하향 방향으로 배수가 되므로 염류토화는 일어나지 아니하나 여기에도 지하수 공급이 딸릴 수 있을 만큼 증발 혹은 증산작용에 의한 물의 손실이 따른다. 또한 이 시설은 과다한 에너지 소모를 전제로 하기 때문에 에너지 위기 시에는 심각한 약점을 가지게 된다. 염류토화에 대처하는 또 다른 방법은 염류토에 내성이 강한 식물을 선택하여 재배하는 것이다. 해변가에서 자생하는 식물들은 상대적으로 높은 염류농도에서 살아남을 수 있는 적응력을 갖고 있다. 그러한 적응력이 상업작물에도 있게 된다면 염류토도 생산성을 갖게 될 것이다.

(2) 산성비에 의한 영양물질의 용탈

황산화물과 질산화물 같은 대기 오염물질이 대기 중에 있는 수증기와 작용하여 산을 형성하고 이것이 지표에 빗물로 떨어지는 현상을 산성비라 한다. 산성비 속에 들어 있는 수소이온은 토양 중에 있는 영양물질 이온과 교환되고 분리된 영양물질이 지하로 용탈된다. 여러 영양원소들의 용탈은 산성비 때문에 2～10배 증가되고 있다. 이와 같은 영양물질의 유실은 생태계의 미래의 생산성에 심각한 타격을 주고 있다. 강우로 인한 토양 산성도의 증가는 석회사용으로 조정될 수 있지만, 생물권의 모든 생태계에 석회를 사용한다는 것은 현실성이 없다. 토양 비옥도의 감소와 그에 따른 생태계의 생산성 감소는 장기적으로 일어나며, 결국에는 대기오염으로 인한 가장 비극적인 대가가 될 것이다.

18.4 영양물질(질소, 인)에 의한 토양오염

식물의 필수영양 성분으로 다량이 요구되는 것은 질소, 인산, 칼륨인데, 칼륨은 어디에서나 거의 대부분 이동성이 큰 K^+이온 상태로 존재하기 때문에 토양 중에 집적되거나 침전되는 일이 거의 없고, 일라이트와 같은 점토광물에 고정되는 경우가 있으나 별로 문제가 되지 않는다. 그러나 질소와 인산은 토양 중에서 매우 복잡하고 다양한 형태로 존재하며, 과다한 양이 토양에 축적되거나 고정될 경우 토양의 기능을 저해하는 여러 가지 문제가 생긴다. 또한, 이들 성분이 다량으로 하천이나 호수에 유입될 경우 부영양화현상(eutrophication)이 일어난다.

토양이나 호수 같은 곳에 들어있는 질소나 인산의 양이 과거에는 거의 문제가 되지 않았으나, 농작물의 생산증대를 위한 집약농업에서 화학비료의 무분별한 사용이나 시설 축산 및 산업슬러지로부터 유래되는 퇴비의 과용이 이들 성분의 과잉현상을 초래하며 토양을 오염시킬 수 있다.

(1) 질소(nitrogen)

질소의 근본적인 급원은 대기 중 질소이며 토양의 질소는 번개의 방전 시에 대기 중에서 생성되는 질소산화물이 빗물에 함유되어 토양에 유입되는 것과, 토양미생물에 의한 공기 중 질소의 고정에 의하여 자연적으로 공급되는 것을 제외하고는 화학비료와 퇴비형태의 질소시용이 일반적인 질소의 급원이 된다. 단지 소량이 지각층의 광물질(NH_4 및 NO_3 형으로 결합된)에서 유래되는 경우도 있다. 산업발전과 도시화 및 소비생활의 향상으로 인한 폐기물 및 하수오니에 의해서도 토양 중의 질소함량이 증가될 수 있다.

유기물의 형태로 토양에 들어간 유기질소는 미생물의 활동에 의한 무기화작용(minerali-zation)을 통하여 무기형태의 NH_4^+로 변형된다. NH_4^+가 질산화의 기능을 갖는 미생물(nitrosomonas, nitrobacter)에 의하여 NO_2^-를 거쳐 NO_3^-로 산화되는 과정을 질화작용(nitrification)이라 하는데, 효소적 산화과정으로 통기성이 좋은 중성 및 약산성의 토양 반응에서 활발하게 이루어진다.

$$NH_4^+ + 3/2\ O_2 \rightarrow NO_2^- + H_2O + 2H^+ \quad (18\text{-}2)$$

$$NO_2^- + 1/2\ O_2 \rightarrow NO_3^- \quad (18\text{-}3)$$

토양 중 질산이 혐기적 조건에서 미생물의 환원작용에 의하여 기체상태의 산화질소(N_2O)와 질소(N_2)의 형태로 변형되어 달아나는 것을 탈질화(denitrification)라 하며, 토양 중의 질소순환 과정에서 대단히 중요한 반응이다.

NH_4^+는 양이온이므로 음으로 하전되어 있는 토양의 점토입자에 잘 흡착되며, 특히 일라이트와 같은 점토광물과 부식(humus)에 고정되기도 한다. NO_3^-는 음이온이므로 토양입자에 대하여 반발하는 경향이 있으므로 용탈되기 쉬우며, 때로는 미생물에 의하여 고정되기도 한다. 용탈과정에서 환원상태에 이르면 탈질현상을 수반하기도 한다. NO_3^-는 건

조지역의 토양에서는 염의 형태로 축적되기도 한다.

N의 형태별 분포는 토양의 전 질소 중 90% 이상이 아미노 형태로 결합되어 있다. 이들 유기물 형태의 질소가 무기화작용의 분해를 받음으로써 상당량의 질소가 식물에 이용될 수 있는 형태로 바뀌게 된다.

질소의 과다시비가 작물의 품질 및 수량에 미치는 역효과는 잘 알려진 사실이다. 그러므로 질소의 지나친 사용은 피하여야 하며 함질소 폐기물의 처리에 대해서도 연구가 필요하다. 질소는 토양 중에서 이동성이 비교적 크므로 표층토로부터 용탈되어 배수 중에 질소화합물의 농도가 증가되기도 한다.

최근 물중 질소농도의 허용한계를 2가지 관점에서 설명하고 있으며, 직접 사람의 건강에 미치는 것과 생태학적인 것으로 구분한다.

음료수 중에 NO_3-N이 많이 함유되어 있을 경우 유아에서 메타헤모글로빈(metahemo-globineia)이나 청색증(cyanosis)이 유발될 수 있다. 그러므로 음료수중의 NO_3-N의 최대허용량을 규제하고 있다. 가축들도 NO_3^- 함량이 높은 물을 매일 마시게 되면 메타 헤로모글로빈혈증, 비타민 A 결핍증, 생식장해, 낙태, 산유량의 감소 등 여러 가지 병적증상으로 고통을 받게 된다.

물 중 질소농도의 증가에 의한 생태학적인 영향으로 부영양화현상이 일어나는 것인데, 이 현상은 질소를 비롯한 영양물질이 지나치게 풍부한 상태에서 수생식물의 급속한 생장을 촉진시키는 것이다. 식물성 플랑크톤(phytoplankton)이 지저분한 다발형으로 나타나는 것이 부영화의 특색인데, 이것은 가정폐수, 공장폐수, 오염물처리시설의 방류수, 다시비용 농지의 용탈수 및 유거수 등 인간의 활동에 의하여 배출되는 영양물질에 의하여 가속화된다.

질소와 인산에 의하여 부영양화가 일어나고 있는 곳에서는 환원상태가 되어 수중 산소의 결핍으로 어류의 생존이 어렵게 되고 환경에 해로운 영향을 끼치는 유독성의 환원성 물질이 생성된다.

영양물질인 질소와 인산 그리고 에너지원인 탄소가 조류생육의 제한인자이다. 질소의 농도가 0.2～0.3 mg/L 이하이고, 인이 0.01 mg/L 이하일 경우 조류의 후기생육이 저해된다.

토양 중에 들어있는 질소의 대부분은 유기형태로 되어 있고, 실제 식물에 흡수 이용되는 것은 소량으로 분포되어 있는 무기형태의 질소이다. 그러므로 식물에 이용될 수 있는 잠재적인 질소의 급원은 주로 유기형태의 질소이다.

표 18-2 물의 부영양화 상태의 분류

구분	농도(mg/m³)	
	전체인	무기형태질소
극빈영양(ultra-oligotrophic)	< 5	< 200
빈영양(oligo-mesotrophic)	5～10	200～400
부영양(meso-eutrophic)	10～30	300～600
다영양(eu-polytrophic)	30～100	500～1,500
극다영양(polytrophic)	> 100	> 1,500

<그림 18-1>은 질소의 생화학적 순환과정을 설명하고 있다.

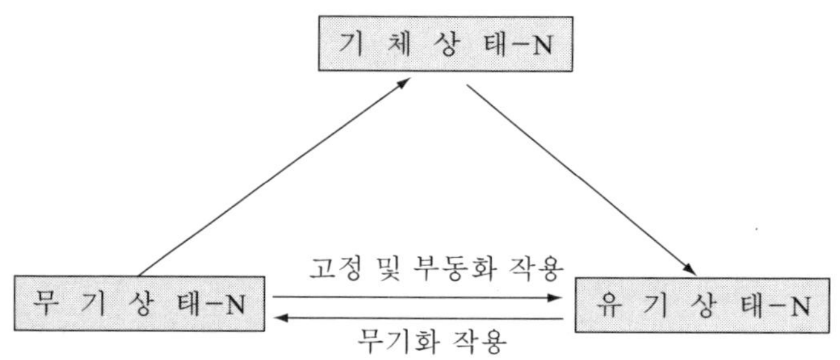

그림 18-1 질소의 생화학적 순환과정

토양 중 유기형태의 질소가 무기형태로 변형되는 것을 무기화(mineralization)라 하며, 그 반대로 무기형태가 유기형태로 변하는 것을 부동화작용(immobilization)이라 한다. 서로 반대개념의 이 두 작용은 토양미생물에 의하여 일어나며, 질소가 점토의 결정격자에 고정되는 것과 부식복합물에 흡착되는 것은 부동상을 갖기는 하지만 부동화작용이라는 말을 사용하지는 않는다.

질소의 형태를 크게 유기형태-N, 무기형태-N, 기체상태-N의 세 가지로 구분할 수 있는데 유기형태-N와 무기형태-N은 토양이나 물에 존재한다. 조건에 따라 무기화 또는 부동화작용이 일어나며, 식물에 이용되기도 하고 토양에도 보유되지만, 기체상태의 것은 대기 중에서 주로 불활성의 상태(N_2)로 존재하며 미생물에 의한 공중질소 고정으로 토양 중에 유기형태-N을 형성한다. 한편 토양 중에서 이동성이 큰 무기형태-N의 NO_3^-는 환원조건과 에너지원이 있으면 미생물에 의하여 탈질현상이 일어난다. 즉, 토양 중의 질소가 대기권의 기체질소(N_2)로 되돌아가는 것이다. 이 과정은 생태계 전체로 보아 토양～물～공기

系에 있어서 질소분포의 균형을 유지시키는 중요한 역할을 하기 때문에, 토양 중 질소가 과잉으로 축적, 고정될 경우 이것을 조절할 수 있는 유일한 방법으로 응용될 수 있으므로 토양 중 질소오염을 처리하는 방법으로 널리 연구되고 있다.

탈질작용의 반응속도는 온도와 산도(pH)에 의하여 크게 영향을 받는데 25℃ 이하에서 탈질속도가 감소되어 2℃에서는 거의 0이 된다. 비료의 견해로 볼 때 탈질작용은 질소의 손실을 가져오기 때문에 바람직하지 꼭 않은 반응으로 생각되고 있다. 그러나, 탈질작용은 폐기물을 처리하는 공정에서 질소의 제거 및 재순환을 촉진시키는 방법으로 필요하며, 정화조의 유출물이나 쓰레기를 처리하는 데 응용되고 있다.

또한 탈질작용의 조건을 고려하여 볼 때 담수상태의 논토양은 탈질현상이 발생하기 쉬우며, 일시적으로 토양의 표면이 침수되는 경우에도 상당량의 질소가 탈질되는 것으로 알려져 있다. 관개수와 담수를 적당히 교대시켜 질산화작용과 탈질작용의 요건을 적절히 조절할 수 있는데, 이것은 폐기물을 액상처리하는 과정에서 인위적으로 질소의 발산을 최대로 하기 위한 방법에 이용되고 있다.

(2) 인(phosphorous)

인(phosphorous)은 인산질비료로부터 또는 자연상태로 인을 함유하는 광물인 인회석(aphatite)이 풍화되어 인산이온이 유리된 후 토양에 흡착되거나 부식(humus) 중에 고정화 되거나, 난용성 화합물 형태로 변형되어 남아 있기도 한다. 인을 함유하는 광물의 화학적 분해 및 인산의 시비를 통해서 토양 중에 가해진 인산은 pH영향을 받아 여러 가지 다양한 형태의 인산화합물을 형성하며, 그 중의 일부는 토양에 고정되기도 한다.

알칼리 토양에서는 Ca^{2+}나 Mg^{2+} 등과 함께 고정되고, 산성 토양에서는 Fe^{3+}나 Al^{3+} 의하여 $FeH_2PO_2^{2+}$, $FeHPO_4^{+}$ 및 $AlH_2PO_4^{2+}$, $AlHPO_4^{2+}$의 난용성 형태로 되므로 중성 및 약산성정도가 인산을 유리상태로 유지시키기에 가장 좋은 조건이 된다.

토양은 인산의 과잉으로 인하여 그 기능이 저해를 받는다고 생각되지 않는데, 그 이유는 무기형태인산이라 하더라도 대부분 토양에 강하기 흡착결합되어 있고 소량만이 가용형태로 존재하기 때문이다. 그러므로 유기형태-P와 토양에 흡착결합되어 있는 무기형태-P가 식물에 대한 인산의 잠재적 공급원이 된다. 무기형태-P는 Al과 Fe의 산화물이나 수산화물의 표면 및 점토광물에 강하게 흡착된다. 그러나 때때로 토양 중 과잉의 인산은 간접적으로 식물의 생육을 저해하는데 이것은 Zn의 결핍증을 유발시키기 때문인 것으로 볼 수 있다.

결과적으로 토양 중 대부분의 인산은 용해도가 낮은 고상의 화합물 형태나 유기형태로 들어 있으므로, 함유되어 있는 인산의 전체량은 큰 의미가 없다. 그러므로 인산의 과다로 인한 토양의 역기능은 토양단면을 흘러내리는 배수 중에 P의 함량이 높은 경우에 일어난다. 만일 토양 중에 많은 양의 Ca, Al, Fe 이온이 들어 있을 경우에는 배수 중 P의 함량은 감소되어 그 농도는 일반적으로 10^{-5} mole/L ($\approx$ 1,000 ppb)를 초과하지 않지만 부영양화의 한계농도인 10 ppb보다는 대단히 큰 값이다. 그러므로 농경지의 배수가 흘러 들어가는 지표수에서는 식물성 플랑크톤이 과잉으로 생장되는 부영양화 현상이 일어난다. 여러 담수호에서의 부영양화는 호수 내로 인산의 유입을 제한함으로써 억제시킬 수 있으나, 조류가 출현할 수 있는 P의 최저한계농도가 극미량인 10 ppb이라는 점과 흐르는 지표수에서 자연적으로 나타나는 P의 농도를 고려할 때 부영양화를 억제한다는 것은 농업지역뿐 아니라 자연지대에서도 매우 어려운 일이다.

공업의 발달로 인산비료를 과다 사용하는 경향이 있어서 인산의 급격한 축적현상이 일어나고 있으며, 하천오염 → 관개수 → 토양오염으로 연결될 수도 있다. 결론적으로 질소와 인산이 환경에 미치는 제일 심각한 문제는 지표수의 부영양화이다.

대부분의 토양은 막대한 양의 인산보유능을 갖고 있기 때문에 오수처리공장에서 토양을 1차 혹은 2차 처리과정의 매체로 이용하는데 응용하고 있다.

18.5 중금속에 의한 토양오염

토양오염은 오염된 용수, 폐수 또는 대기오염을 통하여 발생한다. 그러나 그 중에서도 가장 현저한 것은 금속 광산 및 제련소의 광재로부터 용출되거나 배출된 폐수로부터 중금속 이온 및 공장 산업폐기물의 슬러지가 pH의 영향으로 재용해 하는 등의 원인에 의하여 발생한다.

중금속이란 대부분 밀도가 높고 원소의 주기율표에서 전이원소(transition element)에 속하는 금속을 의미하며 이들의 일부는 농업에 있어서 미량영양소로서 식물생육에 필수적인 것도 있다.

토양을 오염시키는 무기원소는 주로 중금속원소이며 여기에 몇 가지 비금속 원소가 포함되는데 이들을 열거하면 As, Cd, Co, Cr, Cu, Hg, Mo, Ni, Pb, Zn 등이다. 일정량 이상으로 이들 무기원소들이 토양에 함유될 경우 사람, 동물, 식물은 직접, 간접으로 해독작용을 받거나 해를 당하게 되는데 이 때 토양은 오염되었다고 할 수 있다. 이와 같은 중금속의 토양 오염경로는 관개수, 산업폐기물, 슬러지, 광산 및 제련소의 배출수, 매연 및 분진에 의한 것이다.

토양용액 중의 중금속은 유리이온의 상태 및 수용성 킬레이트 이온의 상태로 존재하는

데 이들은 고등식물이나 미생물에 흡수될 수 있으며 점토나 부식 같은 토양교질물에 침전, 고정, 흡착되기도 한다. 일부의 수용성 킬레이트 이온은 토양교질물 중의 불용성 킬레이트 화합물과 평형상태를 유지하며 토양 중의 중금속 이온들과 킬레이트 결합을 함으로써 금속의 양이온을 착염의 음이온으로 변형시켜 토양 중에서 이동성과 용탈설을 강화시켜 준다.

일반적으로 여러 가지의 킬레이트제들이 많이 알려져 있으며 아직까지 확인되지 않은 수많은 킬레이트제들이 자연의 유기물에서 얻어질 수 있기 때문에 슬러지나 돼지의 오물과 같은 유해한 금속이온을 함유하는 폐기물을 다른 유기물과 함께 처리함으로써 금속이온들은 킬레이트 화합물을 형성하여 이동성이 강화되기 때문에 폐기물 처리의 중요한 방법이 될 수 있다.

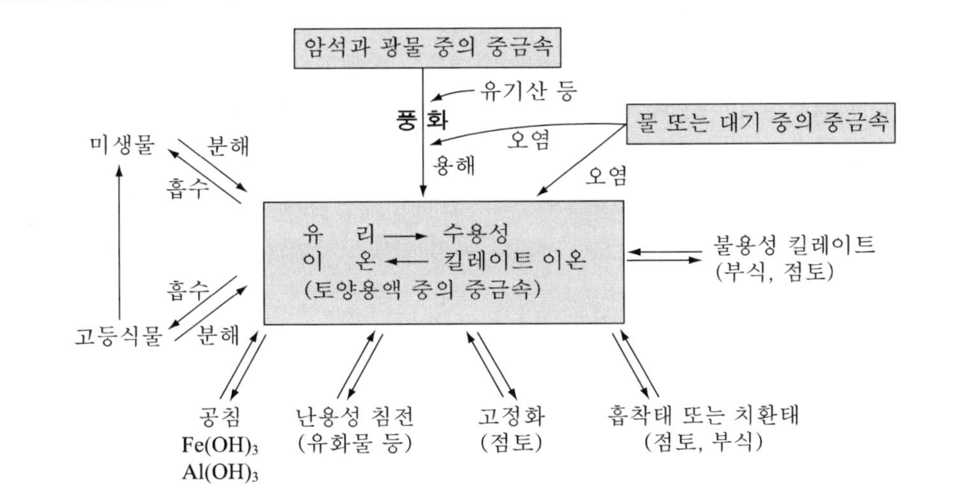

그림 18-2 토양 중에 들어있는 중금속의 존재상태

(1) 구리(Cu)에 의한 토양오염

일반적인 토양의 pH조건에서 Cu의 이온형태는 주로 2가의 양이온(Cu^{2+})이다. 토양 중 Cu의 이동성은 매우 낮은데, 이것은 유기물과 점토광물에 강하게 결합되기 때문이며, 순수한 석영에도 흡착된다. 이와 같은 결합 때문에 미사질(silt)이나 점질토양에서 Cu의 하향이동은 거의 무시되며, 사질토양에서도 그와 같은 이동은 대단히 적다.

토양 중에 Cu가 많이 함유되어 있을 경우 식물이 다른 미량요소를 흡수하는데 많은 영향을 받게 되며 Fe의 흡수가 저해되는 경우 그 결핍증상으로 전형적인 황백화현상(chlorosis)

을 나타나게 된다. Cu가 Mo의 흡수를 저해하는 경향과 같이 토양 중에 Mo가 다량 들어있을 경우에도 Cu의 결핍증이 초래될 수 있으므로 적절한 Cu-Mo의 균형은 식물양분에 중요한 조건이 된다. 또한 Zn도 Cu와 길항작용을 하는 것으로 알려져 있다.

Cu가 오염되어 있는 토양은 석회를 사용하여 pH를 조절하거나 유기물을 시용하여 환원을 촉진시켜 Cu^{2+}의 활동도를 감소시킴으로써 그 유해작용을 감소시킬 수 있으며, 오염의 정도가 심할 경우에는 개량제나 객토를 처리하여 다량의 Cu를 고정시키는 방법도 있다.

구리에 의한 오염 중에서도 대표적인 것은 일본의 군마현과 토쓰기현을 지나고 있는 와타리요시 세가와 유역의 구리에 의한 오염을 들 수 있다. 이 강 상류의 아시오라는 구리광산의 개발과 더불어 1878년 무렵 부터는 농작물의 광산성 독성에 의한 폐해가 심하게 되었다. 1883년 모토야마 갱에서 구리함유량이 많은 광맥이 발견된 후로는 개발이 한층 더 진행되어 이로 인한 강유역의 광산성 유독물질에 의한 오염이 더욱 진행되었으며, 이는 아시오 광산의 폐수에 함유된 구리가 관개용수를 통하여 토양에 축적되었기 때문인 것으로 밝혀졌다. 1930년대에는 부유선광법이 개발되어 도입된 후로 다양의 새로운 광재가 유출되었고 더욱이 1958년에는 광재퇴적장으로부터 다량의 광재가 유출되는 등의 사건이 연이어 발생하였다. 1970년에는 이 강 유역에서 생산한 쌀로부터 카드뮴이 검출되었고 이 때문에 1972년에는 와타리요시 세가와 유역 일부가 구리와 카드뮴에 의해 오염되어 농경지 토양오염 대책지역으로 지정되었다.

(2) 납(Pb)에 의한 토양오염

납은 축전지, 금속제품에 많이 사용되며 농약, 색소 및 연관에도 상당한 양이 이용되고, 휘발유의 옥탄가(octane value)를 높이는 데도 막대한 양이 소모된다.

납은 동물·식물의 생육에 필수적인 원소는 아니고 오히려 강한 독성을 주는 것 중의 하나이다. 그러므로 근래에 납의 사용량이 증대됨에 따라 납에 의한 환경오염이 중요한 문제가 되고 있다. 즉, 토양, 물, 공기가 납에 의해 오염되어 그에 따른 오염이 진행된 지역에서 인체 내 혈액과 오줌으로부터 납이 검출되고 있다.

오염경로는 광산배수, 축전지공장과 도금공장의 배수, 비산연(농약) 등에 의한 것이 알려져 있지만 최근에는 휘발유의 안티노크제(anti-knocking)로 사용되는 유기연(4메틸납, 4에틸납 등)이 제일 큰 오염원이 되고 있기 때문에 우리나라의 주요 고속도로변의 토양에도 상당한 양의 납이 함유되어 있는데, 도로변으로 가까이 접근할수록 납의 함량이 크게 증가되는 것을 볼 수 있다.

장항에 있는 동제련소 근처 토양의 중금속함량을 조사한 결과, 제련소에서 가까운 거리에서는 Pb, Zn, Cd, Cu의 농도가 각각 모두 높다. 그러므로 고속도로변이나 제련소 부근은 납을 비롯한 중금속의 오염에 대한 대책이 요구된다.

Pb의 주 오염물인 휘발유의 연소 시에 방출되는 Pb는 대부분 가용성 할로겐화합물인 PbClBr로서 분포되는데, 이들 중 상당한 양은 비교적 불용성인 $PbCO_3$, $Pb_3(PO_4)_2$ 및 $PbSO_4$와 같은 화합물을 형성하여 토양 중에 침전된다. Pb가 2가의 양이온으로 존재할 때 이와 같은 고상물질을 용이하게 형성하고 토양에 흡착되기 쉽기 때문에 토양 중 Pb의 이동성이 적어진다.

(3) 니켈(Ni)에 의한 토양오염

니켈은 주로 합금과 강철을 만드는데 이용되고, 화장품, 축전지, 전기접촉장치, 기계부품의 생산에도 사용되며, 휘발유에도 함유되어 있으므로 교통량이 많은 도로연변의 토양에는 보통 Ni의 함량이 높다.

Ni은 식물에 용이하게 흡수되며 식물생육에 독성을 강하게 나타내는 원소로 알려져 있다. 아연등량계수에서도 Ni는 Zn의 8배나 높은 독성을 인정할 정도이므로 Ni을 함유하는 폐기물이나 오니를 토양에 처리할 경우에 신중을 기해야 한다. 또한 Ni에 대한 저항성이 강한 농작물은 감자 > 사탕무우 > 무우이고 양배추, 팥, 귀리 등은 가장 약한 농작물로 알려져 있다.

Ni을 다량 함유하고 있는 토양에는 인산을 사용함으로써 독성을 감소시킬 수 있다. $Ni_3(PO_4)_2 \cdot 8H_2O$와 $Ni_3(PO_4)_2 \cdot 2NiHPO_4$ 같은 난용성의 인산염을 형성시켜 용액 중 Ni의 농도를 줄일 수 있기 때문이다.

규산염 이온도 토양용액 중 Ni농도를 지배하는데, Ni의 규산염을 형성하여 부동화된다. 그러므로 규산염이온이 풍부한 토양은 많은 양의 Ni을 결합하여 보유할 수 있다.

(4) 비소(As)에 의한 토양오염

비소(砒素)화합물은 페인트의 색소, 직물 및 피혁공업에 사용된다.

비소는 강한 독성이 있기 때문에 살균제, 제초제, 살충제, 살서제와 같은 여러 종류의 농약성분이 되어 왔는데 환경오염에 미치는 영향 때문에 현재 많은 제재를 받고 있다. 토양 중에서 As의 화학적 성질은 같은 질소족에 들어있는 인산과 유사하다. 그러므로 토양 중 인산을 정량할 때 As가 들어있으면 방해를 받는다. 한편 무기비 소화합물은 농업적으로 이미 사용되지 않고 있는데 과거에 많이 사용되었던 잔류영향이 아직까지도 남아 있다. 특히 감자의 껍질에 As가 축적될 수 있다는 것은 잘 알려진 사실이다.

비소에 의한 오염은 일본의 미야기현, 시마네현 등지의 광산지역에서 발생하였다. 비소는 일반적으로 농작물에 흡수되기 어려우며, 인체에 위험할 정도로 흡수되기 보다는 농작물에 피해를 주어 빠른 속도로 시들어 죽는 경우가 많다.

(5) 수은(Hg)에 의한 토양오염

금속 중에서 수은(水銀)은 유일하게 상온에서 액체상태이고 기화하는 성질이 있다. 수은은 석탄과 석유의 연소에 의해서 공기 중에 방출되고, 수은이 함유되어 있는 암석이나 광물의 풍화에 의해서도 물에 용해되어 들어간다. 수은은 온도계, 기압계와 같은 측정기구, 건전지, 전기기기에 사용될 뿐 아니라 화학공업에서의 촉매, 의약품으로서 살균제, 이뇨제, 항종양제 그리고 농약으로 많이 이용되어 왔다.

Hg의 인체에 대한 독성은 1950년대 일본에서 발생한 Minamata병으로 널리 알려지게 되었고, Hg의 축적이 주로 생태계의 먹이연쇄에 의하여 이루어진다는 것이 밝혀졌다. 수은화합물의 형태에 따라 그 독성이 다른데 방향족 수은화합물(예, phenyl-Hg)과 알콕시알킬수은 화합물(예, methoxyethyl-Hg)은 독성이 가장 적고, 무기형태 수은염과 금속수은(Hg°)은 중간이며, 메틸수은과 에틸수은이 가장 위험스러운 것으로 분류된다. 메틸 및 에틸수은은 안정성이 높고, 또한 지용성이 높기 때문에 인간이나 동물의 생체조직내로 용이하게 침투하여 축적된 후 산소의 공급을 차단시키는 물질로 작용한다.

(6) 아연(Zn)에 의한 토양오염

아연은 도금과 합금의 주요한 재료도 이용되며, 아연으로 도금된 상하수도관의 부식, 제련소와 공업단지의 폐기물 그리고 건물재료에 함유되어 있는 아연의 산성비에 의한 부식 등으로 토양이 오염될 수 있다.

Zn은 식물생육에 있어서 탈수소효소 및 펩티드 가수분해효소 등에 필수적인 원소로서 결핍될 경우 이들 효소의 활성이 떨어지게 된다.

비교적 높은 농도에서만 Zn이 독성을 나타내는데 특히 슬러지(sewage sludge)와 같은 폐기물은 Zn의 함량이 높다. 그와 같은 폐기물이 토양에 처리되어 집적될 경우에 대하여 많은 우려를 하게 된다.

pH 7.7 이하에서 토양 중에 들어 있는 Zn의 형태는 대부분 Zn^{2+}, pH 7.7～9.0에서는 $ZnOH^{+}$, pH 9.0 이상에서는 $Zn(OH)_2$이다.

토양오염의 대책으로는 객토를 하는 방법과 석회에 의한 pH 상승으로 $Zn(OH)_2$를 형성시켜 침전시키는 것도 있다. 토양의 환원화를 촉진시켜 황화아연으로 침전되게 할 수도 있고, 아연에 저항성이 강한 작물을 선택하는 방법도 고려될 수 있다.

(7) 카드뮴(Cd)에 의한 토양오염

카드뮴은 도료의 색소, 축전지, 사진재료 등에 광범위하게 응용되고 플라스틱 공업에도 사용된다. 우터오일과 자동차의 타이어에 들어 있는 Cd는 다른 곳 보다 도로변의 토양에 Cd가 축적되는 원인이 되고 있다.

Cd와 Zn은 지구화학적으로 밀접한 관계(원소 주기율표의 아연족에 속함)를 맺고 있으며 아연광의 Zn/Cd의 비율은 900 정도이다. 그러므로 Zn제련소는 ZnO와 CdO를 둘 다 함유하는 연기를 다량 방출한다. ZnO에 비하여 CdO는 휘산성이 더 크기 때문에 원광물의 조성에 비하여 연기중에 Cd의 함량이 더 많은 이유이다. 이것은 대기를 오염시키고 또한 토양을 오염시키게 된다. 인산질비료 중에 들어있는 Cd도 토양 중 Cd오염의 확산원이다. Cd는 식물생육에 필요한 원소는 아니며, 과잉으로 식물에 흡수될 경우 생육장해를 일으킨다.

카드뮴에 의한 토양오염의 대표적인 예로는 일본의 진쓰우 강유역에 카드뮴에 의한 오염을 들 수 있다. 진쓰우 강 상류에는 납, 아연 등을 생산하는 가미오카 광산이 시작되었으며, 1920년대에는 가미오카 광산으로부터 광산성 유독물에 의한 농작물의 피해가 확대되었다. 이에 대한 대책으로 침전을 형성하는 설비가 도입되는 등의 대책이 마련되었다. 그런데 이 무렵 이 지방에는 마치 풍토병인 듯이 뼈에 통증을 느끼는 이른바 「이타이이타이병」이 발생하였다. 가미오카 광업소의 광재, 유역의 용수, 음료수, 그 지역의, 쌀, 물고기, 사망자의 뼈 등을 분석한 결과 이들 물질에 카드뮴이 다량 존재함이 밝혀졌다.

이타이이타이병의 원인에 관해서는 그 후로도 연구가 계속되어 1967년에 이 병의 원인은 카드뮴이 가장 큰 원인이며, 저단백질, 저칼슘 등도 관련되어 있는 것으로 밝혀졌다. 그리고 그 후 진쓰우강 유역이 농경지 토양오염 대책지역으로 지정되었다.

(8) 크롬(Cr)에 의한 토양오염

크롬은 가구 및 교통산업 등에 사용되는 여러 가지 금속의 부식을 방지하고 내구성을 높이기 위하여 그 표면에 도금처리를 하는데 사용되며, 니스, 잉크, 염료공업에도 소량이 이용된다,

가용성의 Cr^{6+}이 토양에 다량 함유되어 있을 경우에는 식물과 동물에 독성을 나타내기 때문에 Cr의 산화상태는 환경오염의 문제에 있어서 매우 중요하다. 표층토의 Cr함량은 도금, 염료, 피혁 공장의 공업폐기물과 슬러지 등의 오염원에 의하여 증가되며 토양에 들

어간 Cr는 보통 그 표층에 집적된다.

일반적으로 석회, 인산 및 유기물을 사용하는 것이 크롬(Cr)으로 오염된 토양에서 Cr의 독성을 감소시키는데 효과적인 방법으로 알려져 있다 토양이 Cr^{6+}으로 오염되어 있다면 Cr^{6+}의 환원을 촉진시키기 위해서 유황과 유기물 같은 환원제를 사용하여 Cr^{3+}으로 변형시킨 후 석회를 시용하여 침전시키는 방법도 권장될 수 있다.

18.6 방사성 물질에 의한 토양오염

방사성 물질에 의한 토양오염은 그 공급원에 따라서, 첫째로 대기 중의 핵분열 생성물에 의한 방사선 핵종과, 둘째로 사람이 직접 관리하는 핵발전소, 병원, 연구소, 대학 같은 곳에서 배출되는 방사선 폐기물에 의한 오염으로 나눌 수 있는데, 전자의 경우를 자연적 오염, 후자를 인공적 오염으로 생각할 수 있다.

대기 중에 방출된 핵분열 생성물은 지표면으로 강하하여 축적되는데, 반감기가 길고, 식물체내에서 이동성이 높을 뿐 아니라 생활환경과 식품을 오염시키고 직접 간접적으로 인체에 해를 미치는 극히 위험한 방사성 핵종들이다. 토양은 강하된 방사성 물질을 축적·보유하는 담체의 역할을 하며, 작물의 뿌리를 통하여 식물에 흡수된다.

병원에서 사용되는 방사성 동위원소는 환자에게 투여되어 최종적으로 인체로부터 배설된 후 하수에 방류된다.

방사성 폐수는 보관감쇄법, 희석법, 농축법의 세 가지 방법으로 처리하고 있는데 이 폐수는 일반 생활폐수와는 분리·관리한다.

18.7 유류에 의한 토양오염

현재 모든 부문에서 사용되는 막대한 양의 석유로 인해서 토양과 지표수가 오염될 가능성은 매우 크며, 이와 같은 기름오염은 운송과정에서 우연히 또는 유성폐기물을 부주의하게 처리할 때 일어날 수 있다. 토양 중의 기름성분은 그 양이 매우 적을지라도 식물생육은 물론 물의 맛과 냄새에 나쁜 영향을 끼치기 때문에 특히 음료수를 공급하는 지역은 기름으로부터 보호되어야 한다.

기름오니는 소각작용에 의하여 처리될 수 있는데, 막대한 양의 토양이 기름누출에 의하여 오염될 경우에 소각작용에 의한 오염제거는 거의 불가능하다. 토양에 누출된 기름성분은 적절한 방법에 의하여 분해시킬 수 있으므로 정유공장에서 나오는 공장폐기물과 여러 형태의 기름오니를 토양에 처리하는 방법이 연구되고 있다. 탄화수소의 호기성 분해는 혐기성 분해보다 훨씬 빠르므로 기름오니를 흙에 넓게 처리한 후 토양을 경운하여 산소가 충분히 공급되도록 하거나 또는 오니가 처리된 표층토를 일정한 시간 간격으로 회전혼합기(rotary mixer)에 의하여 경운 및 혼합시켜 호기성미생물에 필요한 산소를 공급시켜 준다. 기름을 분해하는 미생물은 *Arthrobactor*, *Corynebacterium*, *Flavobacterium*, *Nocardia*와 *Pseudomonas* 등이 잘 알려져 있는데, 토양의 온도를 증가시키면 미생물의 활성에 영향을 주어 기름의 분해속도를 촉진시킨다. 그러므로 유성 폐기물을 처리한 토양에 적절한 미생물을 접종시켜줌으로써 초기의 분해속도를 가속화시킬 수 있었다.

토양온도와 통기성 이외에 분해속도에 영향을 주는 다른 인자는 토양비옥도의 상태이다. 미생물의 활동에 최적의 C : N : P율은 기름이 오염된 토양에 질소와 인산을 적절히 시용함으로써 조절할 수 있다. 또한 기름의 화학적 조성도 그 자체의 분해에 영향을 미치는데, 쇄상 탄화수소 중에는 파라핀(paraffin)계가 미생물의 공격을 더 잘 받아 가장 빨리 분해될 수 있다.

18.8 농약에 의한 토양오염

수많은 살충제, 살균제, 제초제 등이 농작물 생산에 필수적으로 사용되고 있으며 근래에 들어와 산림지역에도 농약이 광범위하게 사용되고 있다. 살포된 농약의 1% 이하만이 병해충에 사용되고 나머지의 많은 양이 토양에 유독물질로 남아 있다.

농약사용에 수반되는 문제점들로서는 첫째로 자연계의 평형에 혼란을 가져왔다는 사실이며, 둘째는 농약자체의 급만성 독성에 따른 사람과 가축 및 작물에의 피해가 나타났으며, 셋째로는 농약의 잔류 독성으로 인하여 토양을 비롯한 환경오염의 유발과 식품연쇄를 통한 농작물과 가공식품의 오염 등 여러 가지 농약사용의 약영향들이 지적되었다.

농작물에 사용된 농약성분은 휘발 또는 바람에 의하여 대기 중으로 확산되며, 또 농작물에 부착 잔류되어 직접 토양 중으로 이행되거나 또 이들 오염된 농작물을 섭취하는 동물의 배설물을 통하여 그리고 대부분은 살포 중에 직접토양에 떨어져 토양오염을 일으킨다. 그리고 사용 농기구의 세척이나 강우 또는 직접 논에 살포함으로써 하천수와 관개수를 오염시키게 될 뿐더러 토양에 흡착된 성분들의 용탈현상에 의해 지하수를 오염시키고 나아가서는 호수, 하천 등을 오염시켜 수중 생태계에 악영향을 끼치게 된다. 또한 대기 중의 농약성분은 분진에 흡착되거나 강우 시 토양과 수질오염을 일으키게 되며, 물 중에 잔존하는 농약성분도 적은 량이지만 대기 중으로 휘발하게 되므로 모든 환경 구성성분 내에서 농약이 순환되는 것이다.

잔류성이 강한 농약에 의한 토양오염 문제로 인하여 BHC, DDT 등의 유기염소계 농약 및 메틸파라티온제 그리고 파라티온제 등은 독성이 강하여 이들 농약은 1971년부터 사용이 금지되어 있으며 일부 작물잔류성, 토양잔류성, 수질오염성 농약류도 사용이 규제되고 있다.

18.9 중성세제 등 기타 물질에 의한 토양오염

PCB는 현재 사용되고 있지 않지만 화학적으로 안정하며, PCB에 의해 오염된 토양 중의 식물로부터 사람에게 섭취되거나 또는 가축류를 통하여 사람에게 오염이 전파될 가능성이 있기 때문에 특히 주의할 필요가 있다.

중성세제인 ABS(alkyl benzene sulfonate)도 화학적으로는 안정한 물질이지만 가정하수로부터 농업용수로 논에 유입되면 벼의 생육에 지장을 주게 된다. 이 오염의 메커니즘은 아직 밝혀지지 않았지만 주의를 필요로 하는 문제이다.

18.10 토양오염의 식물에의 영향

토양오염에 의한 식물에 미치는 영향은 다음과 같다.

① 염도의 증가에 의한 삼투압의 증가
② Na와 같이 토양 내의 Ca, Mg 등과 치환되는 물질의 농도 증가
③ 특정한 이온에 의한 독성
④ 유기물질에 의한 환원성 토양의 생성
⑤ 관개용수 내의 부유물질 등에 의한 토양 극의 폐쇄

(1) 염도의 영향

농업용수에 있어서 염도(塩度)가 큰 경우, 삼투압으로 인하여 식물의 성장이 저해된다. 삼투압은 대체로 전기전도도(electrical conductivity)와 관련이 된다. 전기전도도에 따른

염도의 식물에 미치는 영향은 <표 18-3>과 같다.

$$OP = 0.36(EC \times 10^6) \tag{18-4}$$

여기서, EC : 전기전도도(electrical conductivity, $\mu\Omega$ at 25℃)
OP : 삼투압(osmotic pressure, atm)

배수가 잘 되는 토양에서는 뿌리 밖으로 이러한 염분이 유출되므로 그 영향이 감소된다. 기온이 높거나, 온도가 낮거나 또는 비가 덜 오는 경우에는 염도에 의한 영향이 증가한다.

표 18-3 전기전도도와 식물의 영향

전기전도도($\mu\Omega$)	영향
0~2,000	영향이 거의 없다.
2,000~4,000	대체로 영향이 없으나 민감한 식물인 감귤류, 콩, 클로버에는 영향이 있다.
4,000~8,000	대부분의 식물에 장해가 발생된다. 특히 사탕옥수수, 과수에 영향이 크다.
8,000~10,000	목화, 사탕수수 등과 같이 염도에 강한 작물 이외는 큰 피해가 발생된다.

(2) SAR(Na흡착화, sodium adsorption ratio)

농업용수 내에 Na^+의 양이 Ca^{2+}과 Mg^{2+}양에 비하여 과다할 때에는 Na^+가 Ca^{2+}와 치환되어 배수가 불량한 토양이 되며 경작이 어려운 토질로 변한다. 토양은 Na^+에 의해서 일시적으로 알칼리성이 되나 물속의 H^+에 의해 치환되어 산성이 된다. 농업용수에 사용되는 척도인 SAR은 다음과 같이 계산한다.

$$\mathrm{SAR} = \frac{\mathrm{Na}}{\sqrt{\dfrac{\mathrm{Ca}+\mathrm{Mg}}{2}}} \tag{18-5}$$

또는,

$$\mathrm{SAR} = \frac{\mathrm{Na} \times 100}{\mathrm{Na}+\mathrm{Ca}+\mathrm{Mg}+\mathrm{K}} \tag{18-6}$$

Ca, Mg, Na, K의 단위는 mg/L이다. SAR의 값이 26 이하이면 토양에 문제가 발생되지 않는다.

(3) pH의 영향

① 대체로 pH 5～8의 범위가 적절하며, 그 중에서도 중성이 가장 좋다. 만약 산성용액이 뿌리에 흡수되면 식물체내의 단백질을 응고 또는 용해시켜서 직접적인 피해를 준다.

② 토양이 산성화되면 토양 내의 Al^{3+}과 Mn^{2+}이 용해되어 작물에 유해하게 되며, 맥류에 있어서는 더욱 심하다. Al^{3+}이 많게 되면 Ca^{2+}의 섭취가 불량하게 된다.

③ 산성토양에서는 Al^{3+}이 활성화되며 인산과 결합하여 비용해성 화합물을 형성하므로 작물에 인 결핍 현상이 나타난다.

④ 산성토양에서는 토양 내의 Ca^{2+}가 Na^{+}와 쉽게 치환되어 유출되므로 Ca^{2+}이 결핍되며, Mg^{2+}, Mo^{3+}, B^{3+} 등이 유실되기 쉽다.

⑤ 산성토양에서는 미생물의 결핍으로 토양이 노후화되며, 뿌리균과 질소고정균과 같은 유용한 미생물의 활동도 저하된다.

(4) 토양 환원물질

토양표면으로부터 깊어지면 하부에는 용존산소가 결핍되어 환원상태가 된다. 이 때 유화수소, 유기산 등이 발생되어 뿌리에 악영향을 초래하는 경우가 있다. 환원상태가 되는 하부상층에는 금속이온이 환원되어 청백색의 점토층을 형성하며 뿌리의 성장을 억제한다. 이렇게 토양을 환원시키는 것은 폐수의 부유물질 또는 유기물질로서 무기성 부유물질(FSS, fixed suspended solids)은 토양의 배수를 저해한다. 이때 폐수 내의 염기가 토양 내에 유입되면 토양 내의 양이온과 결합하여 토양을 응고시킴으로써 황폐화한다.

유기물질은 용존상태와 부유상태로 존재할 수 있다. 부유상태로 존재하면 토양의 배수상태를 불량하게 만들며, 용존상태로 존재하면 미생물의 증식으로 인하여 배수가 불량해지고 토양을 환원상태로 변화시킨다. 예를 들면 제지, 식품 폐수와 같이 유기물질이 많은 경우 용존산소를 고갈시켜 혐기성 상태로 만든다.

Example 18-1

농업용수에 이용될 수질을 분석한 결과 $Na^{+}=184$ mg/L, $Ca^{2+}=120$ mg/L, $Mg^{2+}=284$ mg/L, $NO_3^{-}=300$ mg/L, $PO_4^{3-}=142.5$ mg/L일 때 SAR(sodium adsorption ratio)를 구하라. 이 농업용수 내의 Na^{+}가 흙에 미치는 정도는 어느 정도인가?
(Na=23, Mg=24, Ca=40, p=31, N=14, O=16)

풀이

$$SAR = \frac{Na^+}{\sqrt{\frac{Ca^{2+} + Mg^{2+}}{2}}}$$

$Na^+ = 184/23 = 8\ meq/L$　　$Mg^{2+} = 144/12 = 12\ meq/L$

$Ca^{2+} = 120/20 = 6\ meq/L$

$$\therefore\quad SAR = \frac{8}{\sqrt{\frac{12+6}{2}}} = \frac{8}{3} = 2.37 < 10$$

Na가 흙에 미치는 영향은 작다.

18.11 토양오염 방지방법

토양오염 방지를 위한 침사지 및 수원전환 등의 방법을 실행하거나 오염된 후의 토양에 대한 대책으로는 오염된 토양을 제거하는 제토, 객토, 갈아엎기 및 구획정리 등의 방법이 사용되고 있다.

(1) 침전지

이 방법은 용수를 침전지에서 장시간 지체시켜 유해한 토사 및 난용성 염을 침전물로 침강시킴으로써 토양으로 유입되는 것을 방지할 수 있다.

(2) 폐도관(closed conduit)

토양오염 방지대책의 또 다른 방법으로는 폐도관(closed conduit)을 설치하는 방법이 있다. 즉, 하천 바닥 밑으로 풍부한 복류수가 있는 <그림 18-3(a)>와 같은 경우에는 하천 바닥과 하안의 양수정 사이에, 관벽면에 구멍을 많이 뚫어 놓은 흄관 등으로 도관을 만들어 복류수로부터 모은 물을 펌프로 끌어 올린다. 이 경우 폐도관 아래에 물이 침투하지 못하는 불투수층이 존재하면 더욱 효과적으로 집수가 가능하다. 또 <그림 18-3(b)>에 나타낸 바와 같이 불투수층 위에 풍부한 복류수가 있는 경우에도 폐도관을 설치할 수 있다.

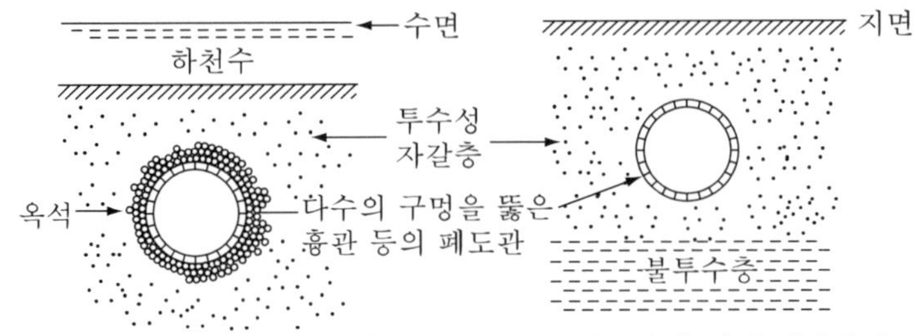

(a) 하천바닥에 설치된 폐도관　　(b) 불투수층 위의 자갈층에 설치된 폐도관

그림 18-3 폐도관(Closed conduit)

이 방법은 수원 전환의 한 가지 방법이라고도 할 수 있는데, 수원인 하천이 오염되어 있는 경우에는 하천으로부터 직접 취수하지 않고 폐도관을 이용하여 취수하면 일종의 여과 희석 과정을 거치게 되어 훌륭한 토양오염 방지대책 효과를 얻을 수 있다.

(3) 수원전환

이 방법은 오염된 용수를 깨끗한 용수로 전환하는 방법이다. 취수하고 있는 하천의 계통을 변화시킴으로써 토양의 오염을 방지한다.

18.12 토양오염 대책

토양오염의 대책으로는 토양오염을 방지하는 방법과 이미 오염된 토양을 원래대로 되돌리는 방법으로 나눌 수 있다.

오염토양을 완전히 제거하여 폐기하는 방법을 흙갈이(earth moving)라 한다. 그리고 다른 곳으로부터 깨끗한 토양을 가지고와 덮는 방법은 객토(soil dressing)라 한다. 이 두 가지 방법을 혼합시킨 방법은 흙갈이 객토라 한다. 흙갈이 객토는 오염된 농경지를 완전히 원래 상태로 되돌리는 방법이다. 그러나 실제로는 객토만을 행하거나 또는 위층의 오염된 토양층과 아래층부의 오염되지 않은 층을 뒤섞는 갈아엎기(반전갈이 : plowing to replace surface soil with subsoil)와 상하 두층의 토양을 혼합하는 혼층갈이(soil layer mixing)도 행해지고 있다. 오염토양에 대한 대책을 실시하기 전과 후의 관계를 <그림 18-4>에 나타내었다.

또 석회, 인산, 규산 등을 토양에 혼입시켜 오염물질의 용해도를 낮추어 농작물의 오염을 저하시키는 토지개량법도 시도되고 있다 이 방법과 앞에서 설명한 객토 및 혼층갈이를 병행하면 보다 효율적인 결과를 얻을 수 있다.

오염된 토지를 원래상태로 되돌리는 공사를 행할 경우에는 그 지역이 넓은 경우는 구획정리(land readjustment)를 행하고 합리적으로 용수로 및 농경지의 배치를 재정비하면 지역 전체의 생산성도 향상되고 보다 유리한 결과를 얻을 수 있다.

마지막으로, 오염된 토지의 합리적인 이용방법으로는 농경지를 지금까지와는 다른 용도 다른 목적으로 사용하는 것이 보다 효율적이다. 즉, 택지 및 오염의 영향이 적은 것을 재배하는 농경지로서 이용하는 것도 좋은 해결방법이다.

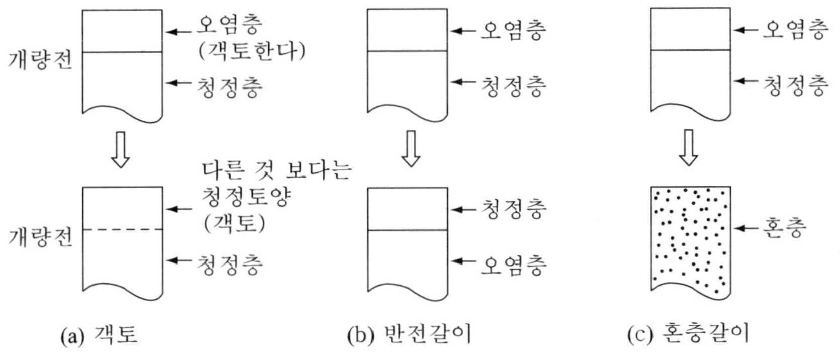

그림 18-4 오염토양에 대한 대책

| 연 | 습 | 문 | 제 |

01. 토양오염이 발생하는 원인에 대하여 설명하시오.

02. 토양과 농작물 오염과 사람의 건강의 관계를 설명하시오.

03. Minamata병의 원인을 설명하시오.

04. 이타이이타이병의 원인을 설명하시오.

05. 토양오염이 발생하지 않도록 하기 위한 방법들을 열거하시오.

06. 오염된 농경지를 경작 가능한 농경지로 만들기 위한 방법을 설명하시오.

07. 영양염류에 의한 토양오염을 설명하시오.

08. 관개수에 의한 토양오염을 설명하시오.

09. 농약에 의한 토양오염을 설명하시오.

10. 관개에 의한 염류토화 현상을 설명하시오.

11. 수질분석결과 다음과 같은 이온물이 검출되었을 때 주어진 자료를 가지고, ① Na^+의 농도(mg/L), ② SAR(sodium adsorption ratio)을 구하라. (단, 원자량 : Fe(55.8), O(16), Ca(40), Mg(24.3), Na(23), C(12), 5(32), Cl(35.5)임)

$$SAR = \frac{Na}{\sqrt{\frac{Ca+Mg}{2}}}$$

(+)이온		(−)이온	
Fe^{2+}	0.08mg/L	HCO_3^-	168mg/L
Ca^{2+}	157mg/L	SO_4^{2-}	449mg/L
Mg^{2+}	53mg/L	Cl^-	88mg/L
Na^+	?mg/L	pH	7.1

12. 농업용수에 이용될 수질을 분석한 결과 $Na^+ = 184$ mg/L, $Ca^{2+} = 120$ mg/L, $Mg^{2+} = 284$ mg/L, $NO_3^- = 300$ mg/L, $PO_4^{3-} = 142.5$ mg/L일 때,
① SAR(sodium adsorption ratio)는 얼마인가?
② 이 농업용수 내의 Na^+가 흙에 미치는 정도는 어느 정도인가?

13. SAR에 대해 설명하여라.

14. SS, BOD(또는 COD), pH, 중금속과 토양과의 관계를 설명하시오.

찾 아 보 기

(ㅊ)

(ㅋ)

(ㅌ)

(ㅍ)

(ㅎ)

(영문)

(기타)

- **이광래** 서울대학교 공과대학 화학공학과
  미국 신시네티대학교 화학공학과 Ph.D.
  현) 강원대학교 화학공학과 교수
- **송근호** 강원대학교 공과대학 화학공학과 박사
  강원지역사업평가원 실장
  현) 강원대학교 산학협력중점교수

최신환경공학 정가 29,000원

발　행 2025년 3월 10일 4판 1쇄
저　자 이광래 · 송근호
발행인 정우용
발행처 도서출판 **동화기술**
경기도 파주시 광인사길 201 (문발동, 파주출판도시)
Tel (031)955-4211~6 donghwapub@nate.com
Fax (031)955-4217 www.donghwapub.co.kr
(등록) 1977년 12월 19일/9-16호

Printed in Korea
ISBN 978-89-425-9651-5